21世纪高等学校系列教材

GONGYE KONGZHI WANGLUO JISHU

工业控制网络技术

主　编　赵新秋
编　写　王健印　崔　嵬
主　审　佟为明

中国电力出版社
CHINA ELECTRIC POWER PRESS

内 容 提 要

本书为21世纪高等学校系列教材。

全书共分6章。第1章主要介绍了工业控制网络的内涵、控制系统的发展、工业控制网络和信息网络的关系。第2至第5章详细介绍了当今已经具有极大市场占有率和良好应用前景的四种主流控制网络技术：CAN控制网络、PROFIBUS控制网络、LonWorks控制网络和FF控制网络。第6章简要介绍了其他几种控制网络技术：工业以太网、HART、DeviceNet、ControlNet、InterBus、WorldFIP、ASI等，并简要分析了控制网络的选用原则。

本书可供普通高等院校自动化专业、计算机科学与技术等专业的研究生和本科生教学使用，也可供从事控制网络系统设计与应用开发的技术人员参考。

图书在版编目（CIP）数据

工业控制网络技术/赵新秋主编．—北京：中国电力出版社，2009.6（2021.11重印）

21世纪高等学校规划教材

ISBN 978-7-5083-8977-6

Ⅰ．工…　Ⅱ．赵…　Ⅲ．工业控制计算机－计算机网络－高等学校－教材　Ⅳ．TP273

中国版本图书馆CIP数据核字（2009）第098361号

中国电力出版社出版、发行

（北京市东城区北京站西街19号　100005　http：//www.cepp.sgcc.com.cn）

北京天泽润科贸有限公司印刷

各地新华书店经售

*

2009年6月第一版　2021年11月北京第八次印刷

787毫米×1092毫米　16开本　19印张　466千字

定价 **30.50**元

前 言

工业控制网络是近年来发展形成的自控领域的网络技术，是计算机技术、通信技术与自动控制技术相结合的产物。工业控制网络的出现导致了传统控制系统结构的变革，形成了网络控制系统的新型结构。这是继基地式气动仪表控制系统、电动单元组合式模拟仪表控制系统、集中式数字控制系统、集散控制系统（DCS）之后的新型控制系统。它已成为当今自控领域研究的热点，被誉为跨世纪的自控新技术。

工业控制网络技术主要包括现场总线技术和工业以太网技术。控制网络技术被广泛地应用于各个领域，许多国家都投入大量的人力和物力研究开发该项技术，出现了控制网络技术与产品百花齐放、百家争鸣的态势。作者编写本书的目的在于向读者介绍工业控制网络的基础知识，当今流行的几种控制网络的通信协议、技术规范、通信控制芯片、应用电路与应用系统的设计开发等内容。鉴于我国在控制网络方面的开发利用仍处于起始阶段，相关技术资料较少，希望本书能对我国这方面的研究开发、技术培训及技术推广应用起到积极的推动作用。

本书是编者在长期从事“工业控制网络”教学工作的基础上，结合多年来的教学经验和科研成果，并参考相关的国内外文献编写而成的。本书第 1 章至第 3 章由赵新秋、王健印共同编写，第 4 章至第 6 章由赵新秋、崔嵬共同编写，全书由哈尔滨工业大学佟为明教授主审。本书在编写过程中得到了中国电力出版社以及燕山大学电气工程学院的领导和同事们的支持，在此表示诚挚的谢意！在本书完稿之际，对书末所附参考文献的作者，在此一并表示衷心的感谢。

由于编者水平有限，对控制网络技术的研究开发有待深入，加之控制网络技术还处于发展之中，书中错误和不妥之处在所难免，恳请读者批评指正。

编 者

2009 年 6 月

前 言

目 录

第1章 绪 论

工业控制网络是近年来发展形成的自动控制领域的网络技术，是计算机网络与自动控制技术结合的产物。随着自动控制、网络、微电子等技术的发展，大量智能控制芯片和智能传感器的不断涌现，网络控制系统已成为自动控制系统发展的主流方向，工业控制网络技术在自动控制领域中的作用与日俱增。

1.1 工业控制网络

1.1.1 工业控制网络的概念和特点

随着计算机网络技术的发展以及人们对自动控制水平要求的不断提高，计算机网络技术日益向自动控制领域渗透，工业控制网络应运而生。工业控制网络简称控制网络，是应用于自动控制领域的计算机网络技术。

在工业生产过程中，除了计算机及其外围设备，还存在大量检测工艺参数数值与状态的变送器和控制生产过程的控制设备。这些设备的各功能单元之间、设备与设备之间以及这些设备与计算机之间遵照通信协议，利用数据传输技术进行数据传输。

控制网络是指将具有数字通信能力的测量控制仪表作为网络节点，采用公开、规范的通信协议，把控制设备连接成可以相互沟通信息，共同完成自控任务的网络系统。

与普通的计算机网络系统相比，工业控制网络具有以下特点。

(1) 具有实时性和时间确定性；

(2) 信息多为短帧结构，且交换频繁；

(3) 可靠性和安全性高；

(4) 网络协议简单实用；

(5) 网络结构具有分散性；

(6) 易于实现与信息网络的集成。

目前工业控制网络技术主要包括现场总线技术和工业以太网技术。

1.1.2 现场总线

按照IEC对现场总线（fieldbus）一词的定义，现场总线是一种应用于生产现场，在现场设备之间、现场设备与控制装置之间实行双向、串行、多节点数字通信的技术。

现场总线技术产生于20世纪80年代。随着微处理器与计算机功能的不断增强及价格的急剧下降，计算机网络系统得到了迅速发展，信息通信的范围不断扩大。而处于企业生产底层的自动控制系统，仍在通过开关、阀门、传感测量仪表间的一对一连线，用电压、电流的模拟信号进行测量控制，或者采用某种自封闭式的集散系统，这使得设备之间以及系统与外界之间的信息交换难以实现，严重制约了自动控制系统的发展。要实现企业的信息集成，实施综合自动化，就必须设计一种能在工业现场环境运行的、可靠性高、实时性强、价格低廉的通信系统，形成工厂底层网络，完成现场设备之间的多节点数字通信，实现底层设备之间，以及自动化设备与外界的信息交换。现场总线就是在这种形势下发展形成的。

国际标准化组织以及北美、欧洲等许多国家的仪表控制领域，陆续开始着手现场总线的标准制定与技术开发。但由于行业、地域、经济利益等多种原因，一直没有制定出统一的标准。目前现场总线的标准有以下几种。①IEC 61158 的 8 种总线的 10 种类型：基金会现场总线 FF 的 H1、ControlNet、PROFIBUS、P-Net，基金会现场总线 FF 的 HSE，SwiftNet，WorldFIP、INTERBUS、基金会现场总线 FF 的 FMS 及 PROFINET。②IEC 62026 的 4 种总线类型：AS-I、DeviceNet、SDS、Seriplex。③ISO 制定的 ISO 11898 与 ISO 11519 的 CAN 总线国际标准。

1.1.3 工业以太网

工业以太网技术是普通以太网技术在工业控制网络中的延伸。所谓工业以太网，是指采用与商用以太网（IEEE 802.3 标准）兼容的技术，选择适应工业现场环境的产品构建的控制网络。

随着工业自动化技术和信息技术的不断发展，建立统一开放的通信协议和网络，在企业内部，从底层设备到高层，实现全方位的信息系统无缝集成成为网络控制系统亟待解决的问题。目前现场总线显然难担此任，而以太网则是解决这一问题的有效办法。

20 世纪 90 年代中期，以往用于办公自动化的以太网开始逐渐进入工业控制领域。由于以太网具有应用广泛、价格低廉、通信速率高、软硬件产品丰富、应用技术成熟等优点，它开始被广泛应用于工业企业综合自动化系统中的资源管理层、制造执行层，并呈现向下延伸直接应用于工业控制现场的趋势。为了促进以太网在工业领域中的应用，国际上成立了工业以太网协会（Industrial Ethernet Association，IEA）、工业自动化开放网络联盟（Industrial Automation Network Alliance，IAONA）等组织，在世界范围内推进工业以太网技术的发展、教育和标准化管理，在工业应用领域的各个层次运用以太网。美国电气电子工程师协会（IEEE）也正着手制定现场装置与以太网通信的标准。据美国权威调查机构 ARC（Automation Research Company）报告，今后 Ethernet 不仅继续垄断商业计算机网络和工业控制系统的上层网络通信市场，也必将领导未来现场控制设备的发展，Ethernet 和 TCP/IP 将成为器件总线和现场设备总线的基础协议。

1.2 网络控制系统

1.2.1 控制系统的发展

以控制网络为基础的控制系统称为网络控制系统，它改变了传统控制系统的结构，是一种新型结构的控制系统。自动控制系统的发展主要经历了五个阶段：气动信号控制阶段、模拟信号控制阶段、集中式数字控制阶段、集散式数字控制阶段、网络控制阶段。

20 世纪 50 年代以前，由于当时的生产规模较小，检测控制仪表尚处于发展的初级阶段，所采用的仅仅是安装在生产现场、只具备简单测控功能的基地式气动仪表，其信号仅在本仪表内起作用，一般不能传送给别的仪表或系统，即各测控点只能处于封闭状态，无法与外界沟通信息。操作人员只能通过对生产现场的巡视，了解生产过程的状况。

随着生产规模的扩大，操作人员需要综合掌握多点的运行参数与信息，需要同时按多点的信息实行操作控制，于是出现了气动、电动系列的单元组合式仪表，出现了集中控制室。

生产现场各处的参数通过统一的模拟信号，例如 0.02～0.1MPa 的气压信号，0～10mA、4～20mA 的直流电流信号，1～5V 的直流电压信号等，送往集中控制室，在控制盘上连接。操作人员可以坐在控制室纵观生产流程各处的状况，并可以把各单元仪表的信号按需要组合，连接成不同类型的控制系统。

由于模拟信号的传递需要一对一的物理连接，信号变化缓慢，提高计算速度与精度的开销、难度都较大，信号传输的抗干扰能力也较差，因此人们开始寻求用数字信号取代模拟信号，从而出现了直接数字控制。由于当时数字计算机的技术尚不发达，计算机价格昂贵，人们企图用一台计算机取代尽可能多的控制室仪表，于是出现了集中式数字控制系统。但当时计算机的可靠性还较差，一旦计算机出现某种故障，就会造成所有相关控制回路瘫痪、生产停顿的严重局面，这种危险集中的系统结构很难为企业所接受。

随着计算机可靠性的提高及其价格的大幅度下降，出现了数字调节器、可编程控制器PLC以及由多个计算机递阶构成的集中与分散相结合的集散控制系统。这就是今天正在被许多企业采用的 DCS 系统。在 DCS 系统中，测量变送仪表一般为模拟仪表，因而它是一种模拟数字混合系统。这种系统在功能、性能上较模拟仪表、集中式数字控制系统有了很大进步，可在此基础上实现装置级、车间级的优化控制。但是在 DCS 系统形成的过程中，由于受计算机系统早期存在的系统封闭的缺陷影响，各厂家的产品自成系统，不同厂家的设备不能互连在一起，所以难以实现互换与互操作，组成更大范围信息共享的网络系统存在很多困难。

控制网络则突破了 DCS 系统中因专用网络的封闭造成的缺陷，采用开放化、标准化的解决方案，把来自不同厂商而遵守同一协议规范的自动化设备连接成控制网络，组合成各类控制系统，实现综合自动化的各种功能。这就是新型的网络控制系统。它改变了 DCS 系统中模拟、数字信号混合，一个简单控制系统的信号传递需历经从现场到控制室，再从控制室到现场的往返专线传递过程。由于控制网络中作为节点的现场仪表具备通信与数字计算能力，依靠几个位于生产现场的控制设备之间的数据通信便可支持多种控制功能，因而这种在控制网络支持下完全在生产现场形成的控制系统结构，又称为全分布式控制系统。

应该指出的是，在发展日新月异的时代，控制系统的结构形式也不是一成不变的。控制网络技术的出现与发展，对 DCS 系统造成了强大的影响与冲击，制造商正在改变 DCS 的结构，使其朝着开放、兼容的方向前进。

1.2.2 网络控制系统的优点

由控制网络构成的网络控制系统与传统的控制系统相比具有以下几个优点。

首先，结构简单，安装、维护方便。传统模拟控制系统采用一对一的设备连线，它必须在位于现场的测量变送器与位于控制室的控制器之间，控制器与执行器、开关、电机之间进行一对一的物理连接。而网络控制系统则可以在一条双绞线挂接几个、几十个自控设备，这与传统设备间一对一的接线方式相比，可节省大量线缆、槽架、连接件。连线设计与接头校对的工作量也大大减少。当需要增加现场控制设备时，一般无需增设新的电缆，可就近连接在原有的电缆上，既节省了投资，也减少了设计、安装的工作量。有些网络控制技术还支持总线供电，通信总线在为多个自控设备传送数字信号的同时，还为这些设备传送直流工作电源。图 1-1 给出了网络控制系统与传统控制系统的结构。

第二，信息集成度高。控制网络采用总线式串行通信，除了传输测量控制的状态与数值信息外，还可提供管理信息，能实现各现场节点之间、现场节点与过程控制管理层之间的信息传递与沟通，并实现各种复杂的综合自动化功能。

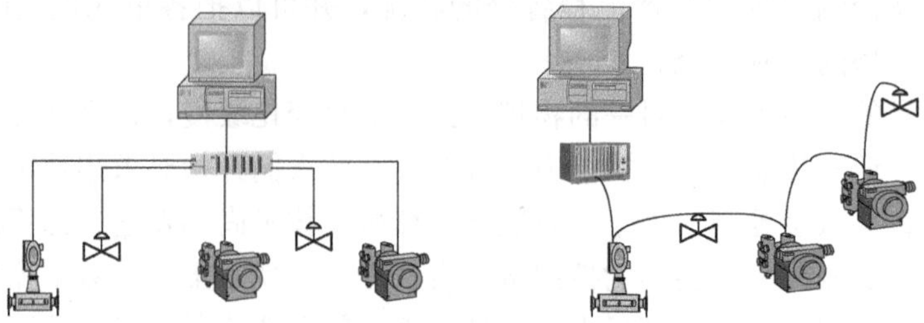

(a) (b)

图 1-1 网络控制系统与传统控制系统的结构比较

(a) 传统控制系统；(b) 网络控制系统

第三，现场设备测控功能强。在网络控制系统中，现场控制仪表被植入微处理器，因此它具有数字计算和数字通信能力。这一方面提高了信号的测量、控制和传输精度，另一方面丰富了控制信息，并可实现信息的远程传输；还可提供参数调整、故障诊断、阀门开关的动作次数等信息，便于操作管理人员更好、更深入地了解生产现场和自控设备的运行状态。在图 1-1（b）中位于现场的测量变送仪表与阀门等执行机构之间直接借助网络传送信号，控制系统功能可直接在现场完成，实现了彻底的分散到现场的控制系统功能，而不依赖控制室的计算机或控制仪表。

第四，便于实现远程监控。控制网络的出现，打破了自动化系统原有的信息孤岛的僵局，为工业数据的集中管理与远程传送，为自动化系统与其他信息系统的沟通创造了条件。控制网络跟办公网络和 Internet 的结合拓宽了控制系统的视野与作用范围，为实现企业的管理控制一体化、实现远程监视与操作提供了基础条件。

1.3 控制网络与信息网络的关系

1.3.1 控制网络与信息网络的区别

控制网络技术源于计算机网络技术，又与一般的信息网络有许多不同。控制网络应用于工业现场环境，在现场设备之间、现场设备与计算机之间传递测量控制信息，最终实现监视控制现场设备的目的。它不同于以传输信息和资源共享为目的的信息网络，具有自己的独到之处。控制网络与信息网络的不同主要表现在以下三个方面。

（1）控制网络具有较高的数据传输实时性和系统响应实时性。一般情况下，信息网络的响应时间要求为 2.0～6.0s，甚至有时可以忽略；而过程控制系统的响应时间要求为 0.01～0.5s，制造自动化系统的响应时间要求为 0.5～2.0s。

（2）控制网络具有较强的环境适应性和较高的可靠性。工业现场环境相对比较恶劣。控制网络应具有在高温、振动、腐蚀，特别是在电磁干扰的工业环境中长时间、连续、可靠地传输数据的能力，并能抵抗工业电网的浪涌、跌落和尖峰干扰；在易燃易爆的场合具有本质安全特性。

(3) 控制网络必须解决多家公司产品和系统在同一网络中的相互兼容问题，即互操作性的问题。

1.3.2 控制网络与信息网络的集成

工业企业网络一般包含处理工业控制系统管理与决策信息的信息网络和处理控制现场实时测控信息的控制网络两部分。信息网络一般处于企业中上层，处理大量的、变化的、多样的信息，具有高速、综合的特征。控制网络主要位于企业中下层，处理实时的、现场的信息，具有实时性强、安全可靠等特征。

将控制网络和信息网络集成主要基于以下几点考虑。

1）可以建立企业综合实时信息库，为企业的优化控制、调度决策提供依据；

2）可以建立分布式数据库管理系统，保证数据的一致性、完整性和可操作性；

3）可以实现对现场设备及控制网络的远程监控、优化调度及远程诊断等功能；

4）可以实现控制网络的远程软件维护与更新功能；

5）可以将测控网络连接到更大的网络系统中，如 Intranet、Extranet 和 Internet。

控制网络和信息网络集成，可以通过以下几种方式加以实现。

1. 采用硬件实现

在控制网络和信息网络之间加入中继器、网桥、路由器等专门设备，把控制网络和信息网络集成起来。硬件设备可以是一台专门的计算机，依靠其中运行的软件完成数据包的识别、解释和转换；硬件设备还可以是一块智能接口网卡，完成现场总线设备与以太网中监控计算机之间的数据通信。这种集成方式功能较强，但实时性较差。信息网络一般是采用 TCP/IP 协议的以太网，而 TCP/IP 没有考虑数据传输的实时性。当现场设备有大量信息上传或远程监控操作频繁时，转换接口将成为实时通信的瓶颈。

2. 采用 DDE 技术实现

当控制网络和信息网络之间有一个共享工作站或通信处理机时，可采用动态数据交换技术（Dynamic Data Exchange，DDE）方式实现两者的集成。

通信处理机既是信息网络上的一个工作站，也是控制网络的一个工作站或分布式控制系统的上位机。通信处理机完成控制网络和信息网络的动态数据交换任务。Windows 动态数据交换系统实际上是一种协议，DDE 协议使用共享内存的方式在应用程序之间传输数据，完成应用程序之间的数据交换。

这种 DDE 集成方式具有较强的实时性，而且比较容易实现，可以采用 Windows 技术，但是协议转换较复杂，软件开销比较大，只适合配置简单的小系统。

3. 采用统一的协议标准实现

采用统一的协议标准是实现控制网络和信息网络完全集成的最好办法。由于控制网络和信息网络采用了面向不同应用的协议标准，因此两者的集成需要进行某种数据格式的转换，这将使系统复杂化，也不能保证数据的完整性。如果控制网络的协议提高其传输速度，信息网络的协议提高其实时性，两者的兼容性就会提高，二者可以合而为一。

如现在工业控制领域比较流行的工业以太网。它是在以太网技术和 TCP/IP 技术的基础上开发出来的一种控制网络，可以方便地实现与 Internet 的集成。目前工业以太网协议有多种，如 ProfiNet、HES、Ethernet/IP、ModbusTCP 等，要广泛应用于工业控制还有很多具体的问题需要解决。

4. 采用数据库访问技术实现

当控制网络采用以太局域网时，控制网络中的工作站可采用 Windows 操作系统平台。信息网络一般采用开发数据库系统，这样可以方便地通过数据库访问技术实现控制网络和信息网络的集成。信息网络 Intranet 的一个浏览器接入控制网络，通过 web 技术，该浏览器可与信息网络数据库进行动态的、交互式的信息交换，实现控制网络和信息网络的集成。

5. 采用 OPC 技术实现

OPC（OLE for Process Control）技术是由世界上多个自动化公司、软硬件供应商与微软合作开发的一套数据交换接口的工业标准，它能够为现场设备、自动控制应用、企业管理应用软件之间提供开放、一致的接口规范，为来自不同供应商的软硬件提供“即插即用”的连接。OPC 在软件之间建立单一的数据访问规范，这个接口规范不但能够应用于单台计算机，而且可以支持网络上的分布应用程序之间的通信和不同平台上应用程序之间的通信，该技术完全支持分布应用和异构环境下应用程序之间的无缝集成和互操作性。

OPC 技术的主要特点是“即插即用”。它采用标准方式配置硬件和软件接口，一个设备可以很容易地加入现有系统并立即使用，不需要复杂的配置，且不会影响现有的系统。

1.4 控制网络的发展

目前的控制网络技术主要有现场总线技术和工业以太网技术。

现场总线技术产生于 20 世纪 80 年代，但对它的研究开发却是近年之举。这一方面是因为信息时代各项技术的发展对自动化系统提出了新的要求，促进了该领域的网络化、信息化进程；另一方面也是出于它本身所蕴涵的技术潜力。欧洲、北美、亚洲的许多国家都投入巨额资金与人力研究开发该项技术，出现了现场总线技术与产品百花齐放、兴盛发展的态势。

随着现场总线技术的发展，形成了各式各样的企业、国家、地区及国际标准。单就国际标准而言，国际标准化组织 ISO、IEC 都卷入了该项标准的制定。但由于行业、地域发展历史和商业利益的驱使以及种种经济社会的复杂原因，总线标准的制定工作并非一帆风顺。在历经了 10 多年的艰难历程和波及全球的现场总线标准大战之后，迎来的依然是多种总线并存的尴尬局面。目前共有 13 种现场总线国际标准：IEC 61158 的 8 种、IEC 62026 的 4 种和 ISO 的 1 种现场总线标准。

与 DCS 系统相比，现场总线技术具有明显的优势，曾被认为是 21 世纪控制系统的主流，但随着控制网络技术的发展，也暴露出许多问题。现场总线的开放性是有条件的、不彻底的，它没有统一的标准。不同总线的技术侧重点不同，各有针对的领域，缺乏可以满足不同工业应用要求、为各工业领域所普遍接受的统一的现场总线标准，不同总线设备之间难以实现互操作与互换，现场总线与信息网络无缝集成难度大。人们开始不断完善现场总线技术，寻找新的出路，开始关注以太网。

20 世纪 90 年代中期，当现场总线大战正浓时，以太网开始逐渐进入工业控制领域。由于以太网基于 TCP/IP 技术，具有技术成熟、成本低廉、通信速率高，易与信息网络无缝集成等特点，它被人们认为是未来控制网络的最佳解决方案。目前，在国际上有多个组织从事工业以太网的标准化工作。2001 年 9 月，我国科技部发布了基于高速以太网技术的现场总线设备研究项目，其目标是攻克应用于工业控制现场的高速以太网的关键技术，其中包括解决以太网通信的实时性、可互操作性、可靠性、抗干扰性和本质安全等问题，同时研究开发相关高速以太网技术的现场设备、网络化控制系统和系统软件。工业以太网已初具雏形，但还不完善，尚待补充。

就目前控制网络发展趋势来看，未来一段时间控制网络技术仍将处于多种现场总线标准共存、现场总线与工业以太网共存的局面，但控制网络向标准统一、结构简单、安全可靠、真正开放的方向发展是大势所趋。

第 2 章 CAN

20 世纪 80 年代初，德国的 BOSCH 公司就提出了用 CAN（Controller Area Network）控制器局域网络来解决汽车内部微控制器之间的通信问题。目前，其应用范围已不再局限于汽车工业，而向过程控制、纺织机械、机器人、数控机床、医疗器械及传感器等领域发展。CAN 总线以其独特的设计，成本低、可靠性高、实时性高、抗干扰能力强等特点得到了广泛的应用。

1993 年 11 月，ISO 正式颁布了道路交通运输工具、数据信息交换、高速通信控制器局域网的标准 ISO 11898 CAN 高速应用标准，ISO 11519 CAN 低速应用标准，这为控制器局域网的标准化、规范化铺平了道路。CAN 总线具有如下特点。

（1）CAN 为多主方式工作，网络上任一节点均可在任意时刻主动地向网络上的其他节点发送信息，而不分主从，通信方式灵活，且无需站地址等节点信息。利用这一特点可方便地构成多机备份系统。

（2）CAN 网络上的节点信息分成不同的优先级，可满足不同的实时要求，高优先级的数据最多可在 134μs 内得到传输。

（3）CAN 采用非破坏性总线仲裁技术。当多个节点同时向总线发送信息时，优先级较低的节点会主动地退出发送，而最高优先级的节点可不受影响地继续传输数据，从而大大节省了总线冲突仲裁时间。尤其是在网络负载很重的情况下也不会出现网络瘫痪情况。

（4）CAN 只需通过报文滤波即可实现点对点、一点对多点及全局广播等几种方式传送接收数据，无需专门的“调度”。

（5）CAN 的直接通信距离最远可达 10km（速率 5kb/s 以下）；通信速率最高可达 1Mb/s（此时通信距离最长为 40m）。

（6）CAN 上的节点数主要取决于总线驱动电路，目前可达 110 个；报文标识符可达 2032 种（CAN 2.0A）；而扩展标准（CAN 2.0B）的报文标识符几乎不受限制。

（7）CAN 采用短帧结构，传输时间短，抗干扰能力强，具有极好的检错效果。

（8）CAN 的每帧信息都有 CRC 校验及其他检错措施，大大降低了数据的出错率。

（9）CAN 的通信介质可为双绞线、同轴电缆或光纤，选择灵活。

（10）CAN 节点在错误严重的情况下具有自动关闭输出功能，以使总线上其他节点的操作不受影响。

2.1 CAN 通信技术

控制器局域网（CAN）为串行通信协议，能有效地支持具有很高安全等级的分步实时控制。CAN 的应用范围很广，从高速的网络到低价位的多路接线都可以使用 CAN。在汽车电子行业里，使用 CAN 连接发动机控制单元、传感器、防刹车系统等，其传输速度可达 1Mb/s。同时，可将 CAN 安装在卡车本体的电子控制系统中，诸如车灯组、电气车窗等，用以代替接线配线装置。

制定技术规范的目的是为了在任何两个 CAN 仪器之间建立兼容性。可是，兼容性有不同的方面，比如电气特性和数据转换的解释。为了达到设计的透明度以及实现柔韧性的目的，CAN 被分为以下不同的层次。

CAN 对象层（The Object Layer）。

CAN 传输层（The Transfer Layer）。

物理层（The Physical Layer）。

对象层和传输层包括所有由 ISO/OSI 模型定义的数据链路层的服务和功能。物理层的作用是在不同节点之间根据所有的电气属性进行位信息的实际传输。

2.1.1　CAN 总线的相关概念

1. 报文

总线上的信息以不同格式的报文发送，但长度有限制。当总线开放时，任何连接的单元均可开始发送一个新报文。

2. 信息路由

在 CAN 系统中，一个 CAN 节点不使用有关系统结构的任何信息（如站地址）。这里包含一些重要概念。

（1）系统灵活性。不需要改变任何节点的应用层及相关的软件或硬件，就可以在 CAN 网络中直接添加节点。

（2）报文路由。一个报文的内容由其标识符 ID 命名。ID 并不指出报文的目的地，但描述数据的含义，以便网络中的所有节点有可能借助报文滤波决定该数据是否使它们激活。

（3）多点传送。由于采用了报文滤波，所有节点均可接收报文，并同时被相同的报文激活。

（4）数据一致性。在 CAN 网络内，可以确保报文同时被所有节点或者没有节点接收，因此，系统的数据相容性是借助于多点传送和出错处理达到的。

3. 位速率

CAN 的数据传输率在不同的系统中是不同的，而在一个给定的系统中，此速度是唯一的，并且是固定的。

4. 优先权

在总线访问期间，标识符 ID 定义了一个报文静态的优先权。

5. 远程数据请求

通过发送一个远程帧，需要数据的节点可以请求另一个节点发送一个相应的数据帧，该数据帧与对应的远程帧以相同标识符 ID 命名。

6. 多主站

当总线开放时，任何单元均可开始发送报文，发送具有最高优先权报文的单元，以赢得总线访问权。

7. 仲裁

当总线开放时，任何单元均可开始发送报文。若有两个或两个以上单元同时开始发送报文，就会发生总线访问冲突。通过对标识符 ID 进行逐位仲裁可以解决这个冲突，这种仲裁机制可以确保信息和时间均无损失。若具有相同标识符的一个数据帧和一个远程帧同时发送，数据帧优先于远程帧。仲裁期间，每一个发送器都将发送的位电平与总线上检测到的电平进行比较，若相同则该单元可继续发送。当发送一个“隐性”电平（recessive level），而在总线上检测为“显性”电平（dominant level）时，该单元退出仲裁，并不再传送后续位。

8. 故障界定

CAN 节点有能力识别永久性故障和短暂扰动，可自动关闭故障节点。

9. 单通道

总线由可进行双向位传送的单一通道组成，它借助数据重同步实现信息传输。在 CAN 技术规范中，实现这种通道的方法不是固定的，例如，可以使用单线（加接地线）、两条差分连线、光纤等。

10. 总线数值表示

总线上具有两种互补逻辑数值：显性电平或隐性电平。在显性位与隐性位同时发送期间，总线上数值将是显性位。例如，在总线的“线与”操作情况下，显性位由逻辑“0”表示，隐性位由逻辑“1”表示。在 CAN 技术规范中未给出表示这种逻辑电平的物理状态（如电压、光、电磁波等）。

11. 应答

所有接收器均对接收报文的一致性进行检查，应答一个一致报文，并标注一个不一致报文。

2.1.2 CAN 的通信参考模型

为使设计透明和执行灵活，遵循 ISO/OSI 标准模型，CAN 分为数据链路层（包括逻辑链路控制子层 LLC 和媒体访问控制子层 MAC）和物理层，而在 CAN 技术规范 2.0A 的版本中，数据链路层的 LLC 和 MAC 子层的服务和功能被描述为“对象层”和“传输层”。CAN 的分层结构和功能如图 2-1 所示。

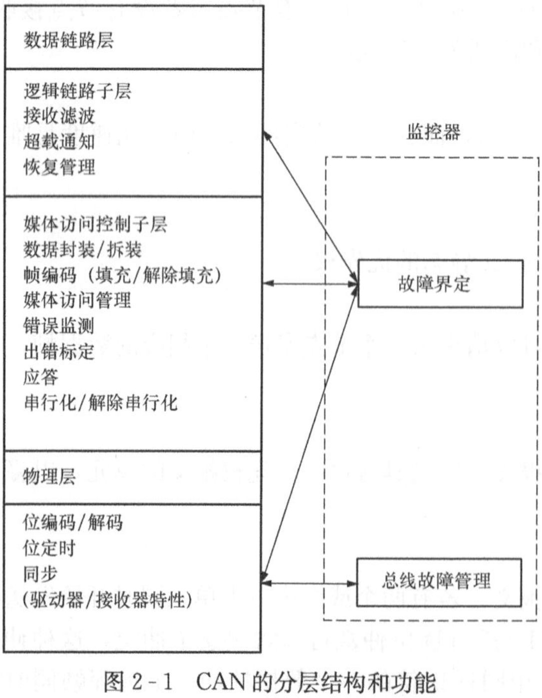

图 2-1 CAN 的分层结构和功能

LLC 子层的主要功能是为数据传送和远程数据请求提供服务，确认由 LLC 子层接收的报文实际已被接收，并为恢复管理和通知超载提供信息。在定义目标处理时，存在许多灵活性。

MAC 子层的主要功能是控制帧结构、执行仲裁、错误检测、出错标定和故障界定。MAC 子层要为开始一次新的发送确定总线是否开放或者是否马上开始接收。位定时特性也是 MAC 子层的一部分。MAC 子层特性不存在修改的灵活性。物理层的功能是有关全部电气特性在不同节点间的实际传送。自然，在一个网络内，物理层的所有节点必须是相同的。然而，在选择物理层时存在很大的灵活性。

2.1.3 报文传输

在进行数据传送时，发出报文的单元

称为该报文的发送器。如果一个单元不是报文发送器，并且总线不处于空闲状态，则该单元为接收器。

对于报文发送器和接收器，报文的实际有效时刻是不同的。对于发送器而言，如果直到帧结束末尾一直未出错，则报文有效；如果报文受损，将允许按照优先权顺序自动重发送。为了能同其他报文进行总线访问竞争，总线一旦空闲，重发送立即开始。对于接收器而言，如果直到帧结束的最后一位一直未出错，则报文有效。

帧格式有两种，不同之处为标识符的长度：含有 11 位标识符的帧称为标准帧；含有 29 位标识符的帧为扩展帧。标准格式和扩展格式的数据帧结构如图 2-2 所示。

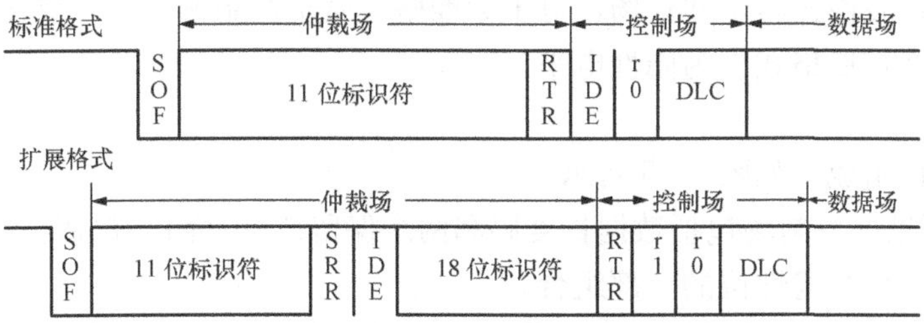

图 2-2 标准格式和扩展格式数据帧

报文传送由四种不同类型的帧表示：数据帧、远程帧、错误帧和超载帧。数据帧携带数据由发送器至接收器；远程帧通过总线单元发送，以请求发送具有相同标识符的数据帧；错误帧由检测出总线错误的任何单元发送；超载帧用于提供当前的和后续的数据帧的附加延迟。

数据帧和远程帧可以使用标准帧和扩展帧两种格式。它们用一个帧空间与当前帧分开。下面分别介绍一下四种帧的结构形式。

一、数据帧

数据帧由 7 个不同的位场组成，即帧起始、仲裁场、控制场、数据场、CRC 场、应答场和帧结束。数据场长度可为 0。报文数据帧的组成如图 2-3 所示。

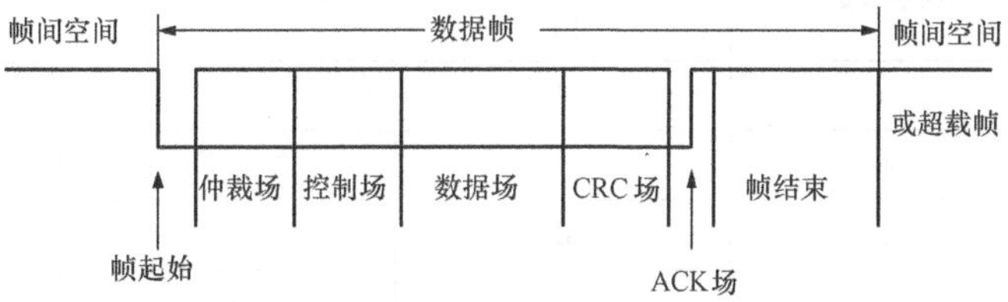

图 2-3 数据帧的组成

1. 帧起始（SOF）

帧起始（SOF）标志数据帧和远程帧的起始，它仅由一个显性位构成。只有在总线处于空闲状态时，才允许站点开始发送。所有站都必须同步于首先开始发送的那个站的帧起始前沿。

2. 仲裁场

仲裁场由标识符和远程发送请求位（RTR）组成。仲裁场的组成如图 2-4 所示。

对于 CAN 2.0A 标准，标识符的长度为 11 位，这些位以从高位到低位的顺序发送，最低位为 ID.0，其中最高 7 位（ID.10～ID.4）不能全为隐性位。

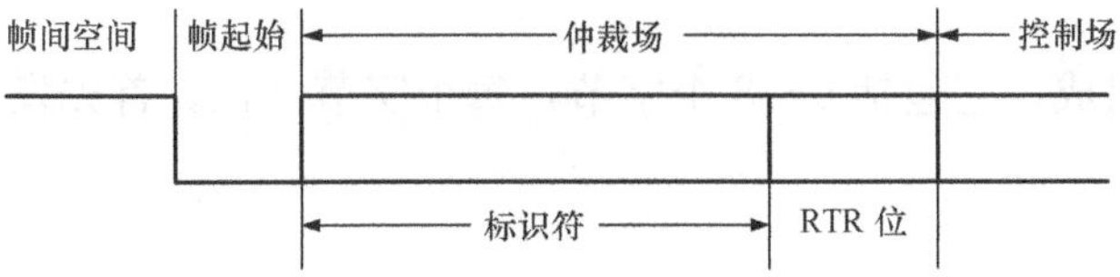

图 2-4 仲裁场的组成

RTR 位在数据帧中必须是显性位，而在远程帧中必须为隐性位。

对于 CAN2.0B，标准格式和扩

展格式的仲裁场格式不同。在标准格式中，仲裁场由 11 位标识符和远程发送请求位 RTR 组成，标识符值为 ID. 28～ID. 18；而在扩展格式中，仲裁场由 29 位标识符和替代远程请求 SRR 值、标识位和远程发送请求位组成，标识符位为 ID. 28～ID. 0。

为区别标准格式和扩展格式，将 CAN 2.0A 标准中的保留位 r1 改记为 IDE 位。在扩展格式中，先发送基本 ID，其后是 IDE 位和 SRR 位。扩展 ID 在 SRR 位后发送。

SRR 位为隐性位，在扩展格式中，它在标准格式的 RTR 位上被发送，并替代标准格式中的 RTR 位。这样，标准格式和扩展格式的冲突由于扩展格式的基本 ID 与标准格式的 ID 相同而得以解决。

IDE 位对于扩展格式属于仲裁场，对于标准格式属于控制场。IDE 位在标准格式中以显性电平发送，而在扩展格式中为隐性电平。

3. 控制场

控制场由 6 位组成，如图 2-5 所示。

由图 2-5 可见，控制场包括数据长度码和两个保留位，这两个保留位必须发送显性位，但接收器认可显性位与隐性位的全部组合。

数据长度码 DLC 指出数据场的字节数目。数据长度码为 4 位，在控制场中被发送。数据长度码中数据字节数目编码如表 2-1 所示，其中：d 表示显性位，r 表示隐性位。数据字节的允许使用数目为 0～8，不能使用其他数值。

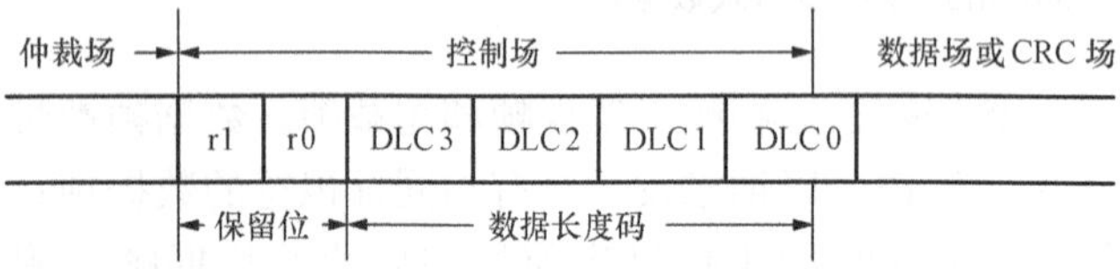

图 2-5 控制场的组成

表 2-1 数据长度码的编码形式

数据字节数目	数据长度码			
	DLC3	DLC2	DLC1	DLC0
0	d	d	d	d
1	d	d	d	r
2	d	d	r	d
3	d	d	r	r
4	d	r	d	d
5	d	r	d	r
6	d	r	r	d
7	d	r	r	r
8	r	d	d	d

4. 数据场

数据场由数据帧中被发送的数据组成，它包括 0～8 个字节，每个字节 8 位。首先发送的是最高有效位。

5. CRC 场

CRC 场包括 CRC 序列，后随 CRC 界定符。CRC 场结构如图 2-6 所示。

CRC序列由循环冗余校验求得的帧检查序列组成，最适用于位数小于127（BCH码）的帧。为实现CRC计算，被除的多项式系数由包括帧起始、仲裁场、控制场、数据场（若存在的话）在内的无填充的位流给出，其15个最低位的系数为0。此多项式被发生器产生的下列多项式除（系数为模2运算）：

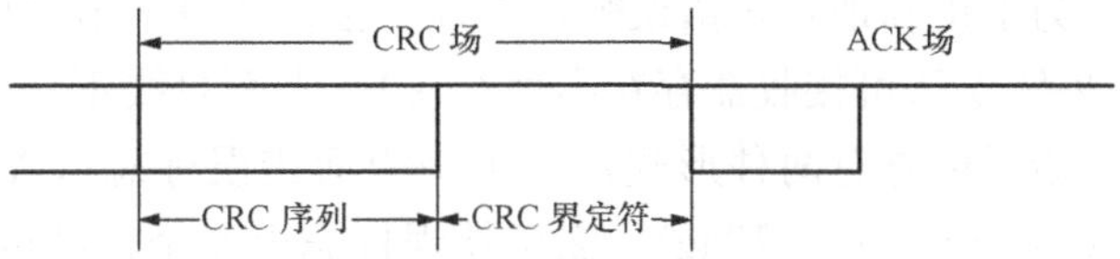

图2-6　CRC场结构

$$X^{15}+X^{14}+X^{10}+X^{8}+X^{7}+X^{4}+X^{3}+1$$

该多项式除法的余数即为发向总线的CRC序列。为完成此运算，可以使用一个15位移位寄存器CRC-RG。CRC序列后面是CRC界定符，它只包括一个隐性位。

6. 应答场（ACR）

应答场（ACR）由两位构成，分别是应答间隙和应答界定符，如图2-7所示。

在应答场中，发送器送出两个隐性位。一个正确地接收到有效报文的接收器，在应答间隙，将此信息通过发送一个显性位报告给发送器。所有接收到匹配CRC序列的站，通过在应答间隙内把显性位写入发送器的隐性位来报告。

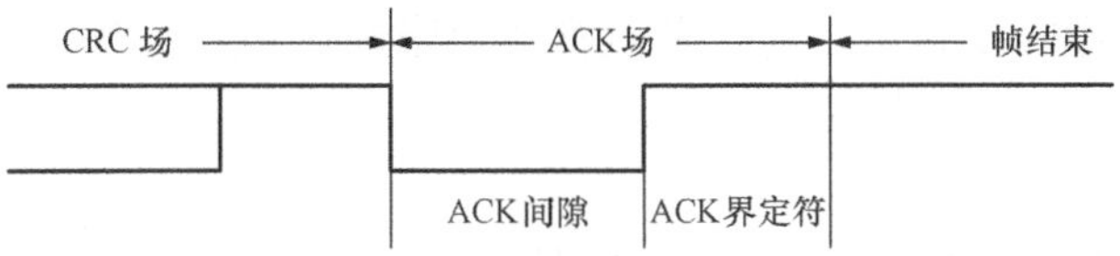

图2-7　应答场组成

应答界定符是应答场的第二位，并且必须是隐性位，因此，应答间隙被两个隐性位（CRC界定符和应答界定符）包围。

7. 帧结束

每个数据帧和远程帧均由7个隐性位组成的标志序列界定。

二、远程帧

作为某数据接收器的站通过发送远程帧可以启动其资源节点传送数据。远程帧由6个不同的位场组成，即帧起始、仲裁场、控制场、CRC场、应答场和帧结束。

与数据帧相反，远程帧的RTR位是隐性位。远程帧不存在数据场。DLC的数据值是独立的，它可以是0～8中的任何数值，这一数值为对应数据帧的DLC。远程帧的组成如图2-8所示。

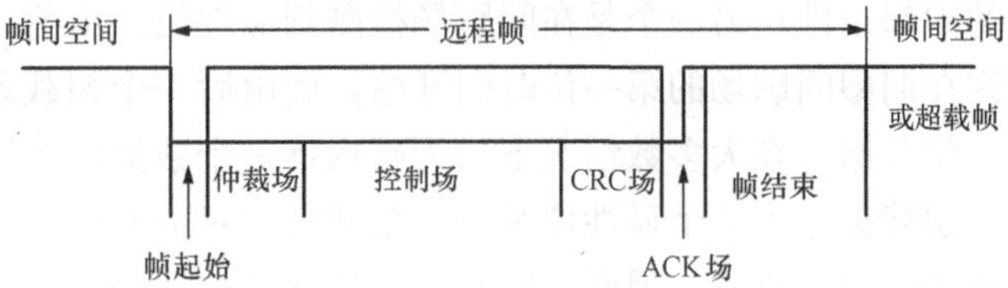

图2-8　远程帧的组成

三、错误帧

错误帧由两个不同场组成，第一个场由来自各站的错误标志叠加得到，后随的第二个场是出错界定符。错误帧的组成如图2-9所示。

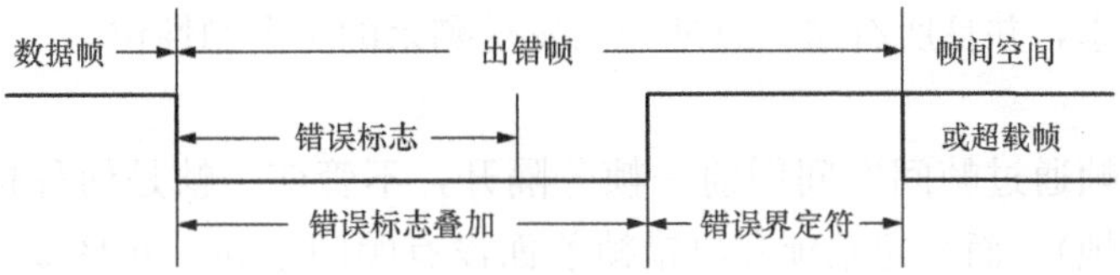

图2-9　错误帧的组成

为了正确地终止错误帧，一种“错误认可”节点可以使总线处于空闲状态至少3位时间（如果错误认可接收器存在本地错误），因而总线不允许被加载至100%。

错误标志有两种形式：一种是激活错误标志（Active Error Flag）；一种是认可错误标志（Passive Error Flag）。激活错误标志由6个连续的显性位组成；而认可错误标志由6个连续的隐性位组成，它可被来自其他节点的显性位改写。

一个检测到错误状态的“错误激活”节点通过发送一个激活出错标志来指示出错。这一出错标志在格式上违背了由帧起始至CRC界定符的位填充规则，破坏了应答场或帧结束场的固定格式，因而其他节点将检测到错误状态并发送出错标志。这样，在总线上监视到的显位序列是由各个节点单独发送的出错标志叠加而成的。该序列的总长度在最小值6位至最大值12位之间变化。

一个检测到错误状态的“错误认可”节点试图发送一个错误认可标志来指明出错。该错误认可节点以认可错误标志为起点，等待6个相同极性的连续位。当检测到6个相同的连续位后，认可错误标志即告完成。

错误界定符包括8个隐性位。错误标志发送后，每个节点都送出隐性位，并监视总线，直到检测到隐性位，然后开始发送剩余的7个隐性位。

四、超载帧

超载帧包括两个位场：超载标志和超载界定符，如图2-10所示。

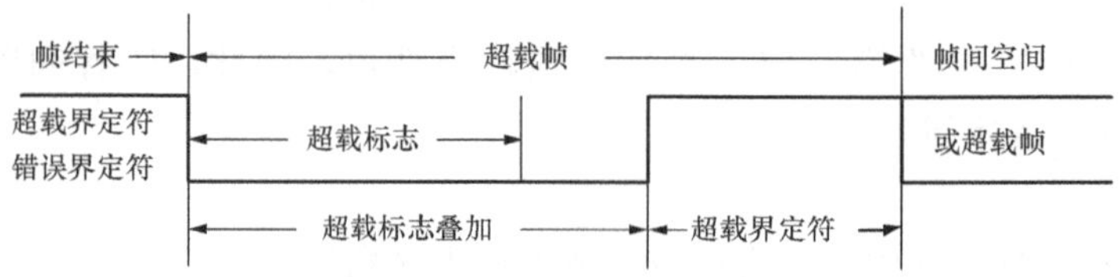

图2-10 超载帧的组成

存在两种导致发送超载标志的超载条件：一个是要求延迟下一个数据帧或远程帧的接收器的内部条件；另一个是在间歇场检测到显性位。由前一个超载条件引起的超载帧起点，仅允许在期望间歇场的第一位时间开始，而由后一个超载条件引起的超载帧在检测到显性位的后一位开始。在大多数情况下，为延迟下一个数据帧或远程帧，两种超载帧均可产生。

超载标志由6个显性位组成。全部形式对应于活动错误标志形式。超载标志形式破坏了间歇场的固定格式，因而，所有其他站都将检测到一个超载条件，并且由它们开始发送超载标志（在间歇场第三位期间检测到显性位的情况下，节点将不能正确理解超载标志，而将6个显性位的第一位理解为帧起始）。第6个显性位违背了引起出错条件的位填充规则。

超载界定符由8个隐性位组成。超载界定符与错误界定符具有相同的形式。发送超载标志后，站监视总线直到检测到由显性位到隐性位的发送。在此站点上，总线上的每一个站均完成送出其超载标志，并且所有站一致地开始发送剩余的7个隐性位。

五、帧间空间

数据帧和远程帧通过帧间空间同前一帧分隔开，不管前一帧是何种帧（数据帧、远程帧、出错帧或超载帧）。而在超载帧和出错帧前面没有帧间空间，并且多个超载帧前面也不被帧间空间分隔。

帧间空间包括间歇场和总线空闲场，对于前面已经发送报文的“错误认可”站还有暂停发送场。对于非“错误认可”或已经完成前面报文的接收器，其帧间空间如图2-11所示；对于已经完成前面报文发送的“错误认可”站，其帧间空间如图2-12所示。

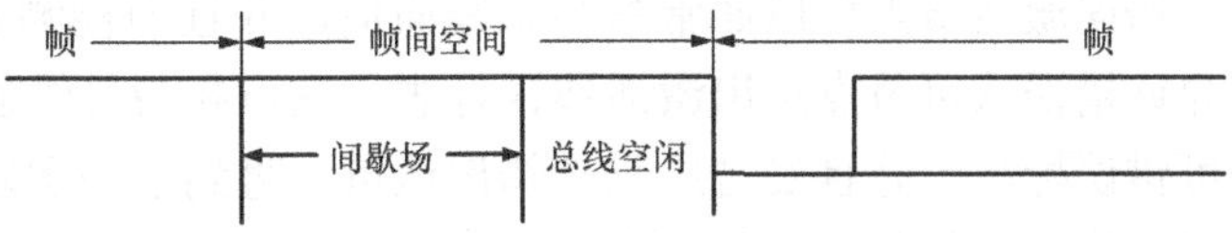

图2-11　非“错误认可”帧间空间

间歇场由3个隐性位组成。间歇期间，不允许启动发送数据帧或远程帧，它仅起标注超载条件的作用。

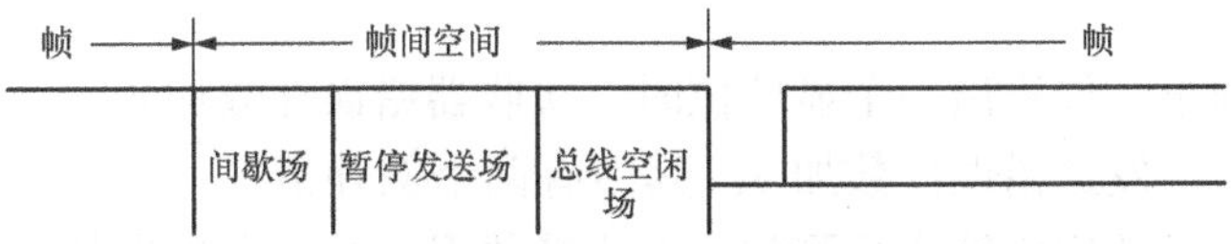

图2-12　“错误认可”帧间空间

总线空闲周期可为任意长度。此时，总线是开放的，因此任何需要发送的站均可访问总线。在其他报文发送期间，暂时被挂起的待发送报文紧随间歇场从第一位开始发送。此时总线上的显性位被理解为帧起始。

暂停发送场是指错误认可站发完一个报文后，在开始下一次报文发送或认可总线空闲之前，它紧随间歇场后送出8个隐性位，如果其间开始一次发送（由其他站引起），本站将变为报文接收器。

2.1.4　错误类型和界定

1. 错误类型

在CAN总线中存在五种错误类型。

(1) 位错误。向总线送出一位的某个单元同时也在监视总线，当监视到总线位数值与送出的位数值不同时，则在该位时刻检测到一个位错误。其中例外情况是，在仲裁场的填充位流期间或应答间隙送出隐性位而检测到显性位时，不视为位错误。送出认可错误标注的发送器，在检测到显性位时，也不视为位错误。

(2) 填充错误。在使用位填充方法进行编码的报文中，出现了第6个连续相同的位电平时，将检出一个位填充错误。

(3) CRC错误。CRC序列是由发送器CRC计算的结果组成的。接收器以与发送器相同的方法计算CRC。如计算结果与接收到的CRC序列不相同，则检出一个CRC错误。

(4) 格式错误。当固定形式的位场中出现一个或多个非法位时，则检出一个格式错误。

(5) 应答错误。在应答间隙，发送器未检测到显性位时，则由它检出一个应答错误。

检测错误状态的站通过发送错误标志进行标定。当任何站检出位错误、填充错误、格式错误或应答错误时，由该站在下一位开始发送出错标志。

当检测到CRC错误时，错误标志在应答界定符后面那一位开始发送，除非其他错误条件的错误标志已经开始发送。

在CAN总线中，任何一个单元可能处于下列三种故障状态之一：错误激活（Error Active）、错误认可（Error Passive）和总线关闭。

检测到错误状态的节点通过发送出错标志进行标定。对于错误激活节点，其为激活错误标志；而对于错误认可节点，其为认可错误标志。

错误激活节点可以照常参与总线通信，并且当检测到错误时，送出一个活动错误标志。不允许错误认可节点送出激活错误标志。它可参与总线通信，但当检测到错误时，只能送出认可错误标志，并且发送后仍被错误认可，直到下一次发送初始化。总线关闭状态不允许单元对总线有任何影响（如输出驱动器关闭）。

2. 错误界定

为了界定故障，在每个总线单元中都设有两种计数：发送错误计数和接收错误计数。这些计数按照下列规则进行。

（1）接收器检出错误时，接收器出错计数加 1，除非所检测错误是发送活动错误标志或超载标志期间的位错误。

（2）接收器在发送错误标志后的第一位检出一个显性位时，接收器错误计数加 8。

（3）发送器送出一个错误标志时，发送错误计数加 8。其中有两个例外情况：一个是如果发送器为错误认可，由于未检测到显性位应答或检测到一个应答错误，并且在送出其认可错误标志时，未检测到显性位；另一个是如果由于仲裁期间发生的填充错误，此填充位应该为隐性位而检测到显性位，发送器送出一个错误标志。

在以上两种例外情况下，发送器错误计数不改变。

（4）发送器送出一个活动错误标志或超载标志时，它检测到位错误，则发送器错误计数加 8。

（5）接收器送出一个活动错误标志或超载标志时，它检测到位错误，则接收器错误计数加 8。

（6）在送出活动错误标志、认可错误标志或超载标志后，任何节点都允许多至 7 个连续的显性位。在检测的第 11 个连续的显性位后（在活动错误标志或超载标志情况下），或紧随认可错误标志检测到第 8 个连续的显性位后，以及附加的 8 个连续的显性位的每个序列后，每个发送器的发送错误计数都加 8，并且每个接收器的接收错误计数也加 8。

（7）报文成功发送后（得到应答，并且直到帧结束未出现错误），则发送错误计数减 1，除非它已经为 0。

（8）报文成功接收后（直到应答间隙无错误接收，并且成功地送出应答位），如果计数器处于 1 和 127 之间，则接收错误计数减 1。若接收错误计数为 0，则仍保持为 0；而若接收错误计数大于 127，则将其值计为 119～127 之间的某个数值。

（9）当发送错误计数器等于或大于 128，或者接收错误计数器等于或大于 128 时，节点变为错误认可节点。导致节点变为错误认可节点的错误条件是节点送出一个活动错误标志。

（10）当发送错误计数大于或等于 256 时，节点为总线关闭状态。

（11）当发送错误计数和接收错误计数两者均变成小于或等于 127 时，错误认可节点再次变为错误激活节点。

（12）在监测到总线上 11 个连续的隐性位出现 128 次后，总线关闭节点将变为两个错误计数器均为 0 的错误激活节点。

当错误计数器数值大于 96 时，说明总线被严重干扰。它提供测试此状态的一种手段。

若系统启动期间仅有一个节点在线，此节点发出报文后，将得不到应答，检出错误并重发该报文。它将会变为错误认可状态，但不会因此关闭总线。

2.1.5　位定时与同步

有关 CAN 总线中位定时要求掌握如下一些重要概念。

1. 正常位速率

在非重同步情况下，借助理想发送器每秒发出的位数。

2. 正常位时间

正常位速率的倒数。正常位时间可分为几个互不重叠的时间段。这些时间段包括同步段（SYNC-SEG）、传播段（PROP-SEG）、相位缓冲段 1（PHASE-SEG1）和相位缓冲段 2（PHASE-SEG2），如图 2-13 所示。

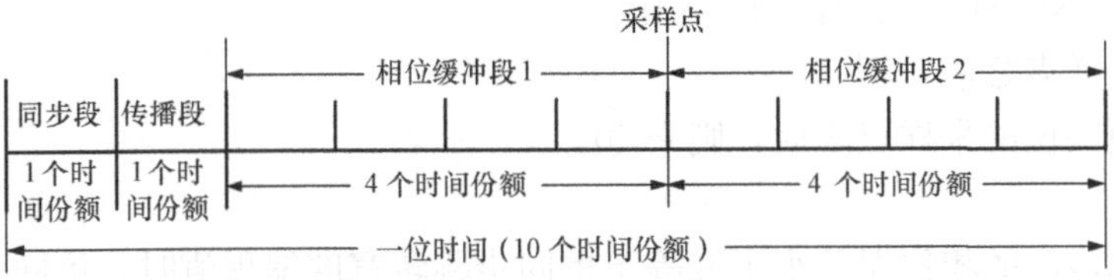

图 2-13　位时间的各组成部分

3. 同步段

同步段用于同步总线上的各个节点，为此，段内需要有一个跳变沿。

4. 传播段

传播段是指网络上用于传输的延迟时间，它是信号在总线上传播时间、输入比较器延迟和驱动器延迟之和的两倍。

5. 相位缓冲段 1 和相位缓冲段 2

用于补偿沿的相位误差，通过重同步，这两个时间段可被延长或缩短。

6. 采样点

读取总线电平并理解该位数值的时刻，它位于相位缓冲段 1 的终点。

7. 信息处理时间

由采样点开始，其后续的位电平用于理解该位数值。

8. 时间份额

由振荡器周期派生出的一个固定时间单元。存在一个可编程的预置比例因子，其整数值范围为 1～32，以最小时间份额为起点，时间份额可为：

$$\text{时间份额} = m \times \text{最小时间份额}$$

其中 m 为预置比例因子。

正常位时间中各时间段长度数值为：SYNC-SEG 为一个时间份额；PROP-SEG 可编程为 1～8 个时间份额；PHASE-SEG1 可编程为 1～8 个时间份额；PHASE-SEG2 长度为 PHASE-SEG1 和信息处理时间的最大值；信息处理时间长度小于或等于两个时间份额。在位时间中，时间份额的总数必须被编程为 8～25 范围内的值。

9. 硬同步

硬同步后，内部位时间从 SYNC-SEG 重新开始，因而，硬同步迫使由于硬同步引起的跳变沿处于重新开始的位时间同步段之内。

10. 重同步跳转宽度

由于重同步的结果，PHASE-SEG1 可被延长或 PHASE-SEG2 可被缩短。这两个相位缓冲段的延长或缩短的总和上限由重同步跳转宽度给定。重同步跳转宽度可编程为 1 和 min（4，PHASE-SEG1）之间的值。

时钟信息可由一位数值到另一位数值的跳转获得。由于总线上出现连续相同位的位数的最大值是确定的，这提供了在帧期间重新将总线单元同步于位流的可能性。可被用于重同步的两次跳变之间的最大长度为 29 个位时间。

11. 沿相位误差

沿相位误差由沿相对于 SYNC-SEG 的位置给定，以时间份额度量。相位误差的符号定义如下：

若沿处于 SYNC-SEG 之内，则 $e=0$；

若沿处于采样点之前，则 $e>0$；

若沿处于前一位的采样点之后，则 $e<0$。

12. 重同步

当引起重同步沿的相位误差小于或等于重同步跳转宽度编程值时，重同步的作用与硬同步相同。当相位误差大于重同步跳转宽度且相位误差为正时，则 PHASE-SEG1 延长总数为重同步跳转宽度。当相位误差大于重同步跳转宽度且相位误差为负时，则 PHASE-SEG2 缩短总数为重同步跳转宽度。

13. 同步规则

硬同步和重同步是同步的两种形式。它们遵从下列规则。

1）在一个位时间内仅允许一种同步；

2）只要在先前采样点上监测到的数值与总线数值不同，沿过后立即有一个沿用于同步；

3）在总线空闲期间，当存在一个隐性位至显性位的跳变沿时，则执行一次硬同步；

4）所有履行以上规则 1）和 2）的其他隐性位至显性位的跳变沿都将被用于重同步。例外情况是，对于具有正相位误差的隐性位至显性位的跳变沿将不会导致重同步。

2.1.6 CAN 总线的位值与通信距离

CAN 总线用“显性”和“隐性”两种互补的逻辑值表示“0”和“1”。当在总线上出现同时发送显性位和隐性位时，其结果是总线数值为显性（即“0”与“1”的结果为“0”）。总线上的位电平如图 2-14 所示。V_{CAN_H} 和 V_{CAN_L} 为 CAN 总线收发器与总线之间的两接口引脚，信号是以两线之间的“差分”电压形式出现的。在隐性状态下，V_{CAN_H} 和 V_{CAN_L} 被固定于平均电压电平附近，V_{diff} 近似为零。显性状态以大于最小阈值的差分电压表示。在显性位期间，显性状态改变隐性状态并发送。

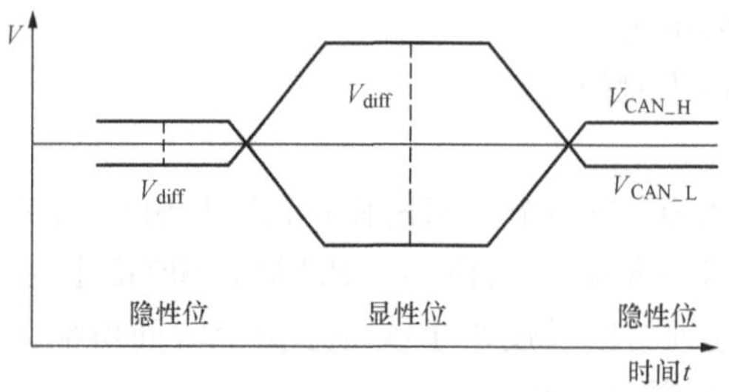

图 2-14　总线上的位电平

CAN 总线上任意两个节点之间的最大传输距离与其位速率有关，表 2-2 列举了相关的数据。

表 2-2　　CAN 总线系统任意两节点之间的最大距离

位速率（kb/s）	1000	500	250	125	100	50	20	10	5
最大距离（m）	40	130	270	530	620	1300	3300	6700	10000

这里的最大通信距离是指在同一条总线上两个节点之间的距离。

2.2 CAN 通 信 控 制 器

CAN 的通信协议由 CAN 通信控制器完成。CAN 通信控制器由实现 CAN 总线协议部分和跟微控制器接口部分的电路组成。对于不同型号的 CAN 总线通信控制器，实现 CAN 协议部分的结构和功能大都相同，而与微控制器接口部分的结构及方式存在一些差异。这里主要以 SJA1000 为代表对 CAN 控制器的结构、功能及应用加以介绍。

2.2.1 SJA1000 通信控制器

SJA1000 CAN 通信控制器是 Philips 公司于 1997 年推出的一种独立 CAN 总线控制器，它实现了 CAN 总线物理层和数据链路层的所有功能。SJA1000 是 PCA82C200 CAN 控制器的替代产品。PCA82C200 支持 CAN 2.0A 协议，可完成基本的 CAN 模式（BasicCAN）；而 SJA1000 可完成增强 CAN 模式（PeliCAN），这种模式支持具有很多特点的 CAN 2.0B 协议，适用于汽车和一般工业环境。

SJA1000 与 PCA82C200 相比，SJA1000 在技术上具有以下特点：

（1）引脚、电气特性、软件与 PCA82C200 兼容。

（2）增强 CAN 模式（PeliCAN）支持 CAN 2.0B 协议。

（3）具有 64 字节的 FIFO 扩展接收缓冲器。

（4）同时支持 11 位和 29 位标识符。

（5）位通信速率高达 1Mb/s。

（6）PeliCAN 模式下的扩展功能包括：

1）采用 24MHz 时钟频率；

2）支持多种微处理器接口；

3）可编程对 CAN 输出驱动进行配置；

4）单触发发送；

5）只听模式（无确认、无激活错误标志）；

6）支持热插拔（软件位速率检测）；

7）接收滤波器扩展为 4 字节编码，4 字节屏蔽；

8）自身报文的接收（自接收请求）；

9）工作温度范围扩展为－40～＋125℃；

10）带读写访问的错误计数器；

11）可编程的错误报警限制；

12）最近一次错误代码寄存器；

13）对每一个总线错误的中断；

14）带有位置细节信息的仲裁丢失中断。

1. SJA1000 总体说明

SJA1000 的结构框图如图 2-15 所示。

SJA1000 的引脚图见图 2-16，其引脚描述见表 2-3。

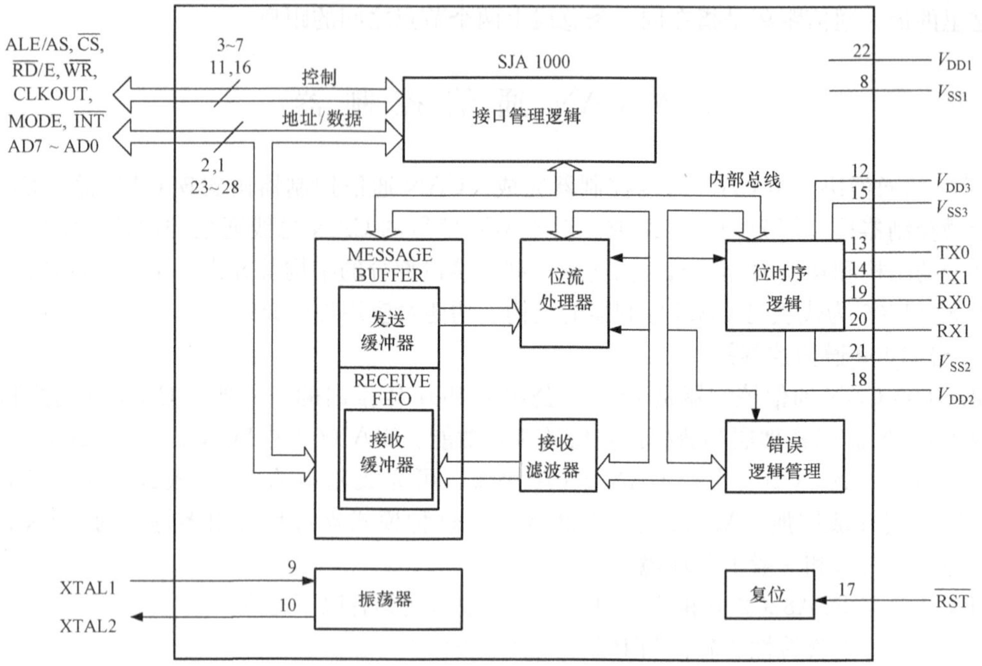

图 2-15 SJA1000 的内部结构框图

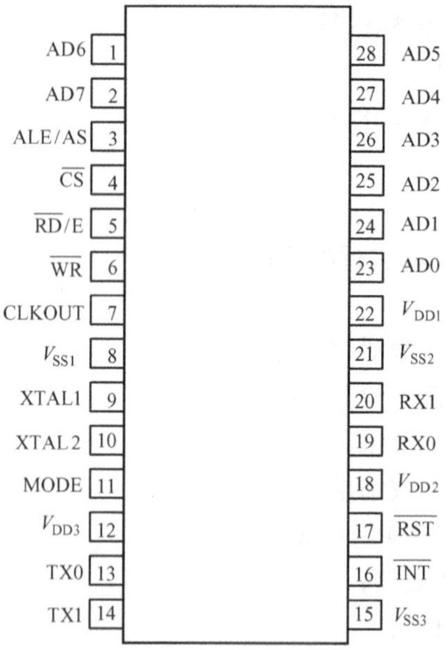

图 2-16 SJA1000 引脚图

表 2-3 SJA1000 的引脚描述

名称符号	引脚号	功能描述
AD7～AD0	2、1、28～23	多路地址/数据复合总线
ALE/AS	3	ALE 输入信号（Intel 模式），AS 输入信号（Motorola 模式）
$\overline{CS}$	4	片选信号输入，低电平允许访问 SJA1000

续表

名称符号	引 脚 号	功 能 描 述
$\overline{RD}$/E	5	微控制器的$\overline{RD}$信号（Intel 模式）或 E 使能信号（Motorola 模式）
$\overline{WR}$	6	微控制器的$\overline{WR}$信号（Intel 模式）或 RD/$\overline{WR}$使能信号（Motorola 模式）
CLKOUT	7	SJA1000 产生的提供给微控制器的时钟输出信号，它来自内部振荡器且通过编程分频；时钟分频寄存器的始终关闭位可禁止该引脚输出
V_{SS1}	8	接地
XTAL1	9	输入到振荡器放大电路，外部振荡信号由此输入
XTAL2	10	振荡放大电路输出；使用外部振荡信号时漏极开路输出
MODE	11	模式选择输入：1＝Intel 模式；0＝Motorola 模式
V_{DD3}	12	输出驱动的 5V 电源
TX0	13	从 CAN 输出驱动器 0 输出到物理线路上
TX1	14	从 CAN 输出驱动器 1 输出到物理线路上
V_{SS3}	15	输出驱动器接地
$\overline{INT}$	16	中断输出，用于中断微控制器；在内部中断寄存器的任一位置 1 时，$\overline{INT}$低电平有效；开漏输出，且与系统中的其他$\overline{INT}$输出是线性关系。此引脚的低电平可以把该控制器从睡眠模式中激活
$\overline{RST}$	17	复位输入，用于复位 CAN 接口（低电平有效）；把$\overline{RST}$引脚通过电容连到 V_{SS}，通过电阻连到 V_{DD}，可自动上电复位（例如：$C=1\mu F$；$R=50k\Omega$）
V_{DD2}	18	输入比较器的 5V 电源
RX0，RX1	19，20	从物理的 CAN 总线输入到 SJA1000 输入比较器；显性电平将唤醒 SJA1000 的睡眠模式；如果 RX1 电平比 RX0 的高，就读显性电平，反之读隐性电平；如果时钟分频寄存器的 CBP 位被置 1，CAN 输入比较器被旁路以减少内部延时；当 SJA1000 连有外部收发电路时，只有 RX0 被激活，隐性电平被认为是逻辑高而显性电平被认为是逻辑低
V_{SS2}	21	输入比较器的接地端
V_{DD1}	22	逻辑电路的 5V 电源

注　XTAL1 和 XTAL2 引脚必须通过 15pF 的电容连到 V_{SS}。

SJA1000 通信控制器由以下几部分构成。

（1）接口管理逻辑（IML）。处理来自主 CPU 的命令，控制 CAN 寄存器的寻址，并为主 CPU 提供中断和状态信息。

（2）发送缓冲器（TXB）。它是 CPU 和位流处理器（BSP）之间的接口，有 13 字节长。能存储一条可发送到 CAN 总线上的完整报文。报文由 CPU 写入，由位流处理器 BSP 读出。

（3）接收缓冲器（RXB，RXFIFO，13 字节）。接收缓冲器是接收滤波器和 CPU 之间的接口，用来接收 CAN 总线上的报文，并储存接收到的报文。它是接收 FIFO（RXFIFO，64 字节）的一个可被 CPU 访问的窗口。在接收 FIFO 的支持下，CPU 可以在处理当前信息的同时接收总线上的其他信息。

（4）接收滤波器（ACF）。接收滤波器把收到的报文标识符和接收滤波寄存器中的内容进行比较，以判断该报文是否应被接收。如果符合接收的条件，则报文被存入 RXFIFO。

(5) 位流处理器（BSP）。位流处理器是一个序列发生器，它控制发送缓冲器、RXFIFO 和 CAN 总线之间的数据流，同时它也执行错误检测、仲裁、位填充和 CAN 总线错误处理功能。

(6) 位时序逻辑（BTL）。BTL 监视串行 CAN 总线并处理与总线相关的位时序。在报文开始发送时，总线电平从隐性跳变到显性时同步 CAN 总线上的位流（硬同步），并在该报文的传送过程中，每遇到一次从隐性到显性的跳变沿就进行一次重同步（软同步）。BTL 还提供可编程的时间段来补偿传播延迟时间和相位漂移（如振荡漂移），还能定义采样点以及每一个位时间内的采样次数。

(7) 错误管理逻辑（EMI）。它按照 CAN 协议完成传输错误界定。它接收 BSP 的出错通知，并将出错统计提供给 BSP 和 IML。

SJA1000 有两种工作模式：BasicCAN 模式和 PeliCAN 模式。下面分别介绍一下这两种模式。

2. BasicCAN 模式

BasicCAN 地址分配如表 2-4 所示。

表 2-4　BasicCAN 地址分配表①

CAN 地址	段	工作模式		复位模式	
		读	写	读	写
0	控制	控制	控制	控制	控制
1		FFH	命令	FFH	命令
2		状态	—	状态	—
3		中断	—	中断	—
4		FFH	—	验收代码	验收代码
5		FFH	—	验收屏蔽	验收屏蔽
6		FFH	—	总线定时 0	总线定时 0
7		FFH	—	总线定时 1	总线定时 1
8		FFH	—	输出控制	输出控制
9		测试	测试②	测试	测试②
10	发送缓冲器	标识符 10～3	标识符 10～3	FFH	—
11		标识符 2～0 RTR 和 DLC	标识符 2～0 RTR 和 DLC	FFH	—
12		数据字节 1	数据字节 1	FFH	—
13		数据字节 2	数据字节 2	FFH	—
14		数据字节 3	数据字节 3	FFH	—
15		数据字节 4	数据字节 4	FFH	—
16		数据字节 5	数据字节 5	FFH	—
17		数据字节 6	数据字节 6	FFH	—
18		数据字节 7	数据字节 7	FFH	—
19		数据字节 8	数据字节 8	FFH	—

续表

CAN 地址	段	工作模式		复位模式	
		读	写	读	写
20	接收缓冲器	标识符 10～3	标识符 10～3	标识符 10～3	标识符 10～3
21		标识符 2～0 RTR 和 DLC	标识符 2～0 RTR 和 DLC	标识符 2～0 RTR 和 DLC	标识符 2～0 RTR 和 DLC
22		数据字节 1	数据字节 1	数据字节 1	数据字节 1
23		数据字节 2	数据字节 2	数据字节 2	数据字节 2
24		数据字节 3	数据字节 3	数据字节 3	数据字节 3
25		数据字节 4	数据字节 4	数据字节 4	数据字节 4
26		数据字节 5	数据字节 5	数据字节 5	数据字节 5
27		数据字节 6	数据字节 6	数据字节 6	数据字节 6
28		数据字节 7	数据字节 7	数据字节 7	数据字节 7
29		数据字节 8	数据字节 8	数据字节 8	数据字节 8
30		FFH	—	FFH	—
31		时钟分频	时钟分频③	时钟分频	时钟分频

① 寄存器在高端 CAN 地址区被重复（8 位 CPU 地址的最高位是不参与解码的；CAN 地址 32 和 CAN 地址 0 是连续的）。

② 测试寄存器只用于产品测试，正常操作中使用它会导致设备产生不可预料的结果。

③ 许多位在复位模式中是只写的（CAN 模式和 CBP）。

检测到有复位请求后将终止当前接收/发送的信息而进入复位模式。一旦向复位位传送了“1→0”的下降沿，CAN 通信控制器将返回工作模式。表 2 - 5 列出了进入复位模式时各个寄存器中状态的变化。

下面对寄存器进行详细说明。

(1) 控制寄存器（CR）。控制寄存器（CAN 地址 0）的内容可以用于改变 CAN 控制器的状态。这些位可以被微控制器置位或复位，微控制器可以对控制寄存器进行读/写操作。控制寄存器各位的功能如表 2 - 6 所示。

表 2 - 5　BasicCAN 复位模式配置①,②

寄存器	位	符号	名称	值	
				硬件复位	软件或总线关闭复位 CR. 0
控制	CR. 7	—	保留	0	0
	CR. 6	—	保留	X	X
	CR. 5	—	保留	1	1
	CR. 4	OIE	溢出中断使能	X	X
	CR. 3	EIE	错误中断使能	X	X
	CR. 2	TIE	发送中断使能	X	X
	CR. 1	RIE	接收中断使能	X	X
	CR. 0	RR	复位请求	1（复位模式）	1（复位模式）

续表

寄存器	位	符　号	名　称	值	
				硬件复位	软件或总线关闭复位 CR. 0
命　令	CMR. 7	—	保留	注③	注③
	CMR. 6	—	保留		
	CMR. 5	—	保留		
	CMR. 4	GTS	睡眠		
	CMR. 3	CDO	清除数据溢出		
	CMR. 2	RRB	释放接收缓冲器		
	CMR. 1	AT	中止发送		
	CMR. 0	TR	发送请求		
状　态	SR. 7	BS	总线状态	0（总线开启）	X
	SR. 6	ES	出错状态	0（OK）	X
	SR. 5	TS	发送状态	0（空闲）	0（空闲）
	SR. 4	RS	接收状态	0（空闲）	0（空闲）
	SR. 3	TCS	发送完成状态	1（完毕）	X
	SR. 2	TBS	发送缓冲器状态	1（释放）	1（释放）
	SR. 1	DOS	数据溢出状态	0（无溢出）	0（无溢出）
	SR. 0	RBS	接收缓冲器状态	0（空）	0（空）
中　断	IR. 7	—	保留	1	
	IR. 6	—	保留	1	
	IR. 5	—	保留	1	
	IR. 4	WUI	唤醒中断	0（复位）	0（复位）
	IR. 3	DOI	溢出中断	0（复位）	0（复位）
	IR. 2	EI	错误中断	0（复位）	X④
	IR. 1	TI	发送中断	0（复位）	0（复位）
	IR. 0	RI	接收中断	0（复位）	0（复位）
验收代码	AC. 7～0	AC	验收代码	X	X
验收屏蔽	AM. 7～0	AM	验收屏蔽	X	X
总线定时 0	BTR0. 7	SJW. 1	同步跳转宽度 1	X	X
	BTR0. 6	SJW. 0	同步跳转宽度 0	X	X
	BTR0. 5	BRP. 5	波特率预设值 5	X	X
	BTR0. 4	BRP. 4	波特率预设值 4	X	X
	BTR0. 3	BRP. 3	波特率预设值 3	X	X
	BTR0. 2	BRP. 2	波特率预设值 2	X	X
	BTR0. 1	BRP. 1	波特率预设值 1	X	X
	BTR0. 0	BRP. 0	波特率预设值 0	X	X

续表

寄存器	位	符　号	名　称	值	
				硬件复位	软件或总线关闭复位 CR. 0
总线定时 1	BTR1. 7	SAM	采样	X	X
	BTR1. 6	TSEG2. 2	时间段 2. 2	X	X
	BTR1. 5	TSEG2. 1	时间段 2. 1	X	X
	BTR1. 4	TSEG2. 0	时间段 2. 0	X	X
	BTR1. 3	TSEG1. 3	时间段 1. 3	X	X
	BTR1. 2	TSEG1. 2	时间段 1. 2	X	X
	BTR1. 1	TSEG1. 1	时间段 1. 1	X	X
	BTR1. 0	TSEG1. 0	时间段 1. 0	X	X
输出控制	OC. 7	OCTP1	输出控制晶体管 P1	X	X
	OC. 6	OCTN1	输出控制晶体管 N1	X	X
	OC. 5	OCPOL1	输出控制极性 1	X	X
	OC. 4	OCTP0	输出控制晶体管 P0	X	X
	OC. 3	OCTN0	输出控制晶体管 N0	X	X
	OC. 2	OCPOL0	输出控制极性 0	X	X
	OC. 1	OCMODE1	输出控制模式 1	X	X
	OC. 0	OCMODE0	输出控制模式 0	X	X
发送缓冲器	—	TXB	发送缓冲器	X	X
接收缓冲器	—	RXB	接收缓冲器	X	X
时钟分频器	—	CDR	时钟分频寄存器	00000000（NTEL）00000101（MOTOROLA）	X

① “X”表示这些位不受影响。

② 括号中是功能说明。

③ 读命令寄存器的结果总是“FFH”。

④ 总线关闭时错误中断位被置位（此中断被允许的情况下）。

表 2-6　　控制寄存器各位的功能说明

位	符号	名称	值	功　　能
CR. 7	—	—	—	保留①
CR. 6	—	—	—	保留②
CR. 5	—	—	—	保留③
CR. 4	OIE	溢出中断使能	1	使能；如果置位数据溢出位，微控制器接收溢出中断信号
			0	禁止；微控制器不能从 SJA1000 接收溢出中断信号

续表

位	符号	名称	值	功能
CR. 3	EIE	出错中断使能	1	使能；如果出错或总线状态改变，微控制器接收错误中断信号
			0	禁止；微控制器不能从 SJA1000 接收错误中断信号
CR. 2	TIE	发送中断使能	1	使能；当信息被成功发送或发送缓冲器又被访问时，（例如，中止发送命令后），微控制器接收 SJA1000 发出的一个发送中断信号
			0	禁止；微控制器不能从 SJA1000 接收发送中断信号
CR. 1	RIE	接收中断使能	1	使能；信息当被无错误接收时，SJA1000 发出一个接收中断信号到微控制器
			0	禁止；微控制器不能从 SJA1000 接收到接收中断信号
CR. 0	RR	复位请求④	1	SJA1000 检测到复位请求后，中止当前的发送/接收的信息，进入复位模式
			0	复位请求位接收到下一个下降沿后，SJA1000 回到工作模式

① 控制寄存器的任何写访问都须将该位设置为逻辑“0”。

② 在 PCA82C200 中这一位是用来选择同步模式的，因为这个模式不再使用了，所以这一位的设置不会影响微控制器。为了软件上的兼容，这一位是可以被设置的，硬件或软件复位后不改变这一位，它只反映用户软件写入的值。

③ 读此位的值总是逻辑“1”。

④ 在硬件启动或总线状态设置为 1（总线关闭）时，复位请求位被置为 1，如果这些位被软件访问，则其值将发生变化，而且会影响内部时钟的下一个上升沿（内部时钟的频率是外部晶振的 1/2）。在外部复位期间微控制器不能把复位请求位置为 0，如果把复位请求位设为 0，微控制器就必须检查这一位以保证外部复位引脚不为低。复位请求位的变化是同内部分频时钟同步的，读复位请求位能够反映出这种同步状态。复位请求位被设为 0 后 SJA1000 将会等待：如果前一次复位请求是硬件复位或 CPU 初始复位引起，将产生一次总线空闲信号（11 个隐性位）；如果前一次复位请求是 CAN 控制器在重新进入总线开启模式前初始化总线，将产生 128 个位时间的总线空闲。

（2）命令寄存器（CMR）。命令位（CAN 地址 1）初始化 SJA1000 传输层上的动作。命令寄存器对微控制器来说是只写存储器，如果去读这个寄存器，将返回“11111111”。两条命令之间至少要有内部时钟周期。命令寄存器各位的说明列于表 2-7 中。

表 2-7　命令寄存器各位的说明

位	符号	名称	数值	功能
CMR. 7	—	—	—	保留
CMR. 6	—	—	—	保留
CMR. 5	—	—	—	保留
CMR. 4	GTS	睡眠①	1	睡眠：如果没有 CAN 中断等待和总线活动，则 SJA1000 进入睡眠状态
			0	唤醒：SJA1000 处于正常工作模式
GMR. 3	CDO	清除数据溢出②	1	清除：清除数据溢出状态位
			0	无动作

续表

位	符号	名称	数值	功能
CMR. 2	RRB	释放接收缓冲器③	1	释放：接收缓冲器存放信息的内存穿间将被释放
			0	无动作
CMR. 1	AT	中止发送④	1	如果不在处理过程中，等待处理的发送请求将取消
			0	无动作
CMR. 0	TR	发送请求⑤	1	报文将被发送
			0	无动作

① 将睡眠模式位置为1，SJA1000进入睡眠模式：没有总线活动，没有中断等待。设置成睡眠模式后，CLKOUT信号持续至少15个位时间，以使被这个信号锁定的微控制器在CLKOUT信号变低之前进入空闲模式。如果前面提到的三种条件之一被破坏，SJA1000将被唤醒，GTS位被置为低后，总线转入活动或$\overline{INT}$有效（低电平）。一旦唤醒，振荡器就将启动而且产生一个唤醒中断。因为总线活动而唤醒的SJA1000，直到检测到连续11个的隐性位（总线空闲）才能够接收到报文。在复位模式中GTS位是不能被置位的，在清除复位请求后且再一次检测到总线空闲时，GTS位才可以被置位。

② 这个命令位用来清除数据溢出状态（数据溢出状态由数据溢出状态位指示），如果数据溢出位被置位，就不会产生数据溢出中断了。在释放接受缓冲器命令的同时可以发出清除数据溢出命令。

③ 读取接收缓冲器后，微控制器必须通过置释放接收缓冲器位为1来释放RXFIFO中的当前信息的内存空间，这可能会导致接收缓冲器中的另一条信息立即有效，这样会再产生一次接收中断（使能条件下）。如果没有其他可用信息，就不会再产生接收中断，接受缓冲器状态位被清除。

④ 中止发送位是在CPU要求当前传送暂停时使用的，例如传送一条紧急信息。而正在进行的传送是不停止的。要查看原来的信息是被发送成功或是被取消，可以通过发送成功状态位来检测，但这必须在发送缓冲器状态位已被置为1（释放）或已经产生发送中断的情况下才能实现。

⑤ 如果发送请求位在前面的命令中被置位，则不能通过将发送请求位设置为0来取消它，但可以通过将中止发送位设置为1来取消它。

(3) 状态寄存器（SR）。状态寄存器（CAN地址2）的内容反映了SJA1000控制器的状态。状态寄存器对于微控制器来说是只读存储器。状态寄存器各位的说明如表2-8所示。

表2-8　　状态寄存器各位的功能说明

位	符号	名 称	数值	功能
SR. 7	BS	总线状态①	1	总线关闭：SJA1000退出总线活动
			0	总线开启：SJA1000加入总线活动
SR. 6	ES	错误状态②	1	出错：至少有一个错误计数器已经达到或超过报警界限
			0	错误计数器均未达到报警界限
SR. 5	TS	发送状态③	1	发送：SJA1000正在发送一个报文
			0	空闲：没有发送报文
SR. 4	RS	接收状态③	1	接收：SJA1000正在接收一个报文
			0	空闲：没有接收报文

续表

位	符号	名　称	数值	功　　　能
SR.3	TCS	发送完成状态④	1	完毕：最近一次发送请求被成功处理
			0	未完成：当前发送请求未处理完毕
SR.2	TBS	发送缓冲器状态⑤	1	微控制器可以向发送缓冲器写入报文
			0	锁定：微控制器向缓冲器写数据无效
SR.1	DOS	数据溢出状态⑥	1	溢出：信息丢失，因为 RXFIFO 中没有足够的空间来存储它
			0	自从最后一次清除数据溢出命令以来，未发生数据溢出
SR.0	RBS	接收缓冲器状态⑦	1	RXFIFO 中有可用信息
			0	无可用信息

① 当发送错误计数超过限制（255），总线状态位被置为 1（总线关闭），CAN 控制器将会把复位请求位置 1。这种状态会持续，直到 CPU 清除复位请求位。这些一旦完成，CAN 控制器将会等待协议规定的最短时间（128 个位时间的总线空闲信号）。然后，总线状态位会被清除（总线开启），错误状态位被置为 0，错误计数器被复位。

② 根据 CAN 2.0B 协议说明，在接收或发送时检测到错误会改变错误计数，当至少有一个错误计数器满或超出 CPU 警告限制（96）时，错误状态位被置位。在允许情况下，会产生错误中断。

③ 若接收状态位和发送状态位均为 0（空闲），则 CAN 总线是空闲的。

④ 无论何时发送请求位被置为 1，发送完成状态位都会被置为 0（未完成）。发送完成状态位会一直保持为 0，直到发送成功。

⑤ 当发送缓冲器状态位为 0（锁定），若微控制器试图写发送缓冲器，则被写入字节被拒绝接受且会在无任何提示的情况下丢失。

⑥ 当要被接收的信息成功通过验收滤波器后，CAN 控制器需要在 RXFIFO 中用一些空间来存储这条信息的描述符。因此必须有足够的空间来存储接收的每一个数据字节，如果没有足够的空间存储信息，信息将会丢失且只向 CPU 提示数据溢出情况。如果这个接收到的信息除了最后一位之外都无错误，则信息有效。

⑦ 在读 RXFIFO 中的信息且用释放接收缓冲器命令来释放内存空间之后，这一位被清除。如果 FIFO 中还有可用信息，则此位将在下一位的时限（t_{SCL}）中被重新设置。

（4）中断寄存器（IR）。中断寄存器（CAN 地址 3）允许识别中断源。当寄存器的一个或更多位被置位时，中断引脚$\overline{INT}$被激活（低电平）。该寄存器被微控制器读出后，所有位被 SJA1000 复位，这导致了$\overline{INT}$引脚上的电平悬浮。该寄存器对于微控制器是只读存储器。中断寄存器各位的功能说明如表 2-9 所示。

表 2-9　　中断寄存器各位的功能说明

位	符号	名　称	数值	功　　　能
IR.7	—	—	—	保留①
IR.6	—	—	—	保留①
IR.5	—	—	—	保留①
IR.4	WUI	唤醒中断②	1	置位：当脱离睡眠方式时，此位被置位
			0	微控制器的任何读访问将清除此位

续表

位	符号	名 称	数值	功 能
IR. 3	DOI	数据溢出中断[3]	1	当数据溢出中断使能位被置为 1 且向数据溢出状态位“0→1”跳变时，此位被置位
			0	微控制器的任何读访问将清除此位
IR. 2	EI	错误中断	1	错误中断使能时，错误状态位或总线状态位的改变会置位此位
			0	微控制器的任何读访问将清除此位
IR. 1	TI	发送中断	1	在发送缓冲器访问位由 0 至 1 改变时和发送中断使能时，此位被置位；在微控制器读访问中断寄存器后，发送中断位被置位
			0	当接收缓冲器中不空和接收中断使能时，此位被置位
IR. 0	RI	接收中断[4]	1	微控制器的任何读访问将清除此位
			0	

① 读这位值总是“1”。

② 当 CAN 控制器参与总线活动或有 CAN 中断等待处理时，如果 CPU 试图进入睡眠模式，也会产生唤醒中断。

③ 溢出中断位（中断允许情况下）和溢出状态位是同时被置位的。

④ 接收中断位（中断允许时）和接收缓冲器状态位是同时被置 1 的。必须说明的是，接收中断位在读的时候被清除，即使 FIFO 中还有其他可用信息。一旦释放接收缓冲器命令执行后，接收缓冲器中还有其他可用信息，接收中断（中断允许时）会在下一个 t_{SCL} 被重新置 1。

（5）验收滤波器。利用验收滤波器，CAN 控制器只允许 RXFIFO 接收同标识码位和验收滤波器中预设值相一致的信息，验收滤波器通过验收代码寄存器（ACR）和验收屏蔽寄存器（AMR）来实现。这两个寄存器只有在复位请求位被置位时才能访问。滤波规则为：验收代码位 AC. 7～AC. 0 和信息标识码的高 8 位 ID. 10～ID. 3 相等，且与验收屏蔽位 AM. 7～AM. 0 的相应位相等或为 1，即如果满足以下方程信息被接收。

[(ID. 10～ID. 3) ≡ (ACR. 7～ACR. 0)] OR (AMR. 7～AMR. 0) ≡11111111

1）验收代码寄存器（ACR）：CAN 地址 4，如表 2-10 所示。

表 2-10　验收代码寄存器的位分配

BIT7	BIT6	BIT5	BIT4	BIT3	BIT2	BIT1	BIT0
AC. 7	AC. 6	AC. 5	AC. 4	AC. 3	AC. 2	AC. 1	AC. 0

2）验收屏蔽寄存器（AMR）：CAN 地址 5，如表 2-11 所示。

表 2-11　验收屏蔽寄存器的位分配

BIT7	BIT6	BIT5	BIT4	BIT3	BIT2	BIT1	BIT0
AM. 7	AM. 6	AM. 5	AM. 4	AM. 3	AM. 2	AM. 1	AM. 0

（6）总线定时寄存器 0（BTR0）。CAN 地址 6，用于定义波特率预设值 BRP 和同步跳转宽度 SJW 的值，如表 2-12 所示。

表 2-12 总线定时寄存器 0 的位分配

BIT7	BIT6	BIT5	BIT4	BIT3	BIT2	BIT1	BIT0
SJW.1	SJW.0	BRP.5	BRP.4	BRP.3	BRP.2	BRP.1	BRP.0

CAN 系统时钟 t_{SCL} 的周期是可编程的，由波特率预设值 BRP 决定。CAN 系统时钟的计算式为：

$$t_{SCL}=2t_{CLK}(32BRP.5+16BRP.4+8BRP.3+4BRP.2+2BRP.1+BRP.0+1)$$

这里 t_{CLK}=XTAL 的频率，周期=$1/f_{XTAL}$。

为了补偿在不同总线控制器的时钟振荡之间的相位偏移，任何总线控制器都必须在当前传送的相关信号边沿重新同步。同步跳转宽度定义了每一位周期可以被重新同步缩短或延长的时钟周期的最大数目，即

$$t_{SJW}=t_{SCL}(2SJW.1+SJW.0+1)$$

(7) 总线定时寄存器 1 (BTR1)。CAN 地址 7，用于定义每个位周期的长度、采样点的位置，以及在每个采样点的采样数目。总线定时寄存器 1 的位分配如表 2-13 所示。

表 2-13 总线定时寄存器 1 的位分配

BIT7	BIT6	BIT5	BIT4	BIT3	BIT2	BIT1	BIT0
SAM	TSEG2.2	TSEG2.1	TSEG2.0	TSEG1.3	TSEG1.2	TSEG1.1	TSEG1.0

SAM=1，总线采样三次，一般在低/中速总线上使用，这对过滤总线上的毛刺波是有益的；SAM=0，总线采样一次，一般使用在高速总线上。

TSEG1 和 TSEG2 决定了每一位的时钟数目和采样点的位置。位周期的结构如图 2-17 所示。在图 2-17 中，有：

$$t_{SYNCSEG}=1\times t_{SCL}$$

$$t_{TSEG1}=t_{SCL}\times(8\times TSEG1.3+4\times TSEG1.2+2\times TSEG1.1+TSEG1.0+1)$$

$$t_{TSEG2}=t_{SCL}\times(4\times TSEG2.2+2\times TSEG2.1+TSEG2.0+1)$$

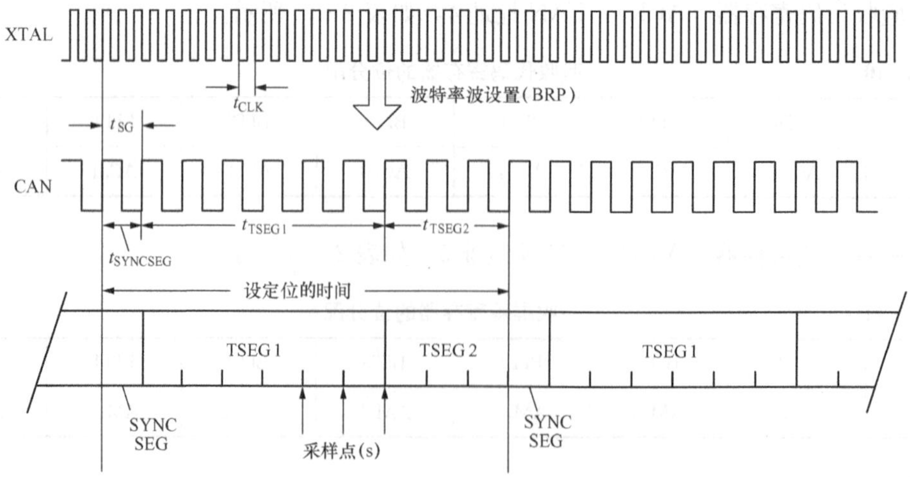

图 2-17 位周期的总体结构

(8) 输出控制寄存器（OCR)。CAN 地址 8，用于由软件配置输出驱动。其位分配如表 2-14 所示。

表 2-14 输出控制寄存器的位分配

BIT7	BIT6	BIT5	BIT4	BIT3	BIT2	BIT1	BIT0
OCTP1	OCTN1	OCPOL1	OCTP0	OCTN0	OCPOL0	OCMODE1	OCMODE0

当 SJA1000 在睡眠模式中时，TX0 和 TX1 引脚根据输出控制寄存器的内容输出隐性电平。在复位状态（复位请求=1）或外部复位引脚 $\overline{\text{RST}}$ 被拉低时，输出 TX0 和 TX1 悬空。由输出控制寄存器中 OCMODE1、OCMODE0 两位确定的 4 种输出方式如表 2-15 所示，CAN 发送器的配置如图 2-18 所示。

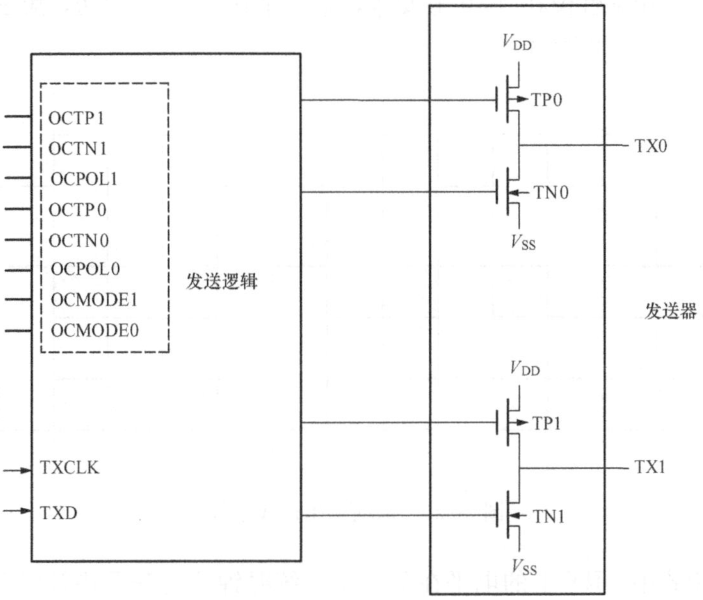

图 2-18 收发器输出/输入控制逻辑

表 2-15 OCMODE 位的说明

OCMODE1	OCMODE0	输出方式	OCMODE1	OCMODE0	输出方式
0	0	双向输出模式	1	0	正常输出模式
0	1	测试输出模式①	1	1	时钟输出模式

① 在检测输出模式中，TXn 会在下一个系统时钟的上升沿映射在 RX 各引脚上。TN1、TN0、TP1 和 TP0 配置同 OCR 相对应。

在正常模式中，位序列（TXD）通过 TX0 和 TX1 送出。输出驱动引脚 TX0 和 TX1 的电平取决于被 OCTPx 和 OCTNx（悬空、上拉、下拉、推挽）编程的驱动器特性和 OCPOLx 所编程的输出端极性。

在时钟输出模式中，TX0 引脚和正常模式中是相同的，但是 TX1 上的数据流被发送时钟代替了。发送时钟的上升沿标志着一位的开始，时钟脉冲宽度是 $1\times t_{SCL}$，如图 2-19 所示。

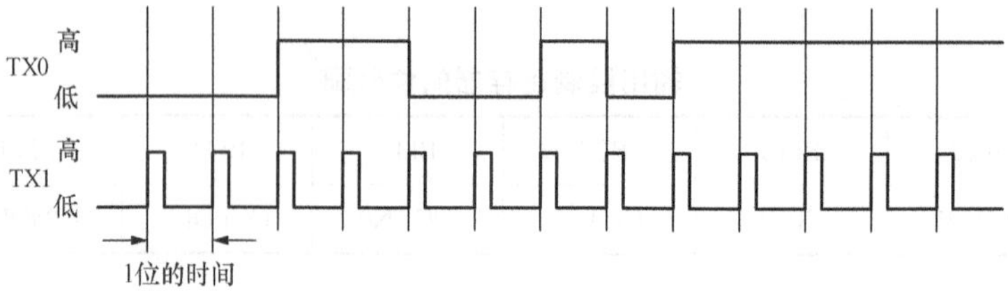

图 2-19 时钟输出模式举例

双向输出模式，位代表着时间的变化和触发。如果总线控制器通过发送器与总线隔离，则位流不允许含有直流成分。在隐性位无效（悬空）期间，显性位轮流使用 TX0 或 TX1 电平发送。例如，第一个显性位在 TX0 上发送，第二个在 TX1 上发送，第三个在 TX0 上发送，以此类推，如图 2-20 所示。

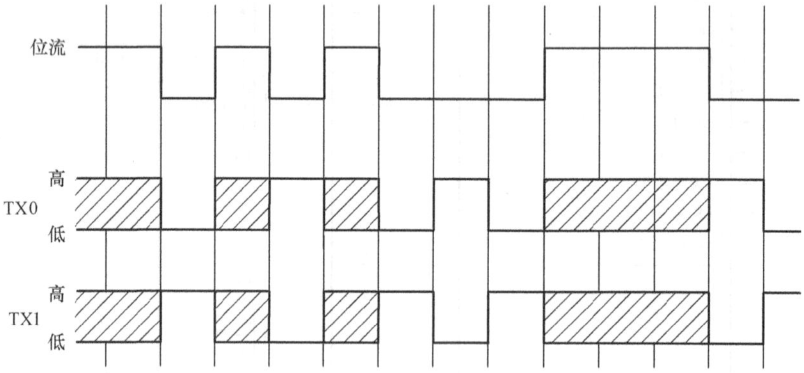

图 2-20 双向输出模式举例

在测试输出模式中，RX 上的电平在下一个系统时钟的上升沿映射到 TXn 上，系统时钟（$f_{osc}/2$）与输出控制寄存器中定义的极性一致。输出引脚配置如表 2-16 所示。

表 2-16 输出引脚配置[①]

驱动	TXD	OCTPx	OCTNx	OCPOLx	TPx[②]	TNx[③]	TXx[④]
悬浮	X	0	0	X	关	关	悬浮
下拉	0	0	1	0	关	开	低
	1	0	1	0	关	关	悬浮
	0	0	1	1	关	关	悬浮
	1	0	1	1	关	开	低
上拉	0	1	0	0	关	关	悬浮
	1	1	0	0	开	关	高
	0	1	0	1	开	关	高
	1	1	0	1	关	关	悬浮

续表

驱动	TXD	OCTPx	OCTNx	OCPOLx	TPx②	TNx③	TXx④
推挽	0	1	1	0	关	开	低
	1	1	1	0	开	关	高
	0	1	1	1	开	关	高
	1	1	1	1	关	开	低

① X=不影响。

② TPx是片内输出发送器x，连接U_{DD}。

③ TNx是片内输出发送器x，连接U_{SS}。

④ TXx是在引脚TX0或TX1上的串行输出电平，要求CAN总线的输出电平在TXD=0时为显性，TXD=1时为隐性。

(9) 时钟分频寄存器（CDR）。CAN地址31，为微控制器控制CLKOUT的频率及屏蔽CLKOUT引脚，而且它还控制着TX1上的专用接收中断脉冲、接收比较通道和BasicCAN模式与PeliCAN模式的选择。硬件复位后，寄存器的默认状态是Motorola模式（00000101）12分频和Intel模式（00000000）2分频，其位分配如表2-17所示。

表2-17 时钟分频寄存器的位分配

BIT7	BIT6	BIT5	BIT4	BIT3	BIT2	BIT1	BIT0
CAN模式	CBP	RXINTEN	0①	关闭时钟	CD.2	CD.1	CD.0

① 此位不能被写，该值总为0。应总是向此位写0以与将来可能使用此位的特性兼容。

外部CLKOUT引脚上的频率由CD.2～CD.0决定，如表2-18所示。

表2-18 CLOCKOUT频率选择①

CD.2	CD.1	CD.0	CLOCKOUT频率
0	0	0	$f_{osc}/2$
0	0	1	$f_{osc}/4$
0	1	0	$f_{osc}/6$
0	1	1	$f_{osc}/8$
1	0	0	$f_{osc}/10$
1	0	1	$f_{osc}/12$
1	1	0	$f_{osc}/14$
1	1	1	f_{osc}

① f_{osc}是外部振荡器（XTAL）的频率。

将关闭时钟位置位，可禁用SJA1000的外部CLKOUT引脚。

RXINTEN位允许TX1输出用做专用接收中断输出。当一条已接收的信息成功地通过验收滤波器时，一个位时间长度的接收中断脉冲就会在TX1引脚输出。帧的最后一个位时间发送输出阶段应该工作在正常输出模式。

置位CBP可以使CAN输入比较器不工作，主要用于SJA1000外接发送/接收电路。如果 CBP 被置位且只有 RX0 被激活，那么没有被使用的 RX1 应被连接到一个确定的电平，例如 U_{SS}。

CDR. 7 用于定义 CAN 模式。如果 CDR. 7=0，那么 CAN 控制器工作于 BasicCAN 模式；如果 CDR. 7=1，则 CAN 控制器工作在 PeliCAN 模式。

（10）发送缓冲区。发送缓冲区用来存储微控制器要 SJA1000 发送的报文，它被分为描述符区和数据区，如表 2-19 所示。

表 2-19 发送缓冲区列表

CAN 地址	区	位							
10	描述符	ID. 10	ID. 9	ID. 8	ID. 7	ID. 6	ID. 5	ID. 4	ID. 3
11		ID. 2	ID. 1	ID. 0	RTR	DLC. 3	DLC. 3	DLC. 3	DLC. 3
12	数据区	发送数据字节 1							
13		发送数据字节 2							
14		发送数据字节 3							
15		发送数据字节 4							
16		发送数据字节 5							
17		发送数据字节 6							
18		发送数据字节 7							
19		发送数据字节 8							

（11）接收缓冲器。接收缓冲器用来存储微控制器要 SJA1000 接收的信息，标识符、远程发送请求位和数据长度码同发送缓冲区相同，只不过在地址 20～29 内。RXFIFO 共有 64 字节的信息空间。在任何情况下，FIFO 中可以存储的信息数都取决于各条信息的长度。如果 RXFIFO 中没有足够的空间来存储新的信息，CAN 控制器就会产生数据溢出，数据溢出发生时，已部分写入 RXFIFO 的当前信息将被删除，这种情况将通过状态位或数据溢出中断（中断允许时）通知微控制器。如果除了最后一位整个数据块都被正确接收，则接收信息有效。

3. PeliCAN

SJA1000 有复位和运行两种工作模式。在初始化期间的复位模式下，其寄存器配置如表 2-20 所示；在正常工作期间的运行模式下，个别寄存器的定义会有所变更，如表 2-21 所示。

表 2-20 SJA1000 寄存器配置（复位模式）

名称	地址	7	6	5	4	3	2	1	0
模式寄存器	0	—	—	—	睡眠方式	滤波方式	自检方式	监听方式	复位方式
命令寄存器	1	—	—	—	自收请求	清超限状态	释放接收缓冲器	中止发送	发送请求
状态寄存器	2	总线状态	错误状态	发送状态	接收状态	发送完成状态	发送缓冲器状态	数据超限状态	接收缓冲器状态

续表

名称	地址	7	6	5	4	3	2	1	0
中断寄存器	3	总线错误中断	仲裁丢失中断	错误认可状态中断	唤醒中断	数据超限中断	错误报警中断	发送中断	接收中断
中断允许寄存器	4	总线错误中断允许	仲裁丢失中断允许	错误认可状态中断允许	唤醒中断允许	数据超限中断允许	错误报警中断允许	发送中断允许	接收中断允许
保留	5	—	—	—	—	—	—	—	—
总线时序寄存器 0	6	SJM. 1	SJM. 0	BRP. 5	BRP. 4	BRP. 3	BRP. 2	BRP. 1	BRP. 0
总线时序寄存器 1	7	SAM	TSEG2. 2	TSEG2. 1	TSEG2. 0	TSEG1. 3	TSEG1. 2	TSEG1. 1	TSEG1. 0
输出控制寄存器	8	OCTP1	OCTN1	OCPOL1	OCTP0	OCTN0	OCPOL0	OCMODE1	OCMODE0
测试寄存器	9	—	—	—	—	—	—	—	—
保留	10	—	—	—	—	—	—	—	—
仲裁丢失捕获	11	—	—	—	ALC. 4	ALC. 3	ALC. 2	ALC. 1	ALC. 0
错误码捕获	12	ECC. 7	ECC. 6	ECC. 5	ECC. 4	ECC. 3	ECC. 2	ECC. 1	ECC. 0
错误警告限	13	EWL. 7	EWL. 6	EWL. 5	EWL. 4	EWL. 3	EWL. 2	EWL. 1	EWL. 0
RX 错误计数	14	RXERR. 7	RXERR. 6	RXERR. 5	RXERR. 4	RXERR. 3	RXERR. 2	RXERR. 1	RXERR. 0
TX 错误计数	15	TXERR. 7	TXERR. 6	TXERR. 5	TXERR. 4	TXERR. 3	TXERR. 2	TXERR. 1	TXERR. 0
滤波码寄存器 1～3	16～18	AC. 7	AC. 6	AC. 5	AC. 4	AC. 3	AC. 2	AC. 1	AC. 0
滤波屏蔽寄存器 0～3	20～23	AM. 7	AM. 6	AM. 5	AM. 4	AM. 3	AM. 2	AM. 1	AM. 0
保留	24～28	00H	00H	00H	00H	00H	00H	00H	00H
RX 报文个数	29	0	0	0	RMC. 4	RMC. 3	RMC. 2	RMC. 1	RMC. 0
RX 缓冲器起始位置	30	0	0	RBSA. 5	RBSA. 4	RBSA. 3	RBSA. 2	RBSA. 1	RBSA. 0
时钟分配器	31	CAN 模式	CBP	RXINTEN	0	Clock off	CD. 2	CD. 1	CD. 0
内部 RAM (FIFO)	32～95								
内部 RAM (TX)	96/108								
内部 RAM (free)	109/111								
00H	112/127								

表 2-21 SJA1000 寄存器配置（运行模式）与表 2-20 的不同之处

名称	地址	7	6	5	4	3	2	1	0
RX/TX 帧信息	16								
TX 帧		FF①	RTR	X	X	DLC.3	DLC.2	DLC.1	DLC.0
RX 帧		FF①	RTR	0	0	DLC.3	DLC.2	DLC.1	DLC.0
RX/TX 报文缓冲器	17～28								

① FF 指按标准或扩展帧的帧格式。

PeliCAN 为增强错误处理功能增加了一些新的特殊功能寄存器，包括：仲裁丢失捕捉寄存器（ALC）、错误代码捕捉寄存器（ECC）、错误警告限寄存器（EWLR）、接收错误计数寄存器（RXERR）和发送错误计数寄存器（TXERR）等。借助于这些错误寄存器可以找到丢失仲裁位的位置，分析总线错误类型和位置，定义错误警告极限值以及记录发送和接收时出现的错误个数等。

一般来说，CAN 控制器的错误分析可通过以下 3 个途径来实现。

(1) 错误寄存器。在增强 CAN 模式中，有两个错误寄存器：接收错误寄存器和发送错误寄存器，对应的 CAN 相对地址为 14 和 15。在调试阶段，可以通过直接从这两个寄存器中读取错误计数器的值来判断目前 CAN 控制器所处的状态。

(2) 错误中断。增强 CAN 模式共有 3 种类型的错误中断源：总线错误中断、错误警告限中断（可编程设置）和被动错误中断。可以在中断允许寄存器（IER）中区分出以上各中断，也可以通过直接从中断寄存器（IR）中直接读取中断寄存器的状态来判断属哪种错误类型产生的中断。

(3) 错误代码捕捉寄存器（ECC）。当 CAN 总线发生错误时，产生相应的错误中断，与此同时，对应的错误类型和产生位置写入错误代码捕捉寄存器（对应的 CAN 相对地址为 12）。这个代码一直保存到被主控制器读取出来后，ECC 才重新被激活，可捕捉下一个错误代码。可以从错误代码捕捉寄存器读取的数据来分析错误是属于何种错误以及错误产生的位置，从而为调试工作提供了方便。SJA1000 有两种自我测试方法：本地自我测试和全局自我测试。本地自我测试为单节点测试，它不需要来自其他节点的应答信号，可以自己发送数据，自己接收数据。通过检查接收到的数据是否与发送出去的数据相吻合，来确定该节点能否正常地发送和接收数据。这样就极大地方便了 CAN 通信电路的调试，使 CAN 通信电路的调试不再需要用一个正确的节点来确定某个节点是否能够成功地发送和接收数据。只需将 CAN 控制器的模式寄存器（CMR）的第三位（MOD.2）设置为 1，CAN 控制器就会自动进入自我测试模式。需要指出的是，虽然是单个节点进行自我测试，但是 CAN 的物理总线必须存在。

4. SJA1000 的应用电路

图 2-21 所示为由 SJA1000 与 80C51 系列的单片机、PCA82C250 总线收发器一起构成的应用电路。

2.2.2 TN82527CAN 通信控制器

82527 是 Intel 公司生产的一种独立的 CAN 控制器。它可通过并行总线与各种微控制器（包括 Intel 和 Motorola 类型）接口，也可通过串行口（SPI）与无并行总线的微控制器（例如 MC68HC05）接口。

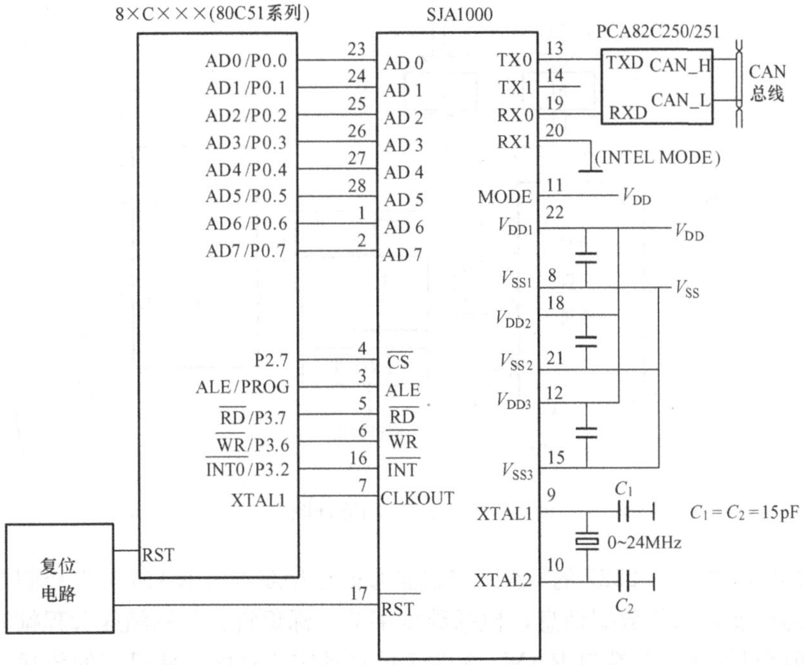

图 2-21　SJA1000 应用电路图

82527 串行通信控制器是一种可按 CAN 协议完成串行通信的高集成度器件，它可借助主微控制器或 CPU 的极小开销完成所有串行通信的功能，如报文的发送与接收、报文滤波、发送扫描和中断扫描等工作。

82527 是 Intel 公司第一个支持 CAN 2.0B 标准和扩展报文格式的器件。它具有发送和接收功能，并能完成扩展格式报文的报文滤波。由于 CAN 2.0 的向后兼容性，82527 也完全支持 CAN 2.0A 的标准报文格式。

82527 具有一个功能强大的 CPU 接口，它可灵活地与不同的 CPU 相连接。它可被配置为与使用 Intel 或非 Intel 结构的 8 位分时复用的、或 16 位分时复用的、或 8 位非分时复用的地址或数据总线的 CPU 相连接。当不需要并行 CPU 接口时，灵活的串行口也可用。

82527 可提供 15 个 8 字节长的报文对象。除最后一个报文对象外，每个报文对象可被配置为发送或接收，最后一个报文对象是一个只用于接收的缓冲器，它具有一个特殊的屏蔽，这是为接收一组具有不同标识符的报文而设计的。

82527 还具有实现报文滤波的全局屏蔽功能，这一功能允许用户全局性地屏蔽报文的任何标识符位。可编程的全局屏蔽功能适用于标准的和扩展的两种报文。

82527 采用 Intel 高可靠性的 CHMOSⅢ 5V 工艺制造，可使用 44 引脚 PLCC 封装或 44 引脚的 QFP 封装，适用于－44～＋125℃的温度范围。82527 的封装及主要引脚设计成与 82526 兼容的形式，82526 是 Intel 公司早些时间开发的支持 CAN 2.0A 规范的 CAN 总线通信控制器，它们的结构原理大致相同。82527 的结构及功能框图如图 2-22 所示。

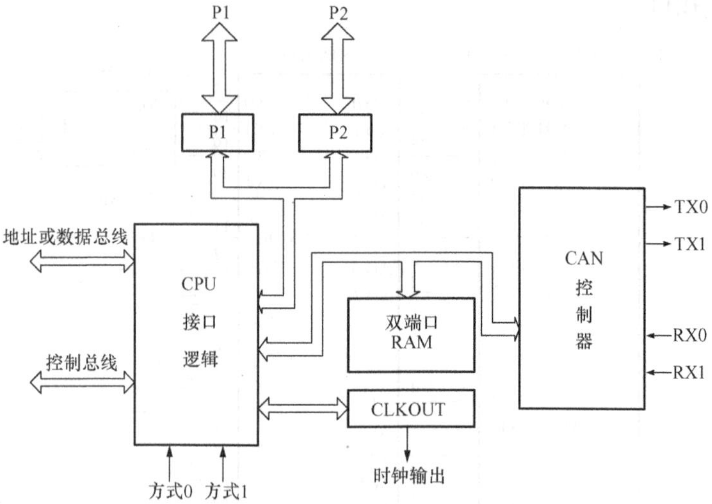

图 2-22 82527 功能框图

与 82C200 不同的是，82527 的 CAN 控制器通过在片双端口 RAM 与微控制器进行数据交换。微控制器将要传送的数据信息，包括数据字节、标识符、数据帧或远程帧等包装成可多达 15 个的通信目标送入双端口 RAM，82527 可自动完成这些通信目标的传送。其主要特性可概括如下：

(1) 支持 CAN 2.0B 规范，包括标准和扩展数据帧和远程帧；

(2) 可程控全局屏蔽，包括标准和扩展标识符；

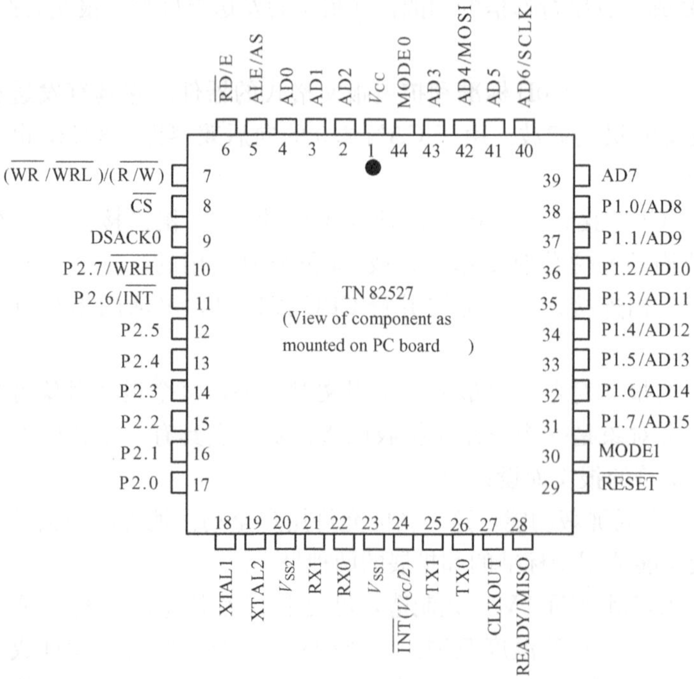

图 2-23 TN82527 引脚图

(3) 具有 15 个报文对象缓冲区，每个缓冲区长度为 8 字节，包括 14 个 TX/RX 缓冲区，1 个带可编程屏蔽的 RX 缓冲区；

(4) 灵活的 CPU 接口，包括 8 位多元总线（Intel 或 Motorola 方式）、16 位多元总线、8 位非多元总线（同步或异步）、串行接口（如 SPI）；

(5) 可程控位速率并有可程控时钟输出；

(6) 灵活的中断结构；

(7) 可设置输出驱动器和输入比较器结构；

(8) 两个 8 位双向 I/O 口；

(9) 44 脚 PLCC/QFP 封装，引脚与 82526 兼容。

TN82527 分为 44 引脚 PLCC 封装和 QFP 封装，44 引脚 PLCC 封装的引脚如图 2 - 23 所示。

TN82527 引脚功能说明如表 2 - 22 所示。

表 2 - 22　　TN82527 引脚功能说明

名称	类型	说明
V_{SS1}	地	该引脚必须外接 V_{SS} 接地点。提供数字地
V_{SS2}	地	该引脚必须外接 V_{SS} 接地点。提供模拟比较器地
V_{CC}	电源	该引脚必须外接+5VDC。为整个器件提供电源
XTAL1	I	外部时钟输入。XTAL1（与 XTAL2 一起）将晶体接至内部振荡器
XTAL2	O	内部振荡器的推挽输出。XTAL2（与 XTAL1 一起）将晶体接至内部振荡器。若使用外部振荡器，XTAL2 必须悬浮或不连接。XTAL2 不能用作时钟输出以驱动其他 CPU
CLKOUT	O	可编程时钟输出。该输出端可用于驱动主微控制器的振荡器
$\overline{RESET}$	I	热复位：（当 $\overline{RESET}$ 有效时，V_{CC} 保持为有效性），$\overline{RESET}$ 必须被置为有效低电平至少 1ms； 冷复位：（当 $\overline{RESET}$ 有效时，V_{CC} 被置为有效电平），$\overline{RESET}$ 必须被置低至少 1ms。冷复位期间 RESET 引脚不需要下降沿
$\overline{CS}$	I	该引脚为低电平时，允许 CPU 对 82527 访问
$\overline{INT}$ ($V_{CC}/2$)	O O	该中断引脚为至主微控制器的开漏输出。 $V_{CC}/2$ 为 ISO 低速物理层的供电电源。该引脚功能由 CPU 接口寄存器（地址 02H）的 MUX 位决定如下： MUX=1 时，引脚 24（PLCC 封装）为 $V_{CC}/2$，引脚 11 为 $\overline{INT}$； MUX=0 时，引脚 24（PLCC 封装）为 $\overline{INT}$
RX0 RX1	I I	由 CAN 总线输入端至输入比较器。当 RX0>RX1 时，读入隐性电平；当 RX1>RX0 时，读入显性电平。当 CoBy 位（总线配置寄存器）被编程为 1 时，输入比较器被旁路，RX0 为 CAN 总线输入端
TX0 TX1	O O	至 CAN 总线的串行数据推挽输出。隐性位期间 TX0 为高，TX1 为低；显性位期间 TX0 为低，TX1 为高
AD0/A0/ICP AD1/A1/CP AD2/A2/CSAS AD3/A3/STE AD4/A4/MOSI AD5/A5 AD6/A6/SCLK AD7/A7	I/O-I-I I/O-I-I I/O-I-I I/O-I-I I/O-I-I I/O-I I/O-I-I I/O-I	8 位分时复用方式时，为地址/数据总线。 8 位非分时复用方式时，为地址总线。 16 位分时复用方式时，为地址/数据总线的低字节。 在串行接口方式时，以下引脚的功能分别为： AD0：ICP　空闲时钟极性（Idle Clock Polarity）； AD1：CP　时钟相位（Clock Phase）； AD2：CSAS 片选激励状态（Active State）； AD3：STE　同步发送使能； AD6：SCLK　串行时钟输入； AD4：MOSI 串行数据输入

续表

名　称	类　型	说　　明
AD8/D0/P1.0 AD9/D1/P1.1 AD10/D2/P1.2 AD11/D3/P1.3 AD12/D4/P1.4 AD13/D5/P1.5 AD14/D6/P1.6 AD15/D7/P1.7	I/O-O-I/O I/O-O-I/O I/O-O-I/O I/O-O-I/O I/O-O-I/O I/O-O-I/O I/O-O-I/O I/O-O-I/O	16 位分时复用方式时，为地址/数据总线的高字节。 8 位非分时复用方式时，为数据总线。 低速 I/O 口。8 位分时复用方式和串行方式时，为 P1 引脚。 写入 9FH 和 AFH 对端口进行配置
P2.0 P2.1 P2.2 P2.3 P2.4 P2.5 P2.6/$\overline{INT}$ P2.7/$\overline{WRH}$	I/O I/O I/O I/O I/O I/O I/O-O I/O-I	在所有方式下均为 P2。 当 MUX=1 时，P2.6 为$\overline{INT}$，并为开漏。 在 16 位分时复用方式时，P2.7 为$\overline{WRH}$
Mode0 Mode1	I I	这两个引脚选择四种并行接口之一。复位期间这两个引脚微弱的保持为低。 Mode0　Mode1 0　0　Intel 方式 8 位分时复用 0　0　复位$\overline{RD}$=0，$\overline{WR}$=0，进入串行接口方式 0　1　Intel 方式 16 位分时复用 1　0　非 Intel 方式 8 位分时复用 1　0　8 位非分时复用
ALE/AS	I-I	ALE 用于 Intel 方式，AS 用于非 Intel 方式，除方式 3 外该引脚必须接高电平
$\overline{RD}$ E	I I	$\overline{RD}$用于 Intel 方式，E 用于非 Intel 方式，除方式 3 异步外该引脚必须接高电平
$\overline{WR}$/$\overline{WRL}$ $\overline{R/W}$	I I	$\overline{WR}$用于 8 位 Intel 方式，$\overline{WRL}$用于 16 位 Intel 方式。 $\overline{R/W}$用于非 Intel 方式
READY MISO	O O	READY 为主微控制器对 82527 同步访问的输出端，READY 对主微控制器为开漏输出。 MISO 为串行接口方式的串行数据输出端
$\overline{DSACK0}$	O	$\overline{DSACK0}$为主微控制器对 82527 同步访问的开漏输出端

注　I 表示输入引脚。
O 表示输出引脚。
I/O 表示输入或输出引脚。

2.2.3　内嵌 CAN 控制器的 P8xC591

独立的 CAN 控制器芯片需要外接一个微处理器，接受外部 CPU 的控制才能运行。如果微处理器内带有 CAN 控制器，那么无疑会大大简化应用系统的硬件设计，系统的可靠性也有很大提高。考虑到与 MCS-51 系列兼容的单片机在市场上占有很大的份额，在这里选择 Philips 半导体公司的 P8xC591 为代表，介绍带 CAN 控制器的单片机。

一、概述

P8xC591 是一个单片 8 位高性能微控制器，具有片内 CAN 控制器。它从 MCS-51 微控制器家族派生而来，采用了强大的 80C51 指令集并成功地包括了 Philips 半导体 SJA1000CAN 控制器的 PeliCAN 功能。全静态内核提供了扩展的节电方式。振荡器可停止和恢复而不会丢失数据。改进的 1∶1 内部时钟分频器在 12MHz 外部时钟速率时实现 500ns 指令周期。

P8xC591 的方框图如图 2-24 所示。

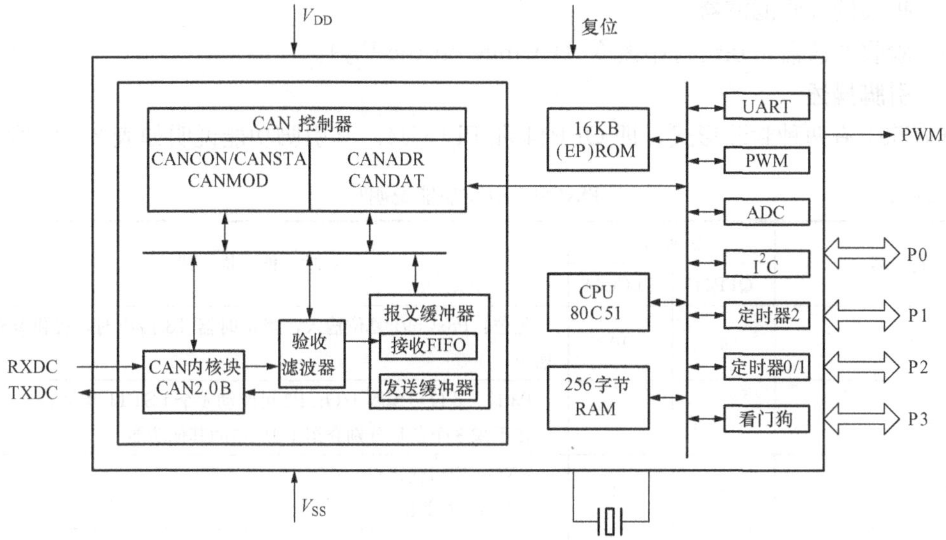

图 2-24　P8xC591 的方框图

P8xC591 在 80C51 基础上增加的特点和功能如下：

(1) 16KB 内部程序存储器。

(2) 512B 片内数据 RAM。

(3) 3 个 16 位定时/计数器 T0、T1（标准 80C51）和 T2（捕获和比较）。

(4) CAN 控制器。

(5) 带 6 路模拟输入的 10 位 ADC，可选择快速 8 位 ADC。

(6) 两个 8 位分辨率的脉宽调制输出（PWM）。

(7) 带字节方式主、从功能的 I^2C 总线串行 I/O 口。

(8) 片内看门狗定时器 T3。

(9) 保密位，32 字节加密阵列。

(10) 4 个中断优先级，15 个中断源。

(11) 电源控制模式：

—时钟可停止和恢复；

—空闲模式；

—掉电模式。

(12) 空闲模式中 ADC 有效。

(13) 双 DPTR。

(14) 可禁止 ALE 实现低 EMI。

(15) 软件复位 (AUXR1.5)。

(16) 上电检测复位。

(17) ONCE (On-Circuit Emulation) 模式 (在线仿真)。

P8xC591 组合了 P87C554 (微控制器) 和 SJA1000 (独立的 CAN 控制器) 的功能，并在 SJA1000 的基础上增加了以下 CAN 的特性。

(1) 增强的 CAN 接收中断。

(2) 扩展的验收滤波器。

(3) 验收滤波器可在运行中改变 (Change on the Fly)。

二、引脚描述

P8xC591 有两种封装形式，即 QFP44 和 PLCC44。其引脚功能说明如表 2-23 所示。

表 2-23　　P8xC591 引脚功能说明①

符　号	引脚号		功　能　描　述
	QFP44	PLCC44	
$\overline{RST}$	4	10	复位：P8xC591 复位输入，当定时器 T3 溢出时，提供复位脉冲输出
P3.0～3.7			P3 口：8 位可编程 I/O；P3 可驱动 4 个 LSTTL 输入。 接下来 8 个条目分别介绍了 P3 口的其他功能
P3.0/RXD	5	11	RXD：串行输入口 T2：事件输出
P3.1/TXD	7	13	TXD：串行输出口 RT2：T2 定时器复位信号，上升沿触发
P3.2/$\overline{INT0}$/CMSR0	8	14	$\overline{INT0}$：外部中断 0 CMSR0：定时器 T2 比较和设置/复位输出
P3.3/$\overline{INT1}$/CMSR1	9	15	$\overline{INT1}$：外部中断 1 CMSR1：定时器 T2 比较和设置/复位输出
P3.4/T0/CMSR2	10	16	T0：定时器 0 外部输入 CMSR2：定时器 T2 比较和设置/复位输出
P3.5/T1/CMSR3	11	17	T1：定时器 1 外部输入 CMSR3：定时器 T2 比较和设置/复位输出
P3.6/$\overline{WR}$	12	18	$\overline{WR}$：外部数据存储器写选通
P3.7/$\overline{RD}$	13	19	$\overline{RD}$：外部数据存储器读选通 复位时，P3 异步驱动为高 通过 P3M1 和 P3M2 寄存器可将 P3 口设置为 4 种模式之一： P3M1.x　P3M2.x　模式描述 0　0　准双向 (默认的标准 C51 配置) 0　1　推挽 1　0　高阻 1　1　开漏

续表

符　号	引脚号		功 能 描 述
	QFP44	PLCC44	
XTAL2	14	20	晶振引脚 2：反相振荡放大器输出，当使用外部振荡器时钟是开路
XTAL1	15	21	晶振引脚 1：反相振荡放大器输入和内部时钟发生电路输入。 使用外部振荡器时钟时作为外部时钟信号的输入端
V_{SS}	22	16	地：0V 参考点
V_{CC}	44	38	电源：提供正常、空闲和掉电工作电压
P2.0/A08～P2.7/A15	18～25	24～31	P2 口：8 位可编程 I/O 口 A08～A15：外部存储器高地址。还具有以下功能： 外部存储器（A08～A15）高地址字节，还可作为 EPROM 编程和校验时的高地址。 复位时，P2 异步驱动为高。 通过 P2M1 和 P2M2 寄存器可将 P2 口设置为 4 种模式之一： P2M1.x　P2M2.x　模式描述 0　0　准双向（默认的标准 C51 配置） 0　1　推挽 1　0　高阻 1　1　开漏
$\overline{PSEN}$	26	32	程序存储使能：外部程序存储器的读选通。当芯片从外部程序存储器读取程序时，$\overline{PSEN}$每个机器周期被激活两次。而在每次访问外部数据存储器时$\overline{PSEN}$被忽略两次。对内部程序存储器访问时$\overline{PSEN}$无效（保持为高）。$\overline{PSEN}$驱动 8 个 LSTTL 输入。驱动 CMOS 不需要外部上拉
ALE/$\overline{PROG}$	27	33	地址锁存使能：正常操作中，在访问外部存储器时锁存地址的低字节。每 6 个振荡器周期激活一次，但在访问外部数据存储器时例外。ALE 可驱动 8 个 LSTTL 输出。驱动 CMOS 不需要外部上拉。若想禁止 ALE 的翻转（降低 RE1 噪声），必须通过软件置位 AO（SFR：AUXR.0）。 $\overline{PROG}$：编程脉冲输入
$\overline{EA}$/V_{PP}	35	29	外部访问输入：如果复位时$\overline{EA}$保持 TTL 高电平，CPU 执行内部程序存储器的程序；如果为 TTL 低电平，CPU 通过 P0 和 P2 执行外部编程存储器的程序。$\overline{EA}$不允许浮动，它在复位时锁存，复位后不用考虑。V_{PP}：给 P8xC591 提供编程电压
P0.0/AD0～P0.7/AD7	30～37	36～43	P0 口：8 位开漏双向 I/O。复位时 P0 口为高组态（三态）。 AD7～AD0：复用的数据和地址总线低地址。P0 口的驱动 8 个 LSTTL 输入
AV_{ref+}	38	44	A/D 转换参考电阻：高端
AV_{SS}	39	1	模拟地

续表

符　号	引脚号		功　能　描　述
	QFP44	PLCC44	
P1.0～P1.4 P1.5～P1.7	40～44 1～3	2～6 7～9	P1口：用户可配置输出类型的8位I/O口。P1口作为输入或输出时的操作取决于所选择的配置。每个口都独立配置。 P1口还提供以下功能： RXDC：CAN接收器输入脚。 TXDC：CAN发送器输出脚。 复位时，P1.0和P1.1异步驱动为高，P1.2～P1.7为高组态（三态）。 ADC0～ADC2：可选功能。ADC输入通道。 ADC3～ADC5：ADC输入通道。
P1.0 P1.1	40 41	2 3	
P1.2～P1.4 P1.5～P1.7	42～44 1～3	4～6 7～9	
P1.5 P1.6 P1.7	1 2 3	7 8 9	CT3I/INT5：T2捕获定时器输入或外部中断输入。 SCL：I^2C串行时钟线，用于I^2C时不可使用推挽或准双向模式。 SDA：I^2C串行数据线，用于I^2C时不可使用推挽或准双向模式。 通过P1M1和P1M2寄存器可将P1口设置为4种模式之一： P1M1.x　P1M2.x　模式描述 0　0　准双向（默认的标准C51配置）② 0　1　推挽② 1　0　高阻 1　1　开漏
PWM0	6	12	脉宽调制：输出0
PWM1	28	34	脉宽调制：输出1

① 为避免上电时的“闩锁”效应，任意引脚的电压任何时候都不能高于$V_{DD}+0.5V$或低于$V_{SS}-0.5V$。

② 不可用于P1.6和P1.7。

三、P8xC591PeliCAN特性和结构

P8xC591包括了Philips半导体公司的独立CAN控制器SJA1000具有的所有功能，并增强了如下功能。

（1）增强的CAN接收中断：

—有接收缓冲区级的接收中断；

—用于接收中断的高优先级验收滤波器。

（2）扩展的验收滤波器：

—8个滤波器用于标准帧格式；

—4个滤波器用于扩展格式；

—验收滤波器的“运行中改变”（Change on the Fly）特性。

PeliCAN方框图如图2-25所示，它的各功能模块列举如下：

1）接口管理逻辑（IML）。

2）发送缓冲器（TXB）。

3）接收缓冲器（RXB、RXFIFO）。

4）验收滤波器（ACF）。

5）位流处理器（BSP）。

6）错误管理逻辑（EML）。

7）位时序逻辑（BTL）。

8）发送管理逻辑（TML）。

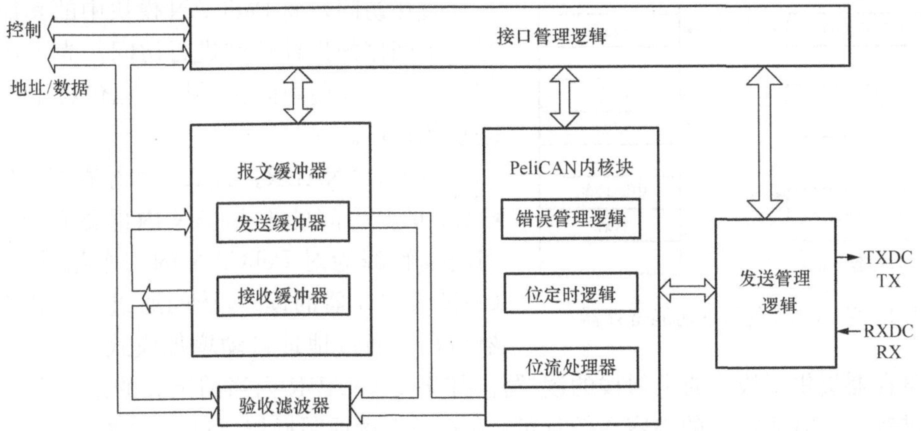

图2-25 PeliCAN方框图

发送管理逻辑提供驱动器信号用于推挽式的CAN TX晶体管级。外部晶体管根据可编程输出驱动器的配置打开或者关闭。此外在这里，还有硬件复位时的短路保护和异步浮动。

四、PeliCAN控制器与CPU之间的通信

80C51CPU接口将PeliCAN与P8xC591微控制器内部总线相连（见图2-26）。通过特殊功能寄存器可对PeliCAN寄存器和RAM区进行便捷的访问。由于支持大范围的地址，基于寻址的间接指针允许使用地址自动增加模式对寄存器进行快速访问。这样就将所需SFR的数目减少到5个。

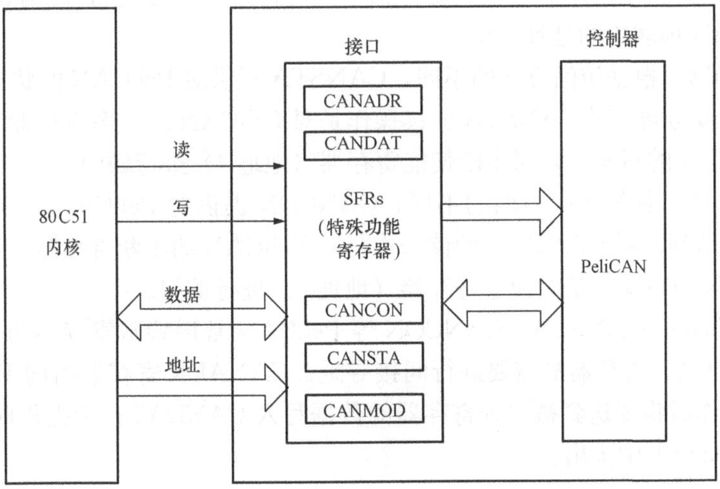

图2-26 特殊功能寄存器

CPU通过5个特殊功能寄存器［CANADR（地址）、CANDAT（数据）、CANMOD（模式）、CANSTA（状态）和CANCON（控制）］对PeliCAN模块进行访问，如图2-27所示。需要注意的是，CANCON和CANSTA根据访问方向的不同而具有不同的寄存器结构。

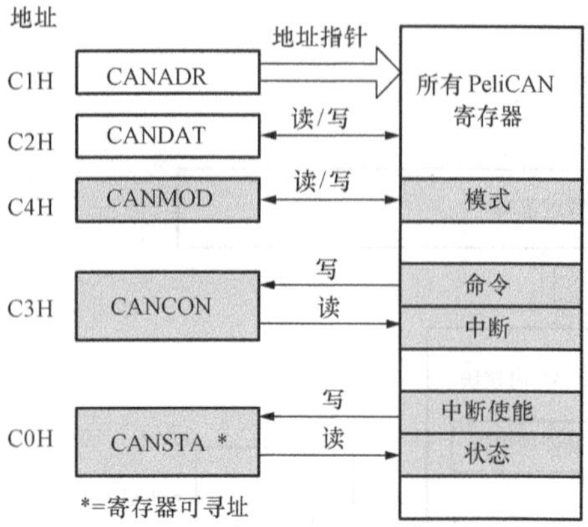

图2-27 CAN的特殊功能寄存器

PeliCAN寄存器可以通过两种不同的方式访问。那些控制CAN主要功能的最重要的几个寄存器，它们支持软件轮询，可以像单独的SFRs一样直接访问，而PeliCAN模块中的其他部分通过一个间接的指针机制进行访问。为了达到高数据吞吐量，在使用间接寻址时也包含了地址自动增加的特性。

(1) CANADR。该读/写寄存器定义通过CANDAT访问的PeliCAN内部寄存器的地址。可将其解释为对PeliCAN的一个指针。对PeliCAN块寄存器的读/写访问通过CANDAT寄存器执行。通过地址自动增加模式，为CAN控制器内部寄存器提供了快速的类似栈的读/写。如果CANADR内当前定义的地址大于或等于32（十进制），CANADR的内容在任意对CANDAT读或写操作后自动增加。例如，将一个报文装入发送缓冲区可通过将发送缓冲区的首地址（112）写入CANADR，然后将报文字节一个接一个地写入CANDAT。CANADR超过FFH后复位为00H，如果CANADR小于32，不会执行自动地址增加。即使CANDAT执行读或写，CANADR的值仍保持不变。这允许在PeliCAN控制器的低地址空间进行寄存器轮询。

(2) CANDAT。CANDAT作为一个读/写寄存器。特殊功能寄存器CANDAT看上去是对CANADT所选的CAN控制器内部寄存器的一个端口。对CANDAT寄存器的读/写等效于对该内部寄存器的访问。需要注意的是，如果CANADR中当前的地址大于或等于32，那么任何对CANDAT的访问将使CANADR自动增加。

(3) CANMOD。对PeliCAN模式寄存器CANMOD是直接进行读/写访问的模式寄存器，位于PeliCAN模块中的地址00H。

(4) CANSTA。根据访问方向的不同，CANSTA提供对PeliCAN的状态寄存器和中断使能寄存器的直接访问。对CANSTA的读操作是对PeliCAN的状态寄存器（地址2）进行访问；对CANSTA的写操作是对中断使能寄存器（地址4）进行访问。

(5) CANCON。根据访问方向的不同，CANCON提供对PeliCAN的中断寄存器和命令寄存器的直接访问。对CANCON的读操作是对PeliCAN的中断寄存器（地址3）进行访问；对CANCON的写操作是对命令寄存器（地址1）进行访问。

除了CANMOD、CANSTA、CANCON等PeliCAN常用特殊寄存器可进行直接读/写访问外，其他的CAN寄存器都需要进行间接寻址。CANADR寄存器指向PeliCAN寄存器的地址，在写操作时将要送到被寻址寄存器的数据写入CANDAT；读操作时被寻址寄存器的数据可从CANDAT中读出。

2.3 CAN总线收发器与I/O器件

2.3.1 CAN总线收发器82C250

82C250是CAN控制器与物理总线之间的接口，它最初是为汽车高速通信（最高达

1Mb/s）的应用而设计的。器件可以提供对总线的差动发送和接收功能。82C250 的主要特性如下：

（1）与 ISO 11898 标准完全兼容；

（2）高速性（最高可达 1Mb/s）；

（3）具有抗汽车环境下的瞬间干扰，保护总线能力；

（4）降低射频干扰的斜率控制；

（5）热保护；

（6）电源与地之间的短路保护；

（7）低电流待机方式；

（8）掉电自动关闭输出，不干扰总线的正常运作；

（9）可支持多达 110 个节点相连接。

82C250 的功能框图如图 2-28 所示，其基本性能参数见表 2-24。

82C250 驱动电路内部具有限流电路，可防止发送输出级电源与地之间的短路。虽然短路出现时功耗增加，但不致使输出级损坏。

若结温超过大约 160℃时，两个发送器输出端极限电流将减小，由于发送器是功耗的主要部分，电流减小导致功耗减少，因而限制了芯片的温升。器件的所有其他部分将继续工作。这种温度保持在总线短路的情况下特别重要。82C250 采用双线差分驱动，有助于抑制汽车等恶劣电气环境下的瞬变干扰。

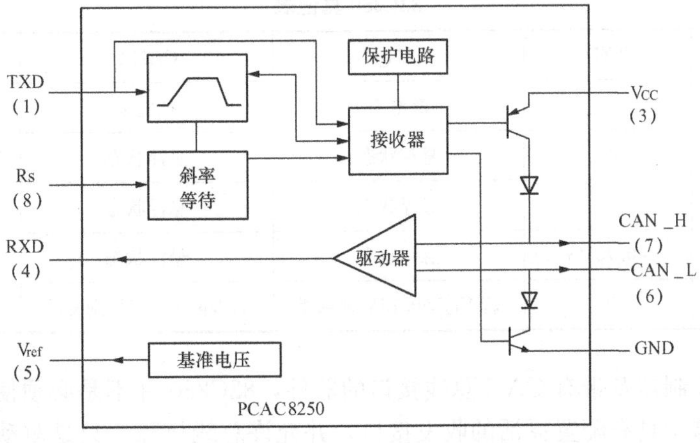

图 2-28　82C250 的功能框图

表 2-24　　82C250 基本性能数据

符号	参　数	条件	最小值	典型值	最大值	单位
V_{CC}	电源电压	待机模式	4.5		5.5	V
I_{CC}	电源电流				170	μA
$1/t_{CC}$	发送速率最大值	NRZ	1			Mb/s
V_{CAN}	CAN_H，CAN_L 输入输出电压		−8	−2	+18	V
ΔV	差动总线电压		1.5		3.0	V
γ_d	传播延迟	高速模式			50	ns
T_{amb}	工作环境温度		−40		+125	℃

引脚 Rs(8) 可用于选择高速、斜率控制和待机 3 种不同的工作方式见表 2-25。

表 2-25　Rs 端选择的 3 种不同的工作方式

Rs 管脚上的强制条件	工作方式	Rs 上的电压或电流
$V_{Rs}>0.75V_{CC}$	待机方式	$I_{Rs}<10\mu A$
$10\mu A<-I_{Rs}<200\mu A$	斜率控制	$0.4V_{CC}<V_{Rs}<0.6V_{CC}$
$V_{Rs}<0.3V_{CC}$	高速方式	$-I_{Rs}<500\mu A$

在高速工作方式下，发送器输出晶体管以尽可能快的速度启闭，在这种方式下不采取任何措施限制上升和下降斜率，此时，建议采用屏蔽电缆以避免射频干扰问题的出现。可选择高速工作方式只需将引脚 8 接地即可。

对于速度较低或长度较短的总线，可使用非屏蔽双绞线或一对平行线。为降低射频干扰，应限制上升和下降斜率。上升和下降斜率可通过从引脚 8 连接至地的电阻进行控制。斜率正比于引脚 8 上的电流输出。

若引脚 8 接高电平，则电路进入低电平待机方式，在这种方式下，发送器被关闭，而接收器转至低电流。若检测到显性位，RXD 将转至低电平，微控制器通过引脚 8 将收发器变为正常方式对此条件作出反应。由于在待机方式下，接收器是慢速的，因此第一个报文将被丢失。82C250 真值表如表 2-26 所示。

表 2-26　82C250 真值表

电　源	TXD	CAN_H	CAN_L	总线状态	RXD
4.5～5.5V	0	高电平	低电平	显性	0
4.5～5.5V	1（或悬浮）	悬浮状态	悬浮状态	隐性	1
<2V（未加电）	×	悬浮状态	悬浮状态	隐性	×
$2V<V_{CC}<4.5V$	$>0.75V_{CC}$	悬浮状态	悬浮状态	隐性	×
$2V<V_{CC}<4.5V$	×	若 $V_{Rs}>0.75V$ 则悬浮	若 $V_{Rs}>0.75V$ 则悬浮	隐性	×

对于 CAN 控制器及带有 CAN 总线接口的器件，82C250 并不是必须使用的器件，因为多数 CAN 控制器均具有配置灵活的收发接口，并允许总线故障，只是驱动能力一般只允许 20～30 个节点连接在一条总线上。而 82C250 支持多达 110 个节点，并能以 1Mb/s 的速率工作于恶劣电气环境下。利用 82C250 还可方便地在 CAN 控制器与收发器之间建立光电隔离，以实现总线上各节点间的电气隔离。

双绞线并不是 CAN 总线的唯一传输介质。利用光电转换接口器件及星形光纤耦合器，可建立光纤介质的 CAN 总线通信系统。此时，光纤中有光表示显性位，无光表示隐性位。

利用 CAN 控制器（如 82C200）的双相位输出方式通过设计适当的接口电路，也不难实现人们希望的 CAN 通信线的总线供电。

另外，CAN 协议中的错误检测及自动重发功能为我们建立高效的基于电力线载波或无线电介质（这类介质往往存在较强的干扰）的 CAN 通信系统提供了方便，且这种多机通信系统只需要一个频点。

2.3.2　CAN 总线收发器 TJA1050

一、概述

TJA1050 是 Philips 公司生产、用以替代 82C250 的高速 CAN 总线收发器。跟 PCA82C250 一样，TJA1050 符合 ISO 11898 标准。它可以和其他遵从 ISO 11898 标准的收发器产品协同操作。电磁兼容性 EMC 是 TJA1050 的主要设计目标。在关键的 AM 波段上它的辐射比 PCA82C250 低 20dB 以上。

除了 EMC 之外，TJA1050 的另外一个重要的特性是：在不上电时总线呈现无源特性。这使 TJA1050 对于在汽车内点火之后就失电的节点来说是一个更优的收发器。而持续上电的节点则要求有一个专用的低功耗模式，所以仍然是一个很好的选择。在后者的应用中，TJA1050 通过收发器不上电来实现极低的功耗，而远程唤醒功能则是使用一根独立的远程唤醒线。

由于 TJA1050 和 PCA82C250 的引脚互相兼容，那么 TJA1050 可以直接在已有的应用中使用，而不需要修改 PCB。TJA1050 的功能框图如图 2-29 所示。

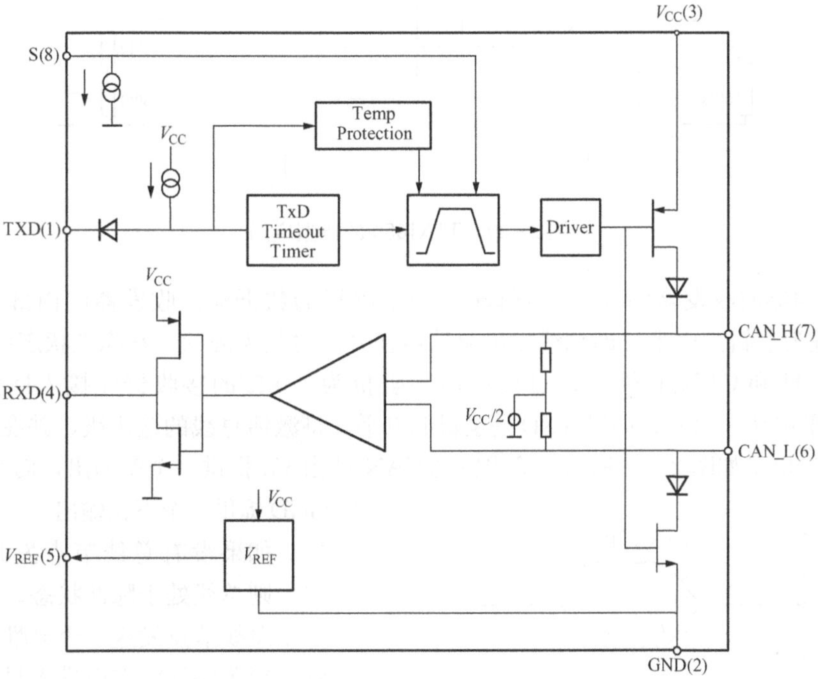

图 2-29　TJA1050 的功能框图

二、应用

TJA1050 的一般应用如图 2-30 所示。其中，协议控制器通过一条串行数据输出线 TXD 和一条串行数据输入线 RXD 连接到收发器。而收发器则通过它的两个有差动接收和发送能力的总线终端 CAN_H 和 CAN_L 连接到总线网络。它的引脚 “S” 用于模式控制。参考输出电压 V_{REF} 提供一个 $V_{CC}/2$ 的额定输出电压，这个电压是作为带有模拟输入 RX 的 CAN 控制器的参考电平。由于 SJA1000 具有数字输入，因此它不需要这个电压。收发器使用 5V 的额定电源电压。

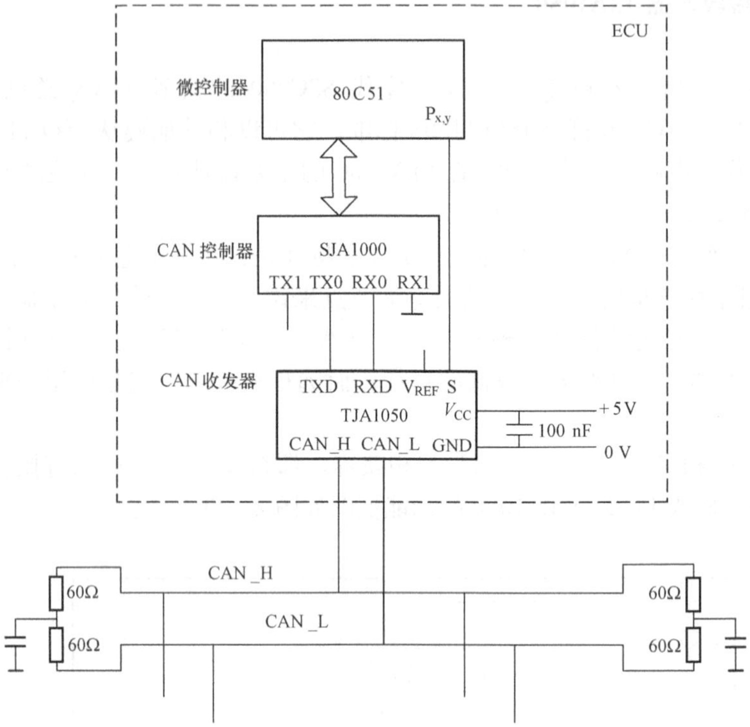

图 2-30　TJA1050 的典型应用

协议控制器向收发器的 TXD 引脚输出一个串行的数据流。收发器的内部上拉功能将 TXD 引脚置为逻辑高电平，即总线输出驱动器在开路时是无源的。在隐性状态中如图 2-31 所示，CAN_H 和 CAN_L 输入通过典型内部阻抗为 25kΩ 的接收器连接入网络，偏置到 $V_{CC}/2$ 的电平电压。另外，如果 TXD 是逻辑低电平，将激活总线的输出级，并在总线上产生一个显性信号电平如图 2-31 所示。输出驱动 CAN_H 由 V_{CC} 提供一个源输出，而 CAN_L 则向 GND 提供一个下拉输出。

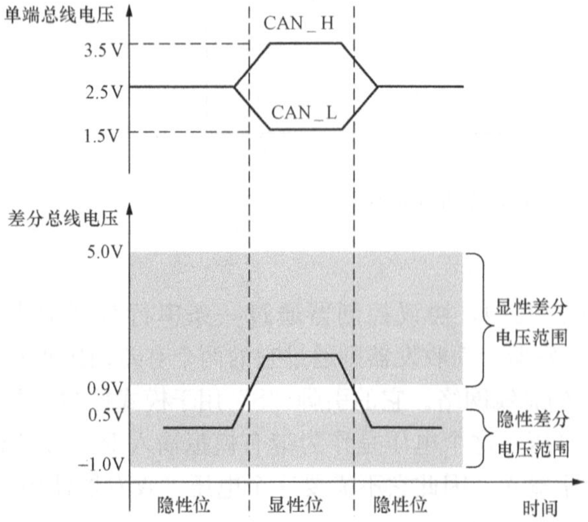

图 2-31　根据 ISO 11898 的额定总线电平

如果没有总线节点发送一个显性位，则总线处于隐性状态。如果一个或多个总线节点发送一个显性位，则总线就会覆盖隐性状态而进入显性状态线与特性。

接收器比较器将差动的总线信号转换成逻辑电平信号，并在 RXD 输出。总线协议控制器将接收到的串行数据流译码。接收器比较器总是激活的，即当总线节点发送一个报文时，它同时监控总线。这个功能可以用于支持 CAN 的非破坏性逐位仲裁策略。

典型的总线采用一对双绞线。考

虑到 ISO 11898 中定义的线型拓扑结构，总线两端都接一个 120Ω 的额定电阻。这就要求总线额定负载是 60Ω。终端电阻和电缆阻抗的紧密匹配确保了数据信号不会在总线的两端反射。

三、TJA1050 特征

TJA1050 的主要特征如下：

(1) 与 ISO 11898 标准完全兼容；

(2) 速度高（最高可达 1Mb/s）；

(3) 低电磁辐射（EME）；

(4) 电磁抗干扰（EMI）性极高；

(5) 不上电的节点不会对总线造成干扰；

(6) 发送数据（TXD）有防止钳位在显性总线电平的超时功能；

(7) 静音模式中提供了只听模式和 Babbling Idiot 保护；

(8) 在暂态时自动对总线引脚进行保护，防止汽车环境中的瞬态干扰；

(9) 输入级与 3.3V 以及 5V 的装置兼容；

(10) 热保护；

(11) 防止电源对地的短路功能；

(12) 可以连接至少 110 个节点。

四、TJA1050 工作模式

TJA1050 有高速模式和静音模式两种工作模式，都由引脚 S 来控制。

它不支持 PCA82C250 有的可变斜率控制，所以 TJA1050 有固定的斜率。尽管如此，其输出级优良的对称性使其的 EMC 性能比以前的产品更好。

1. 高速模式

高速模式是普通的工作模式，将引脚 S 连接到地可以进入该模式。由于引脚 S 有内部下拉功能，所以当它没有连接时，高速模式也是默认的工作模式。

在这个模式中，总线输出信号有固定的斜率，并且以尽量快的速度切换。这种模式适合于最大的位速率和最大的总线长度并且此时它的收发器循环延迟最小。

2. 静音模式

在静音模式中，发送器是禁能的，所以它不考虑 TXD 的输入信号状态。因此，收发器运行在非发送状态中，它此时消耗的电源电流和在隐性状态时一样。将引脚 S 接高电平就可以进入静音模式。Babbling Idiot 保护静音模式中，节点可以被设置成对总线绝对无源的状态。当 CAN 控制器不受控制，占用总线无意识地发送报文 Babbling Idiot 时，这个模式就显得非常重要。微控制器激活了静音模式后，此时微控制器不再直接访问 CAN 控制器，TJA1050 将会释放总线。因此在系统有高可靠性的情况下，静音模式变得非常有用。在静音模式中，RXD 正常从总线接收信号。因此，静音模式就提供了具有诊断功能的只听模式，它确保节点的显性位完全不会影响总线。

3. TXD 显性超时

除了静音模式外，TJA1050 还提供 TXD 显性超时功能。这个保护功能可以防止错误的 CAN 控制器通过发送持续的显性 TXD 信号将总线钳位在显性电平。

图 2-32 所示为 TXD 显性超时功能。超过允许最大的 TXD 显性时间后，发送器将被禁

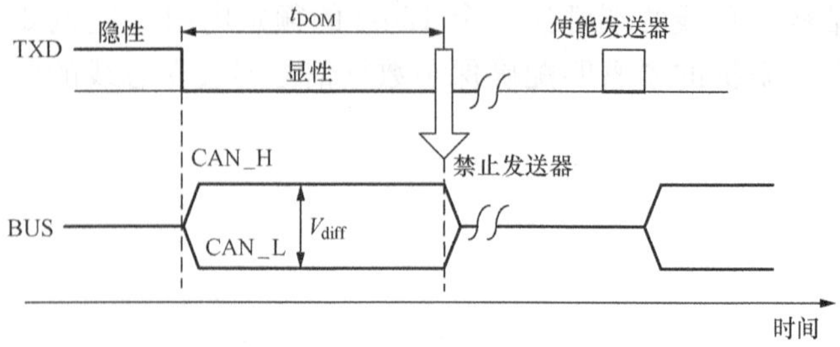

图 2-32 TXD 显性超时功能

能。下一个显性输出只有在释放了 TXD 后才可以产生。

4. 与 3.3V 器件兼容

在汽车应用中，越来越多的使用电源电压低于 5V 的器件。通过减少 TXD 和引脚 S 的输入阀值，TJA1050 可以和 3.3V 的器件（如 CAN 控制器 μC）通信。因此，它对 5V 供电的微控制器和 CAN 控制器以及 3.3V 供电的派生器件都适用。

但是由于 TXD 内部有一个上拉电阻连接到 V_{CC} 为 5V，而且 RXD 有一个基于 V_{CC} 的推挽级，所以 3.3V 的器件必须能承受 5V 的 RXD 和 TXD。

五、关于 EMC

实现高的 EMC 性能不只是收发器的问题，系统实现的细节终端拓扑外部电路也非常重要。本节将展示使用 TJA1050 时突出的 EMC 性能。

1. 分裂终端的概念

实验指出，改良的总线终端概念——分裂终端（Split Termination），可以有效减小辐射。另外这个概念使系统有更好的抗干扰性。

分裂终端的概念如图 2-33 所示。总线端节点的两个终端电阻都被分成两个等值的电阻，即用两个 60Ω 的电阻代替一个 120Ω 的电阻。通过 Stubs 连接到总线上的 Stub 节点也可以选用相似的分裂终端配置。Stub 节点的电阻选择必须使包括所有终端电阻的总线负载在 50～60Ω 的规定范围中。有 10 个节点时（8 个 Stub 节点和两个总线终端节点），典型的电阻值是 1.3kΩ。

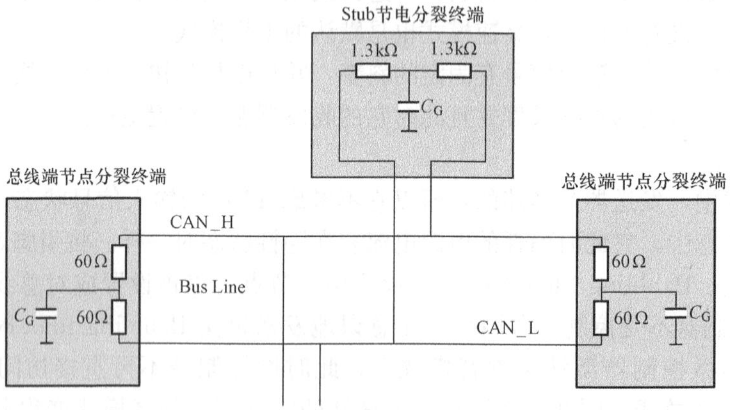

图 2-33 典型的分裂终端的概念

这个方案的特点是：普通模式信号可以在终端的中间分接点处得到。这个普通模式信号通过一个电容 C_G(10nF，100nF）连接到地。但很明显，电容要连接到“静态”的地电平。例如如果终端放置在总线节点之内，建议将分离地连接到具有最低电感的模块连接器的地引脚。

TJA1050 的电平有高度的对称性，总线的两条线与参考地的对称方式变得越来越重要。因此，为了要使用 TJA1050 有效的抗辐射性能，则要考虑每个 ECU 分裂终端电阻的匹配容差。

值得注意的是，由于使用了分裂终端 TJA1050 的 EMC 性能得到优化而且不会产生扼流，我们推荐使用分裂终端。其输出级有优良的对称性，用不同的辐射测量方法都检测不到扼流。但如果 EMC 性能仍不足够，也可以选择适用额外的方法，像电容和普通模式扼流器。

2. CAN_H 和 CAN_L 上的电容

CAN_H 和 CAN_L 输出到 GND 的一对匹配电容 C_H 和 C_L 经常被用于提高抗电磁干扰的性能。相应噪声源的阻抗 R_F 和 CAN_H 和 CAN_L 对地的电容组成了一个 RC 低通滤波器。在抗干扰性能的问题上，电容的值应该尽可能大，才能获得低的角频率。另一方面输出级的整个电容负载和阻抗为数据信号建立了一个低通滤波器。因此相关的角频率要比数据传输频率高。这使电容值必须由节点的数量和数据传输频率决定。当 TJA1050 的输出级阻抗约为 20Ω，总线系统有 10 个节点，速率为 500kb/s，则电容的值不应该超过 470pF。外部电容构成的 RC 低通滤波器如图 2 - 34 所示。

3. 普通模式扼流器

普通模式扼流器对普通模式信号有高阻抗，对差动信号有低阻抗。因此由 R_F 噪声和/或收发器驱动器的不理想对称产生的普通模式信号都被显著地衰减。所以，普通模式扼流器可以减小辐射以提高抗干扰性。

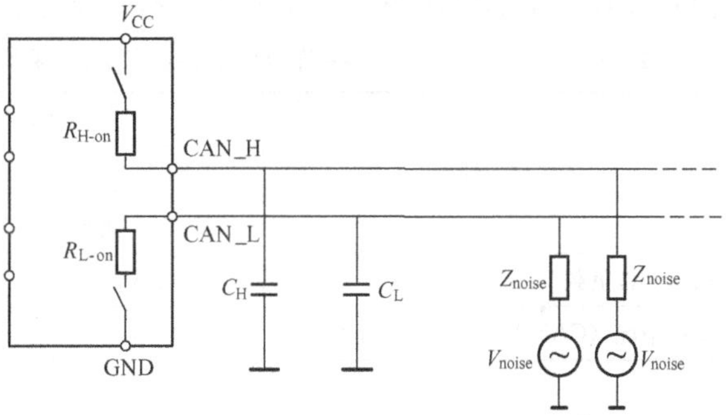

图 2 - 34　外部电容构成的 RC 低通滤波器

图 2 - 35 显示了如何将普通模式扼流器、分裂终端和 CAN_H、CAN_L 对 GND 的电容结合起来。如果首先要提高抗干扰性，建议将电容放置在收发器和普通模式扼流器之间。另一方面，要减少辐射，建议将电容放置在扼流器和分裂终端之间（如图 2 - 35 中虚线所示）。

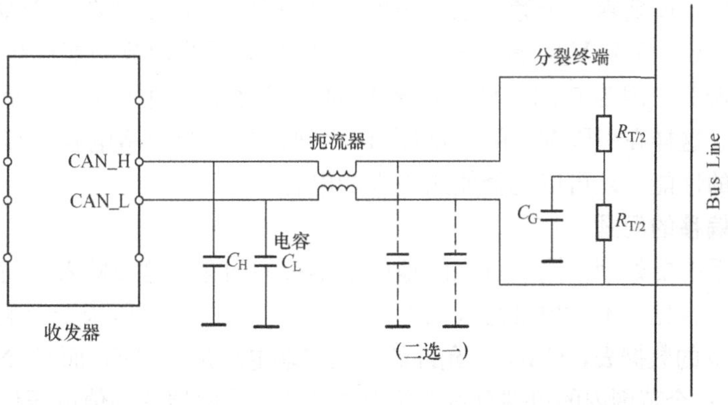

图 2 - 35　结合了分裂终端扼流器和电容的总线节点电路

普通模式扼流器也有一个缺点：扼流器的电感和引脚的电容将引起谐振。这无论是对差动信号还是普通模式信号，都将在总线引脚和扼流器之间引起不必要的谐振。差动信号的振荡可能引起 RXD 的多次切换。

前面的收发器产品在使用非屏蔽双绞线时，通常需要一个普通模式扼流器来满足汽车厂商严格的辐射和抗干扰要求。TJA1050 可以建立设有扼流器的汽车内系统。最后，是否需要扼流器是由特定的系统设备如线束和两条总线的对称性电阻与电容的匹配容差决定的。

六、电源和推荐的旁路电容

通常，旁路电容用于对所要求的电源电压供应进行缓冲。一个大小适中的旁路电容也可以避免过高的电流峰值流入地，为收发器建立一个"静态"的信号地。

（一）平均和峰值电源电流

为了选择合适的电容，要考虑 CAN 高速收发器电源 V_{CC} 的两个参数。

（1）平均电源电流。平均电源电流用于计算 V_{CC} 电压调节器的温度负载。它是在假设节点持续以 50%的占空比发送报文的情况下估算出来的。

（2）峰值电源电流。峰值电源电流在某些时间发生了某些总线故障的情况下出现，因此它对电源的缓冲保护有一定的影响。我们推荐参考表 2-27 所示的收发器 V_{CC} 电源特性。这些值在计算要求的电压调节器和旁路电容时要考虑。

表 2-27 在普通和最差的情况下平均和峰值电源电流

文件	TJA1050		PCA82C250	
	平均 $I_{V_{CC}}$（50%占空比）	峰值 $I_{V_{CC}}$（显性，V_{TXD}=0V）	平均 $I_{V_{CC}}$（50%占空比）	峰值 $I_{V_{CC}}$（显性，V_{TXD}=0V）
普通，60Ω 负载	43mA	75mA	44mA	70mA
最差的情况（CAN_H）对 GND 短路	60mA	137mA	80mA	165mA

（二）旁路电容

当一个位从隐性切换到显性时，需要额外的电源电流来驱动总线。这个电流的计算式为

$$\Delta I_{CC} = I_{CC\_dom} - I_{CC\_rec}$$

其中 I_{CC_dom} 是指显性状态下的电源电流，I_{CC_rec} 是隐性状态下的电源电流。由于限制电压调节器的调节速度，就要求一个旁路电容来保持电源电压 V_{CC} 是常数。否则 V_{CC} 将可能偏离定义的电压范围 [(5±5%)V]，或者至少由于电压调节器的调节功能产生一些振荡。我们根本不需要这些振荡，因为它们会增加电磁辐射。因此在普通操作中，至少需要用 100nF 的电容进行保护。这样在引脚 V_{CC} 和引脚 GND 之间连接一个旁路电容变得非常有必要。考虑到电压调节器的性能，还可以选择使用更大的电容。

七、地电平偏移的问题

汽车的总线系统要处理不同节点之间地电平偏移的问题。这意味着，每个节点根据自己的地电平都可以"看见"不同单端总线的电压，但差动的总线电压未受影响。

根据 TJA1050 的数据表，CAN_H 允许的最大单端电压是+12V，而 CAN_L 允许的最小单端电压是−12V。这个范围内的单端总线电压保证了差动接收器的阀值电压位于 0.5～0.9V 之间。这个允许的单端电压范围就是差动收发器的普通模式范围。ISO 11898 定义的普通模式范围是−2～+7V。所以 TJA1050 根据 ISO 11898 提供的一个扩展的普通模式范围。

轻微超出定义的普通模式范围不会立即引起通信故障，因此，地电平偏移的容差要受到限制。普通模式范围和允许最大地电平偏移之间的关系如图 2-36 和图 2-37 所示。

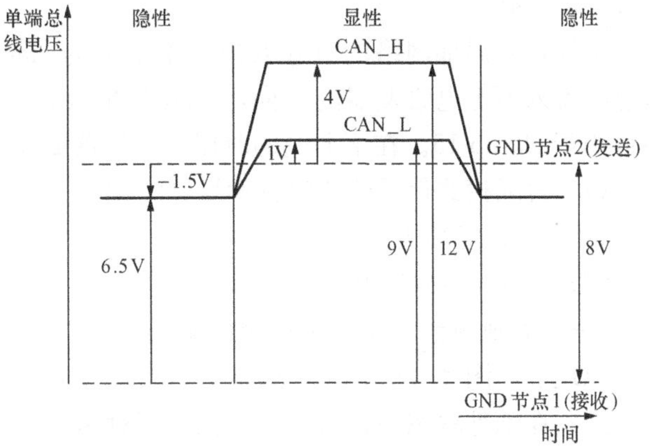

图 2-36　发送节点 2 的地电平比接收节点 1 的地电平高的情况

图 2-36 是发送节点 2 的地电平比接收节点 1 的地电平高的情况。在这种情况下，根据接收节点的地电平，允许的最大地电平偏移符合 CAN_H 最大时的单端电压 12V。从图 2-36 可以看到，允许的最大地电平偏移是 8V（$GND_{Trans}-GND_{Rec}$）。

图 2-37 显示的是发送节点 1 的地电平比接收节点 2 的地电平低的情况。在这种情况下，根据接收节点的地电平，允许的最大地电平偏移符合 CAN_L 最小时的单端电压－12V。从图 2-37 可以看到，允许的最大地电平偏移是－13V（$GND_{Trans}-GND_{Rec}$）。由于每个节点在系统中都可以暂时作为发送器，TJA1050 任何两个节点间允许的最大地电平偏移限制为 8V。

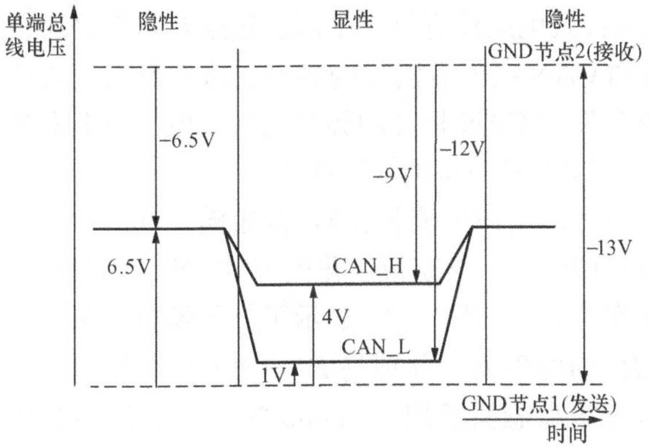

图 2-37　发送节点 1 的地电平比接收节点 2 的地电平低的情况

在隐性总线状态中，每个节点都根据它们的偏置和地电平拉总线，此时就产生了一个平均的隐性总线电压。在图 2-36的例子中，接收节点地电平的隐性电平是 6.5V 左右，而发送节点地电平的隐性电平则是－1.5V。

在图 2-36 和图 2-37 这两个例子中显示了总线系统中的地电平偏移，它明显扰乱了 CAN_H 和 CAN_L 隐性电平电压的对称性。这就意味着将产生不希望的普通模式信号，使系统的电磁辐射增强。由于辐射对地电平偏移非常敏感，相应的系统器件要注意防止地电平偏移源。

八、不上电的收发器

今天的汽车应用可被划分成系统（只有在点火的时候活动）和应用（点火之后仍然要工作，譬如停车）。这将区分由 clamp-15 点火和 clamp-30 电池供电的局部网络。当汽车点火后，clamp-15 的节点是不上电的，而 clamp-30 的节点是持续供电的。典型的电源配置如

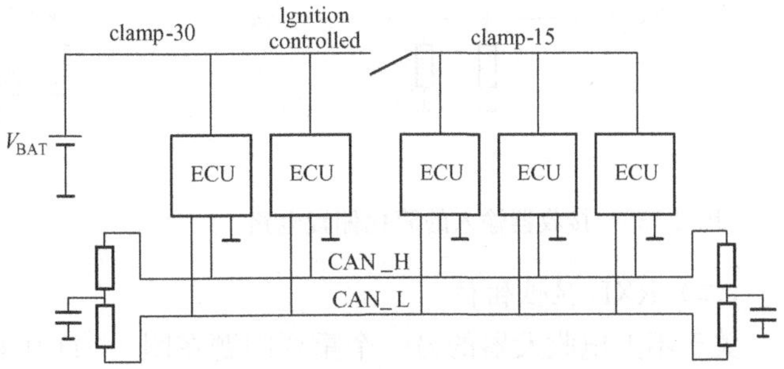

图 2-38　典型的电源配置

图 2-38 所示。

上面提到局部网络的概念要求：不上电的 clamp-15 收发器必须不能降低系统的性能。从总线流入不上电收发器的反向电流要尽量低。TJA1050 优化成最低的反向电流，因此被预订用于 clamp-15。在不上电的时候，收发器要处理下面的问题：

(1) 普通模式信号的非对称偏置；

(2) RXD 显性钳位；

(3) 与 V_{CC}逆向的电源。

(一) 普通模式电压的非对称偏置

原理上，图 2-39 中的电路根据显性状态的总线电平，给普通模式电压提供对称的偏置。因此在隐性状态中，纵向电压偏置到对称的 $V_{CC}/2$。

在不上电的情况下，内部偏置电路是总线向收发器产生显著反向电流的原因。结果使隐性状态下的 DC 电压电平和普通模式电压都下降到低于 $V_{CC}/2$ 的对称电压。由于 TJA1050 的设计在不上电的情况下，不会向总线拉电流，因此和 PCA82C250 相比，TJA1050 的反向电流减少了大约 10%。

在长时间的隐性总线状态（总线空闲）后，普通模式电压显著低于 $V_{CC}/2$ 的额定值。在 CAN 报文的第一个显性位中（帧起始位），普通模式电压恢复。由于相关的普通模式阻抗很大，因此在 CAN 帧的隐性总线状态中，普通模式电压没有显著下降。这就意味着普通模式信号只在 CAN 报文开始的时候出现，而且和 CAN 报文有同样的频率。这些普通模式信号会增加电磁辐射。显性电平一次谐波的频率和发送 CAN 报文的频率相同。由于不上电的收发器 TJA1050 有非常低的反向电流，所以它不会降低系统的辐射性能。

当系统中有越来越多的不上电节点时（总体的反向电流很大），普通模式电压的不对称偏置变得非常明显。在存在大量的不上电节点的时候，要获得优化的 EMC 性能，我们建议用一个外部的偏置电路将普通模式电压稳定在 $V_{CC}/2$。图 2-40 显示了外部偏置电路，它由电阻 R_1 和 R_2，以及分裂终端组成。R_1 和 R_2 的电阻值（分别是 $R_{T/2}$）应非常接近。R_1 和 R_2 阻值的合理范围是 1～2kΩ。上面的外部偏置概念只适用于 clamp-30 节点，因为它们是一直上电的。

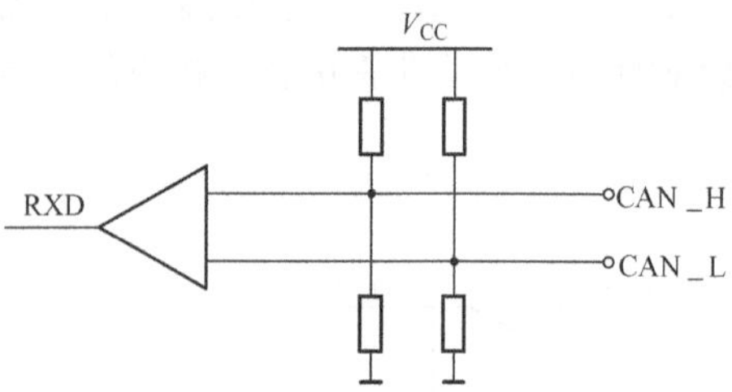

图 2-39 接收器输入的简化偏置电路

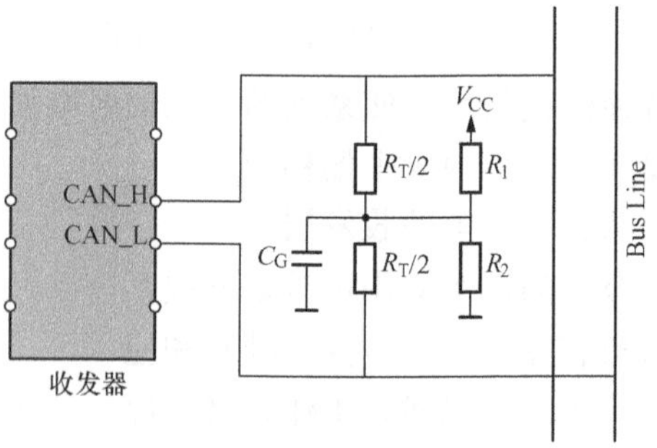

图 2-40 外部偏置电路

(二) RXD 显性钳位

关于不上电收发器的另一个重要问题在图 2-41 中显示。在一些应用中，为了获得较低的功率，收发器是不上电的，而仍然上电的微控制器/CAN 控制器则进入准备模式。

收发器在不上电时通常将 RXD 的电平拉到 GND，这样 RXD 就被钳位到显性电平。这在 CAN 控制器看来是一个持续的唤醒信号。所以，当收发器不上电时不能使 CAN 控制器进入准备模式。

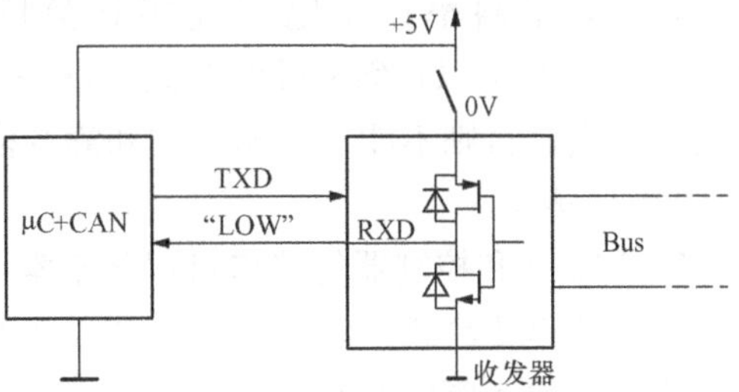

图 2-41 不上电收发器的 RXD 显性钳位

TJA1050 在不上电的情况下，可以将 RXD 引脚悬空，这样就克服了 RXD 显性钳位的问题。现在，CAN 控制器中一个集成的 RXD 上拉电阻足以将 RXD 拉到隐性电平。但如果有需要，也可以再加一个外部上拉电阻。

（三）与 V_{CC}反向的电源

流入不上电收发器的反向电流通常会产生和 V_{CC}反向的电源，我们不希望出现这种情况，因为可能产生一些意外情况。在收发器不上电，而在微控制器/CAN 控制器仍然上电的情况下，主要有以下 4 个反向电流的通路。

(1) 反向电流从高电平的 RXD 流向 V_{CC}；

(2) 反向电流从高电平的 TXD 流向 V_{CC}；

(3) 反向电流从高电平的引脚 S 流向 V_{CC}；

(4) 反向电流从总线线路流向 V_{CC}和 GND。

上面的前三条路径已经完全被 TJA1050 消除了。总线线路上的反向电流显著下降，结果 TJA1050 中 V_{CC}可能的反向电源电压显著比 PCA82C250 低。因此在同样 V_{CC}供电的情况下，剩下的反向电源电压将不足以产生一些对器件不确定的行为。

九、用 TJA1050 代替 PCA82C250

由于 PCA82C250 和 TJA1050 总体的引脚和功能都兼容，所以用 TJA1050 代替现有应用中的 PCA82C250 变得非常简单。但在代替的过程中要注意两个不同的问题：互操作性和兼容性。互操作性是指 PCA82C250 和 TJA1050 在同一个总线系统中一起工作的能力，而兼容性则包括引脚、工作模式、电源电压范围、总线接口以及 CAN 控制器、外部电路等问题。

由于 PCA82C250 和 TJA1050 都符合 ISO 11898 标准，这就保证了这两个收发器可以互操作，因此可以在同一个总线网络中一起工作。下面我们将讨论兼容性的问题。

（一）引脚

PCA82C250 和 TJA1050 的引脚相同。因此在大多数情况下 TJA1050 也可以使用 PCA82C250 开发的 PCB。

（二）工作模式

这些收发器都使用引脚 8 作为模式选择。但 TJA1050 不支持 PCA82C250 的斜率控制模式。所以，不再需要原来在 PCA82C250 引脚 8 上用于调节斜率的电阻。在 PCA82C250 引脚 8 上加高电平，将激活减少电流消耗的准备模式。TJA1050 的静音模式和 PCA82C250 的准备模式相似，它也可以禁能发送器，但不减少电流的消耗。将 TJA1050 的引脚 8 置高电平就可以进入静音模式。如果在这两个收发器的引脚 8 加低电平，它们都进入高速模式。

（三）斜率控制电阻

斜率控制电阻是否要被移去，由应用决定。这里有两种不同的情况。

(1) 如果斜率控制电阻直接连接到 GND，电阻可以不被移去；

（2）如果斜率控制电阻连接到微控制器的一个输出端口，让以前的应用（使用PCA82C250）可以在斜率控制模式和准备模式之间转换，这个电阻在使用TJA1050的应用中要被移去，否则不能在高速模式和静音模式之间切换。

（四）接口

TJA1050和控制器的接口可以像平常一样，串行数字信号流输入TXD，从RXD输出信号流。但这里要注意：为了保证3.3V电源供电的控制器可以驱动TJA1050的输入，TXD和引脚S的输入阀值都有一定的下降。TJA1050同时也支持5V电源供电的传统微控制器。表2-28总结了用TJA1050和PCA82C250要注意的兼容性问题。

表2-28　　TJA1050和PCA82C250之间的比较

特　性	TJA1050	PCA80C250
互操作性/ISO 11898	是	是
引脚兼容性	是	是
工作模式： 引脚8高电平 引脚8低电平 引脚8上的电阻连接到GND 悬空引脚8	 静音模式 高速模式 高速模式 高速模式	 准备模式 高速模式 斜率控制模式 高速模式
电源电压容差	5%	10%
不上电时无源	是	否
TXD显性保护	是	否
最小的位速率	60kb/s	0kb/s
3.3VI/O兼容	是	否

2.3.3 CAN总线I/O器件82C150

CAN总线上的节点既可是基于微控制器的智能节点，也可以是具有CAN接口的I/O器件。82C150即是一种具有CAN总线接口的模拟和数字I/O器件，它为提高微控制器I/O能力和降低线路数量和复杂性提供了一种廉价、高效的方法，可广泛应用于机电领域、自动化仪表及通用工业应用中的传感器、执行器接口。

82C150的主要功能包括CAN接口功能、I/O功能。

（1）CAN接口功能：

1）具有严格的位定时，符合CAN技术规范2.0A和2.0B。

2）全集成内部时钟振荡器（不需要晶振），位速率为20kb/s～125kb/s。

3）具有位速率自动检测和校正功能。

4）具有4个可编程标识符位，在一个CAN总线系统上最多可连接16个82C150。

5）支持总线故障自动恢复。

6）具有通过CAN总线唤醒功能的睡眠方式。

7）带有CAN总线差分输入比较器和输出驱动器。

（2）I/O功能：

1）16条可配置的数字及模拟I/O口线。

2）每条 I/O 口线均可通过 CAN 总线单独配置，包括 I/O 方向、口模式和输入跳变的检测功能。

3）在用作数字输入时，可设置为由输入端变化而引起 CAN 报文自动发送。

4）两个分辨率为 10 位的准模拟量（分配脉冲调制 PDM）输出。

5）具有 6 路模拟输入通道的 10 位 A/D 转换器。

6）两个通用比较器。

（3）工作特性：

1）电源电压为 5V±4%，典型电源电流为 20mA。

2）工作温度范围为－40～＋125℃。

3）采用 28 脚小型表面封装。

图 2-42 所示为 CAN 总线 I/O 器件 82C150 的应用示例。82C150 作为 CAN 总线节点，与模拟量输入、开关量输入直接相连，把这些采集到的信号通过 PCA82C250 送到总线上，再进一步送往总线上其他带有 CPU 的节点进行处理。同时 82C150 也把从总线上接收到的控制输出信号送往驱动电路，对电动机、指示灯等实行控制。

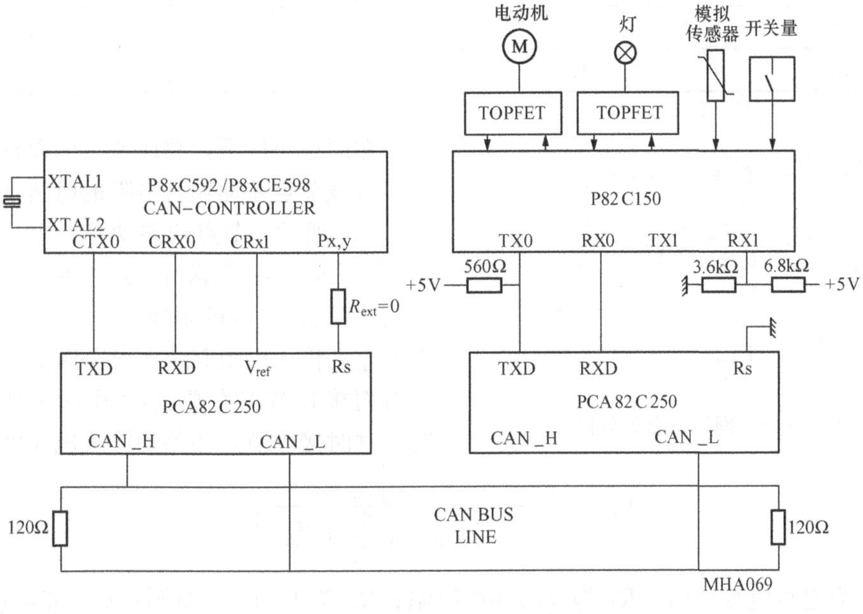

图 2-42　I/O 器件 82C150 的应用示例

2.4　总线长度及节点数的确定

在 CAN 总线系统的实际应用中，经常会遇到要估算一个网络的最大总线长度和节点数的情况。下面分析当采用 PCA82C250 作为总线驱动器时，影响网络的最大总线长度和节点数的相关因素以及估算的方法。若采用其他驱动器，则也可以参照该方法进行估算。

由 CAN 总线所构成的网络，其最大总线长度主要由以下 3 个方面的因素所决定。

（1）互连总线节点的回路延时（由 CAN 总线控制器和驱动器等引入）和总线线路延时；

(2) 由于各节点振荡器频率的相对误差而导致的位时钟周期的偏差；

(3) 由于总线电缆串联等效电阻和总线节点的输入电阻而导致的信号幅度的下降。

传输延迟时间对总线长度的影响主要是由CAN总线的特点（非破坏性总线仲裁和帧内应答）所决定的。举例来说，在每帧报文的应答场（ACK场），要求接收报文正确的节点在应答间隙将发送节点的隐性电平拉为显性电平，作为对发送节点的应答。由于这些过程必须在一个位时间内完成，所以总线线路延时以及其他延时之和必须小于1/2个位时钟周期。非破坏性总线仲裁和帧内应答本来是CAN总线区别于其他现场总线最显著的优点之一，在这里却成了一个缺点。缺点主要表现在其限制了CAN总线速度进一步提高的可能性，当需要更高的速度时则无法满足要求。如表2-29所示，最大总线长度与位速率之间的关系就是这种缺点的直接体现。关于前两种因素对总线长度的影响，不在此讨论，下面仅对总线电缆电阻对总线长度的影响作一个分析。

表2-29　位速率与总线长度的关系

位速率（kb/s）	总线长度（m）	位速率（kb/s）	总线长度（m）
1000	30	125	500
500	100	62.5	1000
250	250		

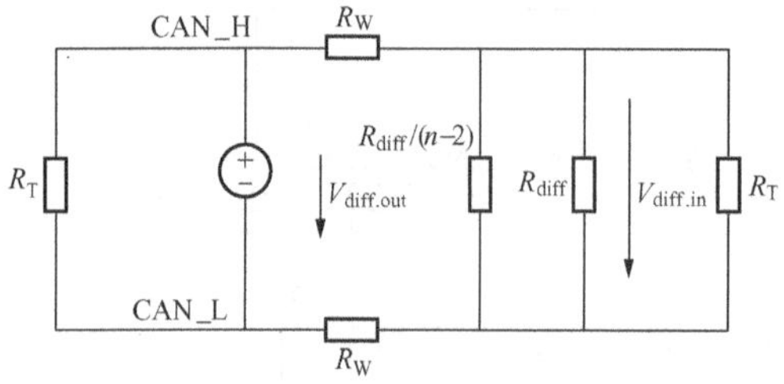

图2-43　网络分布等效图

在静态条件下，总线节点的差动输入电压由流过该节点差动输入电阻的电流所决定。如图2-43所示，节点的差动输入电压主要取决于以下因素：发送节点的差动输出电压$V_{diff.out}$，总线电缆的电阻$R_W=\rho\times L$和接收节点的差动输入电阻R_{diff}。当发送节点在总线的一端而接收节点在总线的另一端时为最坏情况，这时接收节点的差动输入电压的计算式为

$$V_{diff.in}=\frac{V_{diff.out}}{1+2R_W\times\left(\dfrac{1}{R_T}+\dfrac{n-1}{R_{diff}}\right)}$$

式中：R_W为总线电缆电阻；R_T为终端匹配电阻；R_{diff}为差动输入电阻；n为节点总数。

当差动输入电压小于0.5V或0.4V时，接收节点检测为隐性位；当差动输入电压大于0.9V或1.0V时，接收节点检测为显性位。所以为了正确地检测到显性位，接收节点必须能接收到一定的差动输入电压，这个电压取决于接收显性位的阀值电压V_{TH}和用户定义的安全区电压。所需的差动输入电压可表示为：

$$V_{diff.in.req}=V_{th}+K_{sm}\times(V_{diff.out}-V_{th}) \tag{2-1}$$

其中K_{sm}为决定安全区电压的差动系数，在0～1之间取值。由于接收的差动输入电压必须大于检测显性位所需的电压，在极限情况下，可以得到表达式：

$$V_{diff.in.min}=\frac{V_{diff.out.min}}{1+2R_{W.max}\times\left(\dfrac{1}{R_{T.min}}+\dfrac{n_{max}-1}{R_{diff.min}}\right)}\geqslant V_{diff.in.req} \tag{2-2}$$

根据关系 $R_{W.max}=\rho_{max}\times L_{max}$，式（2-2）经变换后可得到：

$$L_{max}\leqslant\frac{1}{2\times\rho_{max}}\times\left(\frac{V_{diff.out.min}}{V_{TH.max}+K_{sm}\times(V_{diff.out.min}-V_{TH.max})}-1\right)\times\frac{R_{T.min}\times R_{diff.min}}{R_{diff.min}+(n_{max}-1)\times R_{T.min}} \tag{2-3}$$

式中：n_{max}为系统接入的最大节点数；ρ_{max}为所用电缆的单位长度的最大电阻率；$V_{diff.out.min}$(1.5V) 为输出显性位时最小差动输出电压；$V_{TH.max}$(1V) 为接收显性位最大阈值电压；$R_{diff.min}$(20kΩ) 为节点最小差动输入电阻；$R_{T.min}$(118Ω) 为最小终端电阻。

从式（2-3）中可以很清楚地看出，最大总线长度除了与终端电阻、节点数等有关外，还与总线电缆单位长度的电阻率成反比。由于不同类型电缆的电阻率不同，所以其最大总线长度也有很大差别。若差动系数 K_{sm}为 0.2，在最坏情况下，可得出总线电缆电阻 R_W 必须小于 15Ω。正常情况下（$V_{diff.out}$为 2V，V_{TH}为 0.9V，R_{diff}为 50kΩ，R_T 为 120Ω），在差动系数 K_{sm}为 0.2 时，总线电缆电阻 R_W 小于 45Ω 即可。表 2-30 列出了几种不同类型的电缆和节点数条件下最大总线长度的情况。最大总线长度是在最坏情况下计算得到的。

上面所讲的是总线电缆电阻与总线长度之间的关系，那么网络中所能连接的最大节点数又与什么因素有关呢？下面分析一下这个问题。一个网络中所能连接的最大节点数主要取决于 CAN 驱动器所能驱动的最小负载电阻 $R_{L.min}$。CAN 驱动器 PCA82C250 提供的负载驱动能力为 $R_{L.min}=45\Omega$。从图 2-43 中可以得到用于计算最大节点数的关系式（假设总线电阻 R_W 为 0，此时为最坏情况）：

$$\frac{R_{T.min}\times R_{diff.min}}{2R_{diff.min}+(n_{max}-1)\times R_{T.min}}>R_{L.min}\Rightarrow n_{max}<1+R_{diff.min}\times\left(\frac{1}{R_{L.min}}-\frac{2}{R_{T.min}}\right)$$

假设 PCA82C250 的最小差动输入电阻为 $R_{diff.min}=20k\Omega$，当 $R_T=118\Omega$ 和 $R_L=45\Omega$ 时，能连接的最大节点数为 106 个；当 $R_T=120\Omega$ 和 $R_L=45\Omega$ 时，则为 112 个。其实影响节点数多少的除了 PCA82C250 的驱动能力以外，还与总线长度有密切关系。只有总线长度在合适的范围以内时，才有可能达到上面的最大节点数。从表 2-30 中也可以看出这一点。

表 2-30　　在不同类型的电缆和节点数条件下的最大总线长度

电缆类型	最大总线长度（m）（$K_{sm}=0.2$）			最大总线长度（m）（$K_{sm}=0.1$）		
	$N=32$	$N=64$	$N=100$	$N=32$	$N=64$	$N=100$
DeviceNetTM（细缆）	200	170	150	230	200	170
DeviceNetTM（粗缆）	800	690	600	940	810	700
0.5mm²（或 AWG20）	360	310	270	420	360	320
0.75mm²（或 AWG18）	550	470	410	640	550	480

2.5　CAN 控制器与 8051 系列单片机的接口技术

2.5.1　CAN 总线智能节点的设计

节点是网络上信息的接收站和发送站，CAN 总线系统中共有两种类型的节点：不带微处理器的非智能节点和带微处理器的智能节点。如由一片 P82C150 就可以构成一个数字和模拟信号采集的节点，像这种节点就是非智能节点。所谓智能节点是由微处理器和可编程的

CAN 控制芯片组成，它们有两者合二为一的，如芯片 P8xC591；也有如本章介绍的，由独立的通信控制芯片与单片机接口构成。由于前者设计时需专用的开发工具，而后者可以采用通用的单片机仿真器，所以后者在设计时更为灵活方便，用得也更多，但前者的可靠性更高。

一、CAN 总线系统智能节点硬件电路设计

下面所介绍的 CAN 总线系统智能节点，采用 89C51 作为节点的微处理器，在 CAN 总线通信接口中，CAN 通信控制器采用 SJA1000，CAN 总线收发器采用 82C250。

图 2-44 所示为 CAN 总线系统智能节点硬件电路原理图。从图 2-44 中可以看出，电路主要由 4 部分所构成：微控制器 89C51、独立 CAN 通信控制器 SJA1000、CAN 总线收发器 82C250 和高速光电耦合器 6N137。微处理器 89C51 负责 SJA1000 的初始化，通过控制 SJA1000 实现数据的接收和发送等通信任务。

SJA1000 的 AD0～AD7 连接到 89C51 的 P0 口，$\overline{\text{CS}}$连接到 89C51 的 P2.0。P2.0 为 0 时 CPU 片外存储器地址可选中 SJA1000，CPU 通过这些地址可对 SJA1000 执行相应的读/写操作。SJA1000 的$\overline{\text{RD}}$、$\overline{\text{WR}}$、ALE 分别与 89C51 的对应引脚相连，$\overline{\text{INT}}$接 89C51 的$\overline{\text{INT0}}$，89C51 就可通过中断方式访问 SJA1000。

为了增强 CAN 总线节点的抗干扰能力，SJA1000 的 TX0 和 RX0 并不是直接与 82C250 的 TXD 和 RXD 相连，而是通过高速光耦 6N137 后与 82C250 相连，这样就很好地实现了总线上各 CAN 节点间的电气隔离。不过，应该特别说明的一点是，光耦部分电路所采用的两个电源 V_{CC}和 V_{DD}必须完全隔离，否则采用光耦也就失去了意义。电源的完全隔离可采用小功率电源隔离模块或带多 5V 隔离输出的开关电源模块实现。这些部分虽然增加了接口电路的复杂性，但是却提高了节点的稳定性和安全性。

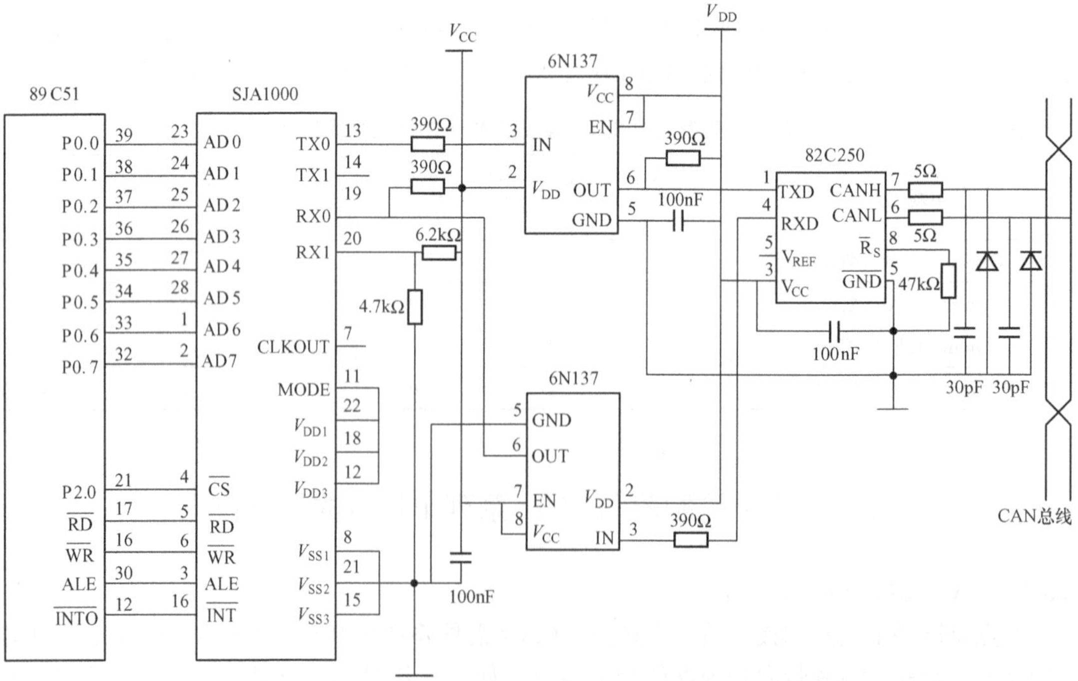

图 2-44　CAN 总线系统智能节点硬件电路原理图

82C250与CAN总线的接口部分也采用了一定的安全和抗干扰措施。82C250的CAN_H和CAN_L引脚各自通过一个5Ω的电阻与CAN总线相连，电阻可起到一定的限流作用，保护82C250免受过流的冲击。CAN_H和CAN_L与地之间并联了两个30pF的小电容，可以起到滤除总线上的高频干扰和一定的防电磁辐射的能力。另外，在两根CAN总线输入端与地之间分别接了一个防雷击管，当两输入端与地之间出现瞬变干扰时，通过防雷击管的放电可起到一定的保护作用。瞬变干扰（Transient Interference）是电磁兼容领域中主要的一种干扰方式，特别是雷击浪涌波，由于持续时间短，脉冲幅值高，能量大，给电子电气设备的正常运行带来了极大的威胁。82C250的Rs脚上接有一个斜率电阻，电阻大小可根据总线通信速度适当调整，一般在16～140kΩ之间。

二、CAN总线系统智能节点软件设计

CAN总线智能节点的软件设计主要包括三大部分：CAN节点初始化、报文发送和报文接收。熟悉这三部分程序的设计，就能编写出利用CAN总线进行通信的一般应用程序。当然，如果要将CAN总线应用于通信任务比较复杂的系统中，还需详细地了解有关CAN总线错误处理、总线关闭处理、接收滤波处理、波特率参数设置和自动检测以及CAN总线通信距离和节点数的计算等方面的内容。

（一）初始化过程

SJA1000的初始化只有在复位模式下才可以进行，初始化主要包括工作方式的设置、接收滤波方式的设置、接收屏蔽寄存器（AMR）和接收代码寄存器（ACR）的设置、波特率参数设置和中断允许寄存器（IER）的设置等。在完成SJA1000的初始化设置以后，SJA1000就可以回到工作状态，进行正常的通信任务。下面提供了SJA1000初始化的51汇编源程序，程序中寄存器符号表示的是SJA1000相应寄存器占用的片外存储器地址，这些符号可在程序的头部用伪指令EQU进行定义。后面对这一点不再作特别说明。

```
CANINI:
        MOV     DPTR,#MODE          ;方式寄存器
        MOV     A,#09H              ;进入复位模式,对SJA1000进行初始化
        MOVX    @DPTR,A
        MOV     DPTR,#CDR           ;时钟分频寄存器
        MOV     A,#88H              ;选择PeliCAN模式,关闭时钟输出(CLKOUT)
        MOVX    @DPTR,A
        MOV     DPTR,#IER           ;中断允许寄存器
        MOV     A,#0DH              ;开放发送中断、溢出中断和错误警告中断
        MOVX    @DPTR,A
        MOV     DPTR,#AMR           ;接收屏蔽寄存器
        MOV     R6,#4
        MOV     R0,#DAMR            ;接收屏蔽寄存器内容在单片机内RAM中的首址
AMRINI: MOV     A,@R0
        MOVX    @DPTR,A             ;接收屏蔽寄存器赋初值
        INC     DPTR
        DJNZ    R6,AMRINI
        MOV     DPTR,#ACR           ;接收代码寄存器
```

```
        MOV     R6,#4
        MOV     R0,#DACR            ;接收代码寄存器内容在单片机内 RAM 中的首址
ACRINI: MOV     A,@R0
        MOVX    @DPTR,A             ;接收代码寄存器赋初值
        INC     DPTR
        DJNZ    R6,ACRINI
        MOV     DPTR,#BTR0          ;总线定时寄存器 0
        MOV     A,#03H
        MOVX    @DPTR,A
        MOVX    DPTR,#BTR1          ;总线定时寄存器 1
        MOV     A,#0FFH             ;设置波特率
        MOVX    @DPTR,A
        MOV     DPTR,#OCR           ;输出控制寄存器
        MOV     A,#0AAH
        MOVX    @DPTR,A
        MOV     DPTR,#RBSA          ;接收缓存器起始地址寄存器
        MOV     A,#0                ;设置接收缓存器 FIFO 起始地址为 0
        MOVX    @DPTR,A
        MOV     DPTR,#TXERR         ;发送错误计数寄存器
        MOV     A,#0                ;清除发送错误计数寄存器
        MOVX    @DPTR,A
        MOV     DPTR,#ECC           ;错误代码捕捉寄存器
        MOVX    A,@DPTR             ;清除错误代码捕捉寄存器
        MOV     DPTR,#MODE          ;方式寄存器
        MOV     A,#08H              ;设置单滤波接收方式,并返回工作状态
        MOVX    @DPTR,A
        RET
```

（二）发送过程

发送子程序负责节点报文的发送。发送时用户只需将待发送的数据按特定格式组合成帧报文，送入 SJA1000 发送缓存区中，然后启动 SJA1000 发送即可。当然在往 SJA1000 发送缓存区送报文之前，必须先作一些判断（如下面的程序所示）。发送程序分发送远程帧和数据帧两种，远程帧无数据场。

```
;发送数据帧:
TDATA:
        MOV     DPTR,#SR            ;状态寄存器
        MOVX    A,@DPTR             ;从 SJA1000 读入状态寄存器值
        JB      ACC.4,TDATA         ;判断是否正在接收,正在接收则等待
TS0:    MOVX    A,@DPTR
        JNB     ACC.3,TS0           ;判断上次发送是否完成,未完成则等待发送完成
TS1:    MOVX    A,@DPTR
        JNB     ACC.2,TS1           ;判断发送缓冲区是否锁定,锁定则等待
TS2:    MOV     DPTR,#CANTXB        ;SJA1000 发送缓存区首址
```

```
        MOV     A,#88H              ;发送扩展帧格式数据帧,数据场长度为 8 个字节
        MOVX    @DPTR,A
        INC     DPTR
        MOV     A,#ID0              ;4 个字节标识符(ID0～ID3,共 29 位),根据实际情况赋值
        MOVX    @DPTR,A
        INC     DPTR
        MOV     A,#ID1
        MOVX    @DPTR,A
        INC     DPTR
        MOV     A,#ID2
        MOVX    @DPTR,A
        INC     DPTR
        MOV     A,#ID3
        MOVX    @DPTR,A
        MOV     R0,#TRDATA          ;单片机内 RAM 发送数据区首址,数据内容由用户定义
MTBF    MOV     A,@R0
        INC     DPTR
        MOX     @DPTR,A
        INC     R0
        CJNE    R0,#TRDATA+8,MTBF   ;向发送缓冲区写 8 个字节
        MOV     DPTR,#CMR           ;命令寄存器地址
        MOV     A,#01H
        MOVX    @DPTR,A             ; 启动 SJA1000 发送
        RET
;发送远程帧:
TRMF:
        MOV     DPTR,#SR            ;状态寄存器
        MOVX    A,@DPTR             ;从 SJA1000 读入状态寄存器值
        JB      ACC.4,TDATA         ;判断是否正在接收,正在接收则等待
TR0:    MOVX    A,@DPTR
        JNB     ACC.3,TR0           ;判断上次发送是否完成,未完成则等待发送完成
TR1:    MOVX    A,@DPTR
        JNB     ACC.2,TR1           ;判断发送缓冲区是否锁定,锁定则等待
TR2:    MOV     DPTR,#CANTXB        ;SJA1000 发送缓存区首址
        MOV     A,#0C8H             ;发送扩展帧格式远程帧,请求数据场长度为 8 个字节,可改变
        MOVX    @DPTR ,A
        INC     DPTR
        MOV     A,#ID0              ;4 个字节标识符(ID0～ID3,共 29 位),根据实际情况赋值
        MOVX    @DPTR,A
        INC     DPTR
        MOV     A,#ID1
        MOVX    @DPTR,A
        INC     DPTR
```

```
        MOV     A,#ID2
        MOVX    @DPTR,A
        INC     DPTR
        MOV     A,#ID3
        MOVX    @DPTR,A             ;远程帧无数据场
        MOV     DPTR,#CMR           ;命令寄存器地址
        MOV     A,#01H
        MOVX    @DPTR,A             ;启动 SJA1000 发送
        RET
```

（三）接收过程

接收子程序负责节点报文的接收以及其他情况的处理。接收子程序比发送子程序要复杂一些，因为在处理接收报文的过程中，同时要对诸如总线关闭、错误报警、接收溢出等情况进行处理。SJA1000 报文的接收主要有两种方式：中断接收方式和查询接收方式。如果对通信的实时性要求不是很强，建议采用查询接收方式。两种接收方式的编程思路基本相同。下面仅以查询方式接收报文为例对接收子程序作一个说明。

```
SRARCH:
        MOV     DPTR,#SR            ;状态寄存器地址
        MOVX    A,@DPTR
        ANL     A,#0C3H             ;读取总线关闭、错误状态、接收溢出、有数据等位状态
        JNZ     PROC
        RET                         ;无上述状态,结束
PROC:   JNB     ACC.7,PROCI
BUSERR:MOV      DPTR,#IR            ;IR 中断寄存器;出现总线关闭
        MOVX    A,@DPTR             ;读中断寄存器,清除中断位
        MOV     DPTR,#MODE          ;方式寄存器地址
        MOV     A,#08H
        MOVX    @DPTR,A             ;将方式寄存器复位请求位清 0
        LCALL   ALARM               ;调用报警子程序
        RET
        NOP
PROCI:  MOV     DPTR,#IR            ;总线正常
        MOVX    A,@DPTR             ;读取中断寄存器,清除中断位
        JNB     ACC.3,OTHER
OVER:   MOV     DPTR,#CMR           ;数据溢出
        MOV     A,#0CH
        MOVX    @DPTR,A             ;在命令寄存器中清除数据溢出和释放接收缓冲区
        RET
        NOP
OTHER:  JB      ACC.0,RECE          ;IR.0 = 1,接收缓冲区有数据
        LJMP    RECOUT              ;IR.0 = 0,接收缓冲区无数据,退出接收
        NOP
RECE:   MOV     DPTR,#CANRXB        ;接收缓冲区首地址(16),准备读取数据
```

```
        MOVX    A,@DPTR          ;读取数据帧格式字
        JNB     ACC.6,RDATA      ;RTR=1是远程请求帧,远程帧无数据场
        MOV     DPTR,#CMR
        MOV     A,#04H           ;CMR.2=1释放接收缓冲区
        MOVX    @DPTR,A          ;只有接收了数据才能释放接收缓冲区
        LCALL   TRDATA           ;发送对方请求的数据
        LJMP    RECOUT           ;退出接收
        NOP
RDATA:  MOV     DPTR,#CANRXB     ;读取并保存接收缓冲区的数据
        MOV     R1,#CPURBF       ;CPU片内接收缓冲区首址
        MOVX    A,@DPTR          ;读取数据帧格式字
        MOV     @R1,A            ;保存
        ANL     A,#0FH           ;截取低4位是数据长度(0~8)
        ADD     A,#4             ;加4个字节的标识符(ID)
        MOV     R6,A
RDATA0: INC     DPTR
        INC     R1
        MOVX    A,@DPTR
        MOV     @R1,A
        DJNZ    R6,RDATA0        ;循环读取与保存
        MOV     DPTR,#CMR
        MOV     A,#04H           ;释放CAN接收缓冲区
        MOVX    @DPTR,A
RECOUT: MOV     DPTR,#ALC        ;释放仲裁丢失捕捉寄存器和错误捕捉寄存器
        MOVX    A,@DPTR
        MOV     DPTR,#ECC
        MOVX    A,@DPTR
        NOP
        RET
```

2.5.2 CAN 中继器（网桥）的设计

CAN 中继器是系统组网的关键设备之一，在稍大型的 CAN 总线系统中经常会用到中继器。使用中继器可以提高网络设计的灵活性，极大地扩展其使用范围。但这里所讨论的中继器，并不仅仅是中继器，而是具有一定的网桥（网关）功能。因为只要对中继器的初始化参数进行适当配置，就能使中继器既具有报文转发功能，又具有报文过滤功能。这里只是借用了中继器的名称而已，以后对这一点不再作特别说明。

使用中继器的主要优点表现在以下几方面。

(1) 过滤通信量。中继器接收一个子网的报文，只有当报文是发送给中继器所连的另一个子网时中继器才转发，否则不转发。由于这种过滤作用，网上的负荷就减轻了，因而减少了在扩展的网段上所有节点所经受的平均时延。

(2) 扩大了通信距离，但代价是增加了一些存储转发时延。

(3) 增加了节点的最大数目。

（4）各个网段可使用不同的通信速率。

（5）提高了可靠性。当网络出现故障时，一般只影响个别网段。

（6）性能得到改善。如果把大些的网分割成若干较小的子网，并且每个小的子网内部的通信量明显地高于网间的通信量，那么整个互联网络的性能就变得更好。

当然，中继器也有一定的缺点。例如：

（1）由于中继器对接收的帧要先存储后转发，因此便增加了时延。

（2）CAN 总线的 MAC 子层并没有流量控制功能。当网络上的负荷很重时，中继器中缓冲区的存储空间可能不够而发生溢出，以致产生帧丢失的现象。

（3）中继器若出现故障，对相邻两个子网的工作都将产生影响。

下面要介绍的中继器是基于两片 SJA1000 CAN 控制器的。

一、CAN 中继器硬件电路设计

图 2-45 所示为 CAN 中继器硬件结构框图。CAN 中继器主要由 89C52 和两路 CAN 控制器接口组成，89C52 作为 CAN 中继器的微控制器，负责整个中继器的监控任务。两路 CAN 控制器接口电路基本相同，都是由 CAN 通信控制器 SJA1000、光电耦合电路和 CAN 总线收发器 82C250 组成的。两路 CAN 接口的 CAN 总线收发器都采用带隔离的 DC/DC 模块单独供电。这样不仅实现了两路 CAN 接口之间的电气隔离，也实现了中继器与 CAN 总线的隔离。虽然为此在一定程度上增加了中继器硬件的复杂性，增加了一定的成本，但却是值得的。采取隔离措施，可使故障局限在某一网段内，而不至于影响其他网段，既便于维护又保证了系统设备的安全。

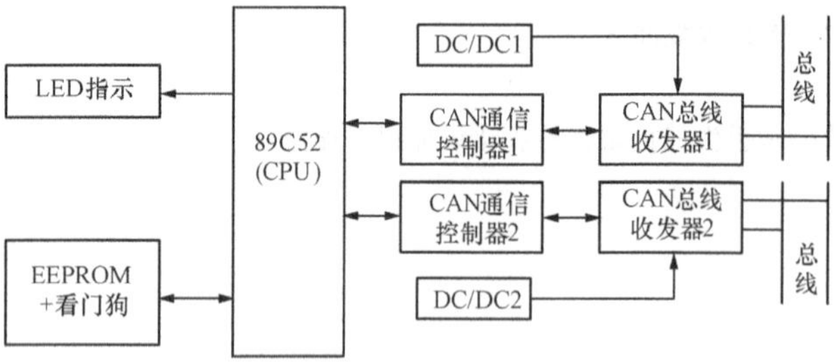

图 2-45 中继器硬件结构框图

中继器硬件除了以上主要部分以外，还有 LED 指示、EEPROM 和看门狗等部分。中继器中共设计了 7 个 LED：1 个用于中继器上电指示，4 个用于两路 CAN 接口的当前接收和发送状态指示，还有两个用于两路 CAN 接口的通信故障（如总线关闭）指示。这样从中继器面板上 LED 的指示就可以基本了解中继器的整个运行情况。中继器的看门狗采用 MAX1232。MAX1232 具有高电平、低电平上电复位和看门狗功能。EEPROM 采用具有 1KB 容量的 24LC08，EEPROM 可用于保存中继器的配置参数等信息，以便于系统的灵活配置。

二、CAN 中继器软件设计

CAN 中继器的主要任务是在两个 CAN 网段之间实现数据的转发，由于通信对时间的要求以及 CAN 中继器 CPU 中内部缓存容量有限（89C52 内部 RAM 容量为 256 个字节），所以在进行软件设计时要求做到存储转发的时间尽量短。为了达到以上要求，CPU 采用中断方式接收两个 CAN 控制器的数据，同时尽量精简 CPU 收发子程序的代码长度。为了节省内存和实行有效管理，CPU 采用了先入先出机制来管理内部 RAM，关于这一点在后面的程序设计中将进行详细介绍。

为了实现中继器的数据转发功能，CAN 中继器软件主要包括以下一些子程序：初始化子程序、主监控程序、接收中断子程序和发送子程序等。初始化子程序编写方法与 2.5.1 中 CAN 总线智能节点的初始化子程序基本相同，只是在对两个 CAN 控制器进行初始化时应采用不同初始化参数，该子程序在这里不再进行介绍。下面主要对其他三个子程序的设计进行介绍。

在具体介绍之前，为了程序说明的需要，现将程序中用到的一些变量或符号的定义列举如下：

```
;设第一路 CAN 控制器(SJA1000)起始地址为 4000H
MODE1   EQU   4000H     ;CAN 控制器 1 方式寄存器
CMR1    EQU   4001H     ;CAN 控制器 1 命令寄存器
SR1     EQU   4002H     ;CAN 控制器 1 状态寄存器
IR1     EQU   4003H     ;CAN 控制器 1 中断寄存器
ALC1    EQU   400BH     ;CAN 控制器 1 丢失仲裁捕获寄存器
ECC1    EQU   400CH     ;CAN 控制器 1 错误代码捕获寄存器
TXB1    EQU   4010H     ;CAN 控制器 1 发送缓冲区首址
RXB1    EQU   4010H     ;CAN 控制器 1 接收缓冲区首址

;设第二路 CAN 控制器(SJA1000)起始地址为 8000H
MODE2   EQU   8000H     ;CAN 控制器 2 方式寄存器
CMR2    EQU   8001H     ;CAN 控制器 2 命令寄存器
SR2     EQU   8002H     ;CAN 控制器 2 状态寄存器
IR2     EQU   8003H     ;CAN 控制器 2 中断寄存器
ALC2    EQU   800BH     ;CAN 控制器 2 丢失仲裁捕获寄存器
ECC2    EQU   800CH     ;CAN 控制器 2 错误代码捕获寄存器
TXB2    EQU   8010H     ;CAN 控制器 2 发送缓冲区首址
RXB2    EQU   8010H     ;CAN 控制器 2 接收缓冲区首址

CBF1RP  EQU   2AH       ;第一路 FIFO 接收数据指针(从 CAN 控制器 1 接收数据)
CBF1TP  EQU   2BH       ;第一路 FIFO 发送数据指针
BF1LEN  EQU   2CH       ;第一路 FIFO 中存储数据的有效字节长度的存储单元
CBF2RP  EQU   2DH       ;第二路 FIFO 接收数据指针(从 CAN 控制器 2 接收数据)
CBF2TP  EQU   2EH       ;第二路 FIFO 发送数据指针
BF2LEN  EQU   2FH       ;第二路 FIFO 中存储数据的有效字节长度的存储单元
```

（一）主监控程序设计

主监控程序负责对两路 CAN 控制器的 FIFO 进行监视，如某一路 FIFO 非空则向另一路转发。两路 FIFO 的容量大小是不相等的，在下面的程序中对应 CAN 控制器 1 的 FIFO 大小为 72 个字节单元（30H～77H），而对应 CAN 控制器 2 的 FIFO 大小为 112 个字节单元（78H～E7H）。采用这种不对称配置的一个好处在于，可以将容量更大的 FIFO 分配给通信任务更繁忙的一方，从而尽量避免 FIFO 的溢出。FIFO 共有两个指针：接收数据指针和发送数据指针。当两指针不相等时即证明 FIFO 中存有有效数据。FIFO 接收数据指针的调整是通过接收中断子程序实现的，而发送数据指针的调整则通过发送子程序实现。CAN 中继器主监控程序如下：

```
MAIN:  MOV   SP,#0E9H
       MOV   R0,#0H
       CLR   A                    ;清零片内 RAM,初始化变量和标志
CLAIR: MOV   @R0,A
       DJNZ  R0,CLAIR
WORK:  MOV   CBF1RP,#30H          ;初始化 CAN1 方的 FIFO 首址参数(72 个单元)
       MOV   CBF1TP,#30H
       MOV   BF1LEN,#0
       MOV   CBF2RP,#78H          ;初始化 CAN2 方的 FIFO 首址参数(112 单元)
       MOV   CBF2TP,#78H
       MOV   BF2LEN,#0
       ANL   TCON,#0FAH           ;INT0、INT1 采用电平中断,防止中断丢失
       MOV   IE,#85H              ;允许 INT0 和 INT1 中断

;主程序监控流程
MLOOP: NOP
       MOV   A,CBF1RP             ;CAN1 方接收指针与发送指针比较
       CJNE  A,CBF1TP,LOOP1       ;CAN1 方 FIFO 中有数据,发送给 CAN2 方
       NOP                        ;CAN1 方 FIFO 中无数据
       SJMP  LOOP2                ;进入对 CAN2 方 FIFO 的检测
       NOP
LOOP1: LCALL TDATA2               ;调用往 CAN2 方的发送子程序
LOOP2: NOP                        ;查看 CAN2 方 FIFO
       MOV   A,CBF2RP             ;CAN2 方接收指针和发送指针比较
       CJNE  A,CBF2TP,LOOP3       ;CAN2 方 FIFO 中有数据,发送给 CAN1 方
       NOP                        ;CAN2 方 FIFO 中无数据
       SJMP  MLOOP                ;循环检测
       NOP
LOOP3: LCALL TDATA1               ;调用往 CAN1 方的发送子程序
       NOP
       SJMP  MLOOP
```

(二) 接收中断子程序设计

接收中断子程序负责 CAN 总线数据的接收，中继器软件中共有两个接收中断子程序，分别对应两路 CAN 总线控制器。当任一路 CAN 总线控制器从总线上接收到数据时，就会向 CPU 提出中断申请，CPU 响应中断执行中断处理程序完成数据接收。在中断处理程序中除了将 CAN 控制器中的接收数据存入 CPU 内部相应 FIFO 中以外，还要进行相应的 FIFO 参数的调整，包括 FIFO 接收数据指针和 FIFO 中存储数据的有效字节长度。当 FIFO 中空闲字节空间不够存储最近接收的数据帧时，最近接收数据帧将被丢弃，直到有多余的空间释放出来为止。采用上述措施能有效避免 FIFO 中数据的覆盖，提高了数据的安全性。下面提供了中继器的第一路接收中断子程序，第二路接收中断子程序除了有关 FIFO 参数以外与第一路基本相同。

```
CAN1REC:
        CLR     EA              ;关闭所有中断,以免影响接收
        PUSH    ACC             ;保存 A 寄存器值
        PUSH    B               ;保存 B 寄存器值
        PUSH    PSW             ;保存 PSW 的值
        SETB    RS0             ;使用寄存器组 1
        CLR     RS1
        MOV     DPTR,#IR1       ;读 IR1,同时自动清除各中断标志(接收中断除外)
        MOVX    A,@DPTR
PROCI:  JNB     ACC.2,OVER      ;判断是否为错误警告中断,1:是
ERRO:   MOV     DPTR,#SR1       ;读状态寄存器 1
        MOVX    A,@DPTR
        JB      ACC.7,ERRO2     ;判断总线是否关闭,1:关闭
        SJMP    EOUT
ERRO2:  MOV     DPTR,#MODE1     ;将 CAN1 恢复正常模式
        MOV     A,#08H          ;同时维持单滤波模式
        MOVX    @DPTR,A
;置单片机为等待模式,使看门狗复位(此看门狗的时钟输入脚接至单片机的 ALE)
;保证中继器关闭时自动恢复
EOUT:   ORL     PCON,#01H
        LJMP    INTOUT
        NOP
OVER:   JNB     ACC.3,RECE      ;是否为溢出,1:是
        MOV     DPTR,#CMR1
        MOV     A,#0CH
        MOVX    @DPTR,A         ;若溢出,则清除溢出状态
        LJMP    INTOUT
        NOP
RECE:   JB      ACC.0,RPCD      ;若为接收中断,则接收
        LJMP    INTOUT          ;非接收中断,则中断返回
        NOP
RPCD:   MOV     DPTR,#RXB1      ;接收,CAN 的接收缓冲器首址
        MOV     R0,CBF1RP       ;R0 取代 80C52 的 FIFO 接收数据指针
        MOVX    A,@DPTR         ;读 CAN 接收缓冲器首字节(帧结构信息)
        MOV     @R0,A
        ANL     A,#0FH          ;获取数据场长度
        ADD     A,#4            ;加上 4 个字节的 ID(扩展帧)
        MOV     R6,A            ;R6 保存将要读取的帧的长度
        INC     A               ;加上帧结构信息的一个字节
        ADD     A,BF1LEN        ;加 FIFO 中已存储报文的有效字节长度,得到新的长度
        MOV     R5,A            ;FIFO 帧长度先保存在 R5 中
        CLR     C
        SUBB    A,#48H          ;判断 FIFO 已存是否超过 FIFO 总长度(72 个字节)
```

```
        JC      RPCD0
        SJMP    RPCD15              ;超过 72,则接收的帧丢弃
RPCD0:                              ;没超过 72,则正常接收
        INC     DPTR
        INC     R0
        CJNE    R0,#78H,RPCD1       ;第一路 FIFO 的范围在 30H~77H 之间
        MOV     R0,#30H             ;若超出,则指向首址(首尾相连 FIFO)
RPCD1:  MOVX    A,@DPTR
        MOV     @R0,A
RPCD10: DJNZ    R6,RPCD0
        INC     R0                  ;R0 指向 FIFO 的下一帧地址
        CJNE    R0,#78H,RPCD13      ;若 R0 为 78H,则超出 FIFO 范围,须使 R0 重新指向 30H
        MOV     R0,#30H
PRCD13: MOV     CBF1RP,R0           ;调整第一路 FIFO 接收数据指针
        MOV     BF1LEN,R5           ;FIFO 中有效字节长度更新
RPCD15: MOV     DPTR,#CMR1
        MOV     A,#04H              ;释放 SJA1000 接收缓冲区
        MOVX    @DPTR,A
INTOUT: POP     PSW                 ;恢复现场并开中断
        POP     B
        POP     ACC
        SETB    EA
        NOP
        RETI                        ;中断返回
```

(三) *发送子程序设计*

发送子程序负责 FIFO 中数据的发送，中继器软件中共有两个发送子程序，分别对应两路 CAN 总线控制器。发送子程序的调用是在主监控程序中进行的，当主监控程序发现某一路 CAN 控制器对应的 FIFO 非空时，就会调用发送子程序向另一路发送数据。在发送子程序中除了将 FIFO 中数据向另一方发送以外，同样也要进行相应的 FIFO 参数的调整，包括 FIFO 发送数据指针和 FIFO 中存储数据的有效字节长度。中继器的发送子程序与上一节提供的发送子程序的设计有些不同之处。当目前不符合发送条件时前面发送子程序中采用的是循环等待的办法，直到条件满足为止，而中继器的发送子程序检测到目前发送条件不符合时则直接返回。在中断器中采用直接返回的办法，可以让 CPU 利用这段时间处理其他事务，提高 CPU 的执行效率，而作为单个的节点则没有这种必要。下面提供了中继器的第一路发送子程序，第二路发送子程序除了有关 FIFO 参数以外与第一路基本相同。

```
TDATA1:
        MOV     DPTR,#SR1
        MOVX    A,@DPTR
        JNB     ACC.4,TS0           ;判断 SJA1000 是否正在接收,正在接收则返回
        RET
TS0:    JB      ACC.3,TS1           ;判断先前发送是否完成,未完成则返回
```

```
        RET
TS1:    JB      ACC.2,TS2           ;判断 SJA100 发送缓冲区是否锁定,锁定则返回
        RET
TS2:    CLR     EA                  ;发送过程中关中断,以免干扰发送
        MOV     DPTR,#TXB1          ;将 FIFO 中数据送往 CAN 发送缓冲器
        MOV     R0,CBF2TP           ;R0 取代 80C52 的 FIFO 发送数据指针
        MOV     A,@R0               ;读取首字节(帧信息)
        MOVX    @DPTR,A
        ANL     A,#0FH              ;获取数据场的长度(字节数)
        ADD     A,#4                ;加 4 字节的 ID
        MOV     R6,A
        DEC     BF2LEN
MTBF:   INC     R0
        CJNE    R0,#0E8H,MTBR       ;CAN2 的 FIFO 范围 78H～E7H
        MOV     R0,#78H             ;若超出范围,则调整回首址
MTBR:   MOV     A,@R0
        INC     DPTR
        MOVX    @DPTR,A
        DEC     BF2LEN              ;第二路 FIFO 中有效字节长度调整
        DJNZ    R6,MTBF
        MOV     DPTR,#CMR1          ;命令寄存器
        MOV     A,#01H
        MOVX    @DPTR,A             ;启动发送
        INC     R0
        CJNE    R0,#0E8H,MTBR1
        MOV     R0,#78H
MTBR1:  MOV     CBF2TP,R0           ;调整第二路 FIFO 发送数据指针
        SETB    EA                  ;开中断
        NOP
        RET                         ;返回
```

2.5.3 CAN 总线与 RS-485 总线转换网桥的设计

目前，在许多现场已投入使用的测量与控制系统中，各仪器设备或装置之间通信所使用的仍是传统的 RS-485 或 RS-422 总线。在不断地投入新型现场总线系统的同时，要在短期内改造或淘汰那些旧系统是不现实的。况且，在许多应用场合，新老系统中主机的控制算法及功能是相似或兼容的，所以在一定时期内，新老总线系统同时并存是客观的现实需要。在另一方面现场总线本身的标准也并不统一，如常用的现场总线就有 PROFIBUS、FF、LonWorks、CAN、HART 等，它们之间也存在互连互通的问题。

近年来，随着现场总线技术的进步和发展，出现了工业控制系统连接网桥的概念以及相应的产品。应当说，网桥概念和产品的出现标志着解决“开放式”系统问题的开始，同时也是彻底实现信息化现场总线技术的开端。目前，工业控制现场总线中的网桥设备所起的作用，是实现不同信号传输模式设备之间的连接；但网桥绝不仅仅是一个物理接口转换器，还必须具有通信协议转换的功能。物理接口的转换主要是实现信号模式转换，同时也是通信协

议转换的基础。在物理接口转换的基础上，通信协议转换提供了不同总线之间的数据连接和通信格式等的转换。下面简单介绍一下 CAN 总线与 RS-485 总线转换网桥的设计方法。

图 2-46 所示为 CAN 总线与 RS-485 总线转换网桥硬件结构框图。网桥的微控制器采用 P89C52，负责整个网桥的监控任务。P89C52 具有 8KB Flash 存储器和 256B 的内部 RAM，为了扩大 Flash 和内部 RAM 的容量，也可以采用 P89C51RC+、P89C51RD+等微控制器。CAN 控制器接口电路由 CAN 通信控制器 SJA1000 和 CAN 总线收发器 82C250 组成，为了增加系统的可靠性和抗干扰能力，可以在 SJA1000 和 82C250 之间增加光电耦合电路。RS-485总线端所使用的是内部具有光电耦合的差动收发器 MAX1480，在 MAX1480 内部还集成了一个变压器可为光电耦合两端提供隔离电源，所以使用起来非常方便。网桥硬件除了以上主要部分以外，还有 LED 指示、EEPROM 和看门狗等部分。网桥中设计的 LED，可用于网桥的上电指示，总线收发状态及故障情况指示。尽量做到从网桥面板上 LED 的指示就可以基本了解网桥的整个运行情况，便于网桥的管理和维护。网桥的看门狗部分使用了一片 X25045。X25045 除具有看门狗和上电复位功能以外，其内部还集成了 512B 的串行 EEPROM，EEPROM 可用于保存网桥的配置参数等信息。网桥的配置可通过 CAN 总线或 RS-485 总线实现，也可以采用单独设计的 RS-232 接口进行配置。为了进行配置，一般在网桥中设计有一个配置开关。通过网桥的适当配置可非常方便地实现报文的过滤，将不属于其转发的报文不予转发。

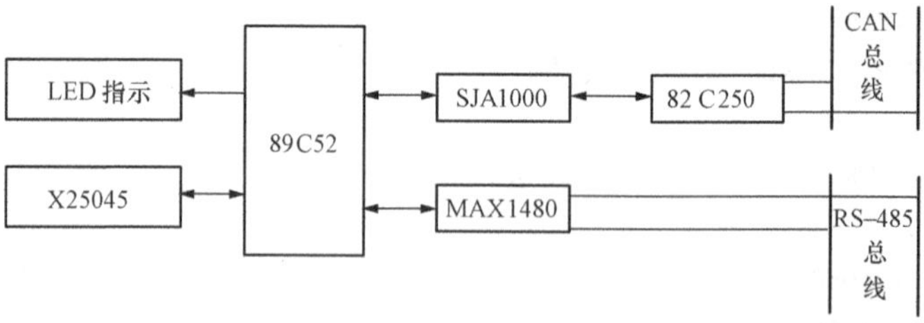

图 2-46　CAN 总线与 RS-485 总线转换网桥硬件结构框图

网桥软件设计与 CAN 中继器软件设计类似，总线数据的接收均采用中断方式而在主监控程序中实现数据的发送，内存采用 FIFO 机制管理。但由于 CAN 总线与 RS-485 总线毕竟是两种不同的总线，网桥软件的设计比 CAN 中继器软件的设计要稍微复杂一些。

CAN 总线标准具有物理层和数据链路层协议，以帧为单位进行数据通信，且每帧均携带相应的 ID 标识符，而 RS-485 本质上仅仅是一个物理层标准，以字节为单位进行数据通信，不带任何其他附属信息，其帧格式完全由用户自己定义。由于不管是在 CAN 总线还是在 RS-485 总线中最终信息的传输都是以帧为单位，所以在考虑设计 RS-485 帧格式时，应该参考 CAN 总线的帧格式，包括地址（ID）、帧长度、数据和校验等。如果两者的帧格式类似，将为协议的转换带来很多方便。具体设计 RS-485 帧格式时可参考以下格式：

地址（1）	CAN 帧格式（1）	CAN 网 ID（4）	数据帧（0～8）	校验（1）

第一个字段为地址字段，占用一个字节，可作为 RS-485 子网的多机通信地址使用。在 RS-485 网络中，只能采用一主多从的方式进行通信，网络中必须有一个主控节点。在此 RS-485 子网中网桥为主控节点，通过查询点名的方式实现网络通信管理。第二到第四个字

段与 CAN 报文中的同名字段定义相同，实际上这三个字段就是一帧完整的 CAN 报文。网桥在进行转发时只需将这三个字段构成的 CAN 报文发送出去即可，使网桥中的协议转换更容易实现。最后的校验字段可用于网桥接收报文时的校验，以保证数据的可靠。

图 2 - 47 所示为网桥主监控程序流程图。监控程序根据接收缓冲区中是否有报文，决定是否发送以及发送给谁。如接收 CAN 子网数据缓冲区中有报文则向 RS-485 子网转发，如接收 RS-485 子网数据缓冲区中有报文则向 CAN 子网转发。由于 CAN 报文和自定义的 RS-485 报文的帧格式不同，在转发报文时，要进行帧格式的转换。在转发报文后，要对相应的 FIFO 缓冲区进行参数调整。另外在主监控程序中，如上位机对网桥有状态请求或网桥本身有故障，网桥可向上位机返回本机状态。该项功能便于系统的故障定位，增强了系统的可维护性。在该监控中没有考虑网桥对 RS-485 子网的轮询过程，在实际设计时应该考虑。

网桥的报文接收中断共有两个，包括接收 RS-485 子网报文中断和接收 CAN 子网报文中断。图 2 - 48 所示为网桥接收 RS-485 子网报文中断处理程序流程图。

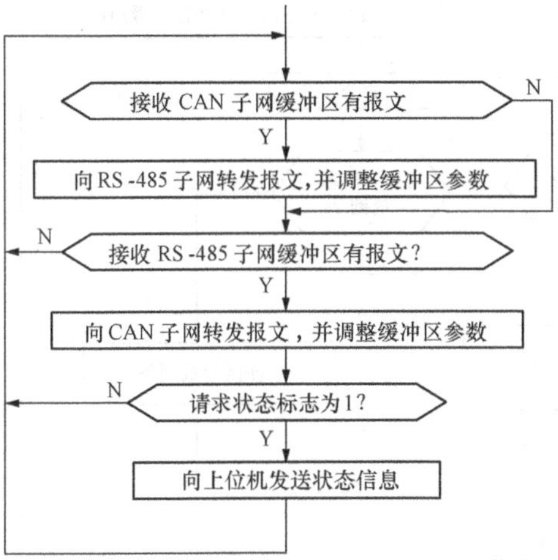

图 2 - 47　网桥主监控程序流程图

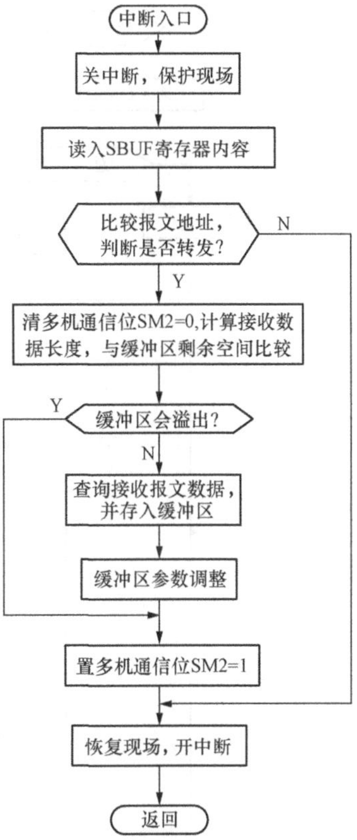

图 2 - 48　网桥接收 RS-485 子网报文中断处理程序流程图

在本网桥中，RS-485 子网采用的是多机通信方式，所以响应中断后从 89C52 的 SBUF 寄存器读入的第一个字节为地址。在接收数据前应先清除多机通信位 SM2，并计算接收报文长度，与缓冲区剩余空间比较。若会溢出，则不予接收。在中断返回前应置位 SM2，以便能正确响应下一帧报文的中断。

图 2 - 49 所示为网桥接收 CAN 子网报文中断处理程序流程图。

在进入中断后，首先应判断中断类型。若为错误警告中断，则进行相应处理并建立标志；若为接收中断则接收报文。在报文接收前，要根据接收报文的长度判断接收缓冲区是否会溢出。若会溢出，则判断其是否为状态查询命令，是则置位请求状态标志，对于接收的其他数据帧则丢弃。若缓冲区不会溢出，则接收该报文。接收报文后取出命令字节，判断是否为网桥状态查询命令，若是则置位请求状态标志，不进行缓冲区参数调整（因为是上位机发送给网桥的命令，只要求网桥作出响应，不要求其转发，所以不能放入缓冲区中)；若不是网桥状态查询命令，则不作处理，只进行缓冲区参数调整，接收报文有效。随后是释放 CAN 接收缓冲区，恢复现场和中断返回等工作。

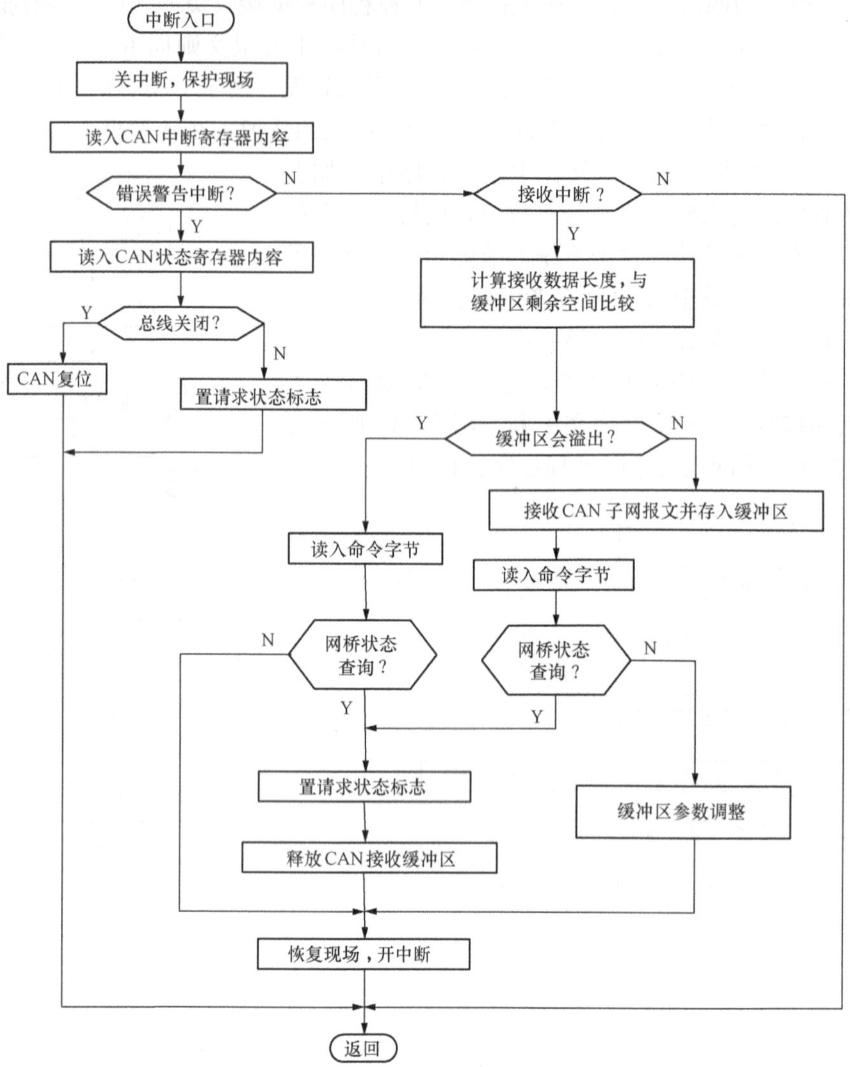

图 2-49　网桥接收 CAN 子网报文中断处理程序流程图

在网桥或中继器软件的设计中一般应该遵循这样一条原则，就是不要将网桥或中继器的功能设计得过于复杂。它们的主要任务是完成物理层或数据链路层的协议转换，并将过滤的报文以最快的速度转发。至于通信流量和差错控制，应当由通信双方的应用层通信软件来完成。

2.6　CAN 总线通信适配器的设计

CAN 总线通信适配器是用来实现上位计算机和 CAN 智能测控节点等下位机之间的数据交换任务的。当现场有数据要送到监控 PC 时，CAN 总线通信适配器负责接收来自现场的数据，并将其转发给PC进行监视和处理；当PC有监控命令、输出信息或组态参数需要传送给下位机时，CAN总线通信适配器将PC的数据发送至CAN网络，并由目标下位机接收，以控制相应下位机单元的动作。

2.6.1 CAN总线通信适配器的硬件结构

基于PCI总线的CAN总线通信适配器硬件结构图如图2-50所示。适配器主要由CAN总线收发器PCA82C250、CAN通信控制器SJA1000、AT89S52CPU、译码电路EPM7064和EEPROM以及与PC相连接的PCI控制器CY7C09449等构成。板内AT89S52内部的监控程序控制CAN总线的接收、发送及数据处理，并通过内含双口RAM的PCI控制器CY7C09449与PC进行通信，实现下位机智能测控节点与上位PC的数据交换。

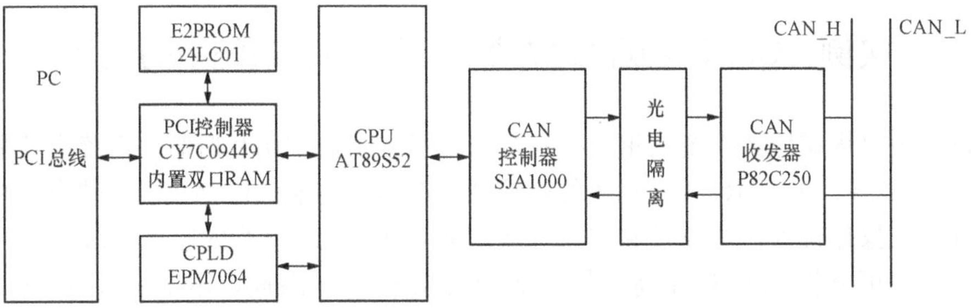

图2-50 CAN总线通信适配器硬件结构图

2.6.2 CAN总线通信适配器的工作原理

该适配器的CAN总线网络通信功能由微处理器AT89S52和CAN控制器SJA1000共同完成。其中，AT89S52主要承担节点与PC之间的数据通信和协调管理工作；SJA1000完成具体的报文发送和接收控制任务。当AT89S52把数据和控制字标志送给SJA1000时，SJA1000便控制CAN收发器自动完成一帧报文的发送和接收。

要实现PC和CAN控制器之间的数据传送，必须在PC和适配器上的CPU之间建立起双向的数据交换通道。Cypress公司生产的半导体PCI-DP系列的PCI接口控制器CY7C09449PV可以直接与多种微处理器接口，它内置的128Kbit的双口SRAM可以作为PC与AT89S52的共享存储器，实现PC与AT89S52的数据交换。

CAN总线收发器选用82C250。它是CAN总线控制器和物理总线的接口，可以提供对CAN总线的差动发送和接收能力。在SJA1000与82C250之间接入光电耦合器，能避免PC由于地环流造成的损坏，增强了系统在工业现场环境中使用的可靠性，提高了抗干扰能力。光耦两侧应采用DC-DC隔离电源供电。

译码功能是由EPM7064S来实现的。EPM7064SLC44-10是ALTERA公司的MAX70000S系列芯片的一种。该芯片基于该公司的第二代MAX（Multiple Array Matrix）结构，采用先进的CMOS EEPROM技术，内含1250个逻辑门和64个宏单元，同时该芯片满足IEEE 1149JTAG（Joint Test Action Group联合测试行动小组）技术规范，具有ISP（在系统可编程）的特性，通过对其逻辑和功能进行设计，可简化CAN总线通信适配器的设计，提高系统的可靠性，缩小板卡的尺寸，而且有方便的重组功能，有利于该板卡的功能扩展。

CAN总线通信适配器的工作过程为：上电复位后，AT89S52CPU处在监控状态。下传数据时，上位机监控程序首先调用虚拟设备驱动程序（WDM）得到双口RAM映射空间的线性地址然后将下传数据写入双口 RAM，放入其指定的发送缓冲器。AT89S52CPU 内监控程序把上位 PC 发送到双口 RAM 的数据通过 SJA1000 发送到 CAN 总线网络上，网络上相应的智能测控模块会收到此信息并处理数据，判断是配置信息或者是监控命令信息，并作出相应的反应；上传数据时，CAN 总线网络上的智能测控模块将检测到的现场状态等信息通过 SJA1000 发送到 CAN 总线上。适配器上的 AT89S52CPU 在运行监控程序的过程中，通过 SJA1000 接收来自 CAN 总线网络上的信息，在监控程序中将智能测控模块发来的数据信息存放到双口 RAM 中，上位机监控软件通过加载设备驱动程序（WDM）提供的双口 RAM 的线性地址，利用此线性地址查询双口 RAM 中开辟出的固定的数据接收缓冲区内的数据，然后进行存储、显示、打印报表等处理。

2.7 实例：CAN 控制网络在煤矿瓦斯报警系统中的应用

瓦斯气体浓度是煤矿监控系统的重要指标之一，目前多数矿用瓦斯监控系统通信多采用 RS-232、RS-485 总线。基于 RS-485 总线的监控系统在信息传输方面存在以下缺点：单主站结构；开放性和互操作性差；可靠性和实时性低。而基于 CAN 总线的监控系统具有多主站结构、开放性好、可靠性和实时性高、传输距离远等优点。因此，本节介绍了一种基于 CAN 总线的煤矿瓦斯报警系统。

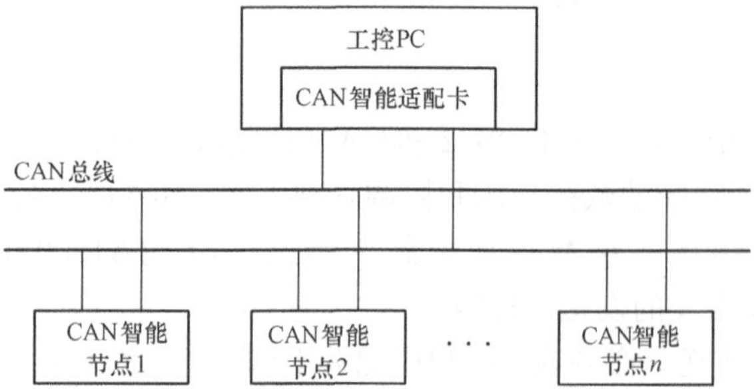

图 2-51 煤矿瓦斯报警 CAN 节点网络图

煤矿瓦斯报警 CAN 节点网络图如图 2-51 所示，采用总线式网络拓扑结构，结构简单，成本低。整个网络由 CAN 智能节点、监控主机构成。监控主机选用工控 PC，通过插在工控 PC 扩展槽中的 CAN 通信适配卡与各瓦斯传感器网络节点通信，进行数据采集、显示，也可以根据需要对网络节点进行参数设置和控制等。CAN 智能节点由微处理器和可编程的 CAN 控制芯片组成，主要完成现场瓦斯浓度、温湿度信号的采集、显示处理，控制各现场设备的运行，并通过 CAN 总线完成与监控主机的通信。

2.7.1 系统硬件设计

瓦斯报警节点系统的硬件结构框图如图 2-52 所示，主要包括 LXK-3 瓦斯传感器、SHT11 温湿度传感器、P87C591 单片机、TJA1050 CAN 总线收发器、FM12864I 液晶显示模块等。

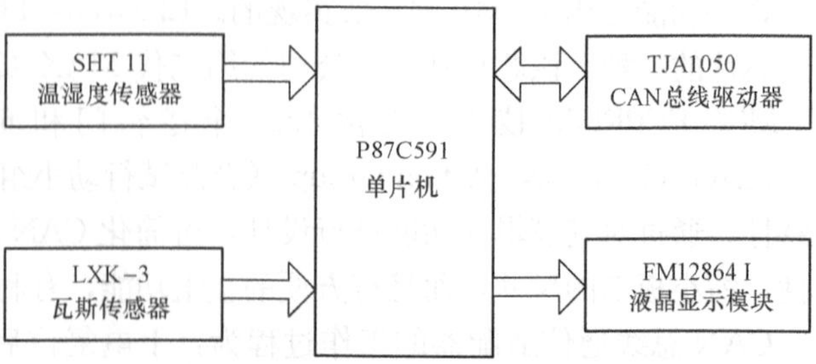

图 2-52 瓦斯报警节点系统的硬件结构框图

一、微控制器 P87C591 单片机

处理器模块是煤矿瓦斯报警节点系统的核心。节点采用 Philips 公司的 P87C591 作微控制器。P87C591 是一个单片 8 位高性能微控制器，具有片内 CAN 控制器。采用了强大的 80C51 指令集并包括了 Philips 半导体公司的独立 SJA1000CAN 控制器的 PeliCAN 功能，片内带有 6 路模拟量输入的 10 位 ADC，可选择快速 8 位 ADC，具有 I^2C 总线串行 I/O 口，全静态内核提供了扩展的节电方式，改进的 1：1 内部时钟分频器，在 12MHz 外部时钟速率下可实现 500ns 的指令周期。

二、基于 P87C591 的 CAN 节点模块

图 2-53 所示为 CAN 节点接口应用电路图。

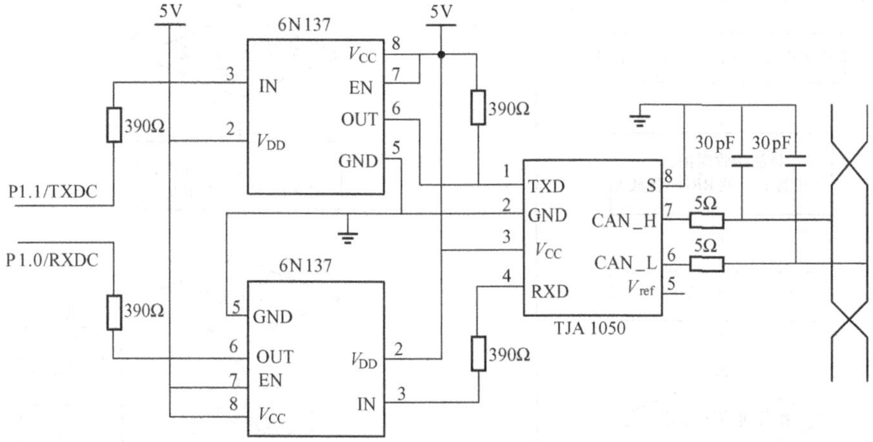

图 2-53　CAN 节点接口应用电路图

P87C591 单片机内部 CAN 控制器 SJA1000 的 TXDC 和 RXDC 通过高速光电耦合器 6N137 与 CAN 总线收发器 TJA1050 相连，这样，就可以很好地实现总线上的各 CAN 节点间的电气隔离，增强了 CAN 总线节点的抗干扰能力。

2.7.2　系统软件设计

系统软件的主要功能包括传感器数据采集与处理、CAN 通信、液晶显示等，采用模块化设计方式。传感器数据采集与处理模块主要完成瓦斯信号的参数采集、读取温湿度传感器的数据，并进行补偿、线性转换处理等。CAN 通信模块包括发送报文中断和接收报文中断两个部分完成报文的收发功能。报文采用 CAN 2.0A 格式，自拟应用层协议。液晶显示模块实现对瓦斯浓度、温湿度等数据的本地实时显示。

一、数据采集与处理模块

瓦斯浓度信号的采集与处理模块主要完成参数采集与数据计算工作。计算瓦斯浓度时，根据 A/D 转换器的数字输出计算出差分电压 Δ，再根据 LXK-3 的输出特性曲线得到瓦斯浓度值。温湿度传感器的数据通过 SHT11 的 DATA 线直接读取。

二、液晶显示模块

首先要对液晶显示模块进行初始化，包括模式的选择、文本首地址和区域的设定、起始光标位置的设定、清屏、字符或图形模式的选择等；另外还要把基本的操作设计成子函数形式；在上述基础上编写显示模块软件。

三、CAN 通信模块

图 2-54 和图 2-55 所示分别为 CAN 接收和发送中断服务程序流程图。

CAN 通信模块负责接收来自上位机的命令或数据，并发送本节点数据。首先进行

SJA1000的寄存器初始化配置，然后通过改变寄存器的值，进入待机、接收或发送模式。

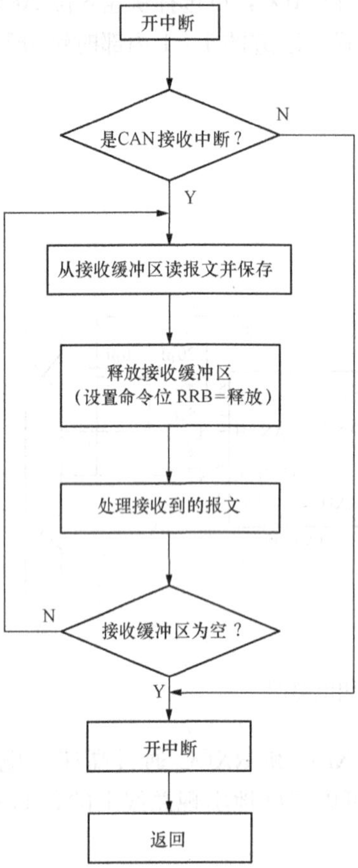

图2-54 CAN接收中断服务程序流程图

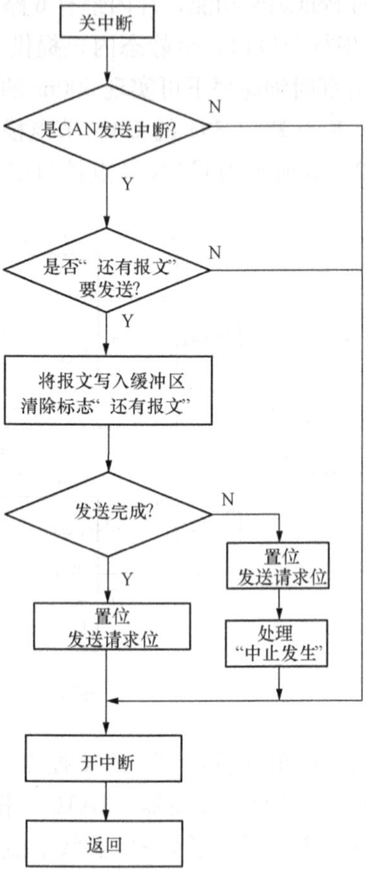

图2-55 CAN发送中断服务程序流程图

第3章 PROFIBUS

3.1 概 述

PROFIBUS（Process Fieldbus）是由德国慕尼黑大学的一位教授提出的技术构想，由联邦德国科技部组织多家公司和科研院所共同研制开发的一种国际现场总线标准。它被广泛地应用于制造业自动化、流程工业自动化、楼宇、交通、电力等领域。PROFIBUS技术已成为德国工业标准DIN 19245、欧洲标准EN 50170 V.2、国际标准IEC 61158、中国的机械行业标准JB/T 10308.3—2001。

PROFIBUS由以下三个兼容部分组成。

（1）PROFIBUS-FMS：用于解决车间一级通用性通信任务。FMS提供大量的通信服务，用于完成以中等传输速率进行的循环和非循环的通信任务。由于它是完成控制器和智能现场设备之间的通信以及控制器之间的信息交换，因此它考虑的主要是系统的功能而不是系统响应时间，应用过程通常要求的是随机的信息交换（如改变设定参数等）。强有力的FMS服务向人们提供了广泛的应用范围和更大的灵活性，可用于大范围和复杂的通信系统。

（2）PROFIBUS-DP：用于解决设备一级的高速数据通信。它以DIN19245的第一部分为基础，根据其所需要达到的目标对通信功能加以扩充，DP的传输速率可达12Mb/s，一般构成单主站系统，主站、从站间采用循环数据传输方式工作。它用于传感器和执行器的数据传输。中央控制器（如PLC/PC）通过高速串行线同分散的现场设备（如I/O、驱动器、阀门等）进行通信，这些数据交换多数是周期性的。

（3）PROFIBUS-PA：对于安全性要求较高的场合，制定了PROFIBUS-PA协议，这由DIN 19245的第四部分描述。PA具有本质安全性，它实现了IEC 1158-2规定的通信规程。

PROFIBUS-PA是PROFIBUS的工程自动化解决方案，PA将自动化系统和过程控制系统与现场设备，如压力、稳定和液位变送器等连接起来，代替了4～20mA模拟信号传输技术，在现场设备的规划、铺设电缆、调试、投入运行和维修等方面可节约成本40%之多，并大大提高了系统功能和安全可靠性。因此，PA尤其适用于石油、化工、冶金等行业的工程自动化控制系统。

PROFIBUS协议具有如下特点。

（1）采用短帧结构（实际最大长度为255B）。

（2）采用总线型或树型拓扑结构。

（3）传输速率：9.6kb/s～12Mb/s。

（4）使用半双工，异步的传输模式。

（5）使用两类站：主站（主动站，具有总线访问控制权）和从站（被动站，没有总线访问控制权）。最多可用32个主站，总站数可达127个。

（6）总线访问采用两种方式：主站之间的令牌传递方式；主站与从站之间的主—从方式。

（7）PROFIBUS-PA可用于本质安全的场所，还可以总线供电。

（8）数据传输服务有两类。

1）非循环的：有/无应答要求的发送数据；有应答要求的发送和请求数据。

2）循环的（轮询）：有应答要求的发送和请求数据。

3.2 PROFIBUS的协议结构

PROFIBUS协议采用了ISO/OSI模型中的第1层、第2层以及第7层，如图3-1所示。第1层和第2层的导线和传输协议依据美国标准EIA RS-485、国际标准IEC 870-5-1和欧洲标准EN60870-5-1。总线访问程序、数据传输和管理服务基于DIN 19241标准的第1到第3部分和IEC 955标准。管理功能（FMA7）采用ISO DIS 7498-4（管理框架）的概念。

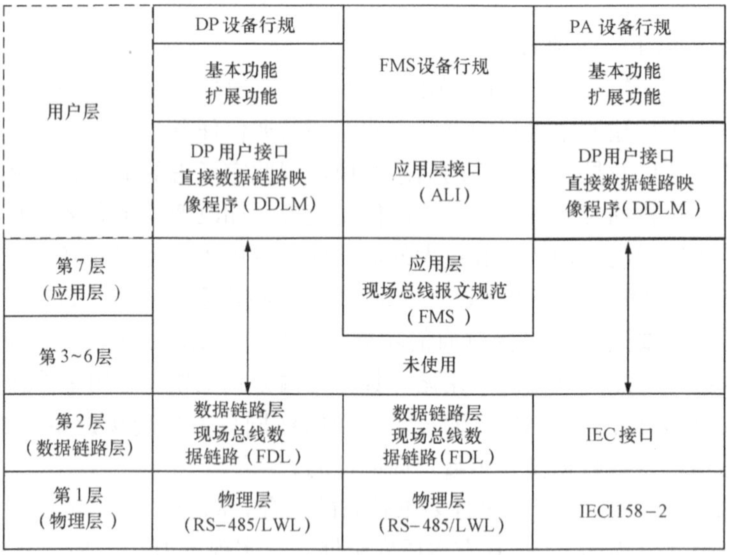

图3-1 PROFIBUS的协议结构

PROFIBUS提供了三种通信协议类型，即FMS、DP和PA。

3.2.1 PROFIBUS-FMS

PROFIBUS-FMS使用了第1层、第2层和第7层。第7层（应用层）包括FMS（现场总线报文规范）子层和LLI（低层接口）。FMS包含应用协议和提供的通信服务；LLI建立各种类型的通信关系，并给FMS提供不依赖于设备的对第2层的访问途径。

PROFIBUS-FMS是处理单元级（PLC和PC）的数据通信，功能强大的FMS服务可在广泛的应用领域内使用，并为解决复杂通信任务提供了很大的灵活性。

PROFIBUS-FMS和PROFIBUS-DP使用相同的传输技术和总线访问协议。因此，它们可以在同一根电缆上同时运行。

3.2.2 PROFIBUS-DP

PROFIBUS-DP使用了第1层、第2层和用户接口层。第3到第7层未使用，这种精简的结构确保了高速数据传输。直接数据链路映像程序（DDLM）提供对第2层的访问，在用户接口中规定了PROFIBUS-DP设备的应用功能以及各种类型的系统和设备的行为特性。

这种为高速传输用户数据而优化的 PROFIBUS 协议，特别适用于可编程控制器与现场级分散的 I/O 设备之间的通信。

3.2.3 PROFIBUS-PA

PROFIBUS-PA 使用扩展的 PROFIBUS-DP 协议进行数据传输。它执行 PROFIBUS-PA 设备行规，传输技术依据 IEC 1158-2 标准，能够确保本质安全和通过总线对现场设备供电。使用段耦合器可将 PROFIBUS-PA 设备很容易地集成到 PROFIBUS-DP 网络中。

PROFIBUS-PA 是为过程自动化工程中的高速、可靠的通信要求而特别设计的。用 PROFIBUS-PA 可以把传感器和执行器连接到普通的现场总线段上，即使在防爆区域的传感器和执行器也可如此。

3.3 PROFIBUS 的通信模型

3.3.1 物理层

一、DP/FMS（RS-485）的物理层

对于屏蔽双绞电缆的基本类型来说，PROFIBUS 的第 1 层实现对称的数据传输，符合 EIA-485 标准（也称为 H2）。一个总线段内的导线是屏蔽双绞电缆，段的两端各有一个终端器，如图 3-2 所示。传输速率从 9.6kb/s～12Mb/s 可选，所选用的波特率适用于连接到总线（段）上的所有设备。

（1）传输程序。用于 PROFIBUS RS-485 的传输程序是以半双工、异步、无间隙同步为基础的。数据的发送用 NRZ（不归零）编码，即 1 个字符帧为 11 位（bit），如图 3-3 所示。当发送位（bit）时，由二进制“0”到“1”转换期间的信号形状不改变。

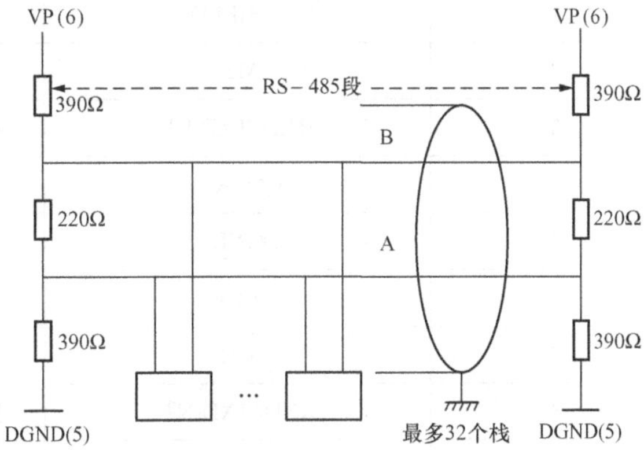

图 3-2 RS-485 总线段的结构

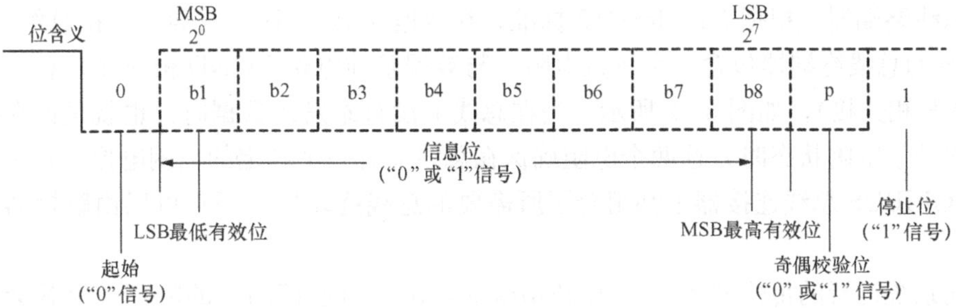

图 3-3 PROFIBUS UART 数据帧

在传输期间，二进制“1”对应于 RXD/TXD-P（Receive/Transmit-Data-P）线上的正电位，而在 RXD/TXD-N 线上则相反。各报文间的空闲（idle）状态对应于二进制“1”信号，如图 3 - 4 所示。

在专用文献中，两根 PROFIBUS 数据线也常称之为 A 线和 B 线，A 线对应于附加信号，而 B 线则对应于 RXD/TXD-P 信号。

（2）总线连接。国际性的 PROFIBUS 标准 EN 50170 推荐使用 9 针 D 型连接器用于总线站与总线的相互连接。D 型连接器的插座与总线站相连接，而 D 型连接器的插头与总线电缆相连接。9 针 D 型连接器如图 3 - 5 所示。

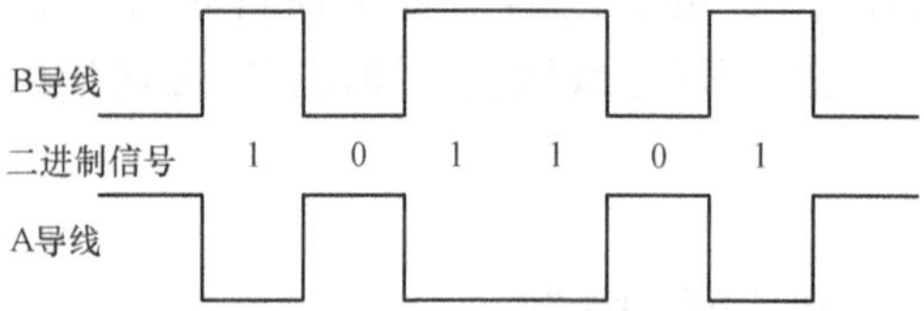

图 3 - 4　用 NRZ 传输时的信号形状

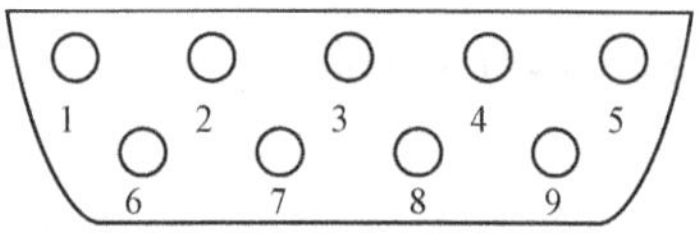

图 3 - 5　9 针 D 型连接器

9 针 D 型连接器的针脚分配如表 3 - 1 所示。

表 3 - 1　9 针 D 型连接器的针脚分配

针脚号	信号名称	设 计 含 义
1	SHIELD	屏蔽或功能地
2	M24	24V 输出电压的地（辅助电源）
3	RXD/TXD-P①	接收/发送数据—正，B 线
4	CNTR-P	方向控制信号 P
5	DGND①	数据基准电位（地）
6	VP①	供电电压—正
7	P24	正 24V 输出电压（辅助电源）
8	RXD/TXD-N①	接收/发送数据—负，A 线
9	CMTR-N	方向控制信号 N

① 该类信号是强制性的，它们必须使用。

（3）总线终端器。根据 EIA RS-485 标准，在数据线 A 和 B 的两端均加接总线终端器。PROFIBUS 的总线终端器包含一个下拉电阻（与数据基准电位 DGND 相连接）和一个上拉电阻（与 VP 相连接），如图 3 - 2 所示。当在总线上没有站发送数据时，也就是说在两个报文之间总线处于空闲状态时，这两个电阻确保在总线上有一个确定的空闲电位。几乎在所有标准的 PROFIBUS 总线连接器上都组合了所需要的总线终端器，而且可以由跳接器或开关来启动。

当总线系统运行的传输速率大于 1.5Mb/s 时，由于所连接的站的电容性负载会引起导线反射，因此必须使用附加有轴向电感的总线连接插头，如图 3 - 6 所示。

二、DP/FMS（光纤电缆）的物理层（第 1 层）

PROFIBUS 第 1 层的另一种类型是以 PNO（PROFIBUS 用户组织）的规则“用于 PROFIBUS 的光纤传输技术，版本 1.1，1993 年 7 月版”为基础的，它通过光纤导体中光

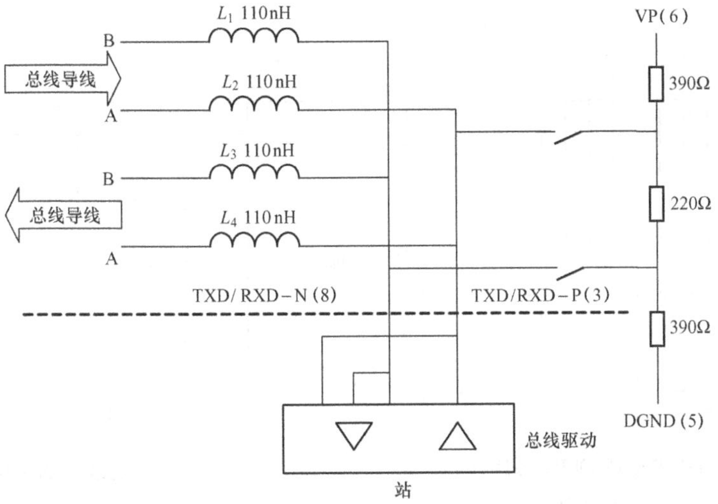

图 3-6 传输速率大于 1.5Mb/s 的连接结构

的传输来传输数据。光纤电缆允许 PROFIBUS 系统站之间的距离最大到 15km，同时光纤电缆对电磁干扰不敏感并能确保总线站之间的电气隔离。近年来，由于光纤的连接技术已大大简化，因此这种传输技术已经普遍地用于现场设备的数据通信。

(1) 总线导线。用玻璃或塑料纤维制成的光纤电缆可用作传输介质。根据所用导线的类型，目前玻璃光纤能处理的连接距离达到 15km，而塑料光纤只能达到 80m。

(2) 总线连接。为了把总线站连接到光纤导体，有几种连接技术可以使用。

1) OLM 技术 (Optical Link Module)。类似于 PROFIBUS 的中继器，OLM (光链路模块) 有两个功能隔离的电气通道，并根据不同的模型占有一个或两个光通道。OLM 通过一根 RS-485 导线与各个总线站或总线段相连接。

2) OLP 技术 (Optical Link Plug)。OLP (光链路插头) 可将很简单的被动总线站 (从站) 用一个单光纤电缆环连接。OLP 直接插入总线站的 9 针 D 型连接器。OLP 由总线站供电而不需要它们自备电源。但总线站的 RS-485 接口的+5V 电源必须保证能提供至少 80mA 的电流。主动总线站 (主站) 与 OLP 环连接需要一个光链路模块 (OLM)。

3) 集成的光纤电缆连接。使用集成在设备中的光纤接口将 PROFIBUS 节点与光纤电缆直接连接。

三、PA 的物理层 (第 1 层)

PROFIBUS-PA 采用符合 IEC 1158-2 标准的传输技术，这种技术确保本质安全并通过总线直接给现场设备供电。数据传输使用非直流传输的位同步、曼彻斯特编码 (也称 H1 编码)。用曼彻斯特编码传输数据时，信号沿从 0 变到 1 时发送二进制 “0”，信号沿从 1 变到 0 时发送二进制 “1”。数据的发送采用调节电流±9mA 到总线系统的基本电流 I_B 的方法来实现，如图 3-7 所示。传输速率为 31.25kb/s。传输介质是屏蔽/非屏蔽双绞线。总线段的两端用一个无源的 RC 线终端器来终止，如图 3-8 所示，在一个 PA 总线段上最多可连接 32 个站。最大的总线段长度在很大程度上取决于供电装置、导线类型和所连接的站的电流消耗。

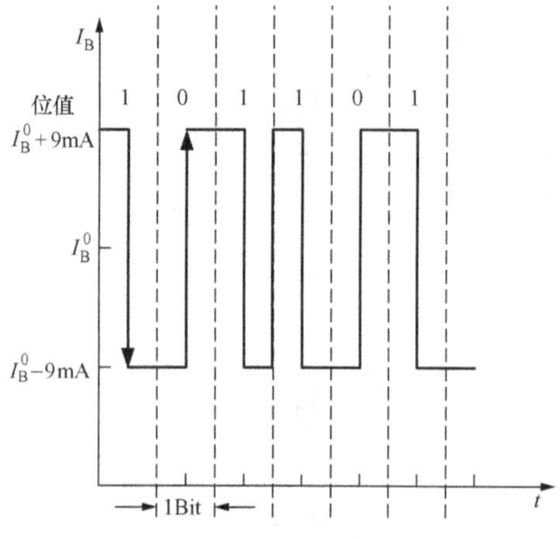

图 3-7 用电流调节法实现 PROFIBUS-PA 的数据传输（曼彻斯特Ⅱ编码）

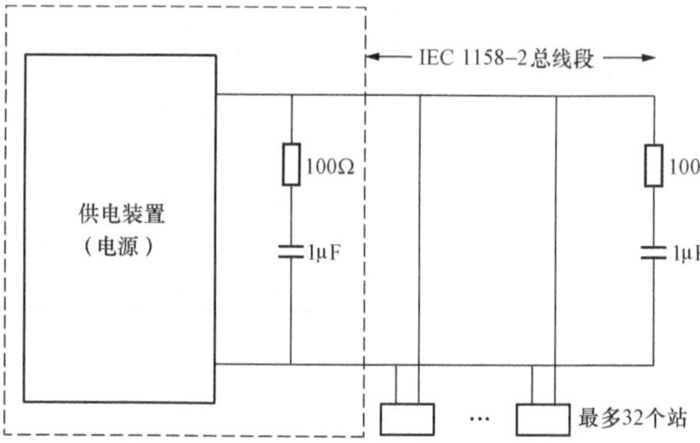

图 3-8 PA 总线段的结构

3.3.2 现场总线数据链路层

根据 OSI 参考模型，第 2 层规定了总线访问控制、数据安全性以及传输协议和报文的处理。在 PROFIBUS 中，第 2 层称为 FDL 层（现场总线数据链路层）。PROFIBUS 报文格式如图 3-9 所示。

在图 3-9 中，各符号意义如下：

L 为信息字段长度；

(1) SC 为单字符，仅用于应答；

(2) SD1～SD4 为起始字节，用于区别不同的报文格式（起始界定符）；

(3) LE/LEr 为长度字节，指出可变长报文中信息字段的长度；

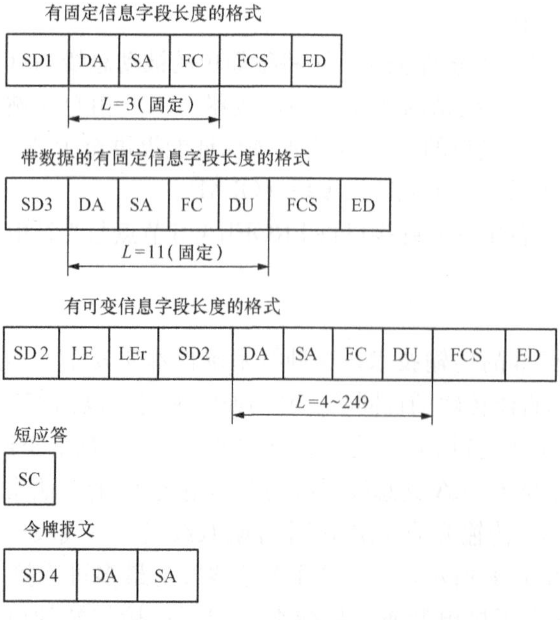

图 3-9 PROFIBUS 报文格式

(4) DA 为目的地址字节，指出将接收此信息的站；

(5) SA 为源地址字节，指出将发送此信息的站；

(6) FC 为控制字节（帧控制），包含用于此信息的服务和此信息的优先权的详细说明；

(7) DU 为数据单元，包含报文的有用信息，必要时还包含扩展地址的详细说明；

(8) FCS 为校验字节（帧校验序列），包含报文校验和（不进位地加所有报文元素的和）；

(9) ED 为终止字节（终止界定符），指出此报文终止。

第 2 层报文格式提供高等级的传输

安全性，所有报文均具有海明距离 HD=4。HD=4 的含义是：在数据报文中，可以检查出最多 3 个同时出错的位。这是通过使用国际标准 IEC 870-5-1 的规定、选择特殊的报文起始和终止标识符、使用间隙同步以及使用奇偶校验位和控制字节来实现的。可以检查出以下类型的错误：

1）字符格式错误（奇偶校验、溢出、帧错误）；

2）协议错误；

3）起始和终止界定符错误；

4）帧校验字节错误；

5）报文长度错误。

出错的报文至少要被自动地重发一次。在第 2 层中，报文的重发次数最多可设定为 8（“retry”总线参数）。除逻辑的点对点的数据传输外，第 2 层还允许进行广播和组播通信。

在广播通信中，一个主站发送信息给其他所有站（主站和从站），数据的接收不需应答。

在群播通信中，一个主站发送信息给一组站（主站和从站），数据的接收不需应答。

第 2 层提供的数据服务如下：

(1) 发送数据需应答（SDA），此服务允许用户给单个远程站发送数据，如果有错，将重复数据传输。

(2) 发送数据无需应答（SDN），此服务允许用户给单个远程站、多个远程站（组播）或同时给全部远程站（广播）发送数据，不需要任何确认。

(3) 发送和请求数据需回答（SRD），此服务允许用户给单个远程站发送数据，同时请求此远程站回答数据。如果有错误，将重复数据传输。

(4) 循环的发送和请求数据需回答（CSRD），此服务允许用户循环地给远程站发送数据，同时请求此远程站回答数据。

PROFIBUS-DP 和 PROFIBUS-PA 各使用第 2 层服务的子集。例如，PROFIBUS-DP 只使用 SRD 和 SDN 服务。

应用层通过第 2 层的 SAP（服务访问点）调用这些服务。对 PROFIBUS-FMS 来说，这些服务访问点被用来编址逻辑通信关系。在 PROFIBUS-DP 和 PROFIBUS-PA 中，每一个服务访问点分配一个确定的功能。所有主站和从站被允许同时使用若干个服务访问点。有两类服务访问点：SSAP（源服务访问点）和 DSAP（目的服务访问点）。

3.3.3 应用层

ISO/OSI 参考模型的应用层（第 7 层）提供用户需要的各种通信服务。PROFIBUS 的应用层由 FMS 接口（现场总线报文规范）和 LLI 接口（低层接口）组成。在不同的应用中，具体需要的功能范围必须与具体应用相适应，这些适应性定义称为行规。行规提供了设备的可互换性，保证不同厂商生产的设备具有相同的通信功能。

一、PROFIBUS-FMS 行规

为了使 FMS 通信服务适应实际需要的功能范围和定义符合实际应用的设备功能，PNO（PROFIBUS 用户组织）制定了 FMS 行规。这些 FMS 行规确保由不同制造商生产的同类设备具有同样的通信功能，目前已制定了如下的 FMS 行规：

（1）可编程控制器之间的通信行规（3.002）。此通信行规规定哪些 FMS 服务将用于可编程控制器（PLC）之间的通信。依据确定的控制器类型，此行规规定哪种 PLC 必须能支持哪些服务、参数和数据类型。

（2）楼宇自动化的行规（3.011）。此行规是一个面向应用分支的行规，可作为楼宇自动化方面许多公共需求的基础。它描述怎样通过 FMS 来处理监视、开闭环控制、操作员控制、报警和楼宇自动化系统的归档等问题。

（3）低压开关设备行规（3.032）。此行规是一个面向行业的 FMS 应用行规。在用 FMS 的数据通信时，它规定了低压开关设备的特性。

二、DP 用户接口和 DP 行规

PROFIBUS-DP 只使用了第 1 层和第 2 层。而用户接口定义了 PROFIBUS-DP 设备可使用的应用功能以及各种类型的系统和设备的行为特性。

PROFIBUS-DP 协议的任务只是定义用户数据怎样通过总线从一个站传输到另一个站。在这里，传输协议并没有对所传输的用户数据进行评价，这是 DP 行规的任务。由于精确规定了相关应用的参数和行规的使用，从而使由不同制造商生产的 DP 部件能容易地交换使用。目前已制定了如下的 DP 行规。

（1）NC/RC 行规（3.052）。此行规描述怎样通过 PROFIBUS-DP 来控制加工和装配的自动化设备。从高一级自动化系统的角度看，精确的顺序流程图描述了这些自动化设备的运动和程序控制。

（2）编码器行规（3.062）。此行规描述具有单转或多转分辨率的旋转、角度和线性编码器怎样与 PROFIBUS-DP 相连。两类设备均定义了基本功能和高级功能，如标定、报警处理和扩展的诊断。

（3）变速驱动的行规（3.071）。主要的驱动技术制造商共同参加开发了 PROFIdrive 行规。该行规规定了传动设备怎样参数化，以及设定值和实际值怎样发送，这样就能使用和交换不同制造商生产的驱动设备。此行规包含运行状态“速度控制”和“定位”所需要的规范。它规定了基本的驱动功能，并为有关应用的扩展和进一步开发留有足够的余地。此行规包括 DP 应用功能或 FMS 应用功能的映象。

（4）操作员控制和过程监视行规，HMI（人机接口）（3.082）。此行规为简单 HMI 设备规定了怎样通过 PROFIBUS-DP 把它们与高一级自动化部件相连接。本行规使用 PROFIBUS-DP 扩展功能进行数据通信。

（5）PROFIBUS-DP 防止出错数据传输的行规（3.092）。此行规定义了用于有故障安全设备通信的附加数据安全机制，如紧急 OFF。

三、PROFIBUS-PA 行规

PROFIBUS-PA 行规保证了不同厂商所生产的现场设备的互换性和互操作性，从 PROFIBUS 用户组织订购，订单编号为 3.042。

PA 行规的任务是选用各种类型现场设备真正需要的通信功能，并提供这些设备功能和设备行为的一切必要规范，也包括使用于各种类型设备的组态信息的设备数据单。对所有通用的测量变送器和其他设备类型的设备作了具体规定，这些设备如：压力、液位、温度和流量用测量变送器；数字量输入和输出、阀门、定位器。

每台设备将提供 PROFIBUS-PA 行规所规定的各项参数。

3.4 PROFIBUS 传输技术

在 ISO/OSI 参考模型中，第 1 层定义“物理层”数据传输方法（即电气的和机械的）。这里包括编码类型和所使用的传输标准（如 RS-485）。

不同的 PROFIBUS 传输技术（物理层）所描述的设备接口的物理特性也有所差异，如表 3-2 所示。所有传输技术都基于国际标准，并包含在 IEC 61158 和 IEC 61784 的 PROFIBUS 部分中。

表 3-2 PROFIBUS 的传输技术（物理层）

	MBP	RS-485	RS-485-IS	光 纤
数据传输	数字，位同步曼彻斯特编码	数字，差分信号符合 RS-485，NRZ（不归零）	数字，差分信号符合 RS-485，NRZ	光，数字，NRZ
传输速率（kb/s）	31.25	9.6～12 000	9.6～1500	9.6～12 000
数据安全性	前同步码，出错保护，起始/终止界定符	HD＝4，奇偶校验位，起始/终止定界符	HD＝4，奇偶校验位，起始/终止定界符	HD＝4，奇偶校验位，起始/终止定界符
电缆	屏蔽/双绞铜缆	屏蔽/双绞铜缆，电缆类型 A	屏蔽/双绞 4 线，电缆类型 A	多模玻璃光纤，单模玻璃光纤，PCF，塑料
远程馈送	通过信号线可用（可选）	通过附加线可用	通过附加线可用	通过混合线可用
保护类型	本质安全（EEX ia/ib）	无	本质安全（EEX ib）	无
拓扑	带终端器的总线型和树状拓扑，组合型	带终端器的总线型拓扑	带终端器的总线型拓扑	典型的星状和环状拓扑，也可以是总线型
站的数量	每段最多 32 个；每个网络上最多 126 个	不用中继器时每段最多 32 个；用中继器时最多 126 个	每段最多 32 个；用中继器时最多 126 个	每个网络最多 126 个
中继器的数量	最多 4 个中继器	有信号刷新的最多 9 个中继器	有信号刷新的最多 9 个中继器	无限制，有信号刷新（信号的时间延迟）

3.4.1 RS-485 传输技术

RS-485 传输是 PROFIBUS 传输技术中最常见的一种。它使用屏蔽双绞铜质电缆，总线共用一根导线对，主要用于需要高传输速率的任务，是一种简单的、低成本的传输技术。

RS-485 传输技术容易使用，安装电缆无需专门知识；总线结构允许随时增加或拆除站或逐步投入系统而不影响其他的站，后来的扩展（在定义的限制内）也不影响已经投入运行的站。

一、RS-485 的特性

可以在 9.6kb/s～12Mb/s 之间任意选择各种传输速率。投运系统时，在总线上的全部设备均须选用同一传输速率。最多可以连接 32 个站（每个总线段），可允许的最大总线长度取决于传输速率，如表 3-3 所示。

表 3-3　　RS-485 传输速率与 A 型电缆的距离

波特率（kb/s）	9.6；19.2；45.45；93.75	187.5	500	1500	3000；6000；12000
距离/段（m）	1200	1000	400	200	100

二、电缆和连接器

针对不同的应用场合，市场上有不同类型的电缆（类型 A～D）可供使用，既可用于设备与设备之间的连接，也可用于设备与网络元件（如段耦合器、连接器和中继器）之间的连接。以下这些数据是用于 A 型电缆，如表 3-4 所示。

表 3-4　　A 型电缆的特性取值

阻抗（Ω）	电容（pF/m）	回路电阻（Ω/km）	线径（mm）	导线截面积（mm^2）
135～165	≤30	≤110	>0.64	>0.34

许多制造商可以提供 PROFIBUS 电缆，PA 特别推荐一种快速连接系统，当使用适当的电缆和特殊的剥线工具时，它可以使布线快速、可靠且非常简单。在连接站时，要始终确保数据线不颠倒。为了确保系统对电磁辐射的高抗干扰性能，总是使用屏蔽数据线（类型 A 是屏蔽的）。可能的话，屏蔽物的两端应接地，并使用大面积的屏蔽夹接地，以保证对大地的良好导电性。此外，始终要确保数据线与所有电力电缆分开铺设，并尽可能保持一定的距离。传输速率不小于 1.5Mb/s 时，决不要使用短接线。

市场上供应的连接器支持在连接器中直接连接引入数据线和导出数据线，这样可避免使用短接线，并可随时在总线上连接和断开总线连接器，且不会中断数据通信。适用于 RS-485 传输技术的连接器类型取决于保护等级。9 针 D 型连接器主要用于保护等级为 IP20。对于保护等级 IP65/67，有三种通用连接器可供选择。

（1）M12 圆形连接器，符合 IEC 947-5-2；

（2）Han-Brid 连接器，符合 DESINA 建议；

（3）SIEMENS 混合连接器。

在 PROFIBUS 网络中出现的与传输技术有关的问题，常常可能是由于不正确的布线或安装而引起的，这些问题通常使用总线测试设备来解决，在投运前它能检查出许多典型的布线和安装错误。

3.4.2　符合 MBP 的传输

MBP 作为传输技术具有下列属性。

（1）曼彻斯特编码（M）；

（2）总线供电（BP）。

MBP 是使用固定传输速率 31.25kb/s 和曼彻斯特编码的同步传输技术。这种传输技术通常用于过程自动化领域，因为它满足化学工业和石化工业的特殊要求，即使用双线技术的本质安全和总线供电。表 3-2 中，概述了这种技术的特点。这就是说，PROFIBUS 也可以用于有爆炸危险的区域，是“本质”安全的。

一、MBP 连接技术

本质安全传输技术 MBP 通常被限定于工厂的一个特定的总线段（现场设备在危险区域），然后通过段耦合器或连接器，把此总线段连接到 RS-485 总线段（在控制室内的控制系统和工程设备），如图 3-10 所示。

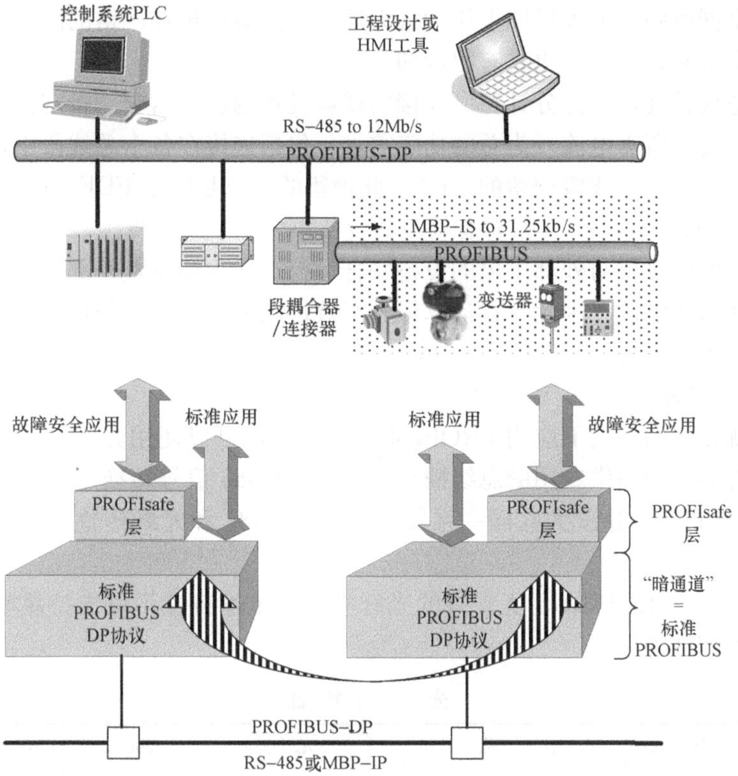

图 3-10 使用 MBP 传输技术的现场设备的系统拓扑和总线供电

段耦合器是一个信号转换器，它把 RS-485 信号调制成 MBP 信号电平，反之亦然。从总线协议的观点看这些是透明的。相反，连接器有它自己内在的智能，使用连接器时，对于 RS-485，总线段中使用的传输速率没有限制，所以使用 MBP 连接的现场设备也可以实现快速网络。

二、MBP 的网络拓扑

使用 MBP 传输技术时，PROFIBUS 支持树状或总线型（或二者的组合）结构的网络拓扑。

在总线型结构中，使用 T 型连接器将站连接到主干电缆。树状拓扑与传统的现场安装方法是可以比较的。多芯主电缆由双线总线主电缆代替，仍然保留现场分配器连接现场设备和检测总线终端器阻抗的功能。当使用树状拓扑时，连接到现场总线段的所有现场设备都并行地布线在现场分配器中。在所有情况下，计算总线总长度时都必须把最大允许的短接线长度考虑进去。在本质安全的应用中，短接线的最大允许长度为 30m。

三、传输介质

使用屏蔽双线电缆作为传输介质。使用 MBP 技术时，不正确的连接现场设备（如极性颠倒）不会影响总线的功能，因为这些设备通常具有极性自动检查功能。

四、站数和总线长度

可以连接到一个总线段上的站数限制为 32。然而，实际可连接的站数还要根据所选择的保护类型和总线供电能力来确定。

在本质安全网络中，最大反馈电压和最大反馈电流被规定在严格的限度内。即使对非本质安全网络，供电装置的输出也是有限制的。

确定最大总线长度，要充分计算所连接的现场设备的功率需求、指定供电装置及所选电缆类型的总线长度。所需电流（为总的功率需求）包括连接在各个总线段中现场设备的基本电流之和，以及为每个总线段预留的9mA，此预留的电流是用于FDE（Fault Disconnection Equipment）的运行电流，FDE预防有故障的设备长久地中断总线。

允许总线供电的设备与外部供电的设备联合运行。必须注意，外部供电的设备也要通过总线终端器消耗基本电流。因此，在计算最大有效供电电流时，必须把外部供电的设备所要消耗的基本电流考虑进去。

3.4.3 光纤传输技术

在电磁干扰很大的环境下应用PROFIBUS系统时，可以使用光纤导体以延长高速传输的最大距离。许多厂商提供专用的总线插头，可将RS-485信号转换成光纤信号或将光纤信号转换成RS-485信号，这就为在同一系统上使用RS-485和光纤传输技术提供了一套十分方便的开关控制方法。

表3-5指出了PROFIBUS所支持的光纤类型。传输特性不仅支持星状和环状拓扑结构，也支持总线型结构。

表3-5　　光纤的特性

光纤类型	核心直径（μm）	范　围	光纤类型	核心直径（μm）	范　围
多模玻璃光纤	62.5/125	2～3km	塑料光纤	980/1000	＜80m
单模玻璃光纤	9/125	＞15km	HCS®光纤	200/230	大约500m

3.4.4 FISCO模型

在需要防爆的区域，使用FISCO模型（Fieldbus Intrinsically Safe Concept）可以使PROFIBUS网络的设计、安装和扩展相当简单。

此模型是由德国PTB（Physikalisch Technische Bundesanstalt，德国联邦物理技术研究院）开发的，现在已得到了国际上的承认，作为在防爆区域现场总线运行的基本模型。

此模型以本质安全的网络规范为基础，当相关的4个总线组件（现场设备、电缆、段耦合器、总线终端器）的电压、电流、功率、电感和电容符合预先确定的界限时，则无需对它们分别进行本质安全计算。可以通过权威认证机构（如PTB）对有关组件提供相应的验证。

如果使用符合FISCO模型的合格设备，则不仅在一条线上可以运行更多的设备，而且可以在运行期间用其他制造商的设备来替换总线上的设备，或者可以扩展总线范围。所有这些都无需耗时的计算或系统验证，所以可以简单地即插即用，甚至在危险区域也可以如此。

由此可以看出，使用FISCO模型可以给用户带来如下好处。

（1）支持即插即用，甚至在危险区域也可以；

（2）无需系统验证；

（3）设备更换或系统扩展无需重新计算；

（4）连接的设备数量最大化。

符合MBP和FISCO模型的传输基于以下原理。

（1）当一站发送信息时，对总线不供电；

(2) 每个总线段只有一个供电电源；

(3) 在稳定状态下每个现场设备消耗至少 10mA 的恒定基本电流；

(4) 现场设备的作用如同一个无源的电流吸收器；

(5) 在主干线的两端各有一个无源的总线终端器；

(6) 支持总线型、树状和星状网络拓扑。

用总线供电，对每个设备至少有 10mA 的基本电流提供给现场设备。通信信号由发送设备对基本电流调制±9mA 的方法来产生。

3.5 PROFIBUS 总线访问协议

PROFIBUS 的 DP、FMS 和 PA 均使用一致的总线访问协议。通过 OSI 参考模型的第 2 层实现包括数据的可靠性以及传输协议和报文的处理。它包括保证数据可靠性技术及传输协议和报文处理。在 PROFIBUS 中，第 2 层被称为现场总线数据链路 FDL（Fieldbus Data Link）。介质访问控制 MAC（Medium Access Control），具体控制数据传输的程序，MAC 必须确保在任何时刻只能有一个站点发送数据。PROFIBUS 协议的设计旨在满足介质访问控制的基本要求。

1）在复杂的自动化系统（主站）间通信，必须保证在确切限定的时间间隔中，任何一个站点要有足够的时间来完成通信任务；

2）在复杂的程序控制器和简单的 I/O 设备（从站）间通信，应尽可能快速又简单地完成数据的实时传输。

因此，PROFIBUS 总线访问协议包括主站之间的令牌传输方式和主站与从站之间的主从方式。

令牌传递程序保证了每个主站在一个确切规定的时间内得到总线访问权（令牌），令牌是一条特殊的报文，它在所有主站中循环一周的最长时间是事先规定的。在 PROFIBUS 中，令牌只在各主站之间通信时使用。

主从方式允许主站在得到总线访问令牌时可与从站通信，每个主站均可向从站发送或索取信息，通过这种方法有可能实现下列系统配置。

(1) 纯主—从系统；

(2) 纯主—主系统（带令牌传递）；

(3) 混合系统。

以由 3 个主站、7 个从站构成的 PROFIBUS 系统为例。3 个主站之间构成令牌逻辑环，当某主站得到令牌报文后，该主站可在一定的时间内执行主站的工作，在这段时间内，它可依照主—从关系表与所有从站通信，也可依照主—主关系表与所有主站通信。令牌环是所有主站的组织链，按照主站的地址构成逻辑环，在这个环中，令牌在规定的时间内按照地址的升序在各主站中依次传递。在总线系统初建时，主站介质访问控制 MAC 的任务是制定总线上的站点分配并建立逻辑环。在总线运行期间，断电或损坏的主站必须从环中排除，新上电的主站必须加入逻辑环。第 2 层的另一个重要任务是保证数据的完整性，PROFIBUS 第 2 层按照非连接的模式操作，除提供点对点逻辑数据传输外，还提供多点通信（广播及有选择广播）功能。

3.5.1 PROFIBUS-DP

PROFIBUS-DP 用于现场层的高速数据传输。主站周期地读取从站的输入信息并周期性地向从站发送输出信息，总线循环时间必须要比主站程序循环时间短。除周期性用户数据传输外，PROFIBUS-DP 还提供智能化设备所需的非周期性通信以进行组态、诊断、报警处理。

1. PROFIBUS 的基本功能

中央控制器周期地读取从设备的输入信息并周期地向从设备发送输出信息的时间必须比中央控制的程序循环时间短。除周期性用户数据传输外，PROFIBUS-DP 还提供了强有力的诊断和配置功能，数据通信是由主站和从站进行监控的。

PROFIBUS-DP 的基本功能如下。

(1) 传输技术：

1) RS-485 双绞线双线电缆或光缆；

2) 波特率 9.6kb/s～12Mb/s。

(2) 总线访问：

1) 各主站间为主—主令牌传输，主站与从站间为主—从数据传输；

2) 支持单主或多主系统；

3) 主—从设备，总线上最多站点数为 126。

(3) 功能：

1) DP 主站和 DP 从站间的循环用户数据传输；

2) 各 DP 从站的动态激活和撤销；

3) DP 从站组态的检查；

4) 强大的诊断功能，三级诊断信息；

5) 输入或输出的同步；

6) 通过总线给 DP 从站赋予地址；

7) 通过总线对 DP 主站（DPM1）进行配置；

8) 每个 DP 从站最大的输入和输出数据为 246 字节。

(4) 设备类型：

1) 第二类 DP 主站（DPM2）为可进行编程、组态、诊断的设备；

2) 第一类 DP 主站（DPM1）为中央可编程控制器，如 PLC、PC 等；

3) DP 从站，可带二进制或模拟输入/输出的驱动器、阀门等。

(5) 诊断功能：

1) 本站诊断操作：诊断信息表示本站设备的一般操作状态，如温度过高、电压过低。

2) 模块诊断操作：诊断信息表示一个站点某具体 I/O 模块出现故障（如 8 位的输出模块）。

3) 通道诊断操作：诊断信息表示一个单独的输入/输出位的故障（如输出通道 7 短路）。

(6) 系统配置。PROFIBUS-DP 允许构成单主站或多主站系统，这就为系统配置组态提供了高度的灵活性。系统配置的描述包括站点数目、站点地址、输入/输出数据的格式、诊断信息的格式以及所使用的总体参数。输入和输出信息量大小取决于设备形式，目前允许的输入和输出信息，最多不超过 246 字节。

单主站系统中，在总线系统操作阶段，只有一个活动主站。

多主站配置中，总线上的主站与各自的从站构成相互独立的子系统或是作为网上的附加配置和诊断设备。任何一个主站均可读取 DP 从站的输入输出映系，但只有一个主站（在系统配置时指定的 DPM1）可对 DP 从站写入输出数据，多主站系统的循环时间要比单主站系统长。

（7）运行模式：

1）运行：输入和输出数据的循环传输。DPM1 由 DP 从站读取输入信息并向 DP 从站写入输出信息。

2）清除：DPM1 读取 DP 从站的输入信息并使输出信息保持为故障—安全状态。

3）停止：只能进行主—主数据传输。

（8）通信：

1）点对点（用户数据传输）或广播（控制指令）；

2）循环主—从用户数据传输和非循环主—主数据传输。

用户数据在 DPM1 和有关 DP 从站之间的传输有 DPM1 按照确定的递归顺序自动执行，在对总体系统进行配置时，用户对从站与 DPM1 的关系下定义并确定哪些 DP 从站被纳入信息交换的循环周期，哪些被排除在外。DPM1 和 DP 从站之间的数据传输分为三个阶段，即参数设定、组态配置和数据交换。

除主—从功能外，PROFIBUS-DP 允许主—主之间的数据通信，如表 3-6 所示。这些功能可使配置和诊断设备通过总线对系统进行配置组态。

除加载和卸载功能外，主站之间的数据交换通过改变 DPM1 的操作状态对 DPM1 与各个 DP 从站间的数据交换进行动态的使能或禁止。

表 3-6 PROFIBUS-DP 主—主功能

功 能	含 义	DPM1	DPM2
取得主站诊断数据	读取 DPM1 的诊断数据或从站的所有诊断数据	M	O
加载—卸载组合（开始，加载/卸载，结束）	加载或卸载 DPM1 级有关 DP 从站的全部配置参数	O	O
激活参数（广播）	同时激活所有已编址的 DPM1 的总线参数	O	O
激活参数	激活已编址的 DPM1 的参数或改变其操作状态	O	O

注 M—强制性功能；
O—可选功能。

（9）同步：

1）控制指令允许输入和输出的同步。

2）同步模式：输出同步。

3）锁定模式：输入同步。

（10）可靠性和保护机制：

1）所有信息的传输在海明距离 HD=4 时进行；

2）DP 从站带看门狗定时器；

3）DP 从站的输入/输出访问保护；

4）DP 主站上带可变定时器的用户数据传输监视。

2. DP 扩展功能

DP 扩展功能是对 DP 基本功能的补充，与 DP 基本功能兼容。有了这些扩展功能，PROFIBUS-DP 可满足某些复杂设备的要求，例如过程自动化的现场设备、智能化操作设备和变频器等，这些设备的参数往往在运行期间才能确定，而且与循环性测量值相比很少有变化。因此，与高速周期性用户数据传输相比，这些参数的传输具有低优先级。

DP 扩展功能可选，DP 扩展实现通常采用软件更新的办法。扩展的功能如下：

（1）一类 DP 主站（DPM1）与 DP 从站间的扩展数据传输；

（2）带 DDLM 读写的非循环读写功能；

（3）报警响应；

（4）二类 DP 主站（DMP2）与从站间的扩展数据传输。

3.5.2 PROFIBUS-FMS

PROFIBUS-FMS 的设计旨在解决车间一级的通信。在这一级，可编程控制器（如 PLC 与 PC）可以以 FMS 方式互相通信，强有力的 FMS 服务向人们提供了广泛的应用范围和更大的灵活性。在这个应用领域，高性能的功能要求远比系统的快速反应时间更显得重要。

1. PROFIBUS-FMS 应用层

PROFIBUS-FMS 应用层提供了用户使用的通信服务。这些服务包括访问变量、程序传递事件控制等。PROFIBUS-FMS 应用层包括以下两部分。

（1）现场总线信息规范（FMS）：描述了通信对象和应用服务。

（2）低层接口（LLI）：用于 FMS 适配到第 2 层的接口。

2. PROFIBUS-FMS 的通信模型

PROFIBUS-FMS 利用通信关系将分散的应用过程利用通信关系表统一到一个共用的过程中。现场设备中用来通信的那部分应用过程叫做虚拟现场设备（VFD）。

3. 通信对象和对象字典

对象字典包括描述、结构和数据类型以及通信对象的内部设备地址和它们在总线上的标志（索引/名称）之间的关系。它确认五种静态通信对象，即简单变量、数组、记录、域和事件，还确认两种动态通信对象，即程序调用和变量表。

每个 FMS 设备的所有通信对象都填入该设备的本地对象字典（OD）中。对于简单设备，对象字典可以预先定义；涉及复杂设备时，对象字典可在本地或远程组态和加载。静态通信对象填入静态对象字典中，动态通信对象填入动态对象字典中。对象字典包括下列元素。

（1）头：包含对象字典结构的有关信息。

（2）静态数据类型表：所支持的静态数据类型列表。

（3）变量列表的动态列表：所有已知变量表列表。

（4）动态程序列表：所有已知程序列表。

对象字典的各部分只有当设备实际支持这些功能时才提供，它们可由设备的制造者预定义或在总线组态时指定。静态通信对象填入静态对象字典中，它们可由设备的制造者预定义或在总线系统组态时指定。FMS 可识别五种静态通信对象。

（1）简单变量；

（2）数组（一系列相同类型的简单变量）；

(3) 记录（一系列不同类型的简单变量）；

(4) 域；

(5) 事件。

动态通信对象填入对象字典的动态部分，它们可以用 FMS 服务预定义或定义、删除或改变。FMS 可识别两种类型的动态通信对象。

(1) 程序调用；

(2) 变量列表（一系列简单变量、数组或记录）。

逻辑寻址时 FMS 通信对象寻址的优选方法，用一个 16 位无符号数，短地址（索引）进行访问。每一对象有一个单独的索引，每个通信对象可选访问保护，只有用一定的口令才能对一个对象进行访问，或对某设备访问。在对象字典中每个对象可分别指定口令或设备组。此外，可对访问对象的服务进行限制（如只读）。

4. PROFIBUS-FMS 服务

PROFIBUS-FMS 服务项目是 ISO 9506 制造信息规范 MMS（Manufacturing Message Specification）服务项目的子集。这些服务项目在现场总线应用中已被优化，而且还加上了通信对象的管理和网络管理。PROFIBUS-FMS 提供大量的管理和服务，满足了不同设备对通信提出的广泛需求，通信项目的选用取决于不同的应用，具体的应用领域在 FMS 行规中规定。

5. PROFIBUS-FMS 和 PROFIBUS-DP 的混合操作

FMS 和 DP 设备在一条总线上进行混合操作是 PROFIBUS 的一个主要优点，两个协议也可以同时在一台设备上执行，这些设备称为混合设备。之所以可能进行混合操作是因为 FMS 和 DP 均使用统一的传输技术和总线访问协议，不同的应用功能是通过第 2 层不同的服务访问点来分开的。

3.5.3 PROFIBUS-PA

从本质上来说，PROFIBUS-PA 是 PROFIBUS-DP 在现场级的通信扩展，它采用的总线机制（数据传输技术）能够满足过程工业本质安全以及系统和产品互操作性的要求，保证处于危险环境中的变送器和执行器与中央自动化系统的通信。

PROFIBUS-PA 是为过程自动化特别设计的，PA 将自动化系统和过程控制系统与压力、温度和液位变送器等现场设备连接起来，它可用来替代 4～20mA 的模拟技术。使用传统方法与使用 PROFIBUS-PA 的比较如图 3 - 11 所示。

从现场设备到现场多路器的布线基本一致。然而，如果测量点很分散，PROFIBUS-PA 所需电线明显减少；使用传统布线方法，每一个信号都需独立引线至过程控制系统的 I/O 模板。

常规方法，每台设备需要分别供电（必要时甚至对潜在的爆炸区配单独供电电源）；相反，使用 PROFIBUS-PA 时只需要一条双绞线就可传输信息并向现场设备供电。这样不仅节省了布线成本，而且减少了过程控制系统所需的 I/O 模块数量。由于总线的操作电源来自单一的供电装置，也不再需要绝缘装置和隔离装置，PROFIBUS-PA 可通过一条简单的双绞线来进行测量、控制和调节，也允许向现场设备供电，即使在本质安全地区也是如此。PROFIBUS-PA 允许设备在操作过程中进行维修、接通或断开，即使在潜在的爆炸区也不会影响到其他站点，PROFIBUS-PA 是在与过程工业（NAMUR）的用户们密切合作下开发的。

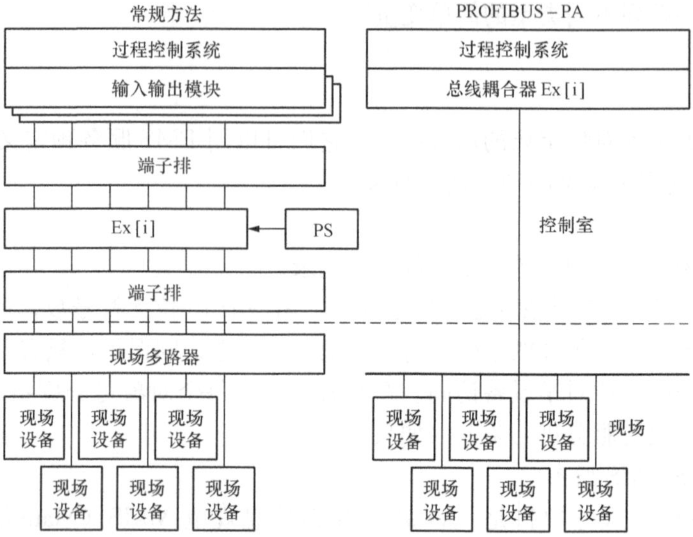

图 3-11　两种传输技术比较

满足这一领域的特殊要求如下：

（1）过程自动化独特的应用行规以及来自不同厂商的现场设备的互换性；

（2）增加或拆除总线站点，即使在本质安全区也不会影响其他站点；

（3）在过程自动化不同的 PROFIBUS-PA 段和制造自动化不同的 PROFIBUS-DP 段使用段耦合器进行透明的数据通信；

（4）基于 IEC 1158-2 技术在两条电缆上进行远程供电和数据传输；

（5）在潜在的爆炸区使用防爆型“本质安全”或“非本质安全”。

PROFIBUS-PA 采用 PROFIBUS-DP 的基本功能来传输测量值和状态，并用扩展的 PROFIBUS-DP 功能来制定现场设备的参数和进行设备操作。

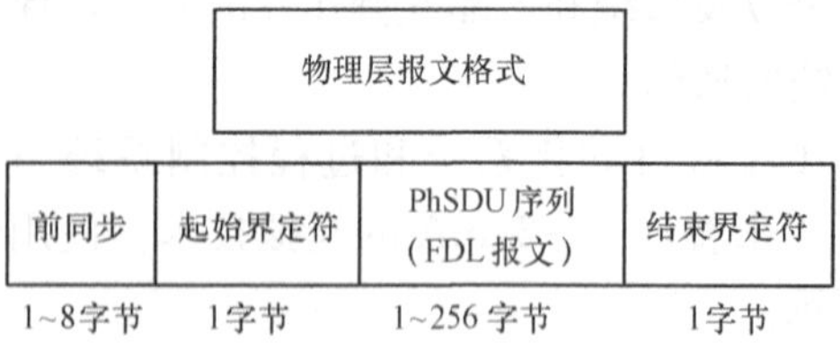

图 3-12　总线上 PROFIBUS-PA 数据传输

PROFIBUS-PA 的第 1 层基于 IEC 1158-2 的两线技术，第 2 层（PROFIBUS 总线访问协议）和第 1 层（IEC 1158-2）技术之间的接口在 DIN 19245 系列标准的第 4 部分作出了规定。

在 IEC 1158-2 段传输时，报文被加上起始和结束界定符。总线上 PROFIBUS-PA 数据传输如图 3-12 所示。

3.6　PROFIBUS 的实现

由于目前 PROFIBUS 协议芯片系列广泛，所以实现起来既简单又便宜。原则上只要微处理器配有内部或外部的异步串行接口（UART），PROFIBUS 协议在任何微处理器上都可以实现，但是如果协议的传输速度超过 500 kb/s 或与 IEC 1158-2 传输技术连接时，则推荐使用 ASIC 协议芯片。采用何种实现方法主要取决于现场设备的复杂程度、需要的性能和功能。下面列举不同实现的例子。各种方式所需的硬件和软件在市场上可从不同厂家买到。

表 3-7 是 PROFIBUS 协议芯片一览表。

表 3-7 PROFIBUS 协议芯片一览表

厂 商	芯 片	类 型	特 色	FMS	DP	PA
IAM	PBS	从	可依赖微处理器的 I/O 芯片，3Mb/s 完成第 2 层实现	•	•	
IAM	PBM	主	可依赖微处理器的 I/O 芯片，3Mb/s 完成第 2 层实现	•	•	
摩托罗拉	68302	主—从	带 PROFI BUS 核心功能的 16 位微控制器，500kb/s，第 2 层部分实现	•	•	
摩托罗拉	68360	主—从	带 PROFI BUS 核心功能的 32 位微控制器，1.5Mb/s，第 2 层部分实现	•	•	
西门子	SIM 1	Modem	Modem 芯片，连接本质安全的 IEC 传输技术			•
西门子	SPC 4	从	可依赖微处理器的 I/O 芯片，12Mb/s，第 2 层和 DP 实现	•	•	•
西门子	SPC 3	从	可依赖微处理器的 I/O 芯片，12Mb/s，第 2 层和 DP 实现		•	
西门子	SPM 2	从	单芯片。DP 全实现 64 I/O 位直接与芯片连接		•	
西门子	ASPC 2	主	可依赖微处理器的 I/O 芯片，12Mb/s，第 2 层完全实现	•	•	•
西门子	LSPM 2	从	低成本芯片，DP 全实现，32 I/O 位直接与芯片相连		•	
Delta-t	IX1	主—从	单芯片或可依赖微处理器的 I/O 芯片，1.5Mb/s，可加载协议	•	•	•
SMAR	PA-ASIC	Modem	Modem 芯片，连接本质安全的传输技术（PROFIBUS-PA）			•

• 代表该芯片支持的功能。

3.6.1 DP 从站单片的实现

这是最简单的协议实现方式。在单片中包括了协议的全部功能，不需要任何微处理器或软件，只需外加总线接口驱动装置、晶振和电力电子。如西门子的 SPM2 ASIC（见图 3-13）或 Delta-t 的 IX1 芯片，使用这些 ASIC 芯片只受 I/O 数据位数多少的限制。

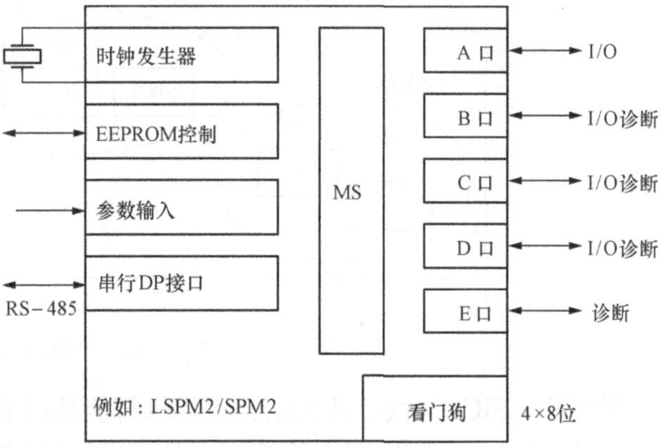

图 3-13 西门子 LSPM2 从站 ASIC 芯片图

3.6.2 智能化 FMS 和 DP 从站的实现

在这个方式中，PROFIBUS 协议的关键时间部分由协议芯片实现，其余部分由微控制器的软件完成。目前所提供的智能化从站设备有西门子的 ASIC、SPC4、Delta-t 的 IX1 和 IAM 的 PBS。这些 ASIC 芯片提供的接口是通用性的，它可与一般的 8 位或 16 位微处理器连用。带 PROFIBUS 集成芯片的微处理器是另一种使用方案，它们由摩托罗拉和其他厂商生产提供。

3.6.3　复杂的 FMS 和 DP 主站的实现

在这个方式中，PROFIBUS 协议的关键时间部分由协议芯片实现，其余部分由微控制器的软件完成。目前提供的这些主站设备有西门子的 ASIC、ASPC2、Delta-t 的 IX1 和 IAM 公司的 PBM，这些芯片均可与各种通用的微处理器连用。

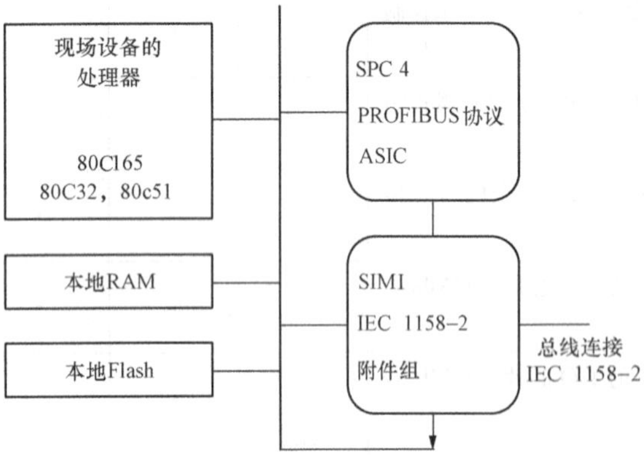

图 3 - 14　具有 SIMI 和 SPC4 的 PA 现场设备的实现

3.6.4　PA 现场设备的实现

实现 PA 现场设备时，低电源消耗特别重要，因为这种设备经常的电流量仅为 10mA。为满足这一要求，西门子开发了一种专门的 SIMI Modem 芯片，它通过 IEC 1158-2 电缆得到全部设备的电源，并向设备的其他部件供电。SIMI 与 SPC4 协议芯片连用是一个优化组合，详见图 3 -14。

3.7　从站通信控制器 SPC3

3.7.1　ASICs 介绍

西门子为 PLC 之间简单高速的数字通信提供用户 ASICs。参照 PROFIBUS DIN 19245 第 1 部分和第 3 部分设计的这些 ASICs，支持并可以完全处理 PLC 站之间的数据通信。

ASICs 概要如图 3 - 15 所示。

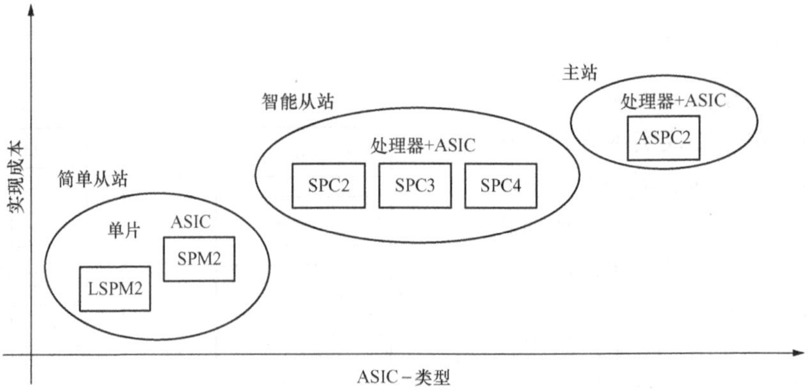

图 3 - 15　ASICs 概要

下列的 ASICs 与微处理器结合可提供智能从站的解决方案。

SPC（Siemens PROFIBUS Controller）的设计基于 OSI 参考模型的第 1 层，需要附加一个微处理器用于实现第 2 层和第 7 层的功能。

SPC2中已经集成了第2层的执行总线协议的部分，需要附加微处理器执行第2层的其余功能（即接口服务和管理）。

ASPC2已经集成了第2层的大部分功能，但仍需要微处理器。可以支持12Mbaud总线，主要用于复杂的主站设计。

SPC3由于集成了全部PROFIBUS-DP协议，有效地减轻了处理器的压力，因此可以用于12Mbaud总线。

SPC4支持DP、FMS和PA协议类型，且可以工作于12Mbaud总线。

然而，在自动化工程领域也有一些简单的设备，如开关、热元件，不需要微处理器记录它们的状态。另一种称为LSPM2（Lean Siemens PROFIBUS Multiplexer）/SPM2的ASICs是适应这些设备的低成本改造。这两种ASIC都可以作为总线系统上的从站（根据DINE19245 T3），工作在12Mbaud总线。主站在7层模型的第2层寻址这些ASICs，两个ASICs收到正确的报文后，自动生成所要求的相应报文。

LSPM2与SPM2有相同的功能，只是减少了I/O端口和诊断端口的数量。

3.7.2　功能简介

SPC3为PROFIBUS智能从站提供了廉价的配置方案，可支持以下的处理器。

Intel：　　80C31，80×86

Siemens：　80C166/165/167

Motorola：　HC11-，HC16-，HC916types

与SPC2相比，SPC3存储器内部管理和组织有所改进，并支持PROFIBUS-DP。

SPC3只集成了传输技术的部分功能，而没有集成模拟功能（RS-485驱动器）、FDL（Fieldbus Data Link，现场总线数据链路）传输技术。它支持接口功能、FMA功能和整个DP从站协议（USIF：用户接口让用户很容易访问第2层）。第2层的其余功能（软件功能和管理）需要通过软件来实现。

SPC3内部集成了1.5KB的双口RAM作为SPC3与软件/程序的接口。整个RAM被分为192段，每段8个字节。用户寻址由内部MS（Microsequencer）通过基址指针（Base-Pointer）来实现。基址指针可位于存储器的任何段。所以，任何缓存都必须位于段首。

如果SPC3工作在DP方式下，SPC3将完成所有的DP-SAPs的设置。在数据缓冲区生成各种报文（如参数数据和配置数据），为数据通信提供3个可变的缓存器，2个输出，1个输入。通信时可以使用可变的缓存器，因此不会发生任何资源问题。SPC3为最佳诊断提供两个诊断缓存器，用户可存入刷新的诊断数据。在这一过程中，一个诊断缓存总是分配给SPC3。

总线接口是一参数化的8位同步/异步接口，可使用各种Intel和Motorola处理器/微处理器。用户可通过11位地址总线直接访问1.5KB的双口RAM或参数存储器。

处理器上电后，程序参数（站地址、控制位等）必须传送到参数寄存器和方式寄存器。

任何时候状态寄存器都能监视MAC的状态。

各种事件（诊断、错误）都能进入中断寄存器，通过屏蔽寄存器使能，然后通过响应寄存器，SPC3有一个共同的中断输出。

看门狗定时器有3种状态：Baud-Search、Baud-Control、Dp-Control。

微顺序控制器（MS）控制整个处理过程。

程序参数（缓存器指针、缓存器长度、站地址等）和数据缓存器包含在内部 1.5KB 双口 RAM 中。

在 UART 中，并行、串行数据相互转换，SPC3 能自动调整波特率。

3.7.3 引脚介绍

SPC3 为 44 引脚 PQFP 封装，引脚说明如表 3-8 所示。

表 3-8　SPC3 引脚说明

引脚	引脚名称	描述		源/目的
1	XCS	片选	C32 方式：接 V_{DD} C165 方式：片选信号	CPU（80C165）
2	XWR/E_Clock	写信号/EI_CLOCK 对 Motorola 总线时序		CPU
3	DIVIDER	设置 CLKOUT2/4 的分频系数 低电平表示 4 分频		
4	XRD/R_W	读信号/Read_Write Motorala		CPU
5	CLK	时钟脉冲输入		系统
6	V_{SS}	地		
7	CLKOUT2/4	2 或 4 分频时钟脉冲输出		系统，CPU
8	XINT/MOT	<LOG>0=Intel 接口 <LOG>1=Motorola 接口		系统
9	X/INT	中断		CPU，中断控制
10	AB10	地址总线	C32 方式：<LOG>0 C165 方式：地址总线	
11	DB0	数据总线	C32 方式：数据/地址复用 C165 方式：数据/地址分离	CPU，存储器
12	DB1			
13	XDATAEXCH	PROFIBUS_DP 的数据交换状态		LED
14	XREADY/XDTACK	外部 CPU 的准备好信号		系统，CPU
15	DB2	数据总线	C32 方式：数据/地址复用 C165 方式：数据/地址分离	CPU，存储器
16	DB3			
17	V_{SS}	地		
18	V_{DD}	电源		
19	DB4	数据总线	C32 方式：数据/地址复用 C165 方式：数据/地址分离	CPU，存储器
20	DB5			
21	DB6			
22	DB7			
23	MODE	<LOG>0=80C166 数据地址总线分离；准备信号 <LOG>1=80C32 数据地址总线复用；固定定时		系统
24	ALE/AS	地址锁存使能	C32 方式：ALE C165 方式：<LOG>0	CPU（80C32）
25	AB9	地址总线	C32 方式：<LOG>0 C165 方式：地址总线	CPU（80C165），存储器

续表

引脚	引脚名称	描 述	源/目的
26	TXD	串行发送端口	RS-485 发送器
27	RTS	请求发送	RS-485 发送器
28	V_{SS}	地	
29	AB8	地址总线：C32 方式：<LOG>0 C165 方式：地址总线	
30	RXD	串行接收端口	RS-485 接收器
31	AB7	地址总线	系统，CPU
32	AB6	地址总线	系统，CPU
33	XCTS	清除发送<LOG>0=发送使能	FSK Modem
34	XTEST0	必须接 V_{DD}	
35	XTEST1	必须接 V_{DD}	
36	RESET	接 CPU RESET 输入	
37	AB4	地址总线	系统，CPU
38	V_{SS}	地	
39	V_{DD}	电源	
40	AB3	地址总线	系统，CPU
41	AB2	地址总线	系统，CPU
42	AB5	地址总线	系统，CPU
43	AB1	地址总线	系统，CPU
44	AB0	地址总线	系统，CPU

注 1. 所有以 X 开头的信号低电平有效。

2. V_{DD}=+5V，V_{SS}=GND。

3.7.4 存储器分配及参数

一、SPC3 存储器分配

SPC3 内部 1.5KB 双口 RAM 的分配如表 3-9 所示。

表 3-9　　SPC3 内 存 分 配

地 址	功 能	
000H	处理器参数锁存器/寄存器（22 字节）	内部工作单元
016H	组织参数（42 字节）	
040H ⋮ 5FFH	DP 缓存器 Data In（3）① Data Out（3）② Diagnostics（2） Parameter Setting Data（1） Configuration Data（2） Auxiliary Buffer（2） SSA-Buffer（1）	

注 HW 禁止超出地址范围，也就是如果用户写入或读取超出存储器末端，用户将得到一新的地址，即原来地址减去 400H。禁止覆盖处理器参数，在这种情况下，SPC3 产生一访问中断。如果由于 MS 缓冲期初始化有误导致地址超出范围，也会产生这种中断。

① Date In 指数据由 PROFIBUS 从站到主站。

② Date Out 指数据由 PROFIBUS 主站到从站。

内部锁存器/寄存器位于前 22 字节，用户可以读取或写入。一些单元只读或只写，用户不能访问的内部工作单元也位于该区域。

组织参数位于以 16H 开始的单元，这些参数影响整个缓存区（主要是 DP-SAPs）的使用。另外，一般参数（站地址、标识号等）和状态信息（全局控制命令等）都存储在这些单元中。

与组织参数的设定一致，用户缓存（User-Generated Buffer）位于 40H 开始的单元，所有的缓存器都开始于段地址。

SPC3 的整个 RAM 被划分为 192 段，每段包括 8 字节，物理地址是按 8 的倍数建立的。

二、处理器参数（锁存器/寄存器）

这些单元只读或只写。在 Motorola 方式下 SPC3 访问 00H～07H 单元（字寄存器），将进行地址交换，也就是高低字节交换。内部参数寄存器分配如表 3 - 10 和表 3 - 11 所示。

表 3 - 10 内部参数寄存器分配（读）

地址（Intel/Motorola）		名称	位号	说明（读访问）
00H	01H	Int_Req_Reg	7…0	中断控制寄存器
01H	00H	Int_Req_Reg	15…8	
02H	03H	Int_Reg	7…0	
03H	02H	Int_Reg	15…8	
04H	05H	Status_Reg	7…0	状态寄存器
05H	04H	Status_Reg	15…8	状态寄存器
06H	07H	Reserved		保留
07H	06H			
08H		Din_Buffer_SM	7…0	Dp_Din_Buffer_State_Machine 缓存器设置
09H		New_DIN_Buffer_Cmd	1…0	用户在 N 状态下得到可用的 DP Din 缓存器
0AH		DOUT_Buffer_SM	7…0	Dp_Dout_Buffer_State_Machine 缓存器设置
0BH		Next_DOUT_Buffer_Cmd	1…0	用户在 N 状态下得到可用的 DP DOUT 缓存器
0CH		DIAG_Buffer_SM	3…0	Dp_Diag_Buffer_State_Machine 缓存器设置
0DH		New_DIAG_Buffer_Cmd	1…0	SPC3 中用户得到可用的 DP Diag 缓存器
0EH		User_Prm_Data_OK	1…0	用户肯定响应 Set_Param 报文的参数设置数据
0FH		User_Prm_Data_NOK	1…0	用户否定响应 Set_Param 报文的参数设置数据
10H		User_Cfg_Data_OK	1…0	用户肯定响应 Check_Config 报文的配置数据
11H		User_Cfg_Data_NOK	1…0	用户否定响应 Check_Config 报文的配置数据
12H		Reserved		保留
13H		Reserved		保留
14H		SSA_Bufferfreecmd		用户从 SSA 缓存器中得到数据并重新使该缓存使能
15H		Reserved		保留

表 3 - 11 内部参数寄存器分配（写）

地址 (Intel/Motorola)		名称	位号	说明（读访问）
00H	01H	Int_Req_Reg	7…0	中断控制寄存器
01H	00H	Int_Req_Reg	15…8	
02H	03H	Int_Ack_Reg	7…0	
03H	02H	Int_Ack_Reg	15…8	
04H	05H	Int_Mask_Reg	7…0	
05H	04H	Int_Mask_Reg	15…8	
06H	07H	Mode_Reg0	7…0	对每位设置参数
07H	06H	Mode_Reg0_S	15…8	
08H		Mode_Reg1_S	7…0	
09H		Mode_Reg1_R	7…0	
0AH		WD Band Ctrl Val	7…0	波特率监视基值（root value）
0BH		MinTsdr_Val	7…0	从站响应前应该等待的最短时间
0CH		保留		
0DH				
0EH				
0FH		保留		
10H				
11H				
12H				
13H				
14H				
15H				

三、组织参数（RAM）

用户把组织参数存储在特定的内部 RAM 中，用户可读也可写。组织参数说明如表 3 - 12 所示。

表 3 - 12 组 织 参 数 说 明

地址 (Intel/Motorola)		名称	位号	说 明
16H		R_TS_Adr	7…0	设置 SPC3 相关从站地址
17H		保留		默认设置为 0FFH
18H	19H	R_User_WD_Value	7…0	16 位看门狗定时器的值，DP 方式下监视用户
19H	18H	R_User_WD_Value	15…8	
1AH		R_Len_Dout_Buf		3 个输出数据缓存器的长度

续表

地址 (Intel/Motorola)	名称	位号	说明
1BH	R_Dout_Buf_Ptr1		输出数据缓存器 1 的段基值
1CH	R_Dout_Buf_Ptr2		输出数据缓存器 2 的段基值
1DH	R_Dout_Buf_Ptr3		输出数据缓存器 3 的段基值
1EH	R_Len_Din_Buf		3 个输入数据缓存器的长度
1FH	R_Din_Buf_Ptr1		输入数据缓存器 1 的段基值
20H	R_Din_Buf_Ptr2		输入数据缓存器 2 的段基值
21H	R_Din_Buf_Ptr3		输入数据缓存器 3 的段基值
22H	保留		默认为 00H
23H	保留		默认为 00H
24H	R_Len_Diag_Buf1		诊断缓存器 1 的长度
25H	R_Len_Diag_Buf2		诊断缓存器 2 的长度
26H	R_Diag_Buf_Ptr1		诊断缓存器 1 的段基值
27H	R_Diag_Buf_Ptr2		诊断缓存器 2 的段基值
28H	R_Len_Cntrl_Buf1		辅助缓存器 1 的长度，包括控制缓存器，如 SSA_Buff、Prm_Buf、Cfg_Buf、Read_Cfg_Buf
29H	R_Len_Cntrl_Buf2		辅助缓存器 2 的长度，包括控制缓存器，如 SSA_Buff、Prm_Buf、Cfg_Buf、Read_Cfg_Buf
2AH	R_Aux_Buf_Sel		Aux_buffer1/2 可被定义为控制缓存器，如 SSA_Buff、Prm_Buf、Cfg_Buf
2BH	R_Aux_Buf_Ptr1		辅助缓存器 1 的段基值
2CH	R_Aux_Buf_Ptr2		辅助缓存器 2 的段基值
2DH	R_Len_SSA_Data		在 Set_Slave_Address_Buffer 中输入数据的长度
2EH	R_SSA_Buf_Ptr		Set_Slave_Address_Buffer 的段基值
2FH	R_Len_Prm_Data		在 Set_Param_Buffer 中输入数据的长度
30H	R_Prm_Buf_Ptr		Set_Param_Buffer 段基值
31H	R_Len_Cfg_Data		在 Check_Config_Buffer 中的输入数据的长度
32H	R_Cfg_Buf_Ptr		Check_Config_Buffer 段基值
33H	R_Len_Read_Cfg_Data		在 Get_Config_Buffer 中的输入数据的长度
34H	R_Read_Cfg_Buf_Ptr		Get_Config_Buffer 段基值
35H	保留		默认 00H
36H	保留		默认 00H
37H	保留		默认 00H
38H	保留		默认 00H
39H	R_Real_No_Add_Change		这一参数规定了 DP 从站地址是否可改变
3AH	R_Ident_Low		标识号低位的值
3BH	R_Ident_High		标识号高位的值
3CH	R_GC_Command		最后接收的 Global_Control_Command
3DH	R_Len_Spec_Prm_Buf		如果设置了 Spec_Prm_Buffer_Mode（参见方式寄存器 0），这一单元定义为参数缓存器的长度

3.7.5 ASIC 接口

下面将要介绍的寄存器规定了 ASIC 硬件功能和报文处理过程。

一、方式寄存器

控制器直接访问或设置的参数与 SPC3 中的方式寄存器 0 和方式寄存器 1 有关。

（一）方式寄存器 0

只能在离线状态下（如合上开关）设置方式寄存器 0，当方式寄存器中所有的处理器参数、组织参数被装载后，SPC3 才离开离线状态（START_SPC3=1 方式寄存器 1）。方式寄存器 0 各位的定义如表 3 - 13 所示。

表 3 - 13　　方式寄存器 0（地址 06H、07H）

bit0	DIS_START_CONTROL
	在 UART 中监视起始位，在 DP 方式下 Set_Param 报文覆盖该单元（参见 user_specific）
	0=使能起始位监视 1=关闭起始位监视
bit1	DIS_STOP_CONTROL
	在 UART 中监视停止位，在 DP 方式下 Set_Param 报文覆盖该单元（参见 user_specific）
	0=使能停止位监视 1=关闭停止位监视
bit2	EN_FDL_DDB
	Reserved
	0=关闭 FDL_DDB 接收
bit3	MinTSDR
	复位后 DP 操作或 combi 操作的 MinTSDR 默认设置
	0=纯 DP 操作（默认设置） 1=combi 操作
bit4	INT_POL
	中断输出的极性
	0=中断输出低有效 1=中断输出高有效
bit5	EARLY_RDY
	准备信号前移
	0=当数据有效（读）或数据接收（写）时产生准备好信号 1=准备好信号前移 1 时钟脉冲
bit6	Sync_Supported
	支持同步方式
	0=不支持同步方式 1=支持同步方式
bit7	Freeze_Supported
	支持锁定方式
	0=不支持锁定方式 1=支持锁定方式

续表

bit8	DP_MODE
	DP方式使能
	0=关闭DP方式 1=DP方式使能，SPC3设置所有的DP_SAPs
bit9	EOI_TIME base
	中断脉冲结束的时间基值（time base）
	0=中断无效时间至少1μs 1=中断无效时间至少1ms
bit10	User_Time base
	User_Time_Clock_Interrupt周期的时间基值（time base）
	0=User_Time_Clock_Interrupt每1ms发生一次 1=User_Time_Clock_Interrupt每10ms发生一次
bit11	WD_Test
	看门狗定时器的测试方式，非运行方式
	0=在运行方式下WD工作 1=不允许
bit12	Spec_Prm_Buf_Mode
	特殊参数缓存器
	0=无特殊参数缓存器 1=特殊参数缓存器方式，参数数据直接存储在特殊参数缓存器
bit13	Spec_Clear_Mode
	特殊清除方式（故障安全模式）
	0=不是特殊清除方式 1=特殊清除方式，SPC3接收data unit=0的数据报文

（二）方式寄存器1（Mode_REG1，可写）

一些控制位必须在操作中改变，这些控制位与方式寄存器1有关，可以单独被设置（Mode_Reg_S），也可以单独被清除（Mode_Reg_R），设置或清除时必须在位地址写入逻辑1。方式寄存器1S（地址08H）和方式寄存器1R（地址09H）各位的定义见表3-14。

表3-14　　方式寄存器1S（地址08H）和方式寄存器1R（地址09H）

bit0	START_SPC3
	退出离线状态
	1=SPC3退出离线状态，进入Passive_Idle状态，并且启动总线定时器和看门狗定时器，设置Go_Offline=0
bit1	EOI
	中断结束
	1=中断结束，SPC3中断输入无效，并重新设置EOI=0
bit2	Go_Offline
	进入离线状态
	1=在当前请求结束后，SPC3进入离线状态，并重新设置Go_Offline=0

续表

bit3	User_Leave_Master 要求 DP_SM 进入 Wait_Prm 状态 1=用户使 DP-SM 进入 Wait_Prm 状态，并重新设置 User_Leave_Master=0
bit4	En_Change_Cfg_Buffer 缓存器交换使能（Cfg buffer for Read_Cfg buffer） 0=通过 User_Cfg_Data_Okay_Cmd，只读配置缓存器，不可交换配置缓存器 1=通过 User_Cfg_Data_Okay_Cmd，只读配置缓存器，可以交换配置缓存器
bit5	Res_User_WD 重新设置 User_WD_Timer 1=SPC3 重新将 Res_User_WD_Timer 参数化为 User_WD_Value 的值，然后 SPC3 重新设 Res_User_WD 为 0

二、状态寄存器

状态寄存器反映 SPC3 当前的状态并且为只读，状态寄存器各位的定义如表 3-15 所示。

表 3-15　　状态寄存器（只读，地址 04H，05H）

bit0	Offline/Passive_Idle Offline/Passive_Idle 状态 0=SPC3 处于 offline 状态 1=SPC3 处于 passive idle 状态
bit1	FDL_IND_ST 临时缓存器中有无 FDL 标识（indication） 0=临时缓存器中有 FDL 标识 1=临时缓存器中无 FDL 标识
bit2	Diag_Flag 状态诊断缓存器 0=DP 主站得到诊断缓存器的数据 1=DP 主站还未得到诊断缓存器的数据
bit3	RAM Access Violation 存取内存>1.5KB 0=无地址冲突 1=如果地址大于 1536B，从当前地址中减去 1KB，然后访问这一新的地址
bit4，5	DP_State1…0 DP 状态机的状态 00=Wait_Prm 状态 01=Wait_Cfg 状态 10=Data_EX 状态 11=不允许

续表

bit6，7	WD_State1…0 看门狗状态机制的状态 00=Baud_Search 状态 01=Baud_Control 状态 10=DP_Control 状态 11=不允许
bit8，9，10，11	Baud Rate3…0 SPC3 正常工作的波特率 0000=12Mbps 0001=6Mbps 0010=3Mbps 0011=1.5Mbps 0100=500Kbps 0101=187.5Kbps 0110=93.75Kbps 0111=45.45Kbps 1000=19.2Kbps 1001=9.6Kbps 其他=不允许
bit12，13，14，15	SPC3_Release3…0 Release no. for SPC3 0000=Release 0 Rest=不允许

三、中断控制器

通过中断控制器通知处理器各种中断信息和错误事件。中断控制器最多可存储 16 个中断事件。中断事件传送到共同的中断输出，中断控制器不提供优先级和中断矢量（与 8259 不兼容）。

中断控制器包括中断请求器（IRR）、中断屏蔽寄存器（IMR）、中断寄存器（IR）和中断响应寄存器（IAR）。

中断事件存储在 IRR 中，个别事件通过 IMR 被屏蔽，IRR 中的中断输入与中断屏蔽无关。在 IMR 没有被屏蔽的中断信号通过网络综合产生 X/INT 中断。用户调试时可在 IRR 中设置各种中断。

中断处理器处理过的中断必须通过 IAR（New_Prm_Data，New_DDB_Prm_Data，New_Cfg_Data 除外）清除，在相应位上写入 1 即可清除。如果前一个已经确认的中断正在等待时，IRR 中又接受到一个新的中断请求，则此中断被保留。接着处理器使能屏蔽，则确保 IRR 中没有以前的未处理中断。出于安全考虑，使能屏蔽之前必须清除 IRR 中的位。

退出中断程序之前，处理器必须在方式寄存器中设置“end of interrupt_signal（EOI）=1”，此跳变使中断失效。如果另一个中断仍保留着，则至少经过 1μs 或 1～2ms 中断失效时间后，该中断输出将再次激活。中断失效时间可以通过 EOI_Timebase 位设置，这样可以利用边沿触发的中断输入再次进入中断程序。

中断输出的极性可以通过 INT_Pol 方式位设置，硬件复位后输出低有效。中断请求寄存器各位的定义如表 3-16 所示。

表 3-16　　中断请求寄存器（可写，可读，地址 00H、01H）

bit0	MAC_Reset
	当处理完当前的请求，SPC3 进入离线状态（通过设置 Go_Offline 位或由于 RAM 访问冲突）
bit1	Go/Leave_Data_EX
	DP_SM 进入或离开 DATA_EX 状态
bit2	Baudrate_Detect
	SPC3 找到合适的波特率，并离开 Baud_Search 状态
bit3	WD_DP_Control_Timeout
	在 DP_Control WD 状态下，看门狗定时器溢出
bit4	User_Timer_Clock
	User_Timer_Clock 的时间基值（time base）溢出（1/10ms）
bit5	Res
	保留
bit6	Res
	保留
bit7	Res
	保留
bit8	New_GC_Command
	SPC3 接收到带有变化的 GC_Command_Byte 的 Globle_Control 报文，把这一字节存储在 R_GC_Command 内存单元中
bit9	New_SSA_Data
	SPC3 接收到 Set_Slave_Address 报文，使 SSA 缓存器中的数据可用
bit10	New_Cfg_Data
	SPC3 接收到 Check_Cfg 报文，使 Cfg 缓存器中的数据可用
bit11	New_Prm_Data
	SPC3 接收到 Set_Param 报文，使 Prm 缓存器中的数据可用
bit12	Diag_Buffer_Changed
	由于 New_Diag_Cmd 的请求，SPC3 交换诊断缓存器，并使原来的缓存器对用户可用
bit13	DX_OUT
	SPC3 接收到 Write_Read_Data 报文，使新的输出数据在 N 状态下对用户可用，对于 Power_On 或 Leave_Master，SPC3 清除 N 缓存器，并产生中断
bit14	Res
	保留
bit15	Res
	保留

其他的中断控制寄存器各位的定义如表 3-17 所示。

New_Prm_Data，New_Cfg_Data 输入不能通过中断响应寄存器清除，只能通过用户确认后由状态机制来清除（如 User_Prm_Data_Okay 等）。

表 3-17　IR、IMR、IAR 寄存器

地　址	寄存器	读/写	复位状态	说　明	
02H/03H	IR	只读	清除所有位		
04H/05H	IMR	可写，在操作中可改变	设置所有位	bit=1	设置屏蔽，中断失效
				bit=0	清除屏蔽，允许中断
02H/03H	IAR	可写，在操作中可改变	清除所有位	bit=1	IRR 位清除
				bit=0	IRR 位未发生变化

四、看门狗定时器

（一）自动确定波特率

SPC3 能自动确定波特率。每次复位或在 Baud_Control_State WD 溢出后，SPC3 自动进入 Baud_Search 状态。协议规定 SPC3 从最高的波特率开始查询。在监控时间内，如果没有接收到 SD1、SD2 或 SD3 报文，并且没有错误，SPC3 将从下一级波特率开始查询。

一旦确定正确的波特率，SPC3 进入 Baud_Control 状态，并且监视此波特率。监视时间可参数化（WD_Baud_Control_Val）。看门狗的时钟频率是 100Hz(10ms)，每接收到一个发往本站的无误报文后，看门狗自动复位。如果看门狗时间溢出，SPC3 重新进入 Baud_Search 状态。

（二）波特率监视

在 Baud_Control 状态下，看门狗不停地监视波特率。每接收到发往本站的正确报文后，看门狗就自动复位。监视时间是 WD_Baud_Control_Val（用户设置参数）与时间基值（10ms）的乘积。如果监视时间溢出，WD_SM 重新回到 Baud_Search 状态。如果用户执行 SPC3 的 DP 协议（在方式寄存器中 DP_MODE=1），并接收到一能响应时间监视（WD_On=1）的 Set_Param 报文后，看门狗工作在 DP_Control 状态。若 WD_On=0，看门狗一直工作在波特率监视状态。当定时时间溢出时，PROFIBUS_DP 状态机制也不复位。也就是说，从站一直工作在数据交换状态。

（三）相应时间监视

DP_Control 状态能响应 DP 主站的时间监视。设置的时间值是看门狗因数与有效时间基值（1ms 或 10ms）的乘积，即

$$T_{wd} = (1\text{ms 或 }10\text{ms}) \times WD\_Fact\_1 \times WD\_Fact\_2$$

用户可通过参数设置报文（取值可以是 1～255）装载两个看门狗（WD_Fact_1 和 WD_Fact_2）因数和时间基值。

例外：WD_Fact_1=WD_Fact_2=1 不允许，电路不检测这种设置。

监视时间可以是 2ms～650s 之间的值，取决于看门狗因子，与波特率无关。

如果监视时间溢出，SPC3 回到 Baud_Control 状态，SPC3 产生 WD_DP_Control_Timeout 中断。另外，DP 状态机制复位，也就是产生缓存器管理的复位。

如果其他主站接收 SPC3，则转入 Baud_Control(WD_On=0)，或在 DP_Control 下产生延时（WD_On=1），与响应时间监视使能有关（WD_On=0）。

3.7.6 PROFIBUS-DP 接口

下面是 DP 缓存器结构。

DP_Mode=1 时，SPC3 DP 方式使能。在这种过程中，下列 SAPs 服务于 DP 方式。

DefaultSAP：数据交换（Write_Read_Data）；

SAP53：DDB 参数设置报文选择（Set_DDB_Param）；

SAP55：改变站地址（Set_Slave_Address）；

SAP56：读输入（Read_Inputs）；

SAP57：读输出（Read_Outputs）；

SAP58：DP 从站的控制命令（Global_Control）；

SAP59：读配置数据（Get_Config）；

SAP60：读诊断信息（Slave_Diagnosis）；

SAP61：发送参数设置数据（Set_Param）；

SAP62：检查配置数据（Check_Config）。

DP 从站协议完全集成在 SPC3 中，并独立执行。用户必须为 ASIC 设置参数，处理和响应传送报文。除了 Default SAP、SAP56、SAP57 和 SAP58，其他的 SAPs 一直使能，这 4 个 SAPs 在 DP 从站状态机制进入数据交换状态才使能。用户也可以使 SAP55 无效，这时相应的缓存器指针 R_SSA_Buf_Ptr 设置为 00H。在 RAM 初始化时已描述过使 DDB 单元失效。

用户在离线状态下配置所有的缓存器（长度和指针），在操作中除了 Dout/Din 缓存器长度外，其他的缓存配置不可改变。

用户在配置报文以后（Check_Config），等待参数化时，仍可改变这些缓存器。在数据交换状态下只可接收相同的配置。输出数据和输入数据都有 3 个长度相同的缓存器可用，这些缓存器的功能是可变的。一个缓存器分配给 D（数据传输），一个缓存器分配给 U（用户），第 3 个缓存器出现在 N(Next State) 或 F(Free State) 状态，然而其中一个状态不常出现。

两个诊断缓存器长度可变。一个缓存器分配给 D，用于 SPC3 发送数据；另一个缓存器分配给 U，用于准备新的诊断数据。

SPC3 首先将不同的参数设置报文（Set_Slave_Address 和 Set_Param）和配置报文（Check_Config），读取到辅助缓存 1 和辅助缓存 2 中。

与相应的目标缓存器（SSA 缓存器、PRM 缓存器、CFG 缓存器）交换数据时，每个缓存器必须有相同的长度，用户可在 P_Aux_Puf_Sel 参数单元定义使用哪一个辅助缓存。辅助缓存器 1 一直可用，辅助缓存器 2 可选。如果 DP 报文的数据不同，比如设置参数报文长度大于其他报文，则使用辅助缓存器 2(Aux_Sel_Set_Param=1)，其他的报文则通过辅助缓存器 1 读取（Aux_Sel_Set_Param）。如果缓存器太小，SPC3 将响应“无资源”。

用户可用 Read_Cfg 缓存器读取 Get_Config 缓存中的配置数据，但二者必须有相同的长度。在 D 状态下可从 Din 缓存器中进行 Read_Input_Data 操作，在 U 状态下可从 Dout 缓存中进行 Read_Output_Data 操作。

由于 SPC3 内部只有 8 位地址寄存器，因此所有的缓存器指针都是 8 位段地址。访问 RAM 时，SPC3 将段地址左移 3 位与 8 位偏移地址相加（得到 11 位物理地址）。关于缓存器的起始地址，这 8 个字节是明确规定的。

3.7.7 通用处理器总线接口

SPC3 有一个 11 位地址总线的并行 8 位接口。SPC3 支持基于 Intel 的 80C51/52(80C32) 处理器和微处理器、Motorola 的 HC11 处理器和微处理器，Siemens 80C166、Intel X86、Motorola HC16 和 HC916 系列处理器和微处理器。由于 Motorola 和 Intel 的数据格式不兼容，SPC3 在访问 16 位寄存器（中断寄存器、状态寄存器、方式寄存器 0）和 16 位 RAM 单元（R_User_Wd_Value）时，自动进行字节交换。这就使 Motorola 处理器能够正确读取 16 位单元的值。通常对于读或写，要通过两次访问完成（8 位数据线）。

由于使用了 11 位地址总线，SPC3 不再与 SPC2（10 位地址总线）完全兼容。然而 SPC2 的 XINTCI 引脚在 SPC3 的 AB10 引脚处，且这一引脚至今未用。而 SPC3 的 AB10 输入端有一内置下拉电阻。如果 SPC3 使用 SPC2 硬件，用户只能使用 1k 的内部 RAM。否则，AB10 引脚必须置于相同的位置。

总线接口单元（BIU）和双口 RAM 控制器（DPC）控制着 SPC3 处理器内部 RAM 的访问。

另外，SPC3 内部集成了一个时钟分频器，能产生 2 分频（DIVIDER＝1）或 4 分频（DIVIDER＝0）输出，因此，不需附加费就可实现与低速控制器相连。SPC3 的时钟脉冲是 48MHz。

1. 总线接口单元（BIU）

BIU 是连接处理器/微处理器的接口，有 11 位地址总线，是同步或异步 8 位接口。接口配置由 2 个引脚（XINT/MOT 和 MODE）决定，XINT/MOT 引脚决定连接的处理系列（总线控制信号，如 XWR、XRD、R_W 和数据格式），MODE 引脚决定同步或异步。

在 C32 方式下必须使用内部锁存器和内部译码器。

2. 双口 RAM 控制器

SPC3 内部 1.5KB 字节的 RAM 是单口 RAM。然而，由于内部集成了双口 RAM 控制器，允许总线接口和处理器接口同时访问 RAM。此时，总线接口具有优先权，从而使访问时间最短。如果 SPC3 与异步接口处理器相连，SPC3 产生 Ready 信号。

3. 接口信号

在复位期间，数据输出总线呈高阻状态。微处理器总线接口信号如表 3 - 18 所示。

表 3 - 18　　微处理器总线接口信号

名　称	输入/输出	类　型	说　明
DB(7…0)	I/O	Tristate	复位时高阻
AB（10…0）	I		AB10 带下拉电阻
MODE	I		设置：同步/异步接口
XWR/E_CLOCK	I		Intel：写；Motorola：E-CLK
XRD/R_W	I		Intel：读；Motorola：读/写
XCS	I		片选
ALE/AS	I		Intel/Motorola：地址锁存允许
DIVIDER	I		CLKOUT2/4 的分频系数 2/4
X/INT	O	Tristate	极性可编程
XRDY/XDTACK	O	Tristate	Intel/Motorola：准备好信号

续表

名　称	输入/输出	类　型	说　明
CLK	I		48MHz
XINT/MOT	I		设置：Intel/Motorola 方式
CLKOUT2/4	O	Tristate	24/12MHz
RESET	I	Schmitt-trigger	最少 4 个时钟周期

3.7.8 UART

发送器将并行数据结构转变为串行数据流。在发送第一个字符之前，产生 Request-to-Send (RTS) 信号，XCTS 输入端用于连接调制器。RTS 激活后，发送器必须等到 XCTS 激活后才发送第一个报文字符。接收器将串行数据流转换成并行数据结构，并以 4 倍的传输速率扫描串行数据流。为了测试，可关闭停止位（方式寄存器 0 中 DIS_STOP_CONTROL=1 或 DP 的 Set_Param_Telegram 报文），PROFIBUS 协议的一个要求是报文字符之间不允许出现其他状态，SPC3 发送器保证满足此规定。通过 DIS_START_CONTROL=1（模式寄存器 0 或 DP 的 Set_Param 报文中），关闭起始位测试。

3.7.9 PROFIBUS 接口

PROFIBUS 接口数据通过 RS-485 传输。SPC3 通过 RTS、TXD、RXD 引脚与电流隔离接口驱动器相连。PROFIBUS 接口电路如图 3-16 所示。PROFIBUS 接口通常为 9 针 D 型接插件。注意，在图 3-16 中，M、2M 为不同的电源地，P5、2P5 为两组不共地的+5V 电源，74HC132 为施密特与非门。

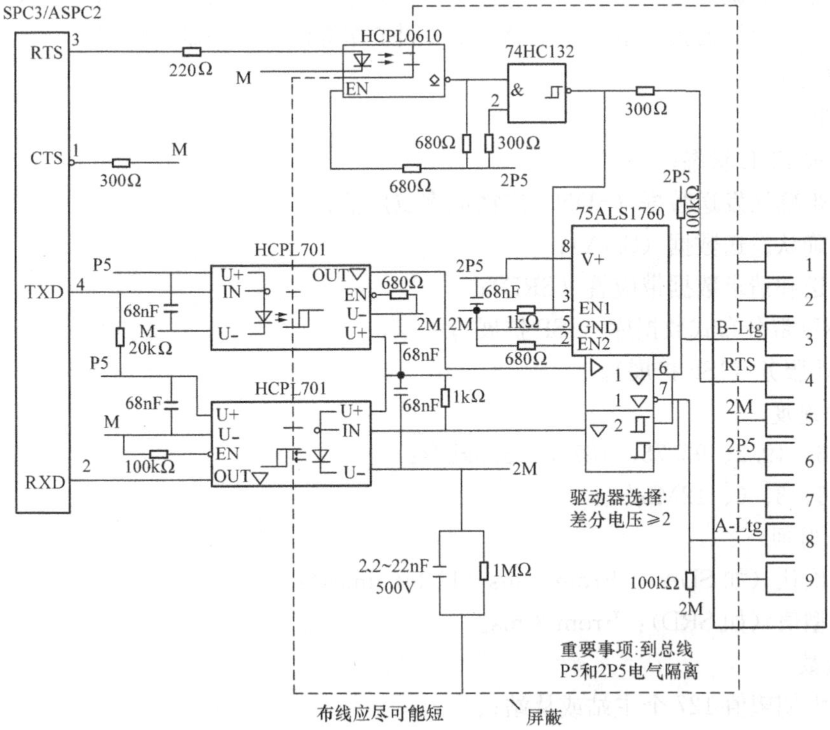

图 3-16　PROFIBUS 接口电路

3.8 主站通信控制器 ASPC2 与网络接口卡

3.8.1 ASPC2 介绍

ASPC2 是 Siemens 公司生产的主站通信控制器，该通信控制器可完全处理 PROFIBUS EN 50170 的第 1 和第 2 层，同时 ASPC2 还为 PROFIBUS-DP 和使用段耦合器的 PROFIBUS-PA 提供一个主站。如此高度集成的控制器芯片可用于制造业的应用和过程工程中。对于可编程控制器、个人计算机、电机控制器、过程控制系统直至下面的操作员监控系统来说，ASPC2 有效地减轻了通信任务。PROFIBUS ASIC 还可用于从站，链接低级设备（如控制器、执行器、测量变换器和分散 I/O 设备）。

1. ASPC2 ASIC 特性

(1) 单片支持 PROFIBUS-DP、PROFIBUS-FMS 和 PROFIBUS-PA；

(2) 用户数据吞吐量高；

(3) 支持 DP 在非常快的反应时间内通信；

(4) 所有令牌管理和任务处理；

(5) 与所有普及的处理器类型优化连接，无需在微处理器上安置时间帧。

2. ASIC 与主机接口

(1) 处理器接口，可设置为 8/16 值，可设置为 Intel/Motorola Byte Ordering；

(2) 用户接口，ASPC2 可外部寻址，1MB 作为共享 RAM；

(3) 存储器和微处理器可与 ASIC 连接为共享存储器模式或双口存储器模式；

(4) 在共享存储器模式下，几个 ASIC 共同工作等价于一个微处理器。

3. 支持的服务

(1) 标识；

(2) 请求 FDL 状态；

(3) 不带确认发送数据（SDN）广播或多点广播；

(4) 带确认发送数据（SDA）；

(5) 发送和请求数据带应答（SRD）；

(6) SRD 带分布式数据库（ISP 扩展）；

(7) SM 服务（ISP 扩展）。

4. 传输速度

(1) 9.6、19.2、93.75、187.5、500kb/s；

(2) 1.5、3、6、12Mb/s。

5. 反应时间

(1) 短确认（如 SDA）：From 1 ms（11 bit times）；

(2) 典型值（如 SRD）：From 3 ms。

6. 站点数

(1) 最大期望值 127 个主站或从站；

(2) 每站 64 个服务访问点（SAP）及一个默认 SAP。

7. 传输方法依据

(1) EN 50170 PROFIBUS 标准，第 1 和第 3 部分；

(2) ISP 规范 3.0（异步串行接口）。

8. 环境温度

(1) 工作温度：−40～+85℃；

(2) 存放温度：−65～+150℃；

(3) 工作期间芯片温度：−40～+125℃。

9. 物理设计

P-MQFP100 封装 14mm×20mm 或 17.2mm×23.2mm，如图 3-17 所示。

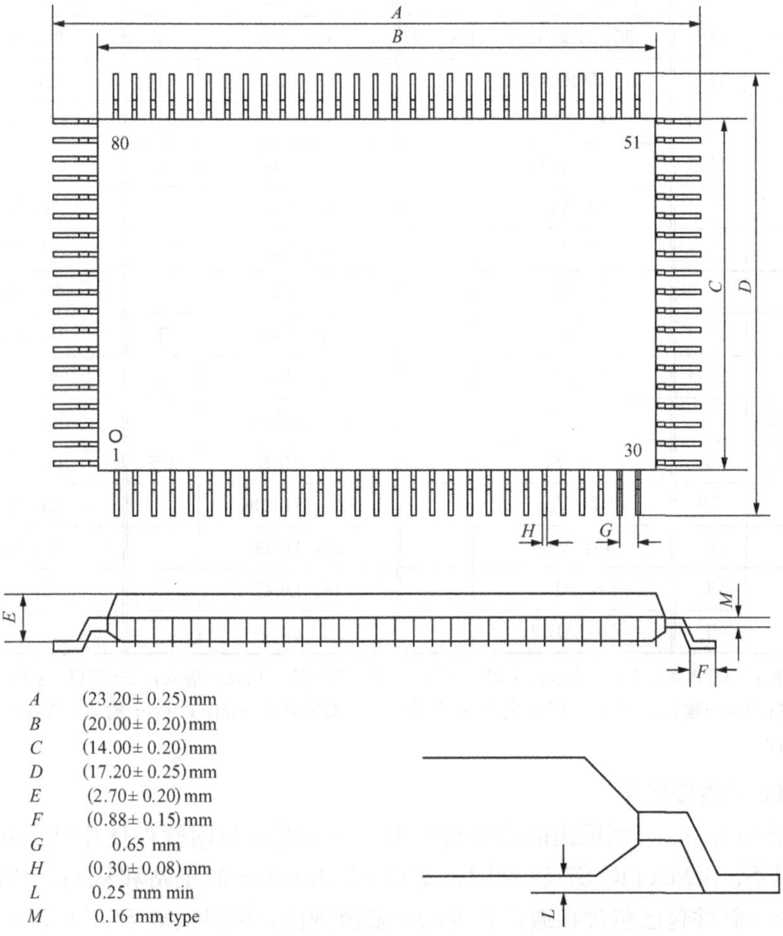

图 3-17　P-MQFP100 物理封装

引脚配置如表 3-19 所示。

表 3-19 引 脚 配 置

01：XRD	T	26：XREQ	T	51：AB11		76：DIA5	
02：DT/XR		27：XREQRDY		52：AB10		77：V_{SS}	
03：V_{SS2}		28：XENBUF		53：V_{SS}		78：DIA4	
04：V_{DD3}		29：V_{SS2}		54：V_{DD3}		79：DIA3	
05：XBHE/XWRH	TPU	30：XINT/MOT	CPD	55：AB9		80：V_{SS2}	
06：HOLD		31：XTEST0	C	56：AB8		81：DIA2	
07：DB7	TPU	32：XTEST1	C	57：AB7		82：DIA1	
08：DB6	TPU	33：XWRL-MODE	CPU	58：AB6		83：DIA0	
09：V_{DD}		34：XCTS	C	59：V_{DD}		84：X/INT-EV	
10：V_{SS}		35：DIA9		60：V_{SS}		85：X/INT-CI	
11：DB5	TPU	36：XB8/B16	CPU	61：AB5	T	86：RTS	
12：DB4	TPU	37：XWR/XWRL	T	62：AB4	T	87：TXD	
13：DB3	TPU	38：AB19		63：AB3	T	88：DB15	TPU
14：DB2	TPU	39：AB18		64：AB2	T	89：DB14	TPU
15：V_{DD}		40：V_{DD}		65：V_{DD}		90：V_{DD}	
16：V_{SS}		41：V_{SS}		66：V_{SS}		91：V_{SS}	
17：V_{SS3}		42：AB17		67：V_{SS3}		92：V_{SS3}	
18：DB1	TPU	43：AB16		68：AB1	T	93：DB13	TPU
19：DB0	TPU	44：AB15		69：AB0	T	94：DB12	TPU
20：X/HOLDAOUT		45：AB14		70：XCLK2		95：DB11	TPU
21：X/HOLDAIN	T	46：V_{SS}		71：CLK	CS	96：DB10	TPU
22：RESET	CS	47：V_{DD}		72：XHTOK		97：V_{SS}	
23：RXD	C	48：V_{SS2}		73：DIA8		98：V_{DD}	
24：XRDY	T	49：AB13		74：DIA7		99：DB9	TPU
25：XCS	T	50：AB12		75：DIA6		100：DB8	TPU

注 V_{DD}—输出且内部配置；V_{SS3}—输入；CPU—CMOS 输入带上拉；V_{DD3}—输入；T—TTL 电平；CPD—CMOS 输入带下拉；V_{SS}—输出；TPU—TTL 电平带上拉；CS—CMOS-Schmitt-Trigger 输入；V_{SS2}—内部配置；C—COMS 输入。

3.8.2 CP5611 网络接口卡

CP5611 是 Siemens 公司推出的网络接口卡，购买时需另附软件使用费，用于工控机连接到 PROFIBUS、SIMATIC S7 和 MPI。支持 PROFIBUS 的主站和从站、PG/OP、S7 通信。OPC Server 软件包已包含在通信软件的供货范围内，但是需要 SOFTNET 支持。

1. CP5611 网络接口主要特点

(1) 不带有微处理器；

(2) 经济的 PROFIBUS 接口；

(3) OPC 作为标准接口；

(4) CP5611 是基于 PCI 总线的 PROFIBUS-DP 网络接口卡，可以插在 PC 及其兼容机的 PCI 总线插槽上，在 PROFIBUS-DP 网络中作为主站或从站使用；

(5) 作为PC上的编程接口，可使用NCM PC和STEP7软件；

(6) 作为PC上的监控接口，可使用WinCC、Fix、组态王、力控等；

(7) 支持的通信速率最大为12Mb/s；

(8) 设计可用于工业环境。

2. CP5611与从站通信的过程

当CP5611作为网络上的主站时，CP5611通过轮询方式与从站进行通信。这就意味着主站要想和从站通信，首先需发送一个请求数据帧，从站得到请求数据帧后，向主站发送一响应帧。请求帧包含主站给从站的输出数据，如果当前没有输出数据，则向从站发送一空帧。从站必须向主站发送响应帧，响应帧包含从站给主站的输入数据，如果没有输入数据，也必须发送一空帧，才完成一次通信。通常按地址增序轮询所有的从站，当与最后一个从站通信完以后，接着进行下一个周期的通信。这样就保证所有的数据（包括输出数据、输入数据）都是最新的。

主要报文有令牌报文、固定长度没有数据单元的报文、固定长度带数据单元的报文、变数据长度的报文。

3.8.3 CP5613网络接口卡

CP5613是Siemens公司推出的基于PCI总线的PROFIBUS-DP网络接口卡，其报价已包括软件使用费，目前，一般使用该网络接口卡。用于工控机连接到PROFIBUS，一个PROFIBUS接口，仅支持DP主站、PG/OP、S7通信。OPC Server软件包已包含在通信软件的供货范围内。CP5613网络接口卡主要特点如下：

(1) 集成微处理器；

(2) 经由双端口RAM能最快速地访问过程数据；

(3) 由于减轻主机CPU的负载，工控机的计算性能得以提高；

(4) OPC作为标准接口，OPC Server软件包已包含在通信软件的供货范围内；

(5) 在一个DP循环过程中，保持数据的一致性；

(6) 依靠即插即用和诊断工具，缩短调试时间；

(7) 通过等距模式支持，实现运动控制应用；

(8) 用双端口RAM，易于移植到其他操作系统；

(9) 可用于高温的工业环境。

另外，带有微处理器的网络接口卡还有CP5613 FO、CP5614、CP5614 FO。CP5613 FO用于光纤通信，其他特点与CP5613相同。CP5614用于工控机连接到PROFIBUS，两个PROFIBUS接口，支持DP主站和从站、PG/OP、S7通信，OPC Server软件包已包含在通信软件的供货范围内。CP5614 FO用于光纤通信，其他特点与CP5614相同。

3.8.4 CP5511/5512网络接口卡

CP5511/5512网络接口卡用于带有PCMCIA插槽的编程器/便携式PC连接到PROFIBUS和SIMATIC S7的MPI。支持PROFIBUS主站和从站、PG/OP、S7通信。OPC Server软件包已包含在通信软件的供货范围内，但是需要SOFTNET支持。

3.9 PROFIBUS-DP开发包4

目前开发PROFIBUS-DP主要是开发它的从站，主站的开发因费用较高，工作进展较慢。

Siemens 公司为了方便用户利用其通信控制器芯片开发 PROFIBUS 产品，提供了一些相关的开发套件。其中开发包 4（PACKAGE4）是专门对 Siemens 的从站 ASIC 芯片 SPC3 开发而提供的，它包括 SPC3 与单片微控制器的接口电路图以及主站和从站的所有源代码，有了开发包 4 将会加快用户 PROFIBUS-DP 产品的开发。Siemens 公司所提供的接口模块的优点在于开发人员不需要再开发附加的外围电路，不同的接口模块可用于各种需求及应用场合。

3.9.1 开发包 4（PACKAGE4）的组成

开发包 4 很容易将一个产品快速连接到 PROFIBUS-DP 上。

开发包 4 主要由硬件、软件和应用文档组成，主站和从站都可以使用 PACKAGE4 进行开发，最大数据传输速率为 12Mb/s。

一、硬件组成

（一）IM180 主站接口模块

IM180 可将第三方设备作为主站连接到 PROFIBUS-DP 上。该模块可完全独立地完成总线控制。处理通信任务，最大数据传输速率 12Mbps。

（1）组成。IM180 接口模块主要由 ASIC 芯片 APSC2、80C165 微处理器和 FLASH、RAM 组成。ASPC2 由 48MHz 晶振提供脉冲。模块尺寸为 100mm×100mm，适合 face-to-face 方式的安装。IM180 还需要一块母板，这块母板是 IM181，是一块 ISA 短卡，可用于一般编程设备或 PC。

（2）操作。专用集成电路 ASPC2 芯片可独立处理总线协议，与主系统的通信通过双口 RAM 完成。数据交换由应用程序完成。

（3）主要技术指标如下：

1）最大数据传输速率 12Mb/s；

2）PROFIBUS-DP 协议由 ASPC2 ASIC 处理，ASPC2 芯片使用 48MHz 晶振；

3）模块核心组件：80C165CPU、40MHz 晶振、2×128k BRAM、256k Words EPROM；

4）主系统接口：16/8 位数据总线连接双口 RAM(8K×16bit)；64 针连接器（4 排），可选的 16/8 位数据总线连接表；

5）通过双口 RAM 实现高效数据交换；

6）5V DC 供电；

7）工作温度 0～70℃；

8）外形尺寸：$W \times H = 100mm \times 100mm$。

（4）固态程序。固态程序运行于微处理器，完成全部的协议处理和所有主站具有的功能。

（5）驱动。提供 Windows NT 的驱动。

（6）演示软件。IM180/181 演示软件可演示在 DOS 环境下使用 IM180 双口 RAM 的方法和使用 IM180 用户接口的各种操作。

（7）配置。IM180 可使用 COM PROFIBUS 软件包完成配置，用户不必开发自己的配置工具。

IM180 主站接口模块框图如图 3 - 18 所示。

（二）IM183-1 从站接口模块

IM183-1 可将第三方设备作为从站简便地连接到 PROFIBUS-DP 上。最大数据传输速率 12Mb/s。IM183-1 用于智能从站。

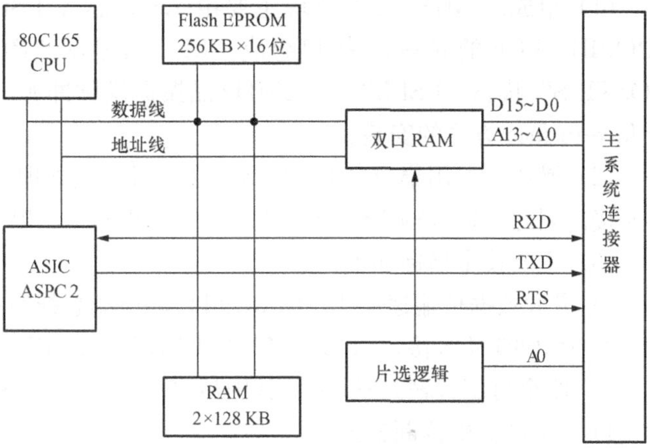

图 3-18　IM180 主站接口模块框图

（1）组成。IM183-1 接口模块主要由 ASIC 芯片 SPC3、80C32 微处理器和 EPROM、RAM 以及一个用于 PROFIBUS-DP 的 RS-485 接口组成。IM183-1 还提供一个 RS-232 接口，可将具有 RS-232 接口的设备，如 PC 连接到 PROFIBUS-DP 上。SPC3 由 48MHz 晶振提供脉冲源。IM183-1 模块尺寸如支票夹大小，适用 face-to-face 方式的安装。

（2）操作。专用集成电路 SPC3 芯片可独立处理总线协议，与主系统的通信通过数据和地址总线，由连接器连接。数据交换操作由应用程序完成。

（3）主要技术指标如下：

1）最大数据传输速率 12Mb/s，可自动检测总线数据传输速率；

2）PROFIBUS 协议由 SPC3 ASIC 处理，SPC3 芯片使用 48MHz 晶振；

3）模块核心组件：80C32 CPU、20MHz 晶振、32KB SRAM、32KB/64KB EPROM；

4）连接器：50 针连接器用于连接主设备；14 针连接器用于连接 RS-232，10 针连接器用于连接 RS-485；

5）可软件复位 SPC3；

6）隔离的 RS-485 用于连接 PROFIBUS-DP；

7）5V DC 供电；典型功耗 11mA；具有反向保护；

8）工作温度：0～70℃；

9）外形尺寸：$W \times H = 86mm \times 76mm$。

（4）固态程序。固态程序（以 C 源码方式提供）可实现在 SPC3 内部寄存器与应用接口之间的连接。固态程序的运行基于微处理器，为应用提供了简单集成化的接口。固态程序大约 6KB 并包含了一定比例的实例。使用 IM183-1 并不是一定要使用固态程序，因为 SPC3 中的寄存器是完全格式化的，使用固态程序可使用户节省自主开发的时间。IM183-1 接口模块框图如图 3-19 所示。

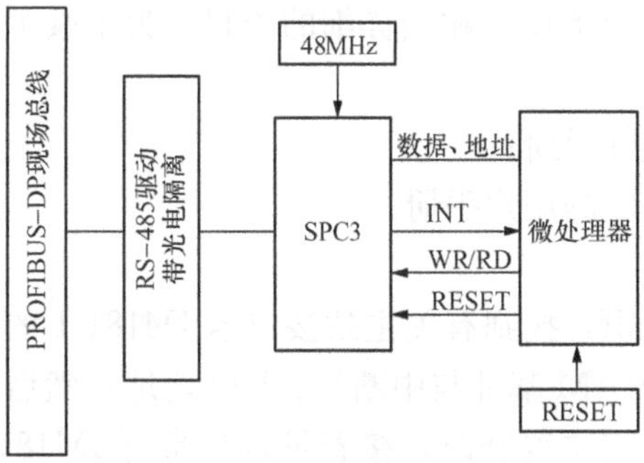

图 3-19　IM183-1 接口模块框图

（三）IM184 从站接口模块

IM184 可将第三方设备作为从站简便地连接到 PROFIBUS-DP 上。最大数据传输速率 12Mb/s。IM184 用于简单从站，如传感器和执行机构。

(1) 组成。IM184接口模块主要由ASIC芯片LSPM2、EEPROM扩展槽和一个用于PROFIBUS-DP的RS-485接口组成。LED可显示“RUN”、“BUS ERROR”和“DIAGNOSTICS”状态。LSPM2由48MHz晶振提供脉冲源。IM184模块尺寸如支票夹大小，适合face-to-face方式的安装。

(2) 操作。专用集成电路LSPM2芯片可独立处理总线协议，与主系统的通信通过连接器连接。因此，输入输出信号也必须由连接器的端子提供。

(3) 主要技术指标如下：

1) 最大数据传输速率12Mb/s，可自动检测总线数据传输速率；

2) PROFIBUS协议由LSPM2 ASIC处理，LSPM2芯片使用48MHz晶振；

3) 32个可配置输入/输出，其中最多可有16个诊断输入；

4) 8个独立的诊断输入；

5) 连接器：2×34针连接器用于连接主设备；10针连接器用于连接RS-485；

6) 隔离的RS-485用于连接PROFIBUS-DP；

7) EEPROM插槽，64×16bit；

8) 5V DC供电；典型功耗150mA；具有反向保护；

9) 工作温度：0～70℃；

10) 外形尺寸：$W \times H$=85mm×64mm。

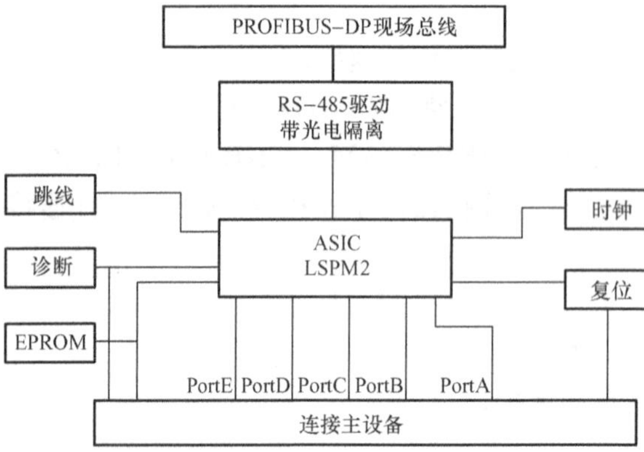

图3-20 IM184接口模块框图

(4) 固态程序。IM184不需要任何固态程序。模块上的ASIC可处理全部协议。

IM184接口模块框图如图3-20所示。

二、软件部件

(1) 用于组态总线系统和IM180接口模板的COM PROFIBUS；

(2) 用于IM183-1和IM180接口模板的固件，它包括主站与从站的源代码；

(3) 演示软件，特别适宜于开发包的配置。

三、文档

Siemens的严谨作风是大家有目共睹的，其为用户提供了相当详细的资料。为了减少查找工作，现列出最关键的两份资料：

(1) Spc3.pdf：这个文件是从站芯片SPC3的器件手册；

(2) IM180-e.pdf：这个文件是主站接口板IM180的用户手册。

3.9.2 硬件安装

首先打开两张随包附带光碟中的文件IM180-e.pdf，找到有关主站接口卡IM181-1的设置与安装说明，按上面的说明设置IM180-1的双口RAM基址与中断号、I/O地址；然后打开文件Dpmt.cfg，将修改后的硬件参数在文件的对应位置修改；接着可以将带有IM181-1 ISA接口板的主站模板IM180安装在一台计算机上或一个PLC上，最后将智能从站模块

IM183 和简单从站模块 IM184 接上电源和电缆。

3.9.3　软件使用

1. GSD 编辑器 GSDEdit. exe 和 GSD 检验工具 Gsdcheck. exe

获取途径：网络 www. Profibus. com。

为了使 PROFIBUS 能成为一个国际性的、开放的总线，PROFIBUS 要求生产商必须遵守一个互操作的规约 EN50170V. 2 “Device Description Data Files GSD”。简单地说，它要求生产商为每个 PROFIBUS 设备提供一个 GSD 文件，这个文件对设备的通信属性进行了一个比较明确的描述。IM184 接口模块的 GSD 文件如下：

```
;GSD-File for IM184                    SIEMENS AG
;MLFB:6ES7 184-0AA00-0XA0
;Sync-supp,Freeze-supp,Auto-Baud-supp,12MBaud
;Stand:14.11.96 fr
;File:SIEMFFFF.GSD
#Profibus-DP
;Unit-Definition-List:
GSD-Revision = 1
Vendor-Name = "SIEMENS"
Model-Name = "TEST IM184"
Revision = "Rev. 1"
Ident-Number = 0Xffff
Protocol-Ident = 0
Station-Type = 0
Hardware-Release = "Axxx"
Software-Release = "Axxxx"
9.6-supp = 1
19.2-supp = 1
93.75-supp = 1
187.5-supp = 1
500-supp = 1
1.5M-supp = 1
3M-supp = 1
6M-supp = 1
12M-supp = 1
...
```

从上面可以看出，这个文件有许多关于总线参数定义和生产商的名称等。有了这个文件主站才能知道底下的从站速度如何，是不是支持波特率自适应等。为方便生产商，PROFIBUS 用户组织（PNO）开发提供了一些很方便的软件，用于 GSD 文件的产生和检验的小工具，大家可以从网上下载，也可以从 PROFIBUS 技术支持中心免费得到。

GSD 编辑器用于开发者方便地产生自己所需的 GSD 文件，所以只要对一些相应的地方做一些改动就行了，然后可以用 Gsdcheck. exe 对这个文件进行检验，看它是否符合 GSD 协议。即使没有开发包 4 也没关系，可以在 GSD 编辑器中新建一个文件，并根据设备类型选取各个属性，当然想简单的话，也可从网上或从当地的 PROFIBUS 技术中心免费获取所有注册过的 PROFIBUS 设备的 GSD 文件，也许还能从中找到一个和你的开发类似的设备，并在其上面进行修改。

2. PROFIBUS 总线配置软件 COM PROFIBUS（Comet. exe）

获取途径：开发包 4。

COM PROFIBUS 对系统的配置和参数化将是非常简单的，先将各个设备的 GSD 文件复制到 COM PROFIBUS 的相应路径下，再新建一个项目文件，并在项目文件中加入各个设备，设置好设备的属性和总线参数，最后导出一个二进制的参数化文件并将这个文件送到主站的参数化块内。开发包 4 内有演示系统的项目文件 Ekit4v3. et2，可以用 COM PROFIBUS 打开这个项目文件，在 COM PROFIBUS 内双击项目文件，会看见一个主站（IM180）和两个从站（IM183、IM184）组成的一个小型系统。通过这个软件的帮助可很快学会如何配置系统和产生一个二进制文件。当然也可以输出一个 ASIC 文件来验证系统是不是符合要求。演示系统的二进制文件在开发包 4 内已经有了（Ekit4v3. 2bf）。在 COM PROFIBUS 中的一个功能是如果有 V3. 0 版以上的 IM180，可通过 COM PROFIBUS 在线参数化，系统如同 PROFIBUS 的二类主站一样。最后补充一句，在 Siemens 公司的 STEP7 中也可以作上述工作，不过要按说明书复制几个文件到相应的目录下。

3. 主站演示软件 DPMT. exe

获取途经：开发包 4。

安装好硬件后，可以运行光盘中的主站演示软件 DPMT. EXE，如果接口卡 IM181 设置正确，它会提示“Hardware reset to IM180?（jJyY）”，这时请输入 Y，如果成功进入系统，则表明你的硬件安装成功了，如果提示“!!! SYSTEM ERROR FUNCTION !!!”则表明设置不对，软件没有找到主站卡，这时应该看看是不是 PC 上的硬件有冲突。

硬件安装成功后会看见一个简明的界面，可以根据开发包的说明文档进行一些简单测试，不过由于没有参数化文件，所以不能访问从站。这时将用 COM PROFIBUS 产生的二进制参数化文件或者在开发包内找个现成的参数化文件 Ekit4v3. 2bf，将它的路径填入菜单 IM180-command 中的 paramater IM180 目录中，然后选择 software reset，通过功能键将系统开启。这时就可以通过菜单的 IM180-new-command 向从站送数据和接收数据。当然，这个软件最大的好处是可以用来调试新开发的主站和从站。

3. 10 PROFIBUS-DP 从站的开发

从站的设计分两种，一种就是利用现成的从站接口如 IM183、IM184 开发，这时只要通过 IM183/184 上的接口开发就行了；另一种则是利用芯片进行深层次的开发。对于简单的开发如远程 I/O 测控，用 LSPM 系列就能满足要求，但是如果开发一个比较复杂的智能系统，那么最好选择 SPC3。下面介绍采用 SPC3 进行 PROFIBUS-DP 从站的开发过程。

3. 10. 1 硬件设计

SPC3 通过一块内置的 1. 5KB 双口 RAM 与 CPU 接口，它支持多种 CPU，包括 Intel、Siemens、Motorola 等。

SPC3 与 AT89S52 CPU 的接口电路如图 3-21 所示。

SPC3 中双口 RAM 的地址为 1000H～15FFH。

3.10.2　软件设计

SPC3 的软件开发难点是在系统初始化时对其 64 字节的寄存器进行配置，这个工作必须与设备的 GSD 文件相符，否则将会导致主站对从站的误操作。这些寄存器包括输入、输出、诊断、参数等缓存区的基地址以及大小等，用户可在器件手册中找到具体的定义。当设备初始化完成后，芯片开始进行波特率扫描，为了解决现场环境与电缆延时对通信的影响，Siemens 所有 PROFIBUS ASICs 芯片都支持波特率自适应，当 SPC3 加电或复位时，它将自己的波特率设置最高，如果设定的时间内没有接收到 3 个连续完整的包，则将它的波特率调低一个档次并开始新的扫描，直至找到正确的波特率为止。当 SPC3 正常工作时，它会进行波特率跟踪，如果接收到一个给自己的错误包，它会自动复位并延时一个指定的时间再重新开始波特率扫描，同时还支持对主站回应超时的监测。当主站完成所有轮询后，如果还有多余的时间，它将开始通道维护和新站扫描，这时它将对新加入的从站进行参数化，并对其进行预定的控制。

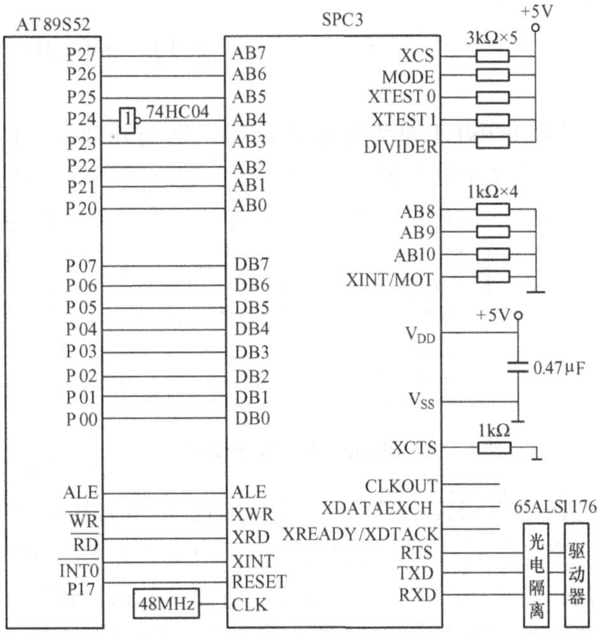

图 3-21　SPC3 与 AT89S52 CPU 的接口电路

SPC3 完成了物理层和数据链路层的功能，与数据链路层的接口是通过服务存取点来完成的，SPC3 支持 10 种服务，这些服务大部分都是由 SPC3 自动完成的，用户只能通过设置寄存器来影响它。SPC3 是通过中断与单片微控制器进行通信的，但是单片微控制器的中断显然不够用，所以 SPC3 内部有一个中断寄存器，当用户接收到中断后再去寄存器查中断号以确定具体操作。

在开发包 4 中有 SPC3 接口单片微控制器的 C 源代码（Keil C51 编辑器），用户只要对其作少量改动就可在项目中运用。从站的代码共包含 4 个文件，分别是 Userspc3. c、Dps2spc3. c、Intspc3. c、Spc3dps2. h，其中 Userspc3. c 是用户接口代码，所有的工作就是找到标有 example 的地方将用户自己的代码放进去，其他接口函数源文件和中断源文件都不必修改。如果认为 6KB 的通信代码太大，也可以根据 SPC3 的器件手册编写自己的程序，当然这样是比较花时间的。

在开发完从站后一定要记住 GSD 文件要与从站类型相符，比方说，从站是不许在线修改从站地址的，但是 GSD 文件是：Swe_Slave_Add_supp＝1（支持在线修改从站地址）

那么在系统初始化时，主站将参数化信息送给从站，从站的诊断包则会返回一个错误代码“Diag. Not_Supported Slave doesn’t support requested function”。

3.11 PROFINET

PROFINET是为实现PROFIBUS与外部系统横向纵向整合的需要而提出的解决方案。它以互联网和以太网标准为基础，建立了一条PROFIBUS与外部系统的透明通道。这是PROFIBUS国际组织在1999年开始的发展新一代通信系统项目计划的结果。

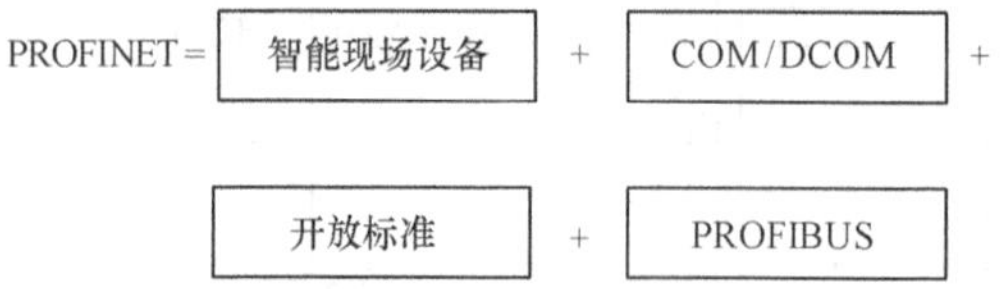

图3-22 PROFINET概念模型

PROFINET规范以开放性和一致性为主导，以微软OLE/COM/DCOM为技术核心，最大限度地实现了开放性和可扩展性，并向下兼容传统工控系统，使分散的智能设备组成的自动化系统向着模块化的方向跨进了一大步。PROFINET的概念模型如图3-22所示。

PROFINET包含3个不同方面：一是为基于通用对象模型（COM）的分布式自动化系统定义了体系结构；二是进一步指定了PROFIBUS和国际IT标准以太网之间的开放和透明通信；三是提供了一个独立于制造商，包括设备层和系统层的完整系统模型。所有这些都充分考虑到PROFIBUS的需求和条件，以保证PROFIBUS和PROFINET之间具有最好的透明性。

一、PROFINET的通信机制

PROFINET概念的基础是组件技术。在PROFINET中，每个设备都被看成是一个具有组件对象模型（Component object module，COM）接口的自动化设备，同类设备都具有相同的COM接口。系统通过调用COM接口来实现设备功能。组件模型使不同的制造商能遵循同一原则，所创建的组件能够混合应用，并能充分简化通信编程。每一个智能设备中间都有一个标准组件，智能设备的功能则通过对组件进行特定的编程来完成。同类设备具有相同的内置组件，对外提供相同的COM接口，这样就为不同厂家的设备之间提供了良好的互换性和互操作性。COM对象之间通过DCOM连接协议进行互联和通信。传统的PROFIBUS设备通过代理设备与PROFINET上面的COM对象进行通信。COM对象之间的调用是通过OLE自动化接口实现的。

PROFINET采用标准以太网作为连接介质，同时提供挂接传统的PROFIBUS系统和新型的智能现场设备的接口。现存的PROFIBUS网段可以通过一个代理设备（proxy）连接到PROFINET网络中，整套的PROFIBUS设备和协议能够原封不动地在PROFINET中使用。PROFINET采用标准TCP/UDP/IP协议加上应用层的RPC/DCOM来完成节点之间的通信和网络寻址。

PROFINET在满足实时性通信需求方面有它自己的特点。在进行实时性要求高的通信之前，设备可以在建立连接的时候决定使用哪种实时通信协议。这样，PROFINET一方面满足了系统对通信的高实时性需求；另一方面也不会妨碍系统的开放性。

二、PROFINET的技术特点

PROFINET依靠以下技术实现其开放性：微软COM/DCOM标准、TCP/UDP/IP协议、微软OLE、ActiveX等技术。

PROFINET定义了一个运行对象模型，每个PROFINET设备都必须运用这个运行对象模型。表示设备中包含的对象以及外部能够通过 OLE 进行访问的接口和方法。这个模型也对独立对象之间的联系进行了描述。

在运行对象模型中，提供了与一个或者多个 IP 网络之间的网络连接。一个物理设备可以包含一个或者多个逻辑设备。一个逻辑设备代表一个软件程序或由软硬件结合体构成的固件包，它在分布式自动化系统中扮演执行器、传感器、控制器等角色。

在应用程序中将可以使用的功能组织成固定功能，并可以下装到物理设备中。软件编制严格独立于操作系统，这样，PROFINET 的内核可以经过改写载入到各式各样的控制器和系统之中，而不要求采用 Windows 2000/NT 或者 Windows CE 操作系统。

组件技术不仅实现了现场数据的集成，也为企业管理人员通过公用数据网络访问过程数据提供了方便。在 PROFINET 中使用标准 IT 技术，支持从办公室到现场的纵向信息集成。PROFINET 为企业网络的制造执行系统 MES 提供了一个开放的平台。

三、PRONNET 的网络结构

图 3-23 表示了 PROFINET 与 PROFIBUS 形成的网络结构。

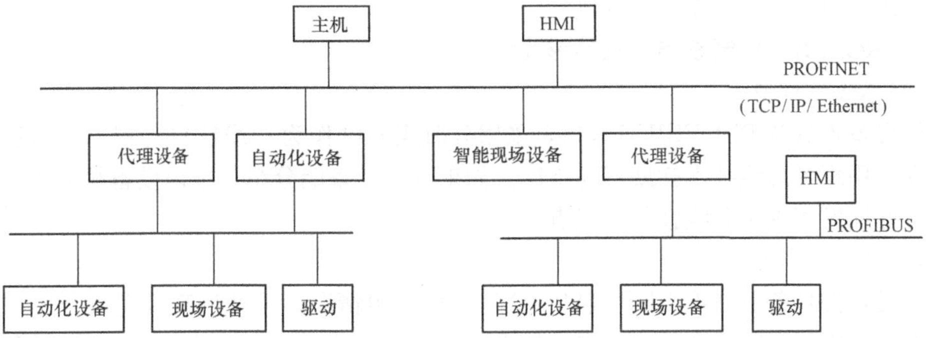

图 3-23　PROFINET 的系统结构图

在图 3-23 中可以看到，PROFINET 技术的核心设备是代理设备。代理设备负责将所有的 PROFIBUS 网段、以太网的设备以及 DCS、PLC 等集成到 PROFINET 系统中。代理设备完成的是 COM 对象之间的交互。代理设备将所挂接的设备抽象成为 COM 服务器，设备之间的交互变成 COM 服务器之间的相互调用。这种方法的最大优点就是可扩展性好，只要设备能够提供符合 PROFINET 标准的 COM 服务器，该设备就可以在 PROFINET 系统中正常运行。

3.12　PROFIBUS 控制系统的集成

3.12.1　PROFIBUS 控制系统的构成

PROFIBUS 控制系统主要包括以下三部分。

一、一类主站

一类主站指 PLC、PC 或可作一类主站的控制器，由它完成总线通信控制与管理。

二、二类主站

二类主站包括操作员工作站、编程器、操作员接口等，完成各站点的数据读写、系统配置、故障诊断等。

三、从站

（一）PLC（智能型 I/O）

PLC 自身有程序存储，PLC 的 CPU 部分执行程序并按程序驱动 I/O。作为 PROFIBUS 主站的一个从站，在 PLC 存储器中有一段特定区域作为与主站通信的共享数据区。主站可通过通信间接控制从站 PLC 的 I/O。

（二）分散式 I/O（非智能型 I/O）

通常由电源部分、通信适配器部分、接线端子部分组成。分散式 I/O 不具有程序存储和程序执行功能，通信适配器部分接收主站指令，按主站指令驱动 I/O，并将 I/O 输入及故障诊断等信息返回给主站。通常分散型 I/O 是由主站统一编址，这样在主站编程时使用分散式 I/O 与使用主站的 I/O 没有什么区别。

（三）驱动器、传感器、执行机构等现场设备

即带 PROFIBUS 接口的现场设备，可由主站在线完成系统配置、参数修改、数据交换等功能。至于哪些参数可进行通信及参数格式由 PROFIBUS 行规决定。

3.12.2 PROFIBUS 控制系统的配置

一、PROFIBUS 控制系统的三种形式

（一）总线接口型

现场设备不具备 PROFIBUS 接口，采用分散式 I/O 作为总线接口与现场设备连接。这种形式在应用现场总线技术初期容易推广。如果现场设备能分组，组内设备相对集中，这种模式会更好地发挥现场总线技术的优点。

（二）单一总线型

现场设备都具备 PROFIBUS 接口。这是一种理想情况。可使用现场总线技术，实现完全的分布式结构，可充分获得这一先进技术所带来的利益。新建项目若能具有这种条件，就目前来看，这种方案设备成本会较高。

（三）混合型

现场设备部分具备 PROFIBUS 接口，这将是一种相当普遍的情况。这时应采用 PROFIBUS 现场设备加分散式 I/O 混合使用的办法。无论是旧设备改造还是新建项目，希望全部使用具备 PROFIBUS 接口现场设备的场合可能不多，分散式 I/O 可作为通用的现场总线接口，是一种灵活的集成方案。

二、根据实际应用需要的几种结构类型

根据实际需要及经费情况，通常有如下几种结构类型。

(1) 以 PLC 或控制器为一类主站，不设监控站，但调试阶段配置一台编程设备。这种结构类型，由 PLC 或控制器完成总线通信管理、从站数据读写和从站远程参数化工作。

(2) 以 PLC 或控制器为一类主站，监控站通过串口与 PLC 一对一地连接。这种结构类型，监控站不在 PROFIBUS 网上，不是二类主站，不能直接读取从站数据和完成远程参数化工作。监控站所需的从站数据只能从 PLC 控制器中读取。

(3) 以 PLC 或其他控制器为一类主站，监控站（二类主站）连接到 PROFIBUS 总线上。这种结构类型，监控站在 PROFIBUS 网上作为二类主站，可完成远程编程、参数化及在线监控功能。

(4) 使用 PC 加 PROFIBUS 网卡为一类主站，监控站与一类主站一体化。这是一个低成本方案，但 PC 应选用具有高可靠性、能长时间连续运行的工业级 PC。对于这种结构类型，PC 故障将导致整个系统瘫痪。另外，通信厂商通常只提供一个模板的驱动程序，总线控制、从站控制程序、监控程序可能要由用户开发，因此应用开发工作量可能会较大。

(5) 紧凑式 PC（Compact Computer）＋ PROFIBUS 网卡＋SOFTPLC 的结构形式。如果上述方案中 PC 换成一台紧凑式 PC，系统可靠性将大大增强，足以使用户信服。但这是一台监控站与一类主站一体化控制器工作站，要求它的软件完成如下功能。

1) 支持编程，包括主站应用程序的开发、编辑、调试；

2) 执行应用程序；

3) 通过 PROFIBUS 接口对从站的数据读写；

4) 从站远程参数化设置；

5) 主/从站故障报警及记录；

6) 主持设备图形监控画面设计、数据库建立等监控程序的开发、调试；

7) 设备在线图形监控、数据存储及统计、报表等功能。

近来出现一种称为 SOFTPLC 的软件产品，是将通用型 PC 改造成一台由软件（软逻辑）实现的 PLC。这种软件将 PLC 的编程（IEC 1131）及应用程序运行功能，和操作员监控站的图形监控开发、在线监控功能集成到一台紧凑式 PC 上，形成一个 PLC 与监控站一体的控制器工作站。

(6) 使用两级网络结构，这种方案充分考虑了未来扩展的需要，例如要增加几条生产线即扩展出几条 DP 网络，车间监控要增加几个监控站等，都可以方便进行扩展。采用了两级网络结构形式，充分考虑了扩展余地。

3.12.3 PROFIBUS 系统配置中的设备选型

目前国内外生产 PROFIBUS 产品的公司有很多家，下面以 Siemens 公司产品为例，介绍 PROFIBUS 系统配置和设备选型。

一、选择主站

(一) 选择 PLC 为一类主站

选择 PLC 为一类主站有以下两种形式。

(1) 处理器内置 PROFIBUS 接口。这种 CPU 通常内置一个 PROFIBUS-DP 和一个 MPI 接口。

(2) PROFIBUS 通信处理器。CPU 不带 PROFIBUS 接口，需要配置 PROFIBUS 通信处理器模块。

1) IM308-C 接口模块：

①用于 SIMATIC S5-115U/H 至 S5-155H，此模块只占一槽；

②作主站，IM308-C 接口模块管理 PROFIBUS-DP 数据通信，可连接多达 122 个从站，如 ET200 系列分散型 I/O 或 S5-95U/DP；

③可作为从站与主站交换数据；

④数据传输速率：9.6kb/s～12Mb/s。

2) CP5431 FMS/DP 通信处理器：

该模块可将 SIMATIC S5-115U 至 SIMATIC S5-155U 连接到 PROFIBUS 上，当作主站

时，符合 EN50170，具有 FMS、DP、FDL 通信协议；

①该模块在 SIMATIC S5 系统中，占单槽；

②数据传输速率：9.6kb/s～1.5Mb/s。

3）CP342-5/CP343-5 通信处理器：

①CP342-5/CP343-5 通信处理器用于 S7-300 系列，CP342-5 可将 S7-300 连接到 PROFIBUS-DP 上，CP343-5 可将 S7-300 连接到 PROFIBUS-FMS/DP 上；

②CP342-5 可作主站或从站，符合 EN 50170 标准，提供的通信功能包括 DP、S7-Function、SEND/RECEIVE；

③作为主站，最多可带 125 个从站；

④数据传输率前者为 9.6kb/s～1.5Mb/s，后者为 9.6kb/s。

4）CP443-5 通信处理器：

①该模块用于 S7-400 系列，可将 S7-400PLC 连接到 PROFIBUS-FMS/DP 上；

②该模块可作主站或从站，符合 EN50170 标准，提供的通信功能包括 FMS、DP、S7-Function、SEND/RECEIVE；

③数据传输速率：9.6kb/s～12Mb/s。

（二）选择 PC＋网卡为一类主站

PC 加 PROFIBUS 网卡可作一类主站，也可作编程监控的二类主站，其特性由网卡所带的软件包设置决定。

（1）CP5411、CP5511、CP5611 网卡。CP5X11 自身不带微处理器；CP5411 是短 ISA 卡；CP5511 是 TYPE Ⅱ PCMCIA 卡；CP5611 是短 PCI 卡。CP5X11 可运行多种软件包，9 针 D 型插头可成为 PROFIBUS-DP 或 MPI 接口。

（2）CP5412 通信处理器：

1）用于 PG 或 AT 兼容机，ISA 总线卡，9 针 D 型接口；

2）具有 DOS，Windows98、Windows NT、Unix 操作系统下的驱动软件包；

3）支持 FMS、DP、FDL、S7 Function、PG Function；

4）具有 C 语言接口（C 库或 DLL）；

5）数据传输速率：9.6kb/s～12Mb/s。

二、选择从站

根据实际需要，选择带 PROFIBUS 接口的分散式 I/O、传感器、驱动器等从站。从站性能指标一定要首先满足现场设备控制需要，再考虑 PROFIBUS 接口问题。如从站不具备 PROFIBUS 接口，可考虑分散式 I/O 方案。

（一）分散式 I/O

（1）ET200M：

1）ET200M 是一种模块式结构的远程 I/O 站；

2）ET200M 远程 I/O 站由 IM153 PROFIBUS-DP 接口模块、电源、各种 I/O 模块组成；

3）ET200M 远程 I/O 可使用 S7-300 系列所有 I/O 模块，SM321/322/323/331/332/334、EX、FM350-1/351/352/353/354；

①最多可扩展到 8 个 I/O 模块；

②ET200M 最多可提供的 I/O 地址为 128BITEINPUT/128 BYTEOUTPUT；

③防护等级 IP20；

④最大数据传输速率：12Mb/s；

⑤具有集中和分散式的诊断数据分析。

（2）ET200L：

1）ET200L 是小型固定式 I/O 站；

2）ET200L 由端子模块和电子模块组成，端子模块由电源及接线端子组成；电子模块由通信部分及各种类型的 I/O 部分组成；

3）可选择各种 24V DC 开关量输入、输出及混合输入/输出模块，16DI、16DO、32DI、32DO、16DI/DO；

4）ET200L 具有集成的 PROFIBUS-DP 接口；

5）防护等级 IP20；

6）最大数据传输率：1.5Mb/s；

7）具有集中和分散式的诊断数据分析；

8）ET200L-SC 是可扩展的 ET200L，由 TB16SC 扩展端子，可扩展 16 个 I/O 通道，这 16 个通道可按 8 组自由组态，即由几个微型 I/O 模型组成，每一个微型 I/O 模块可以是 2DI、2DO、1AI、1AO。

（3）ET200B：

1）ET200B 是小型固定式 I/O 站；

2）ET200B 由端子模块和电子模块组成，端子模块由电源、通信口及接线端子组成；电子模块由各种类型的 I/O 部分组成；

3）可选择各种 24V DC 螺丝端子模块、24V DC 弹簧端子模块、120V/230V AC 螺丝端子模块及用于模拟量的弹簧端子模块；

4）各种 24V DC 开关量输入、输出及混合输入/输出模块，包括：16DI、32DI、16DO、32DO、24DI/8DO、16DI/16DO、8DO、8DI/8DO；各种 120/230V AC 开关量输入、输出及混合输入/输出模块，包括：16DI、32DI、16DO、16DO、8DI/8RO、32DO；各种模拟量输入、输出及混合输入/输出模块，包括：4/8AI、4AI、4AO；

5）ET200B 具有集成的 PROFIBUS-DP 接口；

6）防护等级 IP20；

7）最大数据传输率：12Mb/s；

8）具有集中和分散式的诊断数据分析。

（4）ET200C：

1）ET200C 是小型固定 I/O 站；

2）具有高防护等级 IP66/67，“UL50，TYPE4”认证；

3）ET200C 具有集成的 PROFIBUS-DP 接口；

4）各种 24V DC 开关量输入、输出及混合输入/输出模块，包括：8DI、8DO、16DI/16DO；各种模拟量输入、输出及混合输入/输出模块，包括：4/8AI、4AI、4AO；

5）最大数据传输速率：开关量输入/输出时 12Mb/s，模拟量输入/输出时 1.5Mb/s。

（5）ET200X：

1）ET200X 是一种紧凑型结构的分散式 I/O 站，设计保护等级为 IP65，模块化结构；

2）ET200X由一个基本模块和若干扩展模块组成，最多可扩展7个扩展模块；

3）两种基本模块：8DI/24V DC、4DO/24V DC/2A；

4）扩展模块：4DI/24V DC、8DI/4V DC、4DO/24V DC/2A、4DO/24V DC/0.5A、2AI/±10V、2AI/±20mA、2AI/420mA、2AI/RTD/PT100、2AO/±10V、2AO/±20mA、2AO/420mA；

5）EM300DS和EM300RS扩展模块，适用于开关和保护任何AC负载，主要用于标准电机，最大功率可达5.5kW/400V AC；EM300DS用于直接启动器，EM300RS用于反转启动器，范围从0.06～5.5kW；

6）PROFIBUS-DP接口传输速率可达12Mb/s，因此ET200X可用于对时间要求高的高速机械场合，由于电机起动器模块辅助供电电源是分别提供的，因此很容易实现突然紧急停止。

（6）ET200U：

ET200U是模块化I/O从站；

ET200U由IM 318-B/C通信接口模块和最多可达32个S5-100U各种I/O模块组成；

IM318-B具有PROFIBUS-DP接口，符合EN 50170，数据传输速率9.6KB/s～1.5MB/s，可自动按主站调整速率；

IM318-C具有PROFIBUS-DP/FMS接口，符合EN 50170，数据传输速率9.6KB/s～1.5Mb/s，可自动按主站调整速率。

（二）PLC作从站——智能型I/O从站

（1）CPU215-2DP：

1）CPU215-2DP是一种带内置PROFIBUS-DP接口的S7-200；

2）CPU215-2DP只作从站，最大数据传输速率：开关量输入/输出时12Mb/s；

3）CPU215-2DP本机有14DI/10DO，可扩展到62DI/58DO或12AI/4AO；

4）编程软件：STEP 7 Micro。

（2）CPU315-2DP：

CPU315-2DP带内置PROFIBUS-DP接口的S7-300系列PLC处理器；S7-300是一种模块式中小型PLC；

1）CPU315-2DP带内置PROFIBUS-DP接口，符合EN 50170，可设置成主站或从站；

2）数据传输速率9.6Kb/s～12Mb/s；

3）最大I/O规模：DI/DO：1024，AI/AO：128；

4）编程软件：STEP 7 BASIC。

（3）S7-300+CP342-5：

1）CP342-5通信处理用于S7-300系列，可将S7-300 PLC连接到PROFIBUS-DP上；

2）CP342-5通信处理可用作主站或从站，符合EN 50170标准；

3）PLC与PLC通信支持SEND/RECEIVE接口，也支持S7-Function；

4）数据传输速率：9.6Kb/s～1.5Mb/s。

（三）DP/PA耦合器和连接器

如果使用PROFIBUS-PA，可能会采用DP到PA扩展的方案。这样，需选DP/PA耦合器和连接器。

IM157 DP/PA Link。IM157 DP/PA Link 可连接5个Ex本征安全DP/PA Coupler，即可扩展5条Ex本质安全PA总线，或两个非本质安全DP/PA Coupler，即可扩展两条非本质安全PA总线；IM157DP/PA Link 实现DP到PA的电气性能转换，外形结构与S7-300兼容。

（四）CNC数控装置

（1）SINUMERIK 840D：

1）SINUMERIK 840D是一种高性能数字系统，用于模具和工具制造、复杂的大批生产以及加工中心；

2）SINUMERIK 840D可连接如下部件：MMC机器控制面板和操作员面板、S7-300 I/O模块、SIMODRIVE611数字变频系统、编程设备、CNC快速输入/输出、手持式控制单元；

3）SINUMERIK 840D装置的主处理器NCU中有集成的CPU315-2DP，可与PROFIBUS-DP直接连接。

（2）SINUMERIK 840C/IM382-N/IM392. N：

1）SINUMERIK 840C模块化系统适用于车间和自动化制造；

2）SINUMERIK 840C使用IM382-N、IM 392-N PROFIBUS-DP接口模块与PROFIBUS连接；

3）IM382-N模块插入SINUMERIK 840C中央控制器，作为PROFIBUS-DP从站；最大有32字节的I/O信息传输；数据传输速率1.5Mb/s；

4）IM392-N模块插入SINUMERIK 840C中央控制器，作为PROFIBUS-DP主站或从站；作为主站最多可连接32个从站；每个从站最大有32个字节的I/O信息传输；数据传输速率为1.5Mb/s。

（五）SIMODRIVER传感器——具有PROFIBUS接口的绝对值编码器

（1）SIMODRIVER传感器是装有光电旋转编码器的传感器，用于测量机械位移、角度、速度；SIMODRIVER绝对值编码器可作为从站通过PROFIBUS接口与主站连接，可与PROFIBUS上的数字式控制器、PLC、驱动器、定位显示器一起使用。PROFIBUS绝对值编码器可通过主站完成远程参数配置，如分辨率、零偏置、计算方向等；

（2）防护等级可达IP65；

（3）数据传输速率可达12Mb/s。

（六）数字直流驱动器6RA24/CB24

数字直流驱动器6RA24/CB24是三相交流电源供电、数字式小型直流驱动装置，可用于直流电枢或磁场供电，完成直流电机的速度连续调节。使用CB24通信模块可将6RA24连接到PROFIBUS-DP上，数据传输速率可达1.5Mb/s。

三、二类主站

二类主站主要用于完成系统各站的系统配置、编程、参数设定、在线检测、数据采集与存储等功能。

（一）以PC为主机的编程终端及监控操作站

1. 主机

主机具有AT总线、Micro DOS/Windows的PC机、笔记本计算机、工业级计算机可配置成PROFIBUS的编程、监控、操作工作站。Siemens公司为其自动化系统设计提供了紧凑结构工业级工作站，即 PG。

（1）PG720 是一种紧凑型笔记本计算机，有一个集成的 PROFIBUS-DP 接口，数据传输速率为 1.5Mb/s。和其他笔记本计算机一样，配合使用 CP5511 TYPE Ⅱ PCMCIA 卡可连接到 PROFIBUS-DP 上，数据传输速率为 12Mb/s。通常配置 STEP 7 编程软件包作为便携式编程设备使用。

（2）PG740 是一种工业级紧凑型便携式编程设备，具有 COM1、MPI、COM2、LTP1 接口，并有扩展槽（2 个 PCI/ISA，1 个 PCMCIA/Ⅱ）。PG740 有一个集成的 PROFIBUS-DP 接口，数据传输速率为 1.5Mb/s。应用 CP5411（ISA）、CP5511（PCMCIA）、CP5411（PCI）或 CP5412（A2）（ISA）可连接到 PROFIBUS-DP 上。配置 STEP 7 编程软件包可作为编程设备使用。

（3）PG760 及 AT/Micro DOS/Windows PC。PG760 是一种功能强大的台式计算机，与通常的 AT/Micro DOS/Windows PC 兼容。PC760 有集成的 MPI 接口。选择 CP5411、CP5611、CP5412(A2)（ISA）、CP5613(PCI) 网卡可连接到 PROFIBUS-DP 上。配置 STEP 7 编程软件包可作为编程设备使用。使用 PG760 及 AT/Micro DOS/Windows PC 通常还要配置 WinCC 等软件包作为监控操作站使用。

2. 网卡或编程接口

CP5X11 自身不带微处理器，CP5411 是短 ISA 卡，CP5511 是 TYPE Ⅱ PCMCIA 卡，CP5611 是短 PCI 卡。

CP5X11 可运行多种软件包，9 针 D 型插头可成为 PROFIBUS-DP 或 MPI 接口。

CP5X11 运行软件包 Softnet-DP/Windows for PROFIBUS，具有如下功能。

（1）DP 功能：PG/PC 成为一个 PROFIBUS-DP 一类主站，可连接 DP 分散型 I/O 设备具有 DP 协议诸如初始化、数据库管理、故障诊断、数据传输及控制等功能；

（2）S7 FUNCTION：实现 SIMATIC S7 设备之间的通信，用户可使用 PG/PC 对 SIMANTIC S7 编程；

（3）支持 SEND/RECEIVE 功能；

（4）PG FUNCTION：使用 STEP 7 PG/PC 支持 MPI 接口。

CP5412 通信处理器：

（5）用于 PG 或 AT 兼容机、ISA 总线卡，9 针 D 型接口；

（6）具有 DOS、Windows、UNIX 操作系统下的驱动软件包；

（7）支持 FMS、DP、FDL、S7 FUNCTION、PG FUNCTION；

（8）具有 C 语言接口（C 库或 DLL）；

（9）数据传输速率：9.6～12Mb/s。

（二）操作员面板 OP

操作员面板用于操作员控制，如设定修改参数、设备启停等；并可在线监视设备运行状态，如流程图、趋势图、数值、故障报警、诊断信息等。Siemens 公司生产的操作员面板主要有字符型操作员面板，如 OP5、OP7、OP15、OP17 等；图形操作员面板，如 OP25、OP35、OP37 等。

（三）SIMATIC WinCC

在 PC 基础上的操作员监控系统已得到很大发展，SIMATIC WinCC（Windows 控制中心）使用最新软件技术，在 Windows 环境中提供各种监控功能，确保安全可靠的控制和生产过程。

1. WinCC 主要系统特性

（1）以 PC 为基础的标准操作系统：可在所有标准奔腾处理器的 PC 上运行，是基于 Windows 的 32 位软件，可直接使用 PC 提供的硬件和软件，如 LAN 网卡。

（2）容量规模可选：运行不同版本软件可有不同的变量数，借助于各种可选软件包、标准软件和帮助文件可方便完成扩展。可选用单用户系统或客户机/服务器结构的多用系统。通过相应平台选择可获得不同的性能。

（3）开放的系统内核集成了所有 SCADA 系统功能：

1）图形功能：可自由组态画面，可完全通过图形对象（WinCC 图形、Windows OLE）进行操作；图形对象具有动态属性并可对属性进行在线配置；

2）报警信息系统：可记录和存储事件并给予显示，操作简便，符合德国 DIN 19235 标准；可自由选择信息分类、显示、报表；

3）数据存储：采集、记录、压缩测量值，并有曲线、图表显示及进一步的编辑功能；

4）用户档案库（可选）：用于存储有关用户数据记录，如：数据管理及配方参数；

5）处理功能：用 ANSI C 语法原理编辑组态图形对象的操作，该编辑系统内部 C 编译器执行；

6）标准接口：标准接口是 WinCC 的一个集成部分，通过 ODBC 和 SQL 访问用于组态和过程控制的数据库；

7）编程接口（API）：可在所有编程模块中使用，并可提供便利的访问函数和数据功能；开放的开发工具允许用户编写可用于扩展 WinCC 基本功能的标准应用程序。

（4）各种 PLC 系统的驱动软件：

1）Siemens 产品：SIMATIC S5、S7、505、SIMADYN D、SIPART DR、TELEPERM M；

2）与制造商无关的产品：PROFIBUS-DP、FMS、DDE、OPC。

2. 通信

（1）WinCC 与 SIMATIC S5 连接：

1）与编程口的串行连接（AS511 协议）；

2）用 3964R 串行连接（RK512 协议）；

3）以太网的第 4 层（数据块传输）；

4）TF 以太网（TF FUNCTION）；

5）S5-PMC 以太网（PMC 通信）；

6）S5-PMC PROFIBUS（PMC 通信）；

7）S5-FDL。

（2）WinCC 与 SIMATIC S7 连接：

1）MPI（S7 协议）；

2）PROFIBUS（S7 协议）；

3）工业以太网（S7 协议）；

4）TCP/IP；

5）SLOT/PLC；

6）ST-PMC PROFIBUS（PMC通信）。

四、PROFIBUS的软件

使用PROFIBUS系统，在系统启动前先要对系统及各站点进行配置和参数化工作。完成此项工作的支持软件有两种：一是用于SIMATIC S7，其主要设备的所有PROFIBUS通信功能都集成在STEP 7编程软件中；另一种用于SIMATIC S5及PC网卡，它们的参数化配置由COM PROFIBUS软件完成。使用这两种软件可完成PROFIBUS系统及各站点的配置、参数化、文件、编制启动、测试、诊断等功能。

（一）远程I/O从站的配置

STEP 7编程软件和COM PROFIBUS参数化软件可完成PROFIBUS远程I/O从站（包括PLC智能型I/O从站）的配置，包括：

1）PROFIBUS参数配置：站点、数据传输速率；

2）远程I/O从站硬件配置：电源、通信适配器、I/O模块；

3）远程I/O从站I/O模块地址分配；

4）主—从站传输输入/输出字/字节数及通信映像区地址；

5）设定故障模式。

（二）系统诊断

在线监测模式下可找到故障站点，并可进一步读到故障提示信息。

（三）第三方设备集成及GSD文件

当PROFIBUS系统中需要使用第三方设备时，应该得到设备厂商提供的GSD文件。将GSD文件复制到STEP 7或COM PROFIBUS软件指定目录下，使用STEP 7或COM PROFIBUS软件可在友好的界面指导下完成第三方产品在系统中的配置及参数化工作。

相关软件介绍如下：

1. STEP 7编程软件

STEP 7 BASIC软件可用于SIMATIC S7、SIMATIC M7和SIMATIC C7可编程序控制器。该软件具有友好的用户界面，可帮助用户很容易地利用上述系统资源。它提供的功能包括系统硬件配置和参数设置、通信配置、编程、测试、启停、维护等。STEP 7可运行在PG720/720C、PG740、PG760、及Windows 98环境下。

STEP 7 BASIC软件自动化工程开发提供了各种工具，包括：

（1）SIMATIC管理器：集中管理有关SIMATIC S7、SIMATIC M7和SIMATIC C7的所有工具软件和数据；

（2）符号编辑器：可用于定义符号名称、数据类型和全局变量的注释；

（3）硬件组态：用于系统组态和各种模板的参数设置；

（4）通信配置：用于MPI、PROFIBUS - DP/FMS网络配置；

（5）信息功能：用于快速浏览CPU数据以及用户程序在运行中的故障原因。

STEP 7 BASIC软件提供了标准化编程语言，包括语句表（STL）、梯形图（LAD）、控制系统流程图（CSF）。

2. COM PROFIBUS参数化软件

COM PROFIBUS参数化软件可完成如下设备PROFIBUS系统配置。

(1) 主站：

1) IM308-C；

2) S5-95U/DP 主站；

3) 其他 DP 主站模块。

(2) 从站：

1) 分布式 I/O：ET200U、ET200M、ET200B、ET200L、ET200X；

2) DP/AS 接口、DP/PA 接口；

3) S5-95U/DP 从站；

4) 作为从站的 S7-200、S7-300 PLC；

5) 其他从站现场设备。

3.13 实例：PROFIBUS 在煤矿粉尘监控系统中的应用

在煤矿的开采、掘进、运输以及转载等生产环节，会产生大量煤炭和岩石的细微颗粒，这些颗粒长时间悬浮在空气中就形成了煤矿粉尘。粉尘的危害是多方面的，最主要的是使人体致病。搞好粉尘的监测和防治工作，对改善井下作业环境、防止粉尘爆炸、保证煤矿安全生产，具有重要意义。基于 PROFIBUS 总线的煤矿粉尘在线监控系统能够实现长时间大面积的粉尘浓度动态实时监控，并具有超限喷雾除尘、语音提示和远程监控功能。

3.13.1 系统的构成及功能

系统结构如图 3-24 所示。煤矿井下有 6 个地点需要监控，并且要将各个监控点的数据集中上传至地面调度室。为此，井下部分采用西门子 S7-300 PLC 和 ET 200iSP 分布式 I/O 组成 PROFIBUS DP 分布式网络，地面上采用 PC 作为上位机，井下 PLC 系统和地面上的 PC 之间采用以太网通信。

一、S7-300 PLC 主站

系统选用西门子 S7-300 系列 PLC 实现集中监控。S7-300 PLC 为模块化结构，具有模块齐全、扩充方便、通信能力强、运行稳定可靠的优点，特别适合用于工业环境及电气干扰环境。由于煤矿井下设备要符合防爆的要求，需要为 PLC 定制防爆外壳。PLC 的模块配置如下：

(一) 电源模块 PS307

输入电压为 120V AC，允许输入电压范围为 85～132V AC，输出电压为 24V DC，输出电流为 2A。

(二) 中央处理单元模块 CPU315-2DP

具有中、大规模的存储容量和数据结构的标准型 CPU，集成了 128KB 的工作存储器，具有较高的处理能力，适合用于建立分布式

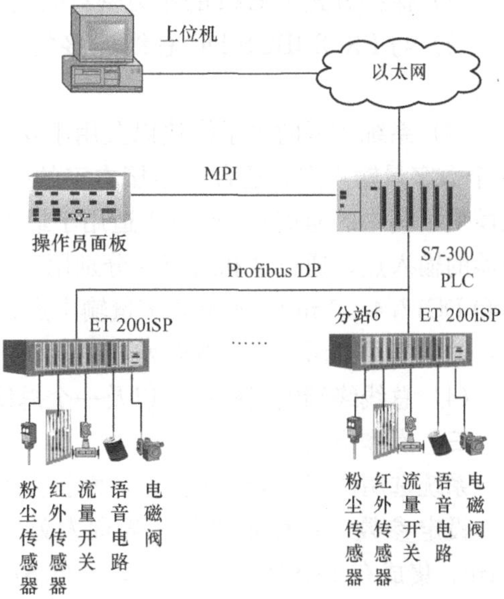

图 3-24 系统结构图

I/O系统；扫描 1000 条位指令仅需 0.1ms，足以满足系统的实时性要求；集成有两个 RS-485接口，一个支持 MPI 通信（通信速率可达 187.5Kb/s），用于连接触摸屏；另一个支持 PROFIBUS DP 通信（通信速率最高可达 12Mb/s），作为 PROFIBUS DP 网络的主站，和各个监控点的 ET 200iSP 从站组成 PROFIBUS DP 网络。

（三）以太网通信模块 CP343-1

CP343-1 是用于 S7-300PLC 的全双工以太网通信处理器模块，通信速率为 10Mb/s 或 100Mb/s。CP343-1 将 PLC 系统接入以太网，负责 PLC 和上位机之间的数据通信。PLC 的信号输入和输出，是通过各个监控点的 ET 200iSP 分布式 I/O 从站完成的。

二、ET 200iSP 从站

西门子分布式 I/O 从站 ET200 产品具有多个系列，ET 200iSP 是专门设计用于爆炸危险区的远程分布式 IO 设备。ET 200iSP 可以直接安装在危险 1 区或 2 区的控制柜中，所连接的本安信号如传感器、电磁阀等可来自最危险的 0 区，在危险区和安全区之间使用逆向隔离器保证发生在危险区的火花能量低于安全许可水平，确保实现本质安全。ET 200iSP 采用模块化的设计结构，提供了种类丰富的电子模块，可以连接 NAMUR 数字量输入、电磁阀、模拟量输入/输出、HART 输入/输出、热电耦以及热电阻等，用户最多可扩展 32 块电子模块。分站可以根据实际需要，选择所需要的电子模块进行配置组合，因而具有良好的开放性，扩展简单方便，节约成本。输入输出的各个通道点是相互独立的，一旦出现故障也只是该通道点不能使用，而不会影响其他的通道点或通道模块。

作为本质安全型分布式 DP 从站，ET 200iSP 从易燃气体、微尘环境中连接本安信号，包括系统中用于检测喷头下方是否有人的红外传感器的信号、检测供水水管中是否有水流的流量开关的信号，以及控制喷水电磁阀的输出信号。通过现场总线 PROFIBUS-DP、ET 200iSP 和 DP 主站 S7-300PLC 进行通信。系统配置有 6 个相同的 ET 200iSP 从站，每个从站由以下部分组成。

（1）保护方式为 Exd 的压力密封的供电模块以及用于安装的背板端子模块。

（2）与 PROFIBUS-DP 总线连接的总线接口模块 IM152-1 以及用于安装的背板端子模块。

（3）系统扩展的电子模块以及用于安装的背板端子模块：配置一块型号为 8DI NAMUR（8 个数字量输入点，适合于连接本安的接近开关信号，以及计数、频率测量）的数字量输入模块，其中的通道 0、通道 1 适用于最大为 5kHz 的频率测量，将通道 0 用于粉尘浓度传感器的输入点，通道 2 和通道 3 分别用于红外传感器和流量开关的输入点；配置两块型号为 4DO DC17.4/27 mA（4 个数字量输出点，额定负载参数为 17.4V/27mA）的数字量输出模块，输出信号到语音电路和喷水电磁阀。

（4）总线终端电阻模块，以及一个总线封闭模块（包含在 IM151-2 的供货范围内）。

三、操作员面板 OP73

系统选用西门子 OP73 操作员面板作为人机交互界面，以便工作人员查看系统的运行情况，设定参数。它稳定可靠、界面友好、操作方便，支持文本和图像显示，内有 128KB Flash，集成有 1 个 RS-485 接口，支持 S7 通信 MPI 和 PROFIBUS-DP 方式。在系统中，操作员面板 OP73 用于显示各个监控点的当前浓度值、喷水状态和报警信息，提供近期历史数据和报警信息的查询，设定报警的粉尘浓度阈值等。

四、上位机 PC

系统采用 PC 作为地面远程监控站。值守人员可以通过以太网实时监视井下粉尘状况，例如，设定粉尘浓度的报警阈值，查看粉尘浓度、喷水状态、报警信息等实时数据，存储历史数据，并提供数据的查询和打印功能。当现场浓度超标报警、供水故障时自动弹出提示消息，远程监控将井下信息传输到矿调度室，提高了管理自动化水平。

3.13.2 通信

1. S7-300PLC 和 6 个 ET200iSP 之间的 PROFIBUS-DP 通信

PROFIBUS 总线是国际上通用的现场总线标准之一，它以独特的技术特点、严格的认证规范、众多厂商的支持和不断发展的应用行规，已被纳入现场总线的国际标准 IEC 61158。2001 年被我国定为国家标准 JB/T 10308.3—2001。PROFIBUS 由 3 个部分组成：PROFIBUS-DP（分布式外围设备）、PROFIBUS-PA（过程自动化）和 PROFIBUS-FMS（现场总线报文规范）。其中，PROFIBUS-DP 主要用于系统中单元级控制设备与分布式 I/O 之间的高速数据通信，配置可以是多主站结构。典型的 DP 配置是单主站机构，DP 主站按轮询表周期性地依次与 DP 从站交换数据。DP 主站和 DP 从站间一个报文循环由 DP 主站发出的请求帧和 DP 从站返回的相应应答帧组成。

主站 CPU315-2DP 通过集成 DP 口连接到 PROFIBUS-DP 总线，各监控点 ET 200iSP 从站通过总线接口模块 IM151-2 连接到 PROFIBUS-DP 总线，即在硬件上构成了单主站结构的 PROFIBUS-DP 总线系统。在 SIMATIC STEP 7 的硬件组态 HW Config 窗口中配置 DP 网络，设置主站地址（默认为 2），将通信速率设定为 1.5Mb/s。在总线上插入 6 个 ET 200iSP 从站，选择接口模块为 IM152-1，设置从站地址依次为 3、4、…、8（和对应的 ET200iSP 从站通过其拨盘开关设定的站号一致），通信速率设定为 1.5Mb/s。

2. S7-300PLC 和操作员面板 OP73 之间的 MPI 通信

操作员面板 OP73 通过其 RS-485 接口连接到 CPU315-2DP 的集成 MPI 口，使用 MPI 方式通信。在 SIMATIC STEP 7 硬件组态窗口中，建立 MPI 连接，设置 MPI 地址（默认为 3），设定通信速率为 187.5kb/s。使用西门子 WinCC flexible 软件组态 OP73 的界面，对相关的通信参数，如所要连接的 CPU 的 MPI 地址和槽号等进行设置，要和 CPU315-2DP 的一致，运行时即可通信。

3. S7-300PLC 和上位机 PC 之间的以太网通信

S7-300PLC 通过扩展以太网模块 CP343-1，将井下 PLC 控制系统通过交换机接入以太网。在 SI-MATIC STEP 7 的硬件组态 HW Config 窗口中，插入 CP343-1 模块，建立 Ethernet 连接，配置 CP343-1 的 IP 地址、输入输出地址，并在项目中插入一个 SIMATIC PC 站，在 PC 站硬件组态中，配置 CP1612 的以太网参数，建立与 PLC 通信的连接。在上位机 PC 上插入 CP1612PCI 以太网卡，安装配套的软件包，运行组态软件 WinCC 6.0 开发的监控程序界面，实时监控井下状况。

3.13.3 系统软件设计

系统软件主要是由 PLC 控制程序和上位机监控程序两大部分组成的。

1. PLC 控制程序

PLC 控制程序使用 STEP 7 V5.3 SP2 编写，用户主程序流程如图 3-25 所示。

在 CPU315-2DP 的存储区，为每个 ET 200iSP 从站的电子模块分配有相应数据存储区，编程时无须考虑是远程 IO 站，还是本机机架上的 IO 模块，也不必考虑通信数据的发送与接收。因此，可以对 ET 200iSP 从站的电子模块实现集中式控制，就像控制一个集中的 I/O 设备一样。数据的传送与接收，简化为对 PLC 变量 V 区内的 IPO 数据映射区的读写操作，编程简捷方便。

2. 上位机监控程序

上位机监控软件选用西门子基于 Windows 环境的组态软件 WinCC 6.0 版，其主要由当前状态、参数设置、数据查询、报警记录和系统管理界面组成。

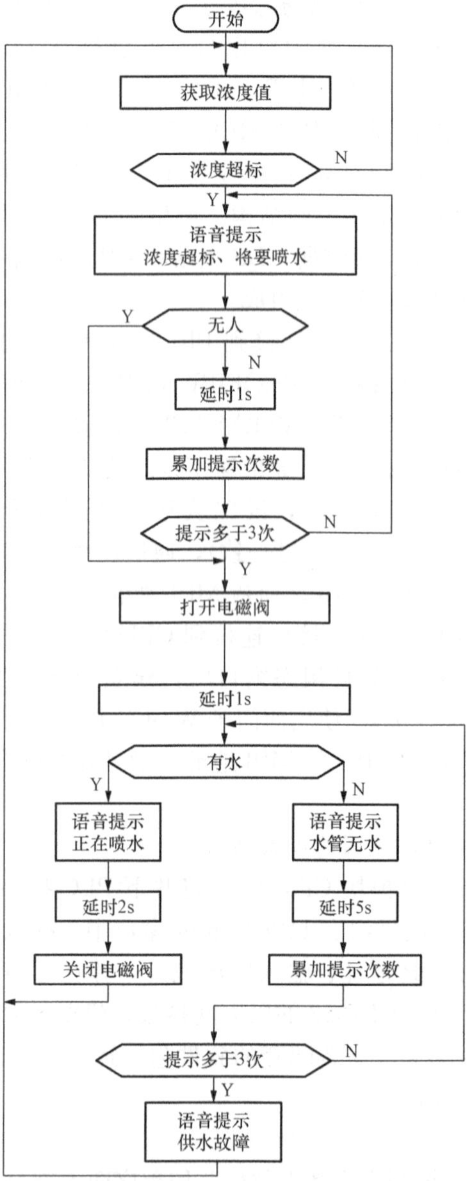

图 3-25 PLC 主程序流程图

第4章 LonWorks 控制网络

4.1 概 述

1992年，美国Echelon公司推出了LonWorks（Local Operating Networks）智能控制网络。LonWorks是一个开放的控制网络平台技术，其通信协议LonTalk支持ISO标准七层网络协议。LonTalk协议通过神经元芯片实现介质访问、事务确认和点对点通信服务；还有一些如认证、优先级传输、单一/广播/组播消息发送等高级服务。LonWorks网络拓扑结构可以是总线型、星型、环型和混合型，还可实现自由组合。另外，通信介质支持双绞线、同轴电缆、光纤、射频、红外线和电力线等。应用程序采用面向对象的设计方法，通过网络变量把网络通信的设计简化为参数设置，大大缩短了产品的开发周期。

LonWorks控制网络具有高可靠性、安全性和互操作性。其应用领域涉及过程控制、电梯控制、能源管理、环境监视、污水处理、火灾报警、采暖通风和空调控制、交通管理、家庭网络自动化等方面。LonWorks网络协议已成为诸多组织、行业的标准。消费电子制造商协会（CEMA）将LonWorks协议作为家庭网络自动化的标准（EIA-709）。ANSI接纳LonWorks网络的基础协议作为一个开放工业标准，包含在ANSI/EIA 709.1中。国际半导体原料协会（SEMI）明确采纳LonWorks网络技术作为其行业标准等，它已成为当前最流行的现场总线之一。

Echelon公司和致力于建造互操作产品的LonWorks用户集团，如ABB、Honeywell、Motorola、IBM、TOSHIBA、HP等，还成立了LonMark协会，负责定义、发布、确认产品的互操作性标准。LonMark是LonWorks用户标准化组织，按照LonMark规范设计的LonWorks产品，均可以非常容易地集成在一起，用户不必为日后的网络维护和扩展费用担心。

LonWorks技术的特点主要体现在以下几个方面。

（1）开放性：网络协议开放，对任何用户平等。

（2）通信媒介：可用多种媒介进行通信，包括双绞线、电力线、光纤、同轴电缆、无线（RF）、红外等。而且在同一网络中可以有多种通信媒介。

（3）互操作性：LonWorks通信协议LonTalk是符合国际标准化组织（ISO）定义的开放互连（OSI）模型。任何制造商的产品都可以实现互操作。

（4）网络结构：可以是主从式、对等式或客户/服务器式结构。

（5）网络拓扑：有星型、总线型、环型以及自由型。

（6）网络通信采用面向对象的设计方法。LonWorks网络技术称之为“网络变量”，它使网络通信的设计简化成为参数设置，增加了通信的可靠性。

（7）通信的每帧有效字节数为0～228B。

（8）通信速率可达1.25Mb/s，此时有效距离为130m；78kb/s的双绞线，直线通信距离长达2700m。

（9）LonWorks网络控制技术在一个测控网络上的节点数可达32 000个。

（10）提供强有力的开发工具平台：LonBuilder 和 Nodebuilder。

（11）LonWorks 技术核心元件：Neuron 芯片内部装有 3 个 8 位微处理器和 34 种 I/O 对象及定时器/计数器，另外还具有 RAM、ROM、EEPROM、LonTalk 通信协议等。Neuron 芯片有通信和控制功能。

（12）改善了 CSMA，采用可预测 P－坚持 CSMA，这样，在网络负载很重的情况下，不会导致网络瘫痪。

4.2 神经元芯片

LonWorks 技术的核心是神经元芯片。神经元芯片目前由 TOSHIBA 和 CyPress 两家公司研制和生产，主要包含 3150 和 3120 两大系列。3150 支持外部存储器，适合更为复杂的应用；而 3120 不支持外部存储器，它本身带有 ROM。图 4-1 所示为神经元芯片的结构框图。表 4-1 和表 4-2 分别为两家公司生产的系列神经元芯片列表。

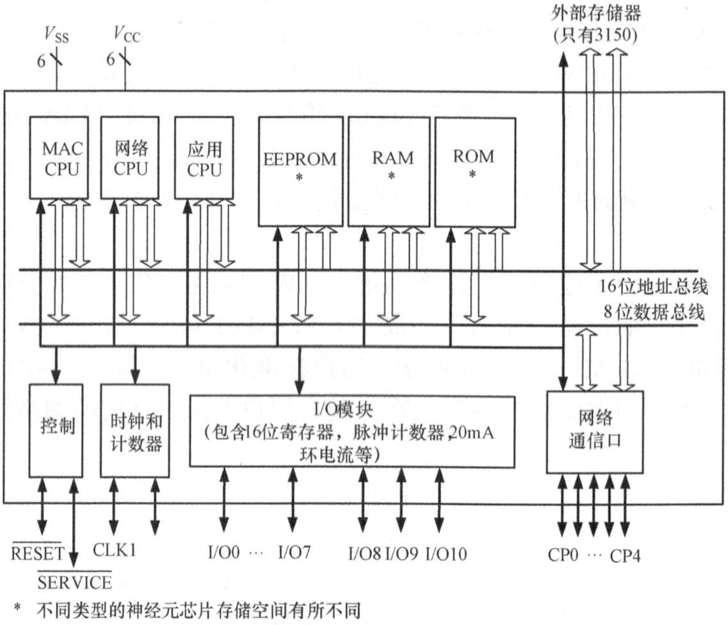

图 4-1 神经元芯片的结构框图

表 4-1 TOSHIBA 公司生产的系列神经元芯片列表

Part Number	Max Input Clock (MHz)	EEPROM (KB)	RAM (KB)	ROM (KB)	Package	On－board A/D	External Memory I/F
TMPN3120A20M	20	1	1	16	32 pin SOP	Yes	No
TMPN3120A20U	20	1	1	16	44 pin QFP	Yes	No
TMPN3120B1AM	10	0.5	1	10	32 pin SOP	No	No
TMPN3120E1M	10	1	1	10	32 pin SOP	No	No

续表

Part Number	Max Input Clock (MHz)	EEPROM (KB)	RAM (KB)	ROM (KB)	Package	On—board A/D	External Memory I/F
TMPN3120FE3M	20	2	2	16	32 pin SOP	No	No
TMPN3120FE3U	20	2	2	16	44 pin QFP	No	No
TMPN3120FE5M	20	3	4	16	32 pin SOP	Yes	No
TMPN3150B1AF	10	0.5	2	N/A	64 pin QFP	No	Yes

表 4-2　Cypress 公司生产的系列神经元芯片列表

Part Number	EEPROM (KB)	ROM (KB)	RAM (KB)	Firmware Version	Max. Input Clock (MHz)	Package Name	Package Type
CY7C53150-20A1	3	0	2	N/A	20	A65	64-Lead Thin Plastic Quad Flat Pack
CY7C53120E2-10S1	2	10	2	6	10	S34	32-Lead (450 mil) Molded SOIC
CY7C53120E4-40S1	4	12	2	12	40	S34	32-Lead (450 mil) Molded SOIC
CY7C53120E2-10A1	2	10	2	6	10	A44	44-Lead Thin Plastic Quad Flat Pack
CY7C53120E4-40A1	4	12	2	12	40	A44	4-Lead Thin Plastic Quad Flat Pack

4.2.1 CPU

该芯片内部装有 3 个微处理器，即 MAC 处理器、网络处理器和应用处理器。图 4-2 所示为芯片内 3 个处理器和存储器结构框图。

MAC 处理器完成媒体访问控制（Media Access Control），也就是 ISO（国际标准化组织）/OSI（开放系统互连参考模型）七层协议的 1 层和 2 层，这其中包括碰撞回避算法。它和网络 CPU 间通过使用网络缓冲区进行数据传递。

网络处理器完成 OSI 的 3～6 层网络协议，它处理网络变量、地址、认证、后台诊断、软件定时器、网络管理和路由等进程。网络处理器使用网络缓冲区与 MAC 处理器进行通信，使用应用缓冲区与应用处理器进行通信。

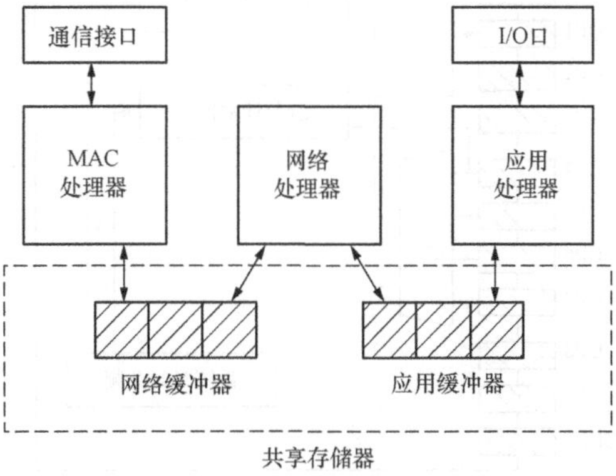

图 4-2　芯片内 3 个处理器和存储器结构框图

应用处理器完成用户的编程，其中包括

用户程序对操作系统的服务调用。

4.2.2 存储器

神经元芯片至少包含 512B EEPROM，存储一些重要的非易失信息，包括网络配置和地址表、48 位神经元 ID 码、可下装的应用程序代码和非易失数据。需要注意的是，EEPROM 的写次数有限（神经元芯片的 EEPROM 的写次数不小于 1 万次）。所以在实际设计中，采用定时和改写单元通过循环链表的方式，可以保证 EEPROM 使用 10 年以上。

神经元还至少包含 2KB RAM，用于堆栈段、应用程序和系统程序的数据区，LonTalk 协议应用缓冲区和网络缓冲区。对于数据区不多的程序可以直接使用该区，无需另外扩展存储器。

神经元芯片最多有 64KB 存储器地址空间，处理器提供给外部存储器的空间是 59392B；剩余的 6114 字节是作为系统内部映射。16KB 的外部存储器可用于存储神经元节点的操作系统，剩余的空间可作为用户编写应用代码的存放区、应用程序所需要的额外读写数据区、额外的应用缓冲区和网络缓冲区。

使用本身带有 10KB EPROM（不带外部存储器接口）的 3120 系列神经元芯片，可以降低节点成本，增强系统的可靠性；然而由于该神经元芯片的 PROM 为一次性的，不适合小批量实验性产品，同时从一些系统的扩展性要求考虑，例如一些节点需要增加 RAM 数据区，需要通过存储器的外部接口来扩充 RAM 的容量，因此在以神经元芯片为核心的节点设计中，多采用的是外带 EPROM。

4.2.3 输入/输出

在一个控制单元中需要有数据采集和控制的功能，为此在神经元芯片上特设置 11 个 I/O口：IO0～IO10，这 11 个 I/O 口可根据不同的需求通过软件编程进行灵活配置，便于同外部设备进行接口。例如可配置成 RS-232、并口、定时与计数 I/O、位 I/O 等。IO4～IO7 可以通过编程设置成带上拉电阻；IO0～IO3 带有高电流（20mA）接收；IO0～IO10 可设置为 TTL 标准的输入；IO0～IO7 可设置为低电平检测锁存。

神经元芯片有一个时间计数器具有完成 Watchdog、多任务的调度、定时等的功能。神经元芯片支持节电方式，在这种节电方式下系统时钟和计数器关闭，但是状态信息，包括 RAM 中的信息不会改变，一旦 I/O 状态变化或网线上信息有变，系统便会激活神经元芯片。它的内部还有一个最高 1.25Mb/s 的独立于介质的收发器。神经元芯片内还有两个硬件定时/计数器，定时/计数器 1 为多路选择定时计数器，它的输入可通过一个多路选择开关，从 IO4～IO7 四个 I/O 中选择一个，输出可连至 IO0；定时/计数器 2 为专用定时/计数器，它的输入是 IO4，输出是 IO1。每个定时/计数器包括：可以被 CPU 写入的 16 位装入寄存器、16 位计数器、可以被 CPU 读出的 16 位锁存器等。

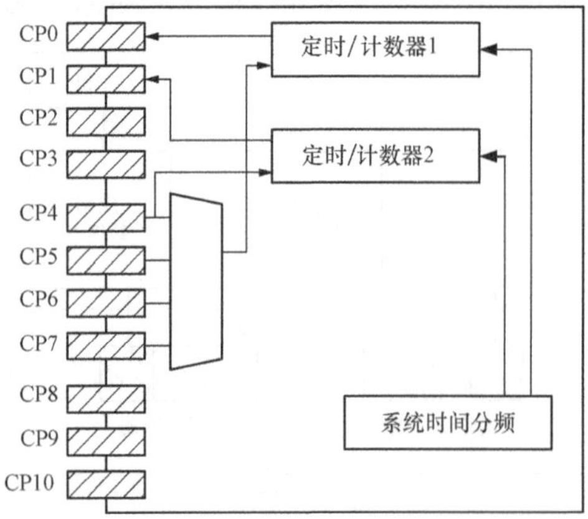

图 4-3 神经元芯片定时/计数器外部连接图

图 4-3 所示为神经元芯片定时计数器外部连接图。

神经元芯片的专用编程语言 Neuron C 提

供I/O定义，可以将11个I/O配置成不同的I/O对象；通过函数 io_in () 和 io_out () 对定义的I/O进行输入输出操作。

神经元芯片的11个I/O有34种预编程设置，可以有效地实现这11个I/O的测量、计时和控制等功能。这34种预编程设置如表4-3所示。

表4-3 神经元芯片11个I/O的34种预编程设置

I/O对象类型	I/O 名 称	输 入 输 出 值
直接I/O对象	位输入（bit input）	0、1二进制
	位输出（bit output）	0、1二进制
	字节输入（byte input）	0～255二进制
	字节输出（byte output）	0～255二进制
	电平检测（level detect input）	逻辑0电平检测
	Nibble Input	0～255二进制
	Nibble Output	0～255二进制
并行I/O对象类型	多总线I/O（muxbus I/O）	使用总线多路复用技术的并行双向口
	并行I/O（parallel I/O）	并行双向握手
串行I/O对象	位移输入（bitshift input）	最多16位的时钟数据
	位移输出（bitshift output）	最多16位的时钟数据
	I^2C	最多255字节的双向串行数据
	Magcard Input	符合ISO 7811的磁卡阅读器的轨道2数据流
	Magtrack1	符合ISO 3554的磁卡阅读器的轨道1数据流
	Neurowire I/O	最多256位的双向串行数据
	串行输入（serial input）	600b/s、1200b/s、2400b/s、4800b/s的8位字符
	串行输出（serial output）	600b/s、1200b/s、2400b/s、4800b/s的8位字符
	Touch I/O	最多2048位的输入输出
	Wiegand Input	Wiegand卡阅读器的编码数据流
计时计数器输入对象	Dualslope 输入	dual slop 转换逻辑的比较器
	Edgelog 输入	输入转换流
	红外输入	红外解调器的编码数据流
	脉冲输入	0.2μs～1.678s的脉冲宽度
	周期输入	周期为0.2μs～1.678s的信号
	脉冲计数输入	0.839s内的输入沿数（范围0～65535）
	Quadrature 输入	16383二进制Gray码
	Totalcount 输入	0～65535输入沿
计时计数器输出对象	Edgedivide 输出	用户指定的数除以输入频率作为输出频率
	频率输出	0.3Hz～2.5MHz的方波
	Onshot 输出	脉宽为0.2μs～1.678s的脉冲
	脉冲计数输出	0～65535个脉冲
	脉宽输出	0～100%负载周期的脉冲序列
	Traic 输出	相对于输入沿的输出脉冲延时
	计数触发输出	通过对输入沿计数控制输出脉冲

由此可见，在一个小小的神经元芯片中，不仅具有强大的通信功能，而且集采集控制于一体。在某些情况下，一个神经元芯片加上几个分离元件便可成为一个集散控制系统中独立的控制单元。

4.2.4 通信端口

神经元芯片可以支持多种通信介质。使用最广泛的是双绞线，其次是电力线，其他包括无线、红外、光纤、同轴电缆等。表 4 - 4 所示为几种典型的收发器类型。

表 4 - 4 神经元芯片的典型收发器类型

收发器类型	波特率	收发器类型	波特率
EIA-485	300b/s～1.25Mb/s	无线（450MHz）	4800b/s
自由拓扑型和总线型双绞线带变压器（可选通过双绞线供 48V 电源）	78kb/s/1.25Mb/s	无线（900MHz）	39kb/s
电力线（载波）	5.4kb/s	红外	78kb/s
电力线（扩频）	10kb/s	光纤	1.25Mb/s
无线（300MHz）	1200b/s	同轴电缆	1.25Mb/s

神经元通信端口为适合不同的通信介质，可以将 5 个通信管脚配置 3 种不同的接口模式，以适合不同的编码方案和不同的波特率，如表 4 - 5 所示。这 3 种模式是单端（singleended）、差分（differential）和专用模式（special purpose mode）。

表 4 - 5 通信管脚的不同配置

管脚	驱动电流（mA）	差分	单端	专用模式
CP0	1.4	RX+（in）	RX（in）	RX（in）
CP1	1.4	RX−（in）	TX（out）	TX（out）
CP2	40	TX+（out）	TX Enable（out）	Bit Clock（out）
CP3	40	TX−（out）	Sleep（out）	Sleep（out）or Wake Up（in）
CP4	1.4	Cdet（in）	Cdet（in）	Frame Clock（out）

注 RX—接收；TX—发送；Cdet—碰撞检测。

1. 单端模式

单端模式是在 LonWorks 中使用最广泛的一种模式，无线、红外、光纤和同轴电缆都使用该模式。图 4 - 4 所示为单端模式的通信口配置框图。数据通信是通过单端输入输出管脚 CP0 和 CP1 进行的。该模式还包含低有效的睡眠输出（CP3），当神经元芯片进入睡眠状态时，它可以使收发器进入掉电状态。

在单端模式下，数据编码和解码使用的是差分曼彻斯特编码（Differential Manchester Encoding）。在开始发送报文之前，神经元芯片发送端初始化输出数据（CP1）为低，然后发出发送容许信号（CP2），这样确保数据发送的开始是从低到高。

在正式发送报文之前，发送端发送一个同步头（preamble）以确保接收节点接收时钟同步。该同步头包括一个位同步域和字节同步域。位同步域是一串差分曼彻斯特编码的“1”，位同步的长度是可变的，以适应不同的通信介质；字节同步域是1位差分曼彻斯特编码的“0”，表示同步头结束，开始传送正式报文的第一个字节。

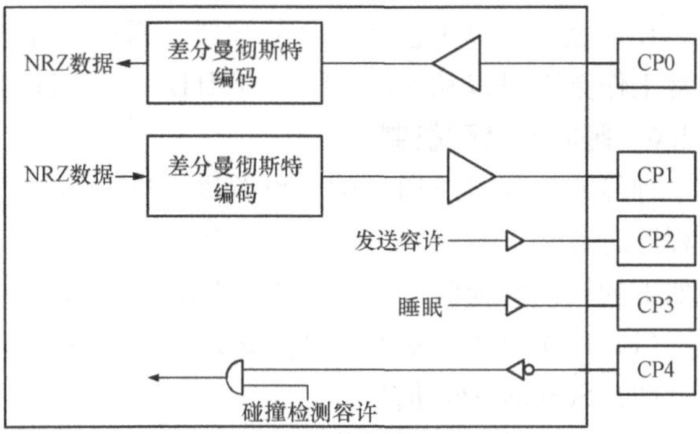

图4-4 单端模式的通信口配置框图

报文结束时，神经元芯片通信端口强制差分曼彻斯特编码为一个线路空码(line-code violation)，并保持到接收端确认发送的报文结束。线路空码是根据发送数据的最后1位的高低状态来保持线路在线路空码时为高电平或低电平。线路空码从CRC校验码的最后1位开始，延时2位的时间。由于最后1位没有跳变沿，所以该电平保持$2\frac{1}{2}$位时间。发送容许管脚一直保持到线路空码结束，然后才释放。

作为选项，神经元芯片支持一个低有效的收发器碰撞检测信号。如果碰撞检测容许在发送的过程中，神经元芯片检测到CP4在一个系统时钟（在10MHz的主频时为200ns）为低，则表示碰撞产生或正在发送，并通知神经元芯片，报文重发。

如果神经元芯片不支持碰撞检测，则能够使数据可靠传输的唯一方法是采用应答或请求—响应方式。当采用请求—响应方式或应答方式时，需要设置重发时间——表示数据从发送完到响应所需的最长时间（在1.25Mb/s线路中不包含路由器的情况，典型的是48～96ms）。如果在重发时间内没有收到响应或应答报文，则报文将重新发送。

在两次发送间隔，包含Beta1和Beta2两个时间片。Beta1是在两次发送间的一个固定的网络空闲时间片。优先级时间片和非优先级时间片包含在Beta2时间片中。

2. 差分模式

图4-5所示为差分方式的通信口配置框图。

在差分模式下，神经元芯片支持内部的差分驱动。采用差分方式类似于单端方式。区别是后者包括一个内部差分驱动，同时不再包括睡眠输出。

差分方式也是采用差分曼彻斯特编码，数据格式完全和单端模式相同。

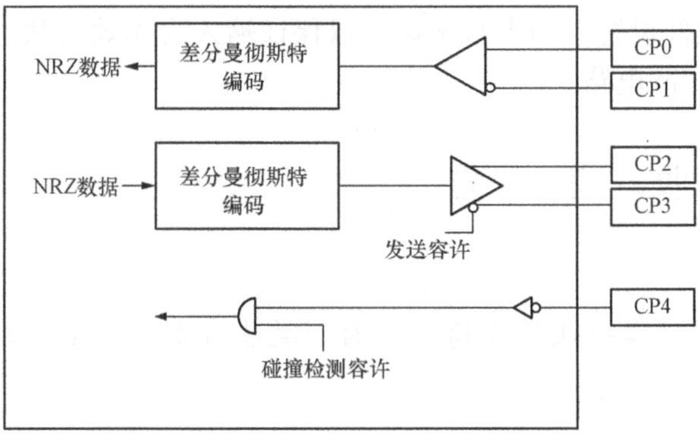

图4-5 差分方式的通信口配置框图

3. 专用模式

在一些专用场合，需要神经元芯片直接提供没有编码和不加同步头的原始报文。在这种情况下，需要一个智能的收发器，处理从网络上或神经元芯片上来的数据。发送的过程是：从神经元芯片接收到这种原始报文，重新编码，并插入同步头；接收的过程是：从网络上收到数据，去掉同步头，重新解码，然后送到神经元芯片。

4.2.5 时钟系统

在神经元芯片中包括一个分频器，通过外部的一个输入晶振来输入时钟。神经元芯片的正常工作频率可以从625kHz～40MHz（625kHz是对于低电压神经元芯片来说的）。

4.2.6 睡眠和唤醒机制

神经元芯片可以通过软件设置进入低电压的睡眠状态。在这种模式中，系统时钟、使用的程序时钟和计数器关闭，但是使用的状态信息（包括神经元芯片内部RAM）被保留。当有如下的输入转换时，正常的系统操作被恢复。

（1）I/O管脚的输入（可屏蔽）IO4～IO7。

（2）Service Pin信号。

（3）通信端口（可屏蔽）。

（4）差分模式CP0或CP1。

（5）单端模式CP0。

（6）专用模式CP3。

4.2.7 看门狗定时器

神经元芯片为防止软件失效和存储器错误，包含3个Watchdog定时器（每个CPU一个）。如果应用软件和系统没有定时地刷新这些Watchdog定时器，则整个神经元芯片将自动复位。Watchdog定时器的复位周期依赖于神经元芯片输入时钟的频率，例如在输入时钟频率为10MHz时，Watchdog定时器周期为0.84s。当神经元芯片处于睡眠状态时，所有的Watchdog定时器被禁止。

4.2.8 Service Pin

Service Pin是神经元芯片里的一个非常重要的管脚，在节点的配置、安装和维护的时候都需要使用该管脚。该管脚既能输入也能输出。输出时，Service Pin通过一个低电平来点亮外部的LED，LED保持为亮表示该节点没有应用代码或芯片已坏；LED以1/2Hz的频率闪烁表示该节点处于未配置状态。输入时，一个逻辑低电平使神经元芯片传送一个包括48位的Neuron ID网络管理信息，因此在节点安装时可以通过这种方式获得节点Neuron ID。

为完成输入/输出功能，该管脚的输入/输出以76Hz频率和50%的占空比复用。当Service Pin没有连接LED和上拉电阻时，Service Pin有一个片内可选（可通过软件设置）的上拉电阻，以保证输入为无效的状态。图4-6所示为Service Pin电路。

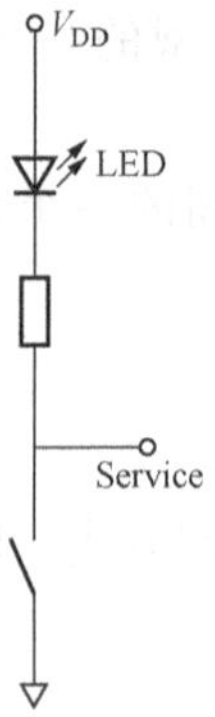

图4-6 Service Pin电路

4.3 收 发 器

4.3.1 双绞线收发器

双绞线是使用最广泛的一种介质，对双绞线的支持主要有三类收发器：直接驱动、EIA-485和变压器耦合。

一、直接驱动

直接驱动是使用神经元芯片的通信端口作为收发器，同时加入电阻和瞬态抑制器作为电流限制和 ESD 保护，图 4－7 所示为直接驱动的网络接口。直接驱动方式适合网络上的所有节点在同一个大设备中，使用同一个电流源的情况。例如，在使用背板的设备中，所有节点的通信通过背板来完成，可以使用直接驱动收发器。

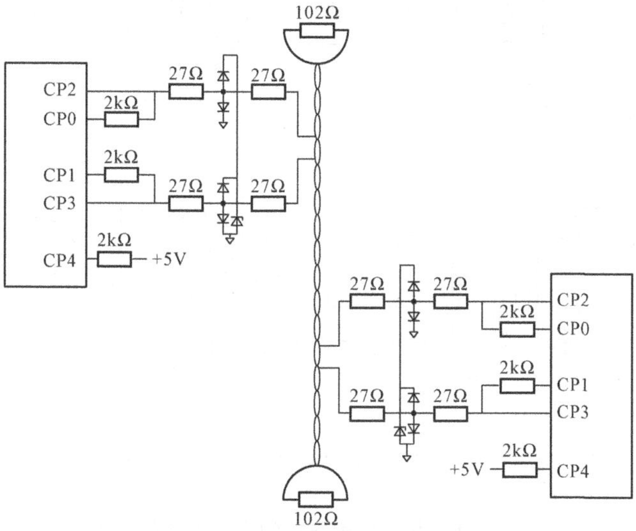

图 4－7　直接驱动的网络接口

直接驱动收发器支持的最高通信速率是 1.25Mb/s，该速率使下一条通道最多能接入 64 个节点，距离长度达 30m（使用 UL 级 VI 类线）。

图 4－8 表示使用低成本的直接驱动和变压器隔离的节点通过一个路由器互联的情况。

二、EIA-485

EIA-485 接口是现场总线中经常使用的电气接口，LonWorks 网络也同样支持该电气接口。LonWorks 网络可支持多种通信速率（最高可达 1.25Mb/s）。使用 EIA-485 共模电压比直接驱动要好，但不如采用变压器耦合。EIA-485 共模电压是 －7～12V，也可以在共模电压中加入隔离。LonMark 建议使用的 EIA-485 的通信速率是 39kb/s，在该速率下的典型配置电路如图 4－9 所示，可达 32 个节点，最长距离是 660m（2000ft）。在 EIA-485 中最好所有节点使用共同的电压，否则如果节点的共模电压没有加入隔离，由于 EIA-485 需要共地，就很容易损坏节点。

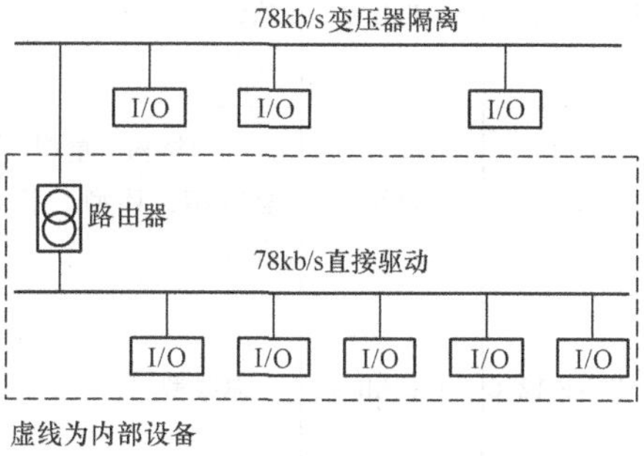

图 4－8　通过路由器的各节点互联

三、变压器耦合

变压器耦合接口能够满足系统的高性能、高共模隔离的要求，同时具有噪声隔离的作用。因此目前相当多的网络收发器采用变压器耦合方式。在 LonWorks 网络中也有相当一部分采用变压器隔离的方式。表 4－6 所示为采用变压器隔离方式的几种收发器。

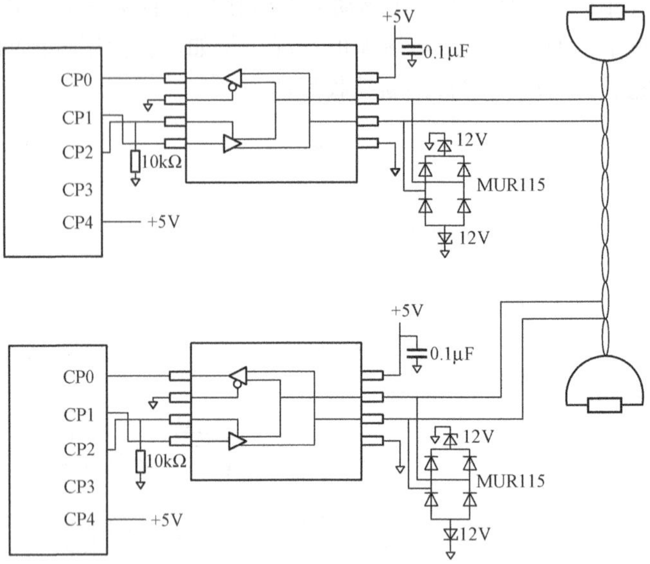

图 4-9 EIA-485 接口的典型配置电路

表 4-6 **采用变压器隔离方式的几种收发器**

型号	通信速率	拓扑结构	节点数	传输距离	其他关键指标
FT3120 FT3150	78kb/s	自由结构—星型、菊花链型、总线型、环型、混合型	64	自由结构 500m；双端总线 2700m	集成了 Neuron3120 或者 Neuron3150 处理器内核；嵌入式存储器用于应用程序代码和配置数据；高性能的外部变压器
FTT-10A	78kb/s	自由结构—星型、总线型、环型、混合型	64	自由结构 500m；双端总线 2700m；可由中断器延长	变压器隔离；无源时为高阻；与 FTT-10 和 LPT-10 兼容
LPT-10	78kb/s	自由结构—星型、总线型、环型、混合型	32 64 128	自由结构 500m；双端总线 2200m；可由中断器延长	为双绞线供电，与 FTT-10 和 FTT-10A 兼容
TPT/XF-1250	1.25kb/s	总线型	最多 64 个，与温度有关	130m（最大外接短线 0.3m）	变压隔离

（一）FFT-10A 收发器

变压器耦合的收发器很多，其中收发器 FTT-10A 自由拓扑收发器的使用最为广泛。FTT-10A 收发器支持没有极性、自由拓扑（包括总线、星型、环型、复合型）的互连方式。因此 FTT-10A 收发器可以极大地方便现场网络布线。在传统的控制系统中，一般采用总线拓扑，节点收发器包含一个线路接收和发送控制，通过带屏蔽的双绞线互连在一起。根据 EIA-485 标准，所有设备必须通过双绞线，采用总线方式互连在一起，以防止线路反射，保证可靠通信。FTT-10A 收发器很好地解决了这一限制，但采用自由拓扑是以距离为代价的，即总线连接可达 2700m，而其他连接方式只有 500m。值得注意的是，对于总线拓扑，节点和总线的距离不能超过 3m，否则不是总线拓扑。表 4-7 所示为 FTT-10A 的管脚定义。

表 4-7　FTT-10A 的管脚定义

名　称	管脚序号	功　　能
V_{CC}	1	5V，DC 输入
NET_B	2	网络端口，连接双绞线，无极性
NET_A	3	网络端口，连接双绞线，无极性
RXD	4	神经元芯片 CP0
TXD	5	神经元芯片 CP1
CLK	6	收发器的时钟输入端，连接 Neuron 芯片 CLK2 管脚
T1	7	ESD 和瞬态保护
GND	8	接地
T2	9	ESD 和瞬态保护

FTT-10A 收发器包含一个隔离变压器、一个差分曼彻斯特编码通信收发器以及信号处理器件，它们被集成封装在一个塑胶外壳内。图 4-10 所示为 FTT-10A 和神经元芯片互连的框图。

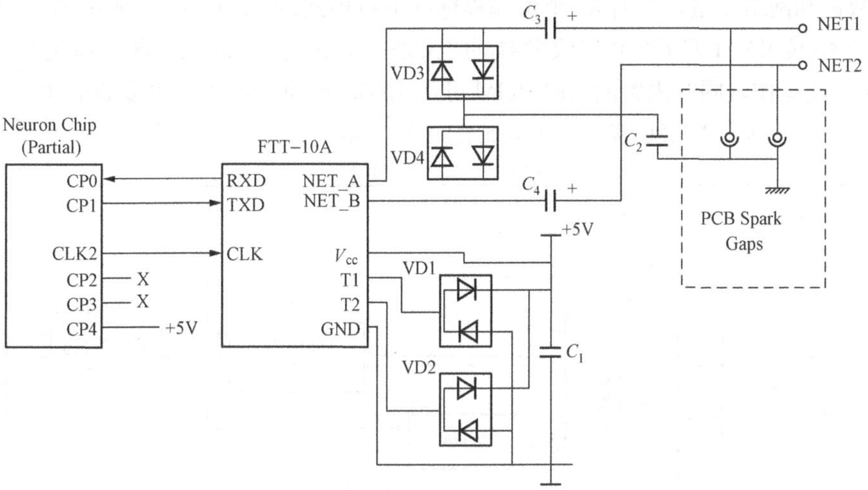

图 4-10　FTT-10A 和神经元芯片互联的框图

图 4-10 中虚线部分为高电压的瞬态抑制，两个尖端（在 PCB 设计中）的距离不超过 0.25mm，当电压超过 2000V 且上升时间大于 10^{-3}s 时，可以将电荷释放；而当电压不超过 2000V 但上升时间大于 10^{-5}s 时，也可通过瞬态抑制器释放电荷。瞬态抑制的地是大地，而不是板上的地，这样可使电荷直接传入大地，防止板上接地不良，导致板内电荷积累。同时 FTT-10A 采用变压器隔离，即使损坏也不会影响神经元芯片。

（二）电源线收发器 LPT-10

所谓电源线，指的是通信线和电源线共用一对双绞线。使用电源线的意义在于：一方面所有节点通过一个 48V DC 中央电源供电，这对于电力资源匮乏的地区（例如，长距离的输油管线的监测，每隔一段距离就设置一个电源对节点供电，显然是不经济的，使用电池也有经常替换的问题）具有非常重要的意义；另一方面通信线和电源线共用一对双绞线可以节约一对双绞线。

电源线收发器由于采用的是直流供电，所以可以和变压器耦合的双绞线直接互连。

（三）FT3120 和 FT3150 智能收发器

FT3120 和 FT3150 智能收发器是 Echelon 公司第三代产品中的一个重要产品。FT3120 和 FT3150 智能收发器将神经元芯片 3120 及 3150 的网络处理核心与自由拓扑的收发器合成在一起，生成一个低成本的智能收发器芯片。该芯片和 Echelon 公司的高性能通信变压器配套使用，从封装到功能完全和 TP/FT-10 兼容，可以直接同使用 TP/FT-10 或 LPT-10 收发器的节点通信并存于同一通道。该收发器符合 ANSI/EIA 709.3 标准，速率为 78kb/s，支持双绞线自由拓扑和总线型拓扑，因而在布线上非常灵活，使系统安装简便，成本降低，同时可提高系统的可靠性。该收发器在性能上又有了极大的提高，尤其是在对电磁场的干扰隔离方面特别明显，可用在恶劣的环境中，它能够防御来自电机和开关电源等方面的电磁干扰，并且即使在一些典型的工业和交通现场出现强大的共模干扰时也能可靠地工作。该芯片只需极少的外部电路和软件配合工作，因此降低了开发成本和节省了时间，并且还可以与其他的主处理器相连。比如可同时与 Echelon 公司的 ShortStack™微服务器以及其他主处理器芯片一起运用，形成一个基于主机的节点。该芯片具有神经元 3120 和 3150 相同的控制功能以及内嵌的 2KB RAM 用于缓冲网络数据和网络变量，带有 34 个可编程标准 I/O 模式的 11 个 I/O 管脚；在每个芯片中有独一无二的 48 位 ID。FT3120 智能收发器同时又是一个低成本、集成系统一体化的芯片。它支持 40MHz 高速运作，同时内置的 EEPROM 可达 4KB，给应用提供了更多的空间。

图 4-11 所示为 FT3120 或 FT3150 智能收发器结构框图。

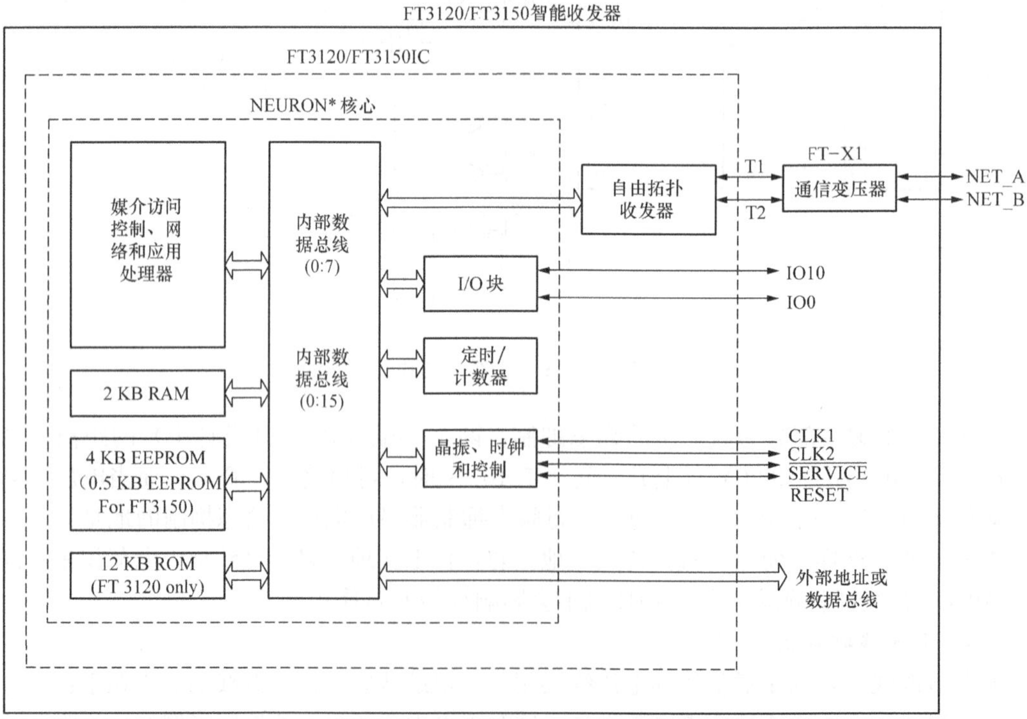

图 4-11　FT3120 或 FT3150 智能收发器结构框图

图 4-12 所示为基于 FT3120 或 FT3150 智能收发器的节点示意图。

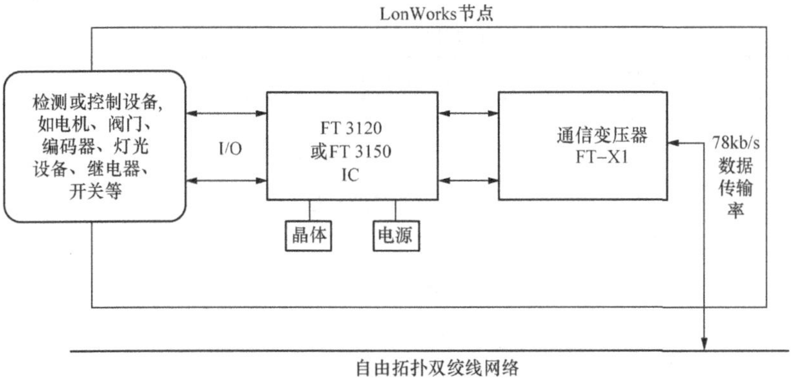

图 4-12 基于 FT3120 或 FT3150 智能收发器的节点示意图

4.3.2 电力线收发器

一、PLT-22 电力线收发器

Echelon 公司提供一组适用于北美、欧洲及全球市场的电力线收发器，工作性能很好。当 Neuron 芯片与电力线收发器接口时，其通信端口应工作在单端工作方式，通信速率最高可达 10kb/s。

PLT-22 是可在全球应用的电力线收发器。

1. PLT-22 技术特点

为了确保在电力线上的可靠工作，PLT-22 电力线收发器具有如下技术特点。

(1) 带有数字信号处理技术的 BPSK 技术：Echelon 把噪声抑制和气表纠正的专利算法技术应用到数字信号处理内核中。这些性能使得收发器可以纠正电力线信号中多种多样的干扰，包括脉冲噪声、连续音频噪声、相位畸变等。

(2) 双载波频率：当首选载波频率被噪声阻塞的时候，独特的双载波频率功能自动地选择第二载波频率传送。

(3) 前向纠错：许多噪声源主要是通过损坏数据包的办法来干扰电力线信号的。PLT-22 在循环冗余校验码的基础上，采用高效低消耗的前向纠错码算法来克服错误包。

(4) 强大的输出放大器：能发出峰值 7V 的信号。

(5) 更宽的动态范围：动态范围和接收器的灵敏度有关。PLT-22 的动态范围大于 80dB。在一条低噪声的传输线上，收发器可以接收衰减达 10^4 的信号。

这些特性的结合使得该收发器在有消费类电子产品、发电机、电子镇流器、调光器以及其他通常的噪声干扰场合能可靠运行。PLT-22 收发器可以通过外接低成本的外部耦合电路在任何 AC 或者 DC 输电线上通信。PLT-22 符合 FCC、加拿大工业、日本 MPT、EIA709.2 以及 CENELEC EN 50065-1 标准，可以在全球范围内使用。

2. PLT-22 的工作原理

PLT-22 的引脚定义如表 4-8 所示，内部结构框图如图 4-13 所示。它包含接收与 A/D 转换器、数字信号处理单元、发送放大和滤波等电路。

表 4-8 **PLT-22 电力线收发器引脚定义**

引脚	引脚名字	功　能
1	RXCOMP	接收补偿连接端
2	RXIN	从耦合电路接收输入信号
3	GND	电源地
4	CP4	帧同步时钟（与神经元芯片连接）
5	CP2	位同步（与神经元芯片连接）
6	CP1	发送数据线
7	CP0	接收数据线
8	GND	电源地
9	V_{DD5}	+5V 电源输入
10	CKOUT	分频时钟输出端：10、5、2.5、1.25MHz
11	CKSEL0	分频数选择端 0
12	CKSEL1/TXON	分频数选择端 1/TXON（PLA-21 电力线放大器接口）
13	$\overline{RESET}$	复位信号输入
14	BIU	CENELEC 使用波段指示
15	PKD	数据包检测指示
16	TXOUT	发送信号到耦合电路线
17	GND	电源地
18	XIN	10MHz 晶振输入
19	XOUT	10MHz 晶振输出
20	VA	模拟电源输入
21	TXLVL	输出载波幅度控制端

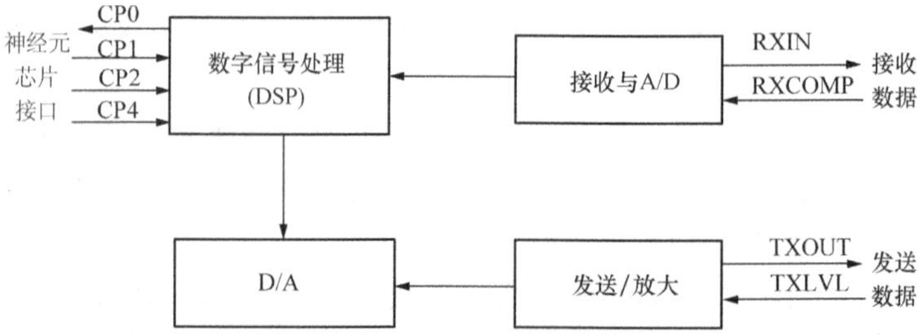

图 4-13　PLT-22 内部结构框图

接收与 A/D 转换单元把从电力线耦合来的信号滤波并将模拟信号转换为数字信号。数字信号处理单元是信号处理的核心部分，一方面将 A/D 转换单元处理后的数字信号进行解码处理，并将处理后的数据与神经元芯片进行交换；另一方面，将需要发送的信号进行编码处理。D/A 单元的主要作用是将数字信号处理单元处理后的要发送的数字信号转换为模拟信号。发送放大和滤波电路将 D/A 转换后的信号进行功率放大并发送到耦合电路。

PLT-22 传输数据采用双频模式，其中 132kHz 为主频。如果选取 132kHz 被噪声干扰，则自动采用第二载波频率 115kHz 传输数据。

时钟输出端 CLOCK 的输出由外接晶振频率分频得到。分频数由复位器件采样的 CKSEL0 和 CKSEL1 组合决定。具体为 CKSEL0、CKSEL1 均为低电平时 8 分频；CKSEL0 为高 CKSEL1 为低时 4 分频；CKSEL0 为低 CKSEL1 为高时 2 分频；CKSEL0、CKSEL1 均为高时 1 分频。

PLT-22 可对输出信号幅度进行控制。TXOUT 输出的载波幅度受 TXLVL 控制。TXLVL 接地时 TXOUT 的输出载波幅度为 7V（V_{p-p}），TXLVL 悬空时 TXOUT 的输出载波幅度为 3V（V_{p-p}）。另外，PLT-22 提供了两个输出信号 PKD 和 BIU。在 CENELEC EN 50065-1 标准下，只要 131.5～132.5kHz 之间有超过 80dB 40ms 的信号都能被 BIU 探测器检测到，则在 BIU 引脚输出高电平。

3. 与神经元芯片的连接

神经元芯片拥有多功能的通信端口，它有 5 个引脚 CP0～CP4 可以配置与多种网络收发器连接，以适应不同的编码方案和不同的波特率。在使用 PLT-22 收发器时，传输速率达到 5kb/s，TMPN3150 和 PLT-22 电力线收发器之间的连接关系如图 4-14 所示。

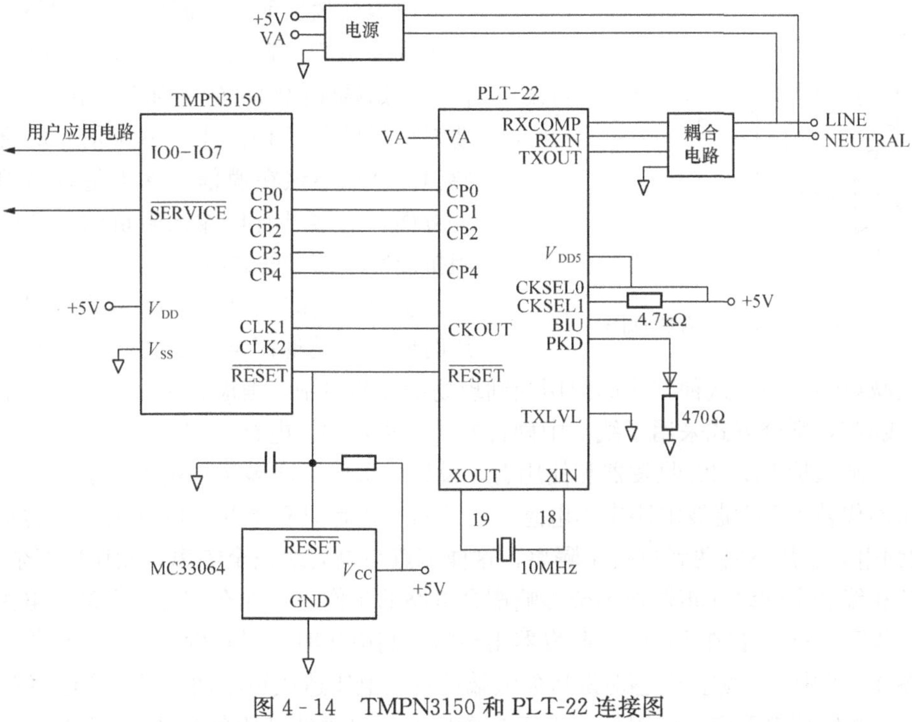

图 4-14　TMPN3150 和 PLT-22 连接图

设计中主要解决了以下几个问题。

（1）时钟问题。PLT-22 和 3150 都需要 10MHz 的晶振。为简化电路只对 PLT-22 提供晶振，同时把 PLT-22 的 CKOUT 引脚连接的 3150 的输入时钟连接到引脚 CLK1 上。CKSEL0 和 CKSEL1 决定着对 10MHz 频率分频的分频数。如图 4-14 中，CKSEL0 和 CKSEL1 接到高电平，时钟频率为 1 倍分频即 10MHz。

（2）电平控制。TXLVL 控制着输出电平的幅值，当它接地时，输出 $7V_{p-p}$；当它悬空时，输出 $3.5V_{p-p}$。当 PLT-22 直接和耦合电路相接时，应使输出电平为 $7V_{p-p}$，于是发送功率最大，这种方式也是推荐的方式。只有在 PLT-22 发送端接 PLT-21 芯片（信号放大器件）进行信号放大时，将输出电平置为 3.5V_{p-p}，以减小电源功率的损耗。

（3）复位问题。3150 和 PLT-22 的复位端一起接至 LVI（Low Voltage Indicator，低电压保护）电路的复位输出端。当电源电压抖动或低于允许电压时，神经元芯片和 PLT-22 同时进行复位，保证了它们同步工作。

4. 耦合电路的设计

电力线上通的是 50Hz 的工频交流电，而有效信号是 110～140kHz 的高频信号。耦合器的作用就是将信号叠加到工频正弦波上，然后将其还原，耦合电路的选择和实施要慎重，它对 PLT-22 能否保持良好的通信能力有很大的影响。

在电网和信号发送端之间接一个高通滤波电路可实现耦合电路。滤波方式有无源滤波、有源滤波、数字滤波等。由于现场条件复杂，若采用有源滤波，难以保证器件的稳定性，容易引入新的噪声；而数字滤波较适合弱电领域。综合考虑各方面的因素，最好采用无源滤波，可解决高低压转换问题且成本低，是较好的解决方案，设计中采用无源高通 LC 滤波电路，基本原理图如图 4-15 所示。

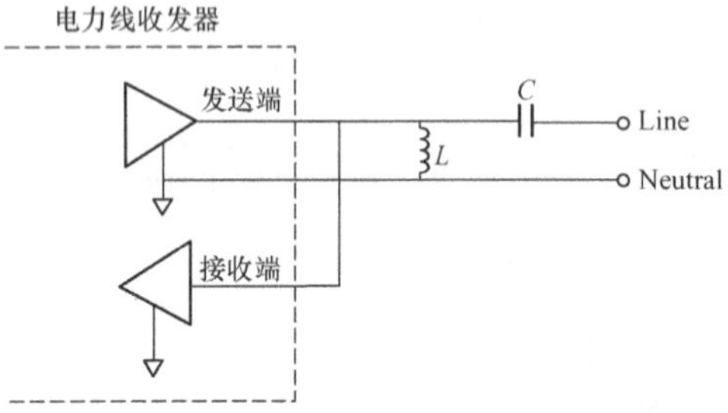

图 4-15 基本耦合原理图

电容值的选取要在通信频率下呈现低阻抗，在工频下呈现高阻抗；另一方面，电容的阻抗值是发送端输出阻抗的一部分，在通信频率下，要对信号的分压作用小，减少信号的衰减。电感值的选取应该在通信频率下呈现高阻抗；另一方面，电感可看作输入阻抗的一部分，增大阻抗能减小信号的衰减。

上面介绍的只是耦合电路的模型，实际使用时要考虑其他因素，尽管线—地耦合方式对信号的衰减更小，但是这种方式的使用受到现场条件的限制。考虑到很多设备的供电方式是“单相两线制”，耦合方式采用了线—中耦合方式，实际耦合电路如图 4-16 所示。

为更好地保护 PLT-22 收发器和使用者，设计中采用了许多保护措施。加入了变压器隔离，变压器代替了 LC 滤波电路中的电感。滤波器一边是只有十几伏的弱电，一边却是高达 220V 的强电，变压器对两者进行了隔离，这样节点与电力线完全隔离，操作更安全。另外，强电端的相线和中性线互相调换不会影响耦合电路的工作，另外在信号发送端和电源 VA 之间加入二极管 VD1，它在 PLT-22 收发器出现瞬间高电压时，对收发器提供了保护。

在图 4-16 中，为防止电感对发送放大端的直流电压造成短路加入了一个电容 C_2。电容 C_1 和 C_2 在通信频率下应为低阻抗，由于多数情况下电力线的阻抗约为 1～2Ω，PLT-22 收发器的输出阻抗也小于 1Ω，因此这些电容的阻抗值不能大于 1Ω，否则会造成信号的衰减。要注意的是 C_1 位于高电压的一端，接的是 220V 的交流电，它的承受值必须大于 400V 以上，以避免发生高压击穿。

晶闸管控制的调光器对周围环境产生的噪声脉冲幅度可达 50V 以上，而且噪声频率靠近 132kHz 和 115kHz 的通信频率。由 C_4、L_1 和 R_2 组成串联谐振电路，其谐振频率调谐在噪声的中心频率上，可以对此类噪声进行短路处理。要注意的是，当通信距离较远（>300m）时，可以在终端电缆线上加上终端电路，即把 100Ω 的电阻和 0.47μF 的电容串联后接在电力线两端。

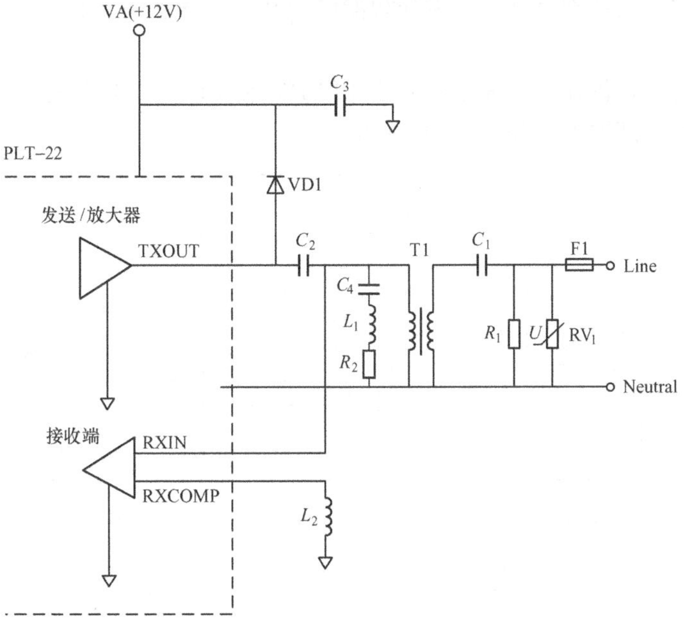

图 4-16　隔离耦合电路原理图

二、PL3120 和 PL3150 电力线智能收发器

新一代 PL3120 和 PL3150 智能收发器把神经元芯片的内核和电力线收发器集成在一起，使之成为家电、音频、视频、照明、暖通、安防、抄表和灌溉等应用十分理想的选择。由于这种单片系统方式的采用，包括用于运行应用程序和网络通信的神经元处理器内核、可选择内置或外置存储器，以及非常小的其他元件，所有这些产品价钱都十分便宜，这使得那些对价钱极为敏感的用户也产生了很大兴趣。PL3120 和 PL3150 采用超小型的封装模式。

PL3120 和 PL3150 电力线智能收发器符合 FCC、加拿大工业、日本 MPT 和欧洲 CENELEC EN 50065-1 规范，所以能够在世界范围内使用。CENELEC 通信协议通过智能收发器自动管理，避免了用户在 CENELEC EN 50065-1 下开发复杂的同步和访问算法的需求。另外，该智能收发器可以在 CENELEC 公用频段（A 波段）或者通常的信号发送波段（C 波段）应用中使用，避免了为适用不同的应用而库存许多元件的情况发生。

存储在内嵌的 EEPROM（PL3120 智能收发器）中或者外部非易失性存储器（PL3150 智能收发器）中的应用程序能够通过电力线网络更新。这个很有价值的特性使产品的升级不需要通过物理接触就可实现，也就是可以从一个带有电力线接口的本地 PC 或者从一个通过 Echelon 公司的 i. LON™Internet 服务器连接的远程服务中心实现产品升级。内嵌的 EEPROM 可以支持至少 10000 次的写入而不会丢失数据。存储在 EEPROM 中的数据最少可以保留 10 年。

PL3120 和 PL3150 电力线智能收发器是一种低功耗的收发器。很宽的供电范围和较低的接收电源消耗允许使用低成本电源。另外，智能电力线收发器内含电源管理特性，可以经常监测设备的电源状况。如果在发送期间，电源电压降到一个不足以确保可靠的信号传输水平时，收发器停止信号发送直到电压恢复到可以工作的水平。这个独特的性能使得可以使用通常情况下 1/3 容量的电源。最终结果是减小电源尺寸、成本和热损耗。电源管理对大批量、低成本消费类产品特别有帮助，例如智能电子开关、移动探测器、电源插座、光探测器和调光器。

更值得一提的是，创建一个完整的基于 PL3120 和 PL3150 电力线智能收发器的节点仅需要很少的廉价的外部器件，如图 4-17 所示。

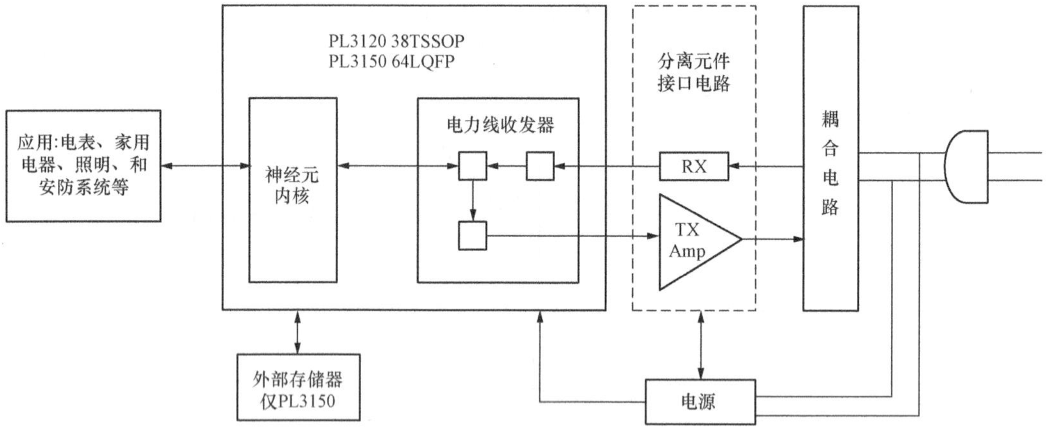

图 4-17 PL3120 和 PL3150 电力线智能收发器节点结构图

这些器件包括：

(1) 由大约 50 个分立元件组成的接口电路，其中大部分是电阻和电容。Echelon 公司提供一个完整的开发支持包（DSK），用户可以据此实现这个接口电路。关于购买 DSK 的详细情况请联系 Echelon 公司在各地的代理商或代表处。

(2) 耦合电路由大约 10 个元件组成，主要是电容和电感，这部分电路用作智能收发器和电源之间简单的高通滤波器。这个电路在提供电涌和线路瞬变保护之外还可以阻止低频率 50Hz/60Hz AC 干线信号。

(3) 电源。

此外，Echelon 公司还向应用电力线设计产品的设计、开发、安装人员提供一种电力线通信分析工具：PLCA-22 电力线通信分析仪（型号为 58022）。它是一个复杂但又易用的工具，它可以在用户的目标环境中测试电力线收发器的可靠性。它们可以接入网络的任意两点之间，模拟采用 Echelon 电力线收发器设计的节点。它们可以用来测量一些关键的通信参数，例如畸变容限/通信临界、信噪比、误码率、相位检查等。任何一个通信分析仪可作为一个发送端，另外一个则自动作为接收端。PLCA-22 的设计可以使整个测试由一个人完成。它也包含一个 RS-232 输出端口，用于把测试结果记录到 PC 上。无论是对验证 PLT-22，还是要了解实际环境参数，使用 PLCA-22 电力线通信分析仪都是一个快速和方便的手段。

4.3.3 其他类型收发器

除了上面讨论的收发器，LonWorks 网络还支持其他一些收发器，包括无线收发器、光纤收发器、红外收发器，甚至用户自定义的收发器等。

一、无线收发器

LonWorks 技术使无线收发器可以使用很宽的频率范围。对于低成本的无线收发器，典型的频率是 350MHz。使用无线收发器同时还需要一个大功率的发射机。当使用无线收发器时，神经元芯片的通信口配置成单端模式，速率是 4800b/s。

二、光纤收发器

目前通常使用的 LonWorks 光纤收发器是美国雷神（Raytheon）公司开发的一系列 LonWorks 光纤产品，其中包括光纤和双绞线的路由器。该通信速率是 1.25Mb/s，最长通信距离为 3.5km，采用 LonWorks 标准的 SMX 收发器接口，每一个收发器包含两路独立光纤端口，可以方便地实现光纤环网，增加系统的可靠性。

4.4 LonWorks 通信协议——LonTalk

4.4.1 概述

一、协议定义

LonTalk 通信协议是 LonWorks 技术的核心。该协议提供一套通信服务，使装置中的应用程序能在网上对其他装置发送和接收报文而无需知道网络拓扑、名称、地址或其他装置的功能。LonTalk 协议能有选择地提供端到端的报文确认、报文证实和优先级发送等功能，以便设定有界事务处理时间。对网络管理业务的支持使远程网络管理工具能通过网络和其他装置相互作用，包括网络地址和参数的重新配置，下载应用程序，报告网络问题和节点应用程序的起始、终止、复位。

LonTalk 协议是一个分层的，以数据包为基础的对等的通信协议。像以太网和因特网协议一样，它是一个公开的标准，并遵守国际标准化组织（ISO）的分层体系结构要求。但是 LonTalk 协议设计是用于控制系统而不是数据处理系统的特定要求。每个包由可变数目的字节构成，长度不定，并且包含应用层（第 7 层）的信息以及寻址和其他信息。信道上的每个装置监视在信道上传输的每个包，以确定自己是否是收信者。假如是收信人，则处理该包，以判明它是否包含节点应用程序所需的信息，或者它是否是个网络管理包。在应用包中的数据是提供给应用程序的，如果合适，则要发一个应答报文给发送装置。

为了处理网上的报文冲突，LonTalk 协议使用类似以太网所用的“载波监听多路访问（CSMA）”算法。LonTalk 协议建立在 CSMA 基础上，提供介质访问协议，因而可以根据预测网络业务量发送优先级报文和动态调整时间片的数目。通过动态调整网络带宽。采用 P一坚持 CSMA 协议的算法使网络能在极高网络业务量出现时继续运行；而在业务量较小时不降低网络速度。

二、LonTalk 协议的特征和优点

LonTalk 协议与以往的数据网络通信协议相比较，具有以下特点。

（1）发送的报文都是很短的数据（通常为几个到几十个字节）；

（2）通信带宽不高（从几千比特每秒到 2Mb/s）；

（3）网络上的节点往往是低成本、低维护的单片机；

（4）多节点，多通信介质；

（5）可靠性高；

（6）实时性高。

此外，LonTalk 协议所支持的多种服务又提高了其可靠性、安全性和网络资源的优化程度。这些服务的特征和优点包括：

（1）支持广泛范围的通信介质，包括双绞线和电力线；

（2）支持可靠通信，包括防范未经授权而使用系统；

（3）不论网络规模如何都提供可预测的响应时间；

（4）支持混合介质和不同通信速度构成的网络；

（5）提供对节点透明的接口；

（6）支持有几万个节点的网络，但在只有几个节点的网络中同样有效；

（7）允许节点间的任意连通；

（8）允许对等通信，这样就使它可用于分布式控制系统；

（9）为产品的可互操作性提供有效机制，使来自一个制造商的产品能和其他制造商的产品共享标准物理量的信息；

（10）实施协议内网络管理问题的解决方案。

三、LonTalk 协议

LonTalk 协议最初只能嵌在神经元芯片内使用，这保证了所有制造商的一致应用。现在 Echelon 公司公布了 LonTalk 协议，并使其成为 EIA 709.1 控制联网标准下的一个公开标准，可以自由提供给任何人。

最经济的执行 LonTalk 通信协议的方法仍然是购买神经元芯片。但是 EIA 标准允许愿意投资的公司在它们自己选定的微处理器中执行其协议。

四、术语解释

为给读者提供一个简单明了的术语，这里尽量给出符合通用的网络教材上的术语定义。图 4-18 所示为基本术语框图。

LonTalk 协议的分层符合 OSI 的标准。图 4-19 所示为各层数据单元的标准接口。

LonTalk 的协议数据单元（Protocol Data Unit，PDU）包含以下 8 部分。

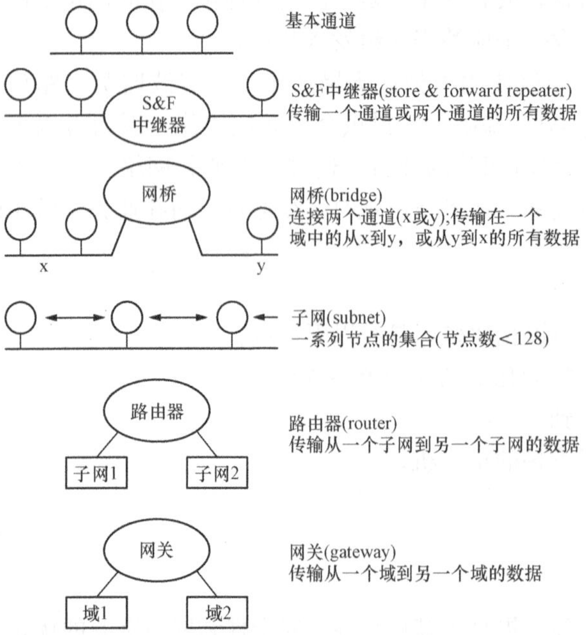

图 4-18 基本术语框图

（1）MPDU（MAC Protocol Data Unit）：MAC 层协议数据单元，数据称为帧（frame）；

（2）LPDU（Link Protocol Data Unit）：链路层协议数据单元，数据称为帧（frame）；

（3）NPDU（Network Protocol Data Unit）：网络层协议数据单元，数据称为报文（packet）；

（4）TPDU（Transport Protocol Data Unit）：传输层协议数据单元，数据称为消息应答（message/ACK）；

（5）SPDU（Session Protocol Data Unit）：会话层协议数据单元，也称为请求—响应（request/response）；

（6）NMPDU（Network Management Protocol Data Unit）：网络管理

协议数据单元；

(7) DPDU (Diagnostic Protocol Data Unit)：网络检测协议数据单元；

(8) APDU (Application Protocol Data Unit)：应用层协议数据单元。

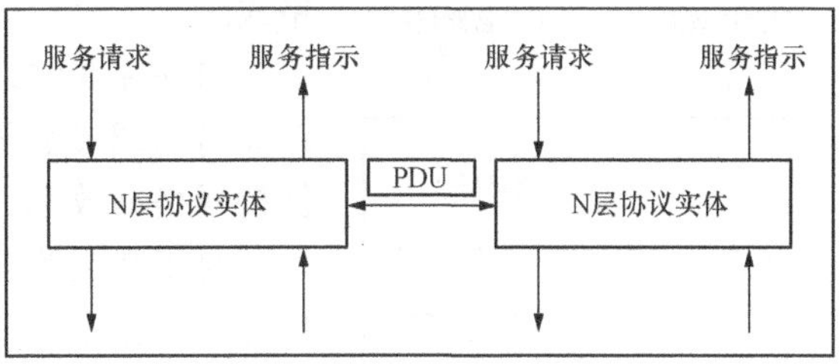

图 4-19　各层数据单元的标准接口

五、LonTalk 七层协议

LonTalk 是 ISO 组织制定的 OSI 开放系统互连参考模型的七层协议的一个子集。它包容了 LonWorks 的所有网络通信的功能，包含一个功能强大的网络操作系统，通过所提供的网络开发工具生成固件，可使通信数据在各种介质中非常可靠地传输。LonTalk 协议对 OSI 的七层协议的支持使 LonWorks 网络能够直接面向对象通信，具体实现就是采用网络变量这一形式。网络变量使节点之间的通信只通过网络变量互相连接便可完成。表 4-9 所示为 LonTalk 与 OSI 的七层协议的比较。

表 4-9　　LonTalk 与 OSI 的七层协议比较

OSI 层次		标准服务	LonWorks 提供的服务	处理器
应用层		网络应用	标准网络变量类型	应用处理器
表示层		数据表示	网络变量、外部帧传送	网络处理器
会话层		远程遥控动作	请求—响应、认证、网络管理	网络处理器
传送层		端对端的可靠传输	应答、非应答、点对点、广播、认证等	网络处理器
网络层		传输分组	地址、路由	网络处理器
链路层	链路层	帧结构	帧结构、数据解码、CRC 错误检查	MAC 处理器
	MAC 子层	介质访问	带预测 P-坚持 CSMA、碰撞规避、优先级、碰撞检测	
物理层		电路连接	介质、电气接口	MAC 处理器，XCVR

4.4.2　物理层

LonTalk 协议在物理层协议中支持多种通信协议，也就是为适应不同的通信介质需要支持不同的数据解码和编码。例如，通常双绞线使用差分曼彻斯特编码，电力线使用扩频，无线通信使用频移键控（FSK）等。由于 LonTalk 协议考虑对各种介质的支持，因而 LonWorks 网络可以容许使用非常广泛的通信介质，如双绞线、电力线、无线电、红外线、同轴电缆、光纤甚至用户自定义的通信介质。

LonTalk 协议支持在通信介质上的硬件碰撞检测，例如双绞线。LonTalk 协议还可以自动地将正在发送碰撞的报文取消掉，重新再发。如果没有碰撞检测，则当碰撞发生时，只有当响应或应答超时时才会重发报文。

4.4.3　MAC 子层

LonTalk 协议的 MAC 子层是链路层的一部分，它使用 OSI 各层协议的标准接口和链路层的其他部分进行通信，如图 4-20 所示。

目前在不同的网络中存在多种介质访问控制的协议，其中之一就是大家熟悉的 CSMA（载波监听多路访问）。LonTalk 的 MAC 是该协议的一种改进。图 4-21 所示为 MPDU/LPDU

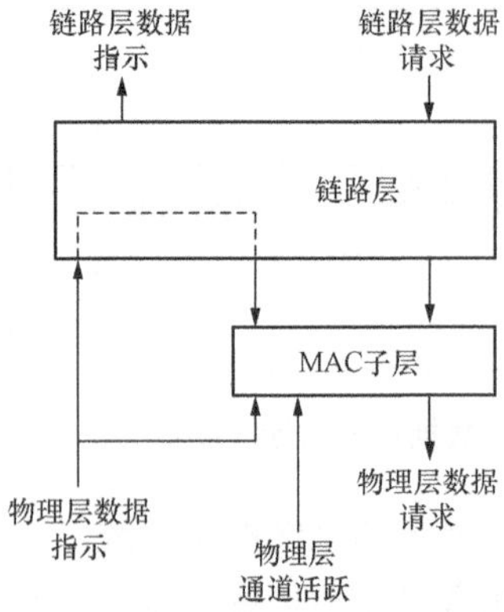

图 4-20　MAC 子层与链路层其他部分进行通信的框图

格式。

目前存在的许多 MAC 协议，例如 IEEE 802.2，802.3，802.4，802.5 都不能在大网络系统和多通信介质、重负载下保持网络高效率。

对于常用的 CSMA/CD，在轻负载的情况下具有很好的性能，当在重负载的情况下时，一包数据在发送时，可能有很多网络节点等待网络空闲，一旦这包数据发送完毕，网络空闲，这些等待发送的节点就会马上发送报文，必然会产生碰撞。产生碰撞后，由避让算法使之等待一段时间再发，假如这段时间是相同的，那么重复的碰撞仍会发生。在这种情况下网络效率就会大大降低。

而使用令牌环（token-ring）的网络都支持多种介质，但是这些介质必须在总线上具有环的结构，令牌在这个环线上轮询，这在使用电力线和无线电作为介质的网络中显然是不行的，因为网上的所有节点几乎都能同时收到令牌。同时，令牌环网络还需要增加令牌丢失时的恢复机制和令牌快速应答机制，这些都增加了硬件上的开销，使网络的成本增加。

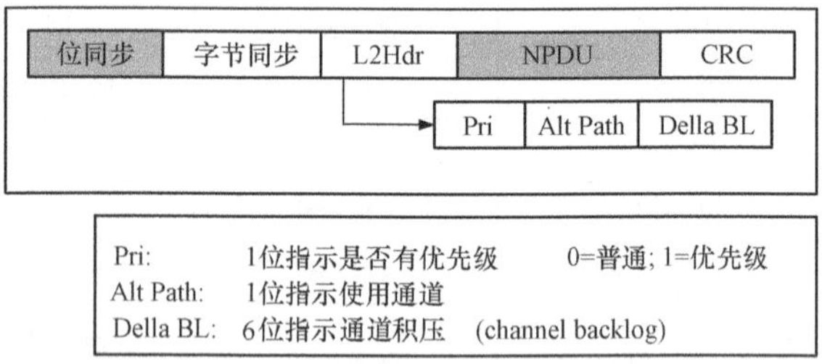

图 4-21　MPDU/LPDU 格式

对于令牌总线（token-bus）网络，在令牌中加入网络地址，从而在物理总线上建立一个逻辑环的结构，使令牌在这个逻辑环上轮询。然而，在低速网络中这个令牌轮询时间变得很长；另外，令牌总线在有节点上网或下网时都会发生网络重构。在电池供电的系统中经常会因为节点的休眠和唤醒而导致网络上下网时的频繁重构，在恶劣的环境下也常会发生令牌丢失而使网络重构。这些网络重构都会大大降低网络的效率。同时由于网络地址的限制，每一个网络至多只有 255 个节点。

LonTalk 协议使用改进的 CSMA 介质访问控制协议，称为带预测的 P-坚持 CSMA（Predictive P-persistent CSMA）。它在保留 CSMA 协议的优点的同时，注意克服它在控制网络中的不足。在带预测的 P－坚持 CSMA 协议中，对所有的节点都根据网络积压参数等待随机时间片来访问介质，这就有效地避免了网络的频繁碰撞。每一个节点发送报文前都要随机地插入 0～W 个随机时间片，因此网络中任一节点在发送普通报文前平均插入 $W/2$ 个随机时间片，而 W 则根据网络积压参数（backlog）的变化进行动态调整，其公式是 $W=BL\times Wbase$，其中 $Wbase=16$，BL 为网络积压的估计值，它是对当前发送周期中有多少个节点需要发送报文的估计。

当一个节点固有信息需要发送而试图占用通道时，首先在 Beta1 周期地检测通道有没有信息发送，以确定网络是否空闲。随后节点产生一个随机等待 T，T 为 0～W 时间片 Beta2 中的一个，如图 4-22 所示。当延时结束时，网络仍为空闲时，节点发送报文；否则节点检测有信息发送，接收信息，然后再重复 MAC 算法。

BL 值是对当前网络繁忙程度的估计。每一个节点都有一个 BL 值，当检测到一个

MPDU 时，或发送一个 MPDU 时 *BL* 加 1；同时每隔一个固定报文周期 *BL* 减 1。把 *BL* 值加到 MPDU/LPDU 的头中。当 *BL* 值减到 1 时，就不再减，总是保持 $BL \geqslant 1$。可以看出采用带预测的 P—坚持 CSMA 允许网络在轻负载的情况下，插入的随机时间片较少，节点发送速度快，而在重负载的情况下，随着 *BL* 值的增加，插入的随机时间片较多，又能有效避免碰撞。图 4-22 所示为带预测的 P—坚持 CSMA 概念。

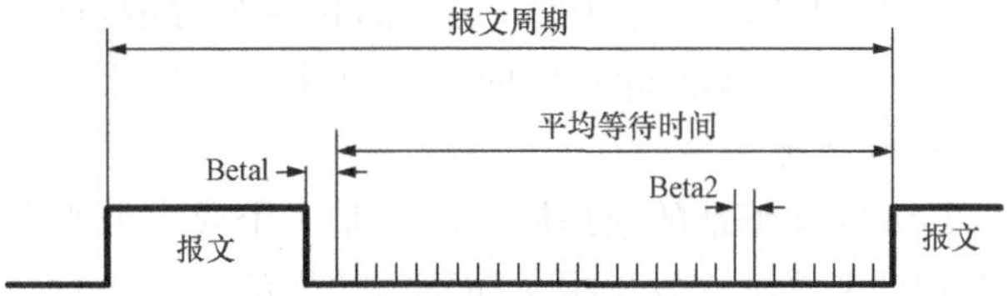

图 4-22　带预测的 P—坚持 CSMA 概念示意图

Betal：为空闲时间；Beta1>1b+物理延时+MAC 响应时间

Beta2：为随机时间片；Beta2>2×物理延时+MAC 响应时间

对照实验表明：36 个 LonWorks 节点互联，采用一般的 P—坚持算法，当每秒要传输的报文达 500～1000 包时碰撞率从 10%上升到 54%，而采用预测的 P—支持算法时，在 500 包以下时碰撞率相当，而在 500～1000 包时，仍稳定在 10%。

综上所述，LonWorks 的 MAC 子层具有以下的优点：支持多介质的通信，支持低速率的网络，可以在重负载的情况下保持网络性能，支持大型网络。

在 MAC 层中，为缩短紧急事件的响应时间。提供一个可选择的优先级机制。该机制容许用户为每一个需要优先级的节点分配一个特定的优先级时间片（priority slot），在发送过程中，优先级数据报文将在那个时间片里将数据报文发送出去，优先级时间片是从 0～127。0 表示不需要等待立即发送，1 表示等待一个时间片，2 表示等待两个时间片，……，127 就要等待 127 个时间片。低优先级的节点需等待较多的时间片；而高优先级的节点需等待较少的时间片。这个时间片是加在 P—概率时间片之前，非优先级的节点必须等待优先级时间片都完成之后，才能在 P—概率时间片后发送，因此加入优先级的节点总比非优先级的节点具有更快的响应时间。图 4-23 所示为优先级带预测的 P—坚持 CSMA 概念示意图。

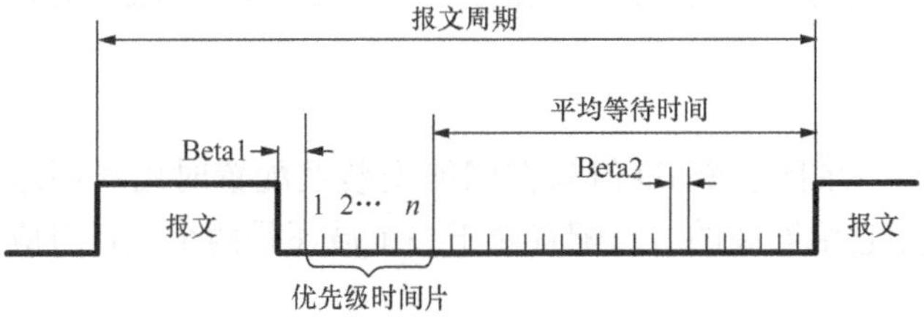

图 4-23　优先级带预测的 P—坚持 CSMA 概念示意图

4.4.4　链路层

LonTalk 协议的链路层提供子网内 LPDU 帧顺序的无响应传输，提供错误检测能力，但不提供错误恢复的能力。当一帧数据被 CRC 校验错时，该帧被丢掉。

在直接互联模式下物理层和链路层接口的编码方案是曼彻斯特编码；在专用模式下根据不同的电气接口采用不同的编码方案。CRC 校验码加在 NPDU 帧的最后，CRC 采用的多项式是 $X^{16}+X^{12}+X^{5}+1$（标准 CCITT CRC-16 编码）。

4.4.5　网络层

LonTalk 协议在网络层给用户提供一个简单的通信接口，定义了如何接收、发送、响应等。在网络管理上有网络地址分配、出错管理、网络认证和流量控制，而路由器的机制也是在这一层实现。

LonTalk 协议定义了一种分层编址方法，这种方法使用了域（domain）地址、子网

(subnet) 地址、节点地址。为了简化多个分散点的编址，LonTalk 协议还定义了另一级地址，这就是组（Group）地址。下面针对各种编址方式进行叙述。

1. 域地址

LonTalk 编址的最顶层是域，是一个或多个通道上的节点的一个逻辑集合（一个通道是指在物理上能独立发送报文而不需转发的一段介质）。只有在一个域中的节点才能互相通信。换句话说，在同一通道上的节点完全可以通过赋予不同的域名而执行不同的网络应用，并绝对做到不同的网络应用之间完全独立、互不干扰地运行。所以，域又称为虚拟网络。

域标识使用域标识符，域标识符对应的字节数可在 0、1、3、6 个字节的 4 个值中选择。

2. 子网地址

编址的第二层是子网，子网是域中节点的一个逻辑集合。每个子网的节点数最多为 127 个，而每个域最多有 255 个子网。子网中的所有节点必须是在同一区段上，子网不能跨越智能路由器。

3. 节点地址

编址的第三层是节点。子网中的每个节点都被赋予一个唯一的数值，该数是 7 位二进制值，这样每个子网最多可配置的节点数为 127 个。

4. 组地址

一个组是一个域中的节点的逻辑集合。与子网不同，作为一个组的节点无需考虑它在域中所处的物理位置。一个域中最多可指定 256 个组，而且对采用应答服务或请求/响应服务的组节点数最多为 64 个；对采用非应答服务的组节点数不限制。单独的一个节点可同属于多个组（最多 15 个组）。组编址的优点是降低随同消息发送的地址信息的字节数，同时也使同一组中的多个节点可同时接收网上发出的单个消息。节点的组不仅可跨越同一域中的多个子网，而且可跨越多个通道。

5. 神经芯片标识

神经芯片的标识符 ID 可用作地址，并且这个 ID 值只在网络安装及配置时用作网络寻址。网络管理工具用在节点安装时，用它给安装的节点配置属于一个域还是两个域，对应用消息不使用这种编址格式。

节点使用的编址格式有 5 种，不同的编址格式决定了源地址及目标地址将占用的字节数。

4.4.6 LonTalk 高层

1. LonTalk 协议的传输层和会话层

LonTalk 协议的核心部分是传输层和会话层。一个传输控制子层管理着报文执行的顺序、报文的二次检测。传输层是无连接的。它提供 1 对 1 节点、1 对多节点的可靠传输。信息认证（authentication）也是在传输层实现的。

会话层主要提供请求—响应的机制，它通过节点的连接来进行远程数据服务（remote data servers），因此使用该机制可以遥控实现远端节点的过程建立。LonTalk 协议的网络功能虽然是在应用层完成的，但实际上也是由提供会话层的请求应答机制来完成的。

2. LonTalk 协议的表示层和应用层

LonTalk 协议的表示层和应用层提供以下 5 类服务。

（1）网络变量的服务。当定义为输出的网络变量改变时，能自动地将网络变量的值变成

APDU 下传并发送，使所有把该变量定义为输入的节点收到该网络变量改变的信息。当收到信息时，根据上传的 APDU 判断是否是网络变量以及是哪一个网络变量，并激活相应的处理进程。

(2) 显式报文的服务。将报文的目的地址、报文的服务方式、数据长度和数据组织成 APDU 下传并发送，将发送结果上传并激活相应的发送结果处理进程。当收到信息时，能根据上传 APDU 判断是否是显式报文，并能根据报文代码激活相应的处理进程。

(3) 网络管理的服务。LonTalk 网络管理提供地址分配服务。分配所有的节点地址单元，包括域号、子网号、节点号以及所属的组名和组员号，值得注意的是 Neuron ID 是不能分配的。网络管理体制还包括设置路由器的配置表。

(4) 网络跟踪的服务。网络跟踪服务提供对节点的查询和测试。查询节点的工作状态以及一些网络的通信错误统计，包括通信 CRC 校验错误、通信超时等。LonTalk 协议还发送一些测试命令并对节点进行测试。

(5) 外来帧传输的服务。该服务主要针对网关（gateway），将 LonWorks 网络外其他的网络信息转换成符合 LonTalk 协议的报文传输，或反之。

4.4.7 LonTalk 提供的服务

1. 物理信道管理

LonTalk 协议支持一种或多种不同传输介质构成的网络。这些传输介质包括双绞线、电力线、无线射频、同轴电缆和光纤等。不同介质的传输距离、传输速率、网络拓扑结构以及所使用的收发器均不相同。每个网络节点连接到物理信道上，一个或多个信道具有特定频率的射频，一条电力线信道是与交流电力线相连的线段。多条信道由网桥和路由器连接，收发器是神经元芯片与信道的接口，信道的传输速率与传输介质和收发器有关。

2. LonTalk 协议的命名机制和寻址方式

(1) 神经元芯片命名。神经元芯片具有一个特有的 48 位标识（Neuron ID），Neuron ID 由芯片生产厂家唯一确定而且终生不变。由此，Neuron ID 作为神经芯片的名字，可以唯一地区别于其他神经芯片。

(2) 地址。地址是一个对象或一组对象的特有标识，与名字不同，地址是可以改变的。LonTalk 地址唯一地确定一个 LonTalk 数据包的源节点或目标节点，路由器则利用这些地址在信道之间选择数据包的传输路径。尽管 Neuron ID 也可以作为地址，但它不能作为寻址的唯一方式，这是因为该寻址方式只支持一对一的传输，将需要过于庞大的节点路由表以优化网络流量。仅仅当网络安装和配置时，才使用芯片的 Neuron ID 寻址方式。

(3) 寻址方式。该方式由域地址、子网地址和节点地址等方式组成。

1) 域（domain）地址：域是一个信道或多个信道上的节点的逻辑集合。一个域就是一个实际意义上的网络，通信只能在同一域中配置的节点进行。多个域可以占用同一个信道，所以，域地址可以用来隔离不同网络上的节点。域地址用域标识符 ID 来表示，域标识符（ID）可以分为 0、1、3 或 6 个字节。域标识符是唯一的。

2) 子网（subnet）地址：一个子网是在同一域中节点的逻辑集合。一个子网最多可有 127 个节点，一个域最多可有 255 个子网。子网中所有的节点必须在同一信道上，并且子网不能跨越智能路由器。如果一个节点属于两个域，该节点必须属于每一个域中的子网。

3) 节点（node）地址：一个子网内的节点被赋予该子网内的唯一节点标识码。节点标识码为 7 位，所以每个子网最多可以有 127 个节点。一个域中最多可有 32385 个节点。

4）组（group）地址：组是一个域内节点的逻辑集合。与子网不同，组不需要考虑节点的物理位置。组可以包括路由器，一个节点最多可以属于 15 个组，一个域最多可以有 256 个组。组地址的长度为 1 个字节。

5）芯片（Neuron ID）地址：除了子网/节点之外，节点可以用 Neuron ID 寻址。Neuron ID 为 48 位长，这个 ID 码是唯一的。

域/Neuron ID 寻址方式是在网络安装期间对节点进行初始配置时，由网络管理工具将每个节点配置给一个或两个域，并且配置子网和节点标识码。

（4）寻址格式。节点有 5 种寻址格式。寻址格式确定了地址格式的字节数。每种寻址格式的字节数如表 4 - 10 所示。注意，在计算整个地址长度时，应在表 4 - 10 给出的地址长度的基础上再加上域地址长度（该域地址长度范围为 0～6 个字节）。

表 4 - 10　　LonTalk 协议的 5 种地址格式

地址格式	目　标	地址长度（字节数）	地址格式	目　标	地址长度（字节数）
域（子网＝0）	域内所有节点	3	域、组	组内所有节点	3
域、子网	子网内所有节点	3	域、Nueron	特定节点	9
域、子网、节点	子网内的特定节点	4			

3. 网络管理与网络设备

（1）网络管理。一个 LonWorks 网络是否需要一个网络管理节点，取决于实际应用的需要。一个网络管理节点具有以下功能。

1）寻址未配置的节点并下载网络地址；

2）停止、启动和复位应用程序；

3）访问节点通信统计；

4）配置路由器；

5）下载新的应用程序；

6）提取运行网络的拓扑结构。

在一个开发环境中，网络管理节点的应用相当于 LonBuilder 开发平台的网络管理器，其任务包括定义、配置、下载和控制 LonWorks 网络。LonBuilder 协议分析具有监视、采集和显示网络通信流量以及性能统计等功能。

（2）路由器。一个路由器连接两个信道并且在信道间转发数据包。路由器可以用下面 4 种路由算法之一配置。

1）中继器。中继器是一个最简单的路由器，数据包只能前向传输。利用中继器，一个子网可以跨越多个信道。

2）网桥。网桥在两个信道间前向转发，并与本域的所有数据包相匹配，利用网桥，子网可以跨越多个信道。

3）学习路由器。一个学习路由器监视网络流量并在域/子网级感知网络的拓扑结构，学习路由器利用所学知识在信道间为数据包选择路径。

4）配置路由器。与学习路由器相似，配置路由器借助其内部的路由表在信道间为数据包选择路径。和学习路由器不同的是，其内部路由表的内容由网络管理工具定义。网络管理工具可以为子网和组寻址定义路由表以优化网络流量。

4. LonTalk 提供的通信服务

(1) 网络效率。网络的响应时间、安全性和可靠性是相互关联的。例如，应答服务方式是最可靠的，但它与非应答方式和非应答重发方式相比需要较大的网络带宽；它具有优先权的报文实时发送，对其他报文的发送是不利的；使用报文认证服务可使安全性增加，但要传送的报文数量将是无报文认证服务的两倍。

(2) LonTalk 报文服务。LonTalk 提供以下 4 种可选择的报文服务。

1) 确认服务 (Acknowledged)：这是最可靠的服务方式。以这种方式发送报文，发送方必须收到每个接收节点的确认信号。如果事务定时器溢出还没有收到所有节点的全部节点的确认信号将重新发送，而重发次数和事务定时是可以选择的。确认信号由神经元芯片的网络 CPU 产生，而无需应用程序干涉。事务 ID 号用于跟踪报文和确认信号，以避免应用程序不会收到重发的报文。

2) 请求/应答服务 (request/response)：请求/应答服务与确认服务有相同的可靠性，发送方需要接收到每个接收节点的应答信号，也包括重发次数和事务定时。应答信号包含数据，所以该方式适用于远程过程调用或客户机/服务器应用。

3) 非确认重发服务 (unacknowledged repeated)：这是一种比较可靠的方式，报文向一个或一组节点发送多次，而不等待应答信号。这种报文方式适合于向节点数较多的组进行广播传送，这时如果组内节点都产生应答，网络就会过载。

4) 非确认服务 (unacknowledged)：非确认服务是最不可靠的一种服务，它不需要等待接收节点的应答信号，它适用于对网络效率要求很高而网络带宽有限，且对报文的丢失不敏感的应用场合。

(3) 冲突检测。LonTalk 协议的冲突退避算法是特有的，称为预测 P—坚持 CSMA (Predictive P-persistence CSMA)。它在保留 CSMA 优点的同时，克服了其缺点，保证在过载情况下不会因为冲突而降低吞吐量。当使用支持硬件冲突检测的传输介质（双绞线）时，一旦收发器检测到冲突，LonTalk 协议就可以有选择地取消报文的发送，这使节点可以马上重新发送并使冲突不再重发。

(4) 报文认证。LonTalk 协议支持报文认证服务，即允许报文的接收者确定报文的发送方是否有权发送。它用于防止未授权节点介入应用。报文认证的实现是在节点安装时，分配到一个 48 位的密钥，对于一个报文要被接收方接收，则发送方和接收方要有相同的密钥。

5. LonTalk 协议中的定时器

在使用 LonTalk 协议之前，需正确设置以下几个定时器。

(1) 事务定时器 (Transaction Timer)；

(2) 重发定时器 (Repeat Timer)；

(3) 组接收定时器 (Group Receive Timer)；

(4) 非组接收定时器 (Non-Group Receive Timer)；

(5) 缓冲器释放定时器 (Free Buffer Wait Timer)。

在使用确认报文服务时，事务定时器定义在重发之前对确认信号的等待时间，这个时间可在报文地址表中的目的地址中定义。如果一个节点在事务定时器溢出之前没有收到确认信号，将重新发送同一报文，重新控制计数器重发的次数。

重发定时器用于非确认重发报文服务。当要访问的节点数量很大时，确保报文被每个需要接收的节点都接收到。因为节点数量很大，如果使用确认方式的报文服务时，网络中的数据流量会变得很大，而使反应时间变慢，重发次数最多为 15 次。

当一报文到达目标节点时，接收节点检查报文的源地址和事务 ID。如果在源地址和事务 ID 中都没有发现有效的“接收事务”，就产生了一个新的接收事务。如果因为节点用完而使有效事务不能产生，报文就会丢失。假设节点能够为报文分配一个有效的事务记录，节点将启动接收定时器；节点根据发送节点的寻址方式选择启动哪个接收定时器。如果发送者用组地址寻址，在报文的地址表中就有一个组地址的入口地址，接收节点则启动组接收定时器；如果使用其他寻址方式，则节点启动非组接收定时器。

6. 网络接口

LonTalk 协议包含一个可选择的网络接口协议，该协议支持在任一主处理器上运行 LonWorks 应用。主处理器可以是微处理器、微控制器或 PC。主处理器管理 LonTalk 协议的 6、7 层，并且使用 LonTalk 网络接口管理协议的 1～5 层。LonTalk 网络接口定义网络接口和主处理器之间的数据交换格式。

不同的网络接口具有不同的网络接口协议。在主处理器上执行的应用程序通过网络驱动器与网络接口通信，网络驱动器管理缓冲器分配，将来自或发往网络接口的数据送入缓冲器，并且在网络接口层协议中屏蔽主机应用的任何差异。LonTalk 网络驱动器定义了主机应用与网络驱动器之间的标准报文格式。

7. 数据表示

LonTalk 协议采用面向数据的应用协议。在这种方式下，节点间以标准工程单位或其他预定义的单位变换，例如温度、压力、状态和文字串等应用数据，而命令语句封装在接收节点的应用程序中且不将命令在网上传送。以这种方式，同一工程量可送到多个节点，然而每个节点对该数据有不同的应用程序。

“数据表示”由基于芯片节点的芯片固件完成；在基于主机的节点中，“数据表示”由主处理器完成。

（1）网络变量。网络变量是 LonTalk 协议中表示层的数据项，网络变量可以是数据项或是一个结构，网络变量用关键字 Network 定义。每个网络变量由应用程序表明其数据类型。对于基于芯片的节点来说，当在一个应用程序中通过赋值操作引起了输出网络变量的变化时，神经芯片固件将自动地用 LonTalk 协议服务在网络上传播其更新的值。

（2）显式报文。显式报文将报文的目的地址、报文服务方式、数据长度和数据组成 APDU（应用层数据单元）下传并发送，将发送结果上传并激活相应的发送结果处理进程。当收到信息时，能根据上传 APDU 判断是否是显式报文，并根据报文代码激活相应的处理进程。

4.4.8 LonMark 对象

LonWorks 技术为产品开发者、系统集成商和最终用户提供了用于研制、构造、安装和维护控制网络所需要的所有东西。这种一步到位的解决方案有利于用户把主要精力集中在应用层的开发工作上。由于在许多产业中发展互操作产品的巨大机遇，1994 年由 Echelon 和致力于建造互操作产品的 LonWorks 用户集团成立了 LonMark 互操作协会。互操作协会意味着来自同一个或不同的制造商的多个装置能集成在单一的控制网络中，而无需定制节点或定制编程。LonMark 协会致力于发展互操作性标准，认证符合标准的产品，发扬可互操作性系统的优点。

LonMark 对象是应用层互操作性的基础。LonMark 对象描述了节点在网络上与其他节点如何共享信息，如何以标准格式输入和输出节点信息。

1. LonMark 对象定义

LonMark 对象是一个或多个输入网络变量和输出网络变量（SNVTS）、网络变量行为的语义定义和一系列配置属性的封装体。

LonMark 对象建立在网络变量的基础上，并结合特定应用功能的语义提供了一个简明的应用层接口。LonMark 对象不仅定义了使用哪一种标准网络变量类型和标准结构参数类型传递数据，而且提供了通信信息的语义。LonMark 对象描述了信息如何输入节点，如何从节点输出，如何与网络上的其他节点共享信息的标准格式。

2. LonMark 设备

遵循 LonMark 可互操作规范标准的设备称为 LonMark 设备，或称为 LonMark 节点。一个 LonMark 节点包括一个或若干个 LonMark 对象。一个 LonMark 设备（节点）的应用层接口包括若干元素，这些元素完整地描述了可互操作的节点与网络的接口。这些组成互操作接口的关键元素包括以下几个。

（1）节点对象（object 0）

节点对象提供 LonMark 节点内各个对象的管理。节点对象提供了在一个节点内询问对象的模式或报告对象状态的机制，除此之外，节点对象包括与该节点有关的网络数量和配置属性。

（2）具有特定应用的 LonMark 对象

LonMark 对象描述了节点在网络上与其他节点如何共享信息，如何以标准格式输入和输出节点信息，LonMark 对象定义为一个或多个输入网络变量和输出网络变量的集合（SNVTS）、网络变量行为的语义定义和一系列配置属性。利用自环网络变量，一个 LonMark 对象可以给自身发送信息，然而 LonMark 对象的主要目的是向网络上其他节点发送信息。

（3）通用的 LonMark 对象

例如传感器、执行器或控制器对象。

（4）网络变量

（5）配置属性

应用程序开发者在安装过程中要选择应用程序的参数，称为配置属性。配置网络变量可用于相对较少的配置信息，这个方法较网络变量有优势：自标识、自文档、外部接口文件支持和简化的发送和接收数据的方法。

LonMark 支持一个多级的设备文档结构，并支持安装。每个 LonMark 节点必须包括自文档和标识信息，这些信息包括：设备制造商、设备类型、设备的 Neuron ID，还有设备中所用的任一通用 LonMark 对象和节点支持的任一功能模块、对象类型以及被外部标准对象支持的任一附加的网络变量功能。

（6）功能模块

常用的 LonMark 对象包括开环传感器、闭环传感器、执行器对象和控制器对象。由此形成了其他对象和功能模块的模板。在通常情况下，对象定义十分接近常用的 LonMark 传感器和执行器对象，或只需加入输入或输出信号的特定数据类型即可。然而，由于执行器对象是松散定义的，故需要功能模块提供与特定控制器功能相关的网络变量和配置属性的定义。

4.5 面向对象的编程语言——Neuron C

4.5.1 Neuron C 概述

Neuron C 是专门为 Neuron 芯片设计的编程语言。它是从 ANSI C 中派生出来的，并对 ANSI C 进行了增删。对 ANSI C 的扩展直接支持 Neuron 芯片的固件，使之成为开发 LonWorks 应用的强有力工具。

对 ANSI C 的扩展包括以下几点。

(1) 一个内部多任务调度程序：它允许程序员以自然的方式来表达逻辑并行事件驱动的任务，同时控制这些任务执行的优先级。

(2) 将 I/O 对象直接映射到处理器的 I/O 能力。

(3) 网络变量对象定义：提供一种简单的实现节点之间数据共享的方法。

(4) when 语句：引入事件并定义这些事件的临时排序。

(5) 显式消息传送：用于直接对 LonTalk 协议的下层进行访问。

(6) 秒及毫秒软件定时器对象：可随意执行用户任务。

(7) 函数库：当调用时，可以执行事件检测、输入/输出管理、网上发送或接收消息以及控制各种 Neuron 芯片的功能。

有经验的 C 编程人员一定能发现 Neuron C 扩充部分对所熟悉的 C 语言有一种很自然的衔接感。Neuron C 提供有内嵌的类型检查，为编程人员编出高效率的分布式 LonWorks 应用程序提供了保证。

1. Neuron C 与 ANSI C 的差别

Neuron C 非常接近 ANSI C 语言标准，然而 Neuron C 又不完全遵守 Standard C 的标准 (X3－J11)。除了有上述的扩展外还有如下一些不同的地方。

(1) Neuron C 不支持 C 的浮点运算或浮点运算符，但是提供有浮点库来使用浮点数 (标准 IEEE 754)。

(2) Neuron C 只定义了 8 位的短整型 (int) 和 16 位的长整型，默认的是短整型。对 32 位的数只能使用 32 位的有符号整型库。

(3) Neuron C 不支持寄存器变量以及寄存器的存储类别。

(4) Neuron C 在自动变量定义时不赋初值。

(5) Neuron C 中结构或共用体不能作为过程参数或作为函数的返回值。

(6) 不支持指向定时器、消息标签以及 I/O 对象的指针变量。

(7) 网络变量指针以及 EEPROM 变量指针与常数指针 (通过指针访问的变量内容是只读内容) 在特定的环境并附加某些约束时相同，可以用指针修改存储器的内容。详情请见 eeprom_memcpy () 函数以及 propagate () 函数。

(8) 宏展开后宏参数才能被扫描，这样的话在嵌套的宏展开中宏运算符‘＃’以及‘＃＃’不能像在 ANSI C 标准中定义的那样得出结果。

(9) 网络变量名以及消息标签名最多由 16 个字符组成。

(10) Neuron C 中只保留了很少一部分 ANSI C 的库函数，如 memcpy () 和 memset ()。有字符串以及字节操作库，但也仅仅是保留了 ANSI C 的＜string. h＞包含文件中定义的一部分。其他 ANSI C 库函数，如文件的输入/输出以及存储分配函数，在 Neuron C 中是找不到的。

(11) Neuron C 中有 3 个 ANSI C 包含文件：＜stddef. h＞、＜stdlib. h＞及＜limits. h＞。

(12) Neuron C 中如果在函数定义之前调用函数必须对函数进行说明。

(13) Neuron C 中附加有 ANSI C 没有的保留字及语法。

(14) Neuron C 不仅支持十进制、十六进制，还支持二进制常数。二进制常数表示方法为：0b＜二进制数＞，如 0b1101＝13（十进制）。

(15) Neuron C 程序注解可使用双斜杠 (//) 开始，也可以延用/ * 注解 * /。如果使用//开始注解，那么注解结束不需要再标识，如：

程序代码　　/ * 注解 * /

程序代码　　// 注解

(16) 不需要 main ()。

(17) Neuron C 在单个的编译单元中不支持多个源文件（不过，支持＃include 指令）。

(18) 不支持 ANSI C 预处理指令＃if、＃elif 及＃line，但支持＃ifdef、＃else 以及＃endif。

2. Neuron C 变量类型

Neuron C 支持的变量类型有以下几种。

(1) 整型（整型常数或整型变量）

整型变量是没有分数部分的所有的数，如 1、2、3、−5、0 等。整型变量可以有正的或负的值。

在整型的表示符 int 前，还可以加上一个或两个以下的符号：short、long、unsigned 以及 signed（可省略）。加上这些符号后，在整型 (int) 之外又构成短整型、长整型、无符号长整型以及无符号短整型，一共 6 种，其中有：

[signed] long int：16 位有符号长整型；

unsigned long int：16 位无符号长整型；

[signed] [short] int：8 位有符号短整型；

unsigned [short] int：8 位无符号短整型。

(2) 字符型（字符常数或字符型变量）

字符变量主要有两种：一种是有符号字符；一种是无符号字符。无符号字符可用来表示一个字节或 0～255 之间的整数，有符号字符可以用来表示一个 ASCⅡ 字符，也可表示 −128～＋127 之间的整数。有符号字符和无符号字符在内存中占一个字节。字符变量用关键字 char 来定义，例如：

signed char　　8 位数

[unsigned] char　　8 位数

(3) 枚举类型

如果一个变量只有几种可能的值，可以将该变量定义为枚举类型。所谓“枚举”是指将变量的值一一列举出来，变量的值只限于列举出来的值的范围内。

定义枚举类型用 enum 开头。例如：

enum（int 型）　　8 位数

Neuron C 中有一个枚举类型变量 boolean，即：

typedef enum {FALSE，TRUE} boolean；

(4) 其他

Neuron C 中还为 I/O 对象以及 SNVTS 预定了许多变量类型。在扩展了的数学函数库中，还定义了 fl_type 以及 s32_type（标准 IEEE 754），还有有符号 32 位的整型数据类型。

3. Neuron C 存储类别

在文件范围（指的是不包含有函数以及任务的 Neuron C 程序部分）内定义且未指定类别的数据或函数是全局变量或外部函数。全局变量（包括定义时加有关键字 static 的静态全局变量），顾名思义，程序中所有函数、任务以及事件都可以引用。当节点 Neuron C 芯片加电或复位时，在 RAM 中的全局变量将赋予初值。属于 eeprom 或 config 类别的变量仅在应用映像第一次装载时被初始化。

Neuron C 支持的 ANSI C 存储类别有：

auto（自动）：局部变量默认的存储类别。

const（常数）：应用程序不能修改的存储类别。

extern（外部）：在其他模块里定义的变量或函数，如库函数或系统映像。

static（静态）：链接时其他模块不能引用的变量或函数。如果该变量是在某个函数中或任务中的局部变量，它的值在调用之间被保留，但编译时其他函数不能引用。

除上述的存储类别外，Neuron C 还增加了下列类别。

config（配置）：该关键字只能在输入网络变量定义时加入。配置网络变量主要用于应用配置，它相当于 const eeprom。当应用映像第一次装载时被初始化。

network（网络）：该类别关键字引用网络变量。

system（系统）：该类别关键字在 Neuron C 中仅用于访问 Neuron 芯片的固件库函数。应用编程人员在变量定义以及函数定义时不能使用该关键字。

uninit（不初始化）：该类别关键字与 eeprom 关键字结合使用，用于指定 EEPROM 变量在程序装载时或网络上再次装载时不用初始化或修改。

应用编程人员还可以使用 Neuron C 中的下列关键字将应用代码直接存放到指定的存储器中。

eeprom

far

offchip（只有 3150 芯片有外部存储器）

onchip

ram（外接 RAM 区）

这些关键字对 Neuron 3150 芯片特别有用，原因是 3150 芯片的地址空间很大一部分被映射到片外。

4. 变量初始化

不同类别的变量，它们的初始化发生在不同的时刻。除网络变量外，const 变量必须初始化，const 变量初始化发生在应用映像第一次装载时。要提醒读者注意的是，const ram 变量被放置在片外的 RAM 中，片外的 RAM 必须是非易失，这样 eeprom 以及 config 变量也可以在装载时被初始化，当然如果变量定义中使用了 uninit 关键字，eeprom 变量在程序装载时不能初始化。

全局 RAM 变量在节点复位时被初始化，初始化默认值是“0”。由于初始化“0”值是固件的作用，所以不会因此花费额外的代码空间。

I/O 对象的初始化、输入网络变量（不包括 eeprom、config 或 const 网络变量）以及定时器的初始化都发生在复位时。网络变量的默认初始值也是“0”。

非静态局部变量不会自动初始化，当程序运行离开该局部变量定义的函数范围或 when 任务范围时，其值不保留。

5. 整型常数

负常数被看作对正常数作一元负操作，比如－128 它应是有符号长整型，不是有符号短整型。十进制的整型常数有如下默认类型。

0～127	有符号短整型
128～32767	有符号长整型
32768～65535	无符号长整型

默认的类型可以用 u、U、l 以及 L 后缀作装饰，例如：

0L	有符号长整型
128U	无符号短整型
128UL	无符号长整型
256U	无符号短整型

十六进制、十进制以及二进制常数，有如下默认类型也可以采用上述的后缀字母作为修饰。

0x～0x7f	有符号短整型
0x80～0xff	无符号短整型
0x100～0x7fff	有符号长整型
0x8000～0xffff	无符号长整型

6. Neuron C 定义

在 C 语言中，所有的变量在使用前都要定义，ANSI C 和 Neuron C 支持的变量定义如下：

定义	举例
简单的数据项	int a, b, c;
数据类型	typedef unsigned long ULONG;
枚举	enum hue {RED, GREEN, BLUE};
指针	char * p;
函数	int f (int a, int b);
数组	int a [4];

结构和共用体

```
structs
{
    int field1;
    unsigned field2: 3;
    unsigned field3: 4;
};
```

Neuron C 附加的对象定义如下：

定义	举例
I/O 对象	io_0 output oneshot relay_trigger;
定时器	mtimer led_on_timer;
网络变量	network input int temperature;
消息标签	msg_tag command;

7. 编译指令

编译指令＃ Pragma 可以用来设置某一个 Neuron 芯片的系统资源以及节点参数，诸如缓存器数和大小、接收事务数等。

Neuron C 附加的＃ Pragma 指令可以用于控制 Neuron 芯片特定的参数，这些指令可以放置在源程序的任意地方，下面是这些编译指令的定义。

(1) ＃ pragma all_bufs_offchip

该指令仅用于 LonBuilder MIP/DPS。编译器命令固件以及链接器将所有的应用及网络缓存器放置到片外的 RAM 中。

(2) ＃ pragma app_buf_in_count<count>

(3) ＃ pragma app_buf_in_size<size>

(4) ＃ pragma app_buf_out_count<count>

(5) ＃ pragma app_buf_out_priority_count<count>

(6) ＃ pragma app_buf_out_size<size>

(7) ＃ pragma codegen<option>

这个指令允许对编译器代码发生器的某些特性进行有限的控制。应用的定时及代码长短可以用这个指令来改变。该指令只在调试程序时使用。

(8) ＃ pragma disable_mult_module_init

指定编译器直接在特定的启动以及事件块内产生所需的初始化代码。该选项被选择的结果就是直接插入。直接插入的方法在存储器使用的效率方面略有改善。该编译指令只能用于 3120 芯片，如将程序强行输进 3120 芯片内。

(9) ＃ pragma disable_servpin_pullup

服务引脚的上拉电阻通常是使能的，使用本编译指令使之无效。该编译指令只有在 I/O 初始化时才有效。对 LonBuilder 的 Neuron 仿真器，不要使用该指令。

(10) ＃ pragma disable_snvt_si

默认生成自确认数据，若使用该编译指令将禁止生成自确认数据（SI），这样可以释放部分程序存储空间。在源程序中，该指令只能出现一次。

(11) ＃ pragma eeprom_locked

该指令可以使应用程序将 EEPROM 的校验和加锁（设置一个标志）。由于 EEPROM 的校验和包括应用及网络映像，不包括应用程序中使用的 EEPROM 变量，所以 EEPROM 变量不受保护。详见 set_eeprom_lock（）函数。

（12）# pragma enable_io_pullups

通常引脚 IO4～IO7 的内部上拉电阻是非使能的，使该指令内部引脚 IO4～IO7 的上拉电阻使能。该指令在 I/O 初始化时有效。

（13）# pragma enable_multiple_band

当使用几个比特速率不同的串行 I/O 设备时，必须使用该指令。如果需要，该指令必须在调用 I/O 函数［io_in（）、io_out（）］之前写入源程序。

（14）# pragma enable_sd_nv_names

使用本编译指令，编译器在自确认数据文件（SI）产生时将网络变量名插入到自编文件（SD）中。在源文件中该指令只能出现一次。

（15）# pragma explicit_addressing_off

（16）# pragma explicit_addressing_on

以上两个指令只在使用 MIP 程序时才使用。

（17）# pragma fyi_off

（18）# pragma fyi_on

以上这两个指令控制编译器打印信息性消息。信息性消息比警告消息的严重性要低得多，它可以指示程序中的某个问题，也可以指示代码能获得改善的位置。在编译启动时信息性消息的这个指令默认是关闭的。这两个指令在程序中可以多次使用，以便按需要开启或关闭信息性消息的打印动作。

（19）# pragma hidden

该指令只用于标准包含文件<echelon. h>。

（20）# pragma idempotent_duplicate_off

（21）# pragma idempotent_duplicate_on

上述两个指令仅用于 MIP 应用中。

（22）# pragma ignore_notused<symbol>

编译器通常会打印程序中已定义但并未使用的变量、函数以及 I/O 对象等的警告信息。该指令可以多次使用以便禁止打印命名符号的警告消息。

（23）# pragma micro_interface

该指令用于 MIP 应用。

（24）# pragma net_buf_in_count<count>

（25）# pragma net_buf_in_size<size>

（26）# pragma net_buf_out_count<count>

（27）# pragma net_buf_out_priority_count<count>

（28）# pragma net_buf_out_size<size>

（29）# pragma netvar_processing_off

（30）# pragma netvar_processing_on

（29）、（30）两条指令用于 MIP 应用中。

(31) ＃ pragma no_hidden

该指令仅用于标准包含文件<echelon. h>。

(32) ＃ pragma num_addr_table_entries<num>

设置地址表中的最大记录数为<num>。有效值范围是 0～15。地址表默认记录数是15。很显然该指令可以帮助用户为地址表记录分配 EEPROM 的空间。

(33) ＃ pragma num_alias_table_entries<num>

控制由编译器分配的别名表记录数。别名表记录数在编译时必须指定，运行时不能改变。<num>有效值范围是 0～62。编译器默认值是“0”。同样，该指令可以帮助用户为别名表分配 EEPROM 的空间。

(34) ＃ pragma num_domain_entries<num>

设置域表的记录数。<num>的有效值是 1 或 2，默认值是 2。同样，该指令可以帮助用户为域表分配 EEPROM 空间。

(35) ＃ pragma ram_test_off

禁止对片外 RAM 缓存器空间的测试以加速初始化。通常 Neuron 芯片固件在复位后或者加电后要做的第一件事就是检验诸如 CPU、RAM 以及定时器/计数器的基本功能，这样要花费大量的时间，尤其在较低的时钟速率情况下耗费的时间更长，关闭 RAM 缓存器的测试，可节省部分时间。尽管如此，所有 RAM 静态变量仍然赋“0”初位。

(36) ＃ pragma read_write_protect

节点程序加读写保护，这样可避免在网上被复制或修改。一旦设置保护，节点程序不允许再次被装载（对 3120 芯片）。不过对 3150 芯片可以使用 EEBLANK 程序实现程序的再次装载。如果因写保护引起的装载失败，将会显示出错消息。

(37) ＃ pragma receive_trans_count<num>

设置接收事务数<num>，有效值是 1～16。

(38) ＃ pragma relaxed_casting_off

(39) ＃ pragma relaxed_casting_on

当变量赋值或函数参数传递时，若发生数据类型转换为常数类型的问题时仍按原定义的数据类型处理，编译器将报错。为避免报错，可使用 relaxed_casting_on，否则使用 relaxed_casting_off。这两个指令可在程序中多次使用。

(40) ＃ pragma scheduler_reset

在非优先级 when 执行周期内，每个事件处理后，调度程序复位。

(41) ＃ pragma set_id_string “ssssssss”

提供一种机制用于设置 8 字节长的程序标识符 ID。在应用映像中头 8 个字节即是程序的 ID。该 ID 串在服务引脚消息发送时也被插入该消息中，作为其中的一部分。该指令还是查询 ID 这个网管消息的响应内容。ID 串可以是一字符串常量，最多 8 个字符。该指令不能与指令＃ pragma set_std_prog_id 同时使用。

(42) ＃ pragma set_netvar_count<nn>

仅用于 MIP 应用中。

(43) ＃ pragma set_node_sd_string<C string const>

该指令用来编写自编文件（SD）串。源程序中该指令只能出现一次。对 LonMark 节点，部分 SD 串用于指定节点中对象的类型。

(44) # pragma set_std_prog_id hh：hh：hh：hh：hh：hh：hh：hh

提供一种机制用于设置节点 8 字节长的标识符 ID。每字节用十六进制数表示，除第一字节的值范围是 80～FF 外，其他字节的值都是 00～FF。该指令不能与指令 # pragma set_id_string 同时使用。

8 字节长的程序 ID 串的组成成员见 4-11。

表 4-11　标准程序 ID 串的组成成员

成　员	比特数	类　型	数据源
格式	4	无符号	LonMark 程序
制造商标识符 ID	20	无符号	LonMark 程序
设备级	16	无符号	LonMark 程序
设备子级	16	无符号	LonMark 程序
模块号	8	无符号	制造商

表 4-11 中各成员含义如下：

1）格式：4 比特定义程序 ID 的结构，格式 8、10、11、12、13、14、15 保留，供具有互操作性的 LonMark 节点使用，格式 8 为 LonMark 标准程序 ID 格式，格式 9 可以在开发期间供网络管理器用来测试标准 ID 的译码。

2）制造商 ID：20 比特用于唯一标识生产具有互操作性 LonMark 节点的生产商。

3）设备级：16 比特的 ID 标识设备级。

4）设备子级：16 比特的 ID 标识设备子级。

5）模块号：8 比特 ID 用于标识指定的产品模块。模块号由产品制造商提供并且对制造商来说在设备级以及设备子级内是唯一的。同样的硬件可以使用多个模块号，这当然取决于装载到硬件的程序。在程序 ID 内的模块号不一定要与制造商的模块号相一致。

(45) # pragma snvt_si_eecode

编译器迫使连接器将自确认文件以及自编文件信息放置在 EECODE 空间，通常链接器将它们放置在 EEPROM 以及 ROM 代码空间。两文件表放在 EEPROM 中，可以利用网络管理消息写存储器来修改，网管消息在节点安装时修改节点的自编文件。对节点来说，这点非常有用，节点可以被连接到多个不同类型的 I/O 设备上。注意，该指令只能用于 3150 芯片。

(46) # pragma snvt_si_ramcode

编译器迫使连接器将自确认文件以及自编文件信息放置在 RAMCODE 空间。两文件表放在 RAMCODE 中，可以利用网络管理消息写存储器来修改。注意：RAMCODE 空间应该是外部的存储空间，且是非易失的。同样该指令仅对 3150 芯片适用。

(47) # pragma transaction_by_address_off

(48) # pragma transaction_by_address_on

上述两个指令显式地控制芯片固件使用的事务 ID 配置算法的版本。芯片固件有的版本（尤其最新版本）使用新版本的事务 ID 配置算法，该算法能够极好地防止消息的重复接收。

对 3150 芯片、3120E1 以及 3120E2 芯片，固件 ver6.0 或更新版本都支持新老版本事务 ID 配置算法。对 3120 芯片，固件 ver4.0 或更新版本也支持新老版本的事务 ID 配置算法。如果可选的话，默认的事务 ID 配置算法是最新版本，除非节点是基于主机节点或者节点的应用程序使用显式寻址。

（49） # pragma warnings_off

（50） # pragma warnings_on

上述两个指令控制编译器显示警告消息。警告消息通常指出程序的问题或建议代码放置位置。默认警告消息在编译启动时即显示。该指令在程序中可以多次使用，从而按用户的愿望开启或关闭消息的显示。

4.5.2 Neuron C 编程

下面介绍的编程主要针对单个节点。对每个节点都有其自己的调度程序、定时器以及逻辑 I/O 设备。Neuron C 包含有预定对象提供对这些对象的访问。有关调度设备、定时器以及逻辑 I/O 设备的解释如下：

1） Neuron 芯片调度程序负责 Neuron 芯片的任务调度。本节将叙述如何定义事件（任务）、如何判断非优先级事件以及如何定义优先级事件。

2） Neuron 芯片提供两种定时器对象：毫秒级定时器以及秒级定时器。这些定时器可以用来干预任务的调度。

3） Neuron C 可以定义许多 I/O 对象：这些 I/O 对象以及与之相关的函数及事件已在前面有关章节中简述。

一、调度程序

Neuron 芯片的任务调度是由事件驱动的：当一个给定的条件判断为“TRUE”时，与该条件有关的代码体（任务）即执行。调度程序允许编程人员定义任务用以作为某类事件发生的结果，如某一输入引脚状态变化这类事件，与该事件有关的任务可以是将引脚状态变化的新值赋给某个网络变量，也可以是某个定时器时间溢出。此外，编程人员还可以指定某个任务为优先任务，这样可优先接受服务。

1. when 子句

事件由 when 子句来定义。一个 when 子句包括一个表达式，如果该表达式的值判断为“TRUE”，紧跟该表达式的代码体（任务）即执行，例如：

```
          when(timer_expires(led_timer))        //when 子句
    {
          io_out(io_led,OFF);                   //关闭 LED 任务
    }
```

上述程序中，当已定义的应用定时器 led_timer 事件溢出时，when 子句下面的代码体（任务）即执行关闭已定义的 I/O 对象 io_led。在任务执行后，时间溢出事件被清除。当 led_timer 再次溢出，when 子句判断为“TRUE”时，任务又将执行。否则，任务被忽略。

多个 when 子句可以与一个任务发生关联，例如：

```
when(reset)
when(io_changes(io_switch))
```

```
when(! timer_expires)
when(flush_completes&&(y= =5))
when(x= =3)
{
    //打开 LED 并启动定时器
     ...
}
```

when 子句不能嵌套，如下面的程序就是错误的。

```
when(io_changes(io_switch))
{
      when(x= =3)    {          //不能嵌套
      ...
      }
}
```

2. when 子句语法

```
[priority][preempt_safe] when (event)
```

1）priority（优先级）：可选择使用，如使用该选项，调度程序每次运行都必须对有此选项的 when 子句进行判断。

2）preempt_safe：可选择使用，如选用，即便应用处于占先（preemption）方式，调度程序仍然执行相关的 when 任务。

3）event（事件）：圆括号内的事件可以是预定的事件也可以是有效的 Neuron C 表达式（其中可包含预定事件）。同一个任务可以与多个 when 子句关联。

4）task（任务）：任务实际是 Neuron C 语句，它由一系列 Neuron C 说明以及语句组成，用花括号括上。可以说任务等同于无返回值的函数体，使用 return 语句可以中断任务的执行。

3. when 子句的事件类型

when 子句的事件类型有两种：预定事件以及用户定义事件。预定事件包括输入引脚状态变化、网络变量修改、定时器溢出以及消息接收等；用户定义事件可以是任意有效的 Neuron C 表达式。这两者并没有太大的差别，但是因为预定事件所需代码空间较小，所以可能的话尽量使用预定事件。

前面曾提到预定事件可以作为表达式中的一项，但要注意的是如果使用‘offline’、‘online’以及‘wink’这三个预定事件，则只能单独使用不能放在表达式中。这个限制只适用于在 when 子句中的使用，见下述程序段。

```
when(msg_arrives)                    //O.K.
when(msg_arrives&&flag= = TRUE)      //O.K.
when(online)                         //O.K.
when(online&&flag= =TRUE)            //不允许
```

1）预定事件关键字。这里只列出有关的预定事件。flush_completes offline、online、

wink、io_changes、io_in_ready、io_out_ready、io_update_occurs、timer_expires、msg_arrives、msg_completes、msg_fails、msg_succeeds、resp_arrives、nv_update_occurs、nv_update_completes、nv_update_fails、nv_update_succeeds、reset。

预定事件还可以用作次表达式放置在 if、while、for 语句的控制表达式中，这种方法称为直接事件处理，见下述程序段。

```
mtimer t;
when(event)
{
…
  if(timer_expires(t)){
    io_out(io_led,OFF);
}
…
}
```

关键字以及关键字表达式［如 timer_expires（t)］都将看作次表达式或 Neuron C 有效表达式。

2）I/O 改变。io_changes 事件使用时要额外小心。与之结合使用的 to 以及 by 这两个关键字应看成是表达式的运算符，当混合运算时，要注意优先规则。to 和 by 的优先级相同，而且它们在同一表达式中不能同时出现。它们的优先级比移位和算术运算符要低，比关系运算符要高，例如：

io_changes（device）by a+b 等价于 io_changes（device）by（a+b）

io_changes（device）by a<b 等价于（io_changes（device）by a)<b

用括号可以改变运算的优先顺序，当然为避免出错，也可以按实际运算要求的顺序用括号来标清楚。对没有必要但仍然加上的括号编译器将不予理睬。

3）事件的处理。与网络有关的事件的处理通常使用两个各自独立的队列。一个队列主要用于与输入的网络消息有关的事件服务，例如：

```
nv_update_occurs
msg_arrives
online
offline
wink
```

另一个队列则用于与其余网络消息有关的事件服务，属于完成事件和响应，例如：

```
nv_update_completes
nv_update_succeeds
nv_update_fails
msg_completes
msg_succeeds
msg_fails
resp_arrives
```

除 resp_arrives，大多数网络事件只有在 Neuron C 编译器已经确定应用检查这个事件时，才再次排队。online、offline 以及 wink 事件只有在应用程序有对应的 when 子句时，才参加排队。

一旦位于队列之首，该事件将停留在那里，直至应用程序处理。这样，如果应用程序不去处理该事件，该事件将阻塞队列。队列阻塞必然会使应用无法连续正常地处理事件，节点将无法响应任何后来的应用消息及网络管理消息，此外，nv_update_occurs 以及 msg_arrives 事件可以在任意时间发生，所以队列阻塞将会带来更为严重的后果。完成事件以及响应是作为应用输出网络消息的结果而发生的。Neuron C 编译器根据事件在程序中的存在决定对事件的处理。

4）复位事件。复位事件任务是 Neuron 芯片复位后要执行的第一个任务。不论什么原因造成的 Neuron 芯片复位，第一个被判断的就是复位事件。

5）用户定义事件。用户定义的事件可以包含赋值以及函数调用。对复杂函数的调用要谨慎，因为它们的调用将影响程序中所有事件的响应时间。用户定义事件中的赋值也只能对全局变量进行。

更进一步地说，一个事件关键字或一个事件表达式的值判断，如 timer_expires（t）将清除任一悬而未决的事件，不会顾及是否这个表达式是“TRUE”或“FALSE”，例如：

```
when((timer_expires(t))&&(flag = = TRUE))
```

4. when 子句的调度

调度程序对一组 when 子句的判断过程是一个循环往复的过程。调度程序将判断每个 when 子句，如果某个 when 子句是“TRUE”，那么执行相关的任务，如果该子句是“FALSE”，那么调度程序将挪到下一个 when 子句判断该子句的值；到最后一个 when 子句判断结束，调度程序返回到顶部再对这一组 when 子句重复刚才的过程。

5. 优先级 when 子句

如果 when 子句选用 Priority（优先级）关键字，相比无优先级的 when 子句，调度程序对具有优先级的 when 子句的判断次数要频繁得多。对具有优先级的 when 子句，调度程序每次运行都将首先对之判断。如果一个优先级的 when 子句判断是 TRUE，对应的任务执行，调度程序又返回到有优先级的 when 子句。如果优先级的 when 子句判断是 FALSE，那么调度程序将对非优先级的 when 子句判断。

6. 函数原型

如果函数在定义之前被调用，Neuron C 需要使用函数原型（function prototype）。有效的函数原型如下：

```
void f (void);
int g (int a, int b);
```

下面的函数是无参函数，所以不考虑函数原型，仅仅是进一步说明。

```
void f ();
g ();  //默认返回值是整型
```

如果调用之前已定义该函数，Neuron C 将自动创建一个内部原型。一个给定的函数只创建一个原型。下面的例子中当函数定义时，Neuron C将为它们创建原型。

```
void f ()
{/* 函数体 */}
g (a, b)
int a;
int b;
{/* 函数体 */}
```

二、定时器

前面叙述了两种定时器：毫秒定时器，它提供的定时器时间间隔是1～64000ms；秒定时器，它提供的定时器时间间隔是1～65535s。对64s以内的时间间隔的应用要求，使用毫秒定时器。

1. 定时器的定义

在一个程序中可以定义最多15个定时器对象。定时器的定义如下：

```
mtimer [repeating] timer-name [= initial-value];
stimer [repeating] timer-name [=initial-value];
```

mtimer：指的是毫秒定时器。

stimer：指的是秒定时器。

repeating：提供的是一个选项，如果定时器时间溢出，定时器将自动启动。借助该选项，即使应用程序不能立刻响应溢出事件，定时器的时间间隔总是能确保精确。

timer-name：是编程员为定时器设定的名字，给它赋值将启动定时器。正在运行或已溢出的定时器，当赋予新的值时，将重新启动。当定时器运行时，可以对定时器对象进行判断，从而了解剩余时间。如果定时器赋“0”值，定时器被关闭。对关闭了的定时器不会有溢出事件发生。

initial-value：该项可选。如果未提供初值，定时器的值为“0”。若提供有初值，那么加电或复位时，定时器的值为给定的初值。例如：stimer led_timer=5，表示启动秒定时器，且初值为5s。

我们用下列两段程序来说明定时器的关闭以及定时器剩余时间的测量。

```
//定时器关闭;
stimer led_timer;
when (reset)
{
    led_timer = 5;   //启动秒定时器,时间间隔是5s
}
When (t = = 50)
{
    led_timer = 0;   //定时器赋"0"值,关闭秒定时器
}
//定时器剩余时间测量:
stimer led_timer;
```

```
when (nv_update_occurs)
{
    time_remaining = led_timer;  //将剩余时间存放到变量 time_remaining 中
    ...
}
```

2. 时间溢出事件

当时间溢出时，时间溢出事件为 TRUE。这类事件的语法如下：

```
timer_expires [(timer - name)]
```

其中，timer—name：是一选项。若给定某定时器的名，则该事件为特定的定时器溢出事件，即对指定的定时器检查是否时间溢出，若未指定定时器的名，则该事件为非特定定时器时间溢出事件，对此一旦有一个定时器的时间溢出，该事件总是 TRUE。要清除这个事件，只有用对某一指定的定时器检查是否时间溢出的办法才行。如下述程序段，通过检查 led_timer 的溢出，这样 timer_expires 事件才能变为 FALSE。

```
stimer led_timer;
when (timer_expires(led_timer))
{
io_out(io_led,OFF);//当时间溢出,关闭 LED
}
```

三、输入/输出对象

为实现 Neuron 芯片与 I/O 设备之间的数据传送，首先应定义 I/O 对象。对未定义的引脚也就是不用的引脚，默认为无效状态，即高阻状态。如果引脚不用，应设计上拉电阻，对 IO4～IO7 可以使用 enable_io_pullups 编译指令；如果不想设计上拉电阻，可以将不用的引脚定义为输出引脚。

要完成输入/输出，就要使用内部的 I/O 函数：io_in ()、io_out ()、io_set_direction ()、io_select ()、io_change_init () 以及 io_set_clock ()。io_out_request () 函数在并行I/O 对象中使用。本节将解释这些 I/O 函数的使用。

I/O 对象也可以链接 Neuron C 事件，因为 I/O 的改变往往影响任务调度。本节后面要叙述的 io_changes 事件以及 io_update_occurs 事件，就是用在 when 子句中的与 I/O 相关的事件。

1. 定义 I/O 对象

对象的定义要完成以下两部分任务：

(1) 定义告知要进行的是何种 I/O 操作以及使用的引脚。作为定义的结果每次 Neuron C 芯片复位，Neuron 芯片的硬件依照定义完成配置。

(2) 定义将 I/O 名字与硬件建立联系。对象定义的一般语法如下：

```
pin type [options] io - object - name;
```

pin (引脚)：指定 11 个引脚的一个，可以是 IO0、IO1、IO2、IO3 直到 IO10。同一个引脚可以出现在多个 I/O 对象定义中。

type (类型)：指定 I/O 对象类型。

options（选项）：是可选的 I/O 参数。不同 I/O 对象有不同的选项，除非专门指定，否则所有可选参数的排列顺序并不做任何要求。I/O 定义时如果不包含选项，则所有可选参数均采用默认值。

io-object-name（I/O 对象名）：编程员为 I/O 对象取的名字，就像是 C 语言中的变量标识符。例如，IO_3 input bit ioProxDetector，本定义是为了测量作为输入引脚的 IO3 输入逻辑电平（类型是比特输入），正如它的名字所指，该引脚连接在一个检测器上。现在，不论什么么时候你的程序读取 ioProxDetector，实际上读取的都是引脚 IO3 的逻辑电平。

2. 使用 I/O 资源

下面列出的是定义 I/O 对象的指导原则：

（1）最多定义 16 个 I/O 对象。

（2）定时器/计数器 1 可以有多到 4 个的输入对象供选择（多路复用输入对象）。

（3）Neurowire、I^2C、磁卡、磁迹 1 以及串行 I/O 对象是互相独占的，意思是，一个程序中如果要定义这些 I/O 对象，则只能定义一个或多个同一类型的 I/O 对象，例如，如果一个程序中定义了一个串行 I/O 对象，那么在同一个程序中，不能再同时定义一个 I^2C。

（4）对并行方式的 I/O 对象，由于要使用全部 11 个引脚，所以当使用并行方式的任一个 I/O 对象时，其他类型的对象就不能使用了。

（5）直接 I/O 对象类型可以以任意组合方式定义（见 I/O 对象的重叠使用）。定时器/计数器、串行以及 Neurowire I/O 对象定义可替换任意重叠的直接 I/O 对象的引脚说明。

（6）定时器/计数器的对象定义了的引脚不能再定义为移位 I/O 对象。

3. I/O 对象的重叠使用

在有些情况中，可能同一个引脚要定义为多种 I/O 对象，如下述程序段中的定义，允许一个程序在同一个操作中读相邻的 4 个引脚（半字节 I/O 对象）或分别读每个引脚（比特 I/O 对象）。

```
IO_4 input nibble io_all_points;
IO_4 input bit io_point_1;
IO_4 input bit io_point_2;
IO_4 input bit io_point_3;
IO_4 input bit io_point_4;
```

而下面的程序用比特输入对象监视来自同一引脚的单步输出对象的电平。

```
//
IO_1 output oneshot clock (3) io_break_high;
IO_1 input bit io_break_high_level;
//
```

针对这样的重叠使用，I/O 对象可以分成两种类型：硬引脚说明的 I/O 对象以及软引脚说明的 I/O 对象。软引脚说明的 I/O 对象（比特、半字节以及字节 I/O 对象）可以被后来的引脚定义改变，也就是说，如果多个软引脚说明的 I/O 对象在同一引脚上定义，在程序运行时，最后定义的 I/O 对象才是关键的。而硬引脚说明的 I/O 对象不能被后续的引脚定义改变。

io_set_direction () 函数允许应用在运行时改变比特、半字节以及字节 I/O 对象的方向。在上面的这个例子中，单步是硬引脚说明的 I/O 对象，而比特 I/O 对象是软引脚说明的 I/O 对象。

4. 执行 I/O 函数及事件

输入对象的访问可以采用两种方法：显式地调用 io_in () 函数；判断与该对象有关的事件（隐式调用）。

I/O 函数是内嵌的函数，主要有如下几种。

io_change_init ()：为 io_change 事件设置初始参考值。

io_edgelog_preload ()：可用于边沿记数对象，设置每个周期测量的最大值，如果实际周期超过该值，io_in () 调用将中断。

io_in ()：从 I/O 对象读取数据。

io_in_ready ()：当该事件函数判断为 TRUE 时，可从并行 I/O 对象读取数据块。

io_in_request ()：用于双斜率 I/O 对象，启动双斜率 A/D 转换。

io_out ()：向 I/O 对象写数据。

io_out_request ()：为并行 I/O 对象请求令牌。

io_preserve_input ()：用于定时器/计数器的输入对象，调用该函数固件将读取并保存复位后从定时器/计数器获得的第一个值。

io_select ()：选择多路复用输入对象的某一个（看 I/O 多路复用）。

io_set_clock ()：改变特定对象的时钟设置。

io_set_direction ()：改变比特、半字节或字节对象的引脚入出方向。

(1) io_in () 函数。其语法如下：

```
return - value = io_in(io - object - name[,args])
```

其中，io-object-name 是 I/O 对象的名字，在 I/O 定义时给出。args 是参数，I/O 对象不一样时，这项内容也不一样。其中有些也可以出现在 I/O 对象的定义中。如果在两个地方都有，那么函数调用时，函数中的参数值替代 I/O 定义时的参数值。如果两个地方都没有，那么将使用默认值。

(2) io_out () 函数。当信号需要发送到某个设备时，一是要定义一个输出对象；二是要调用 io_out () 函数。该函数语法如下：

```
io_out(io - object - name,output - value [,args])
```

(3) input_is_new 变量。对所有的定时器/计数器的输入对象，当调用 io_in () 函数返回一个新值时，该内嵌的变量 input_is_new 为 TRUE，对隐式调用也一样。input_is_new 的数据类型是短整型。

与 I/O 有关的事件，一个是 io_changes，另一个是 io_update_occurs。当任一个事件使用时，隐式地调用了 io_in () 函数。这两个事件只用于输入对象。当判断时，两个事件隐式执行 io_in () 函数，输入对象获得输入值。任务可以使用关键字 input_value 读取该输入值。

(4) io_changes 事件。该事件语法如下：

```
io_changes(io - object - name) [by expr | to expr ]
```

当从 I/O 对象读到的值改变时，该事件的判断为 TRUE。值的改变包括：改变为某指定值（to）、至少改变一指定的量（by 绝对值）、任意改变（无限制）三种类型。

参考值是上一次事件判断为 TRUE 时读取的值。对非特定的 io_changes 事件，当目前的值不同于参考值时，本次事件判断为 TRUE。

（5）io_update_occurs 事件。该事件的语法如下：

```
io_update_occurs (io - object - name)
```

当从输入对象读取的值发生改变时，io_update_occurs 事件为 TRUE。该事件只能用在某些定时器/计数器的输入对象中，事件发生的时间与具体的输入对象有关，例如：

双斜率输入：当 A/D 转换完成并且值发生变化时，事件发生。

定期及周期输入：时间测量结束时事件发生。

脉冲计数输入：每隔 0.8388608s 的时间当获得一个新的脉冲计数值时事件发生。

正交输入：一旦计数器开始计数，事件即发生。

（6）input_value 变量

input_value 是内嵌的变量，数据类型为长整型，可以将 input_value（开关值）赋给网络变量 input_switch_state。例如：

```
when (io_changes (io_switch_in))
{
    nv_switch_state = (input_value = = SWITCH_ON) ? ST_ON:ST_OFF;
}
```

另外，input_value 只有在 io_changes 和 io_update_occurs 事件发生后才有效。

有两种方法可以帮助你确定输入值是否为新值：一种是使用 io_update_occurs 事件和 input_value 变量；另一种是使用 io_in（）函数和 input_is_new 变量。

5. I/O 多路复用

定时器/计数器 1 是多路复用定时器/计数器，可以在引脚 IO4～IO7 中选择。定时器/计数器 2 被称为专用定时器/计数器。

对多路复用定时器/计数器，程序中如果有多个多路复用定时器/计数器的引脚定义，那么最后一个引脚的定义是有效的。要改变所选定的 I/O 对象，必须使用 io_select（）函数来指定哪个可多路复用的引脚作为定时器/计数器 1 的输入。io_select（）的语法如下：

```
io_select (io - object - name[,clock])
```

其中，io-object-name 是 I/O 对象的名字。clock 为可选项，用于指定时钟，指定的时钟值可以和 I/O 对象定义时一样，也可以不一样。其值的范围是 0～7。如果调用 io_select（）时未指定时钟，那么时钟设置值与对象定义时的值相同。

任一个定时器/计数器 I/O 对象在定义时都有一个时钟参量，可以调用 io_set_clock（）函数来更改。该函数的语法如下：

```
io_set_clock(io - object - name,clock)
```

当使用 io_select（）为一个 I/O 对象设置了一个新的时钟值时，该值一直有效，除非又显式地设置了一个新值。如果又一次调用 io_select（）且无时钟参量，那么时钟将更改为对象定义时指定的时钟值。

4.5.3 网络变量

一、网络变量的概念

网络变量是一个节点中的一个对象，可以与一个或者多个其他节点的网络变量相连接。一个节点的网络变量从网络的观点定义了它的输入和输出，同时允许在分布式应用中共享数据。无论何时，如果一个程序更新了它的输出网络变量的值，则该值通过网络传给所有的与该输出变量相连接的其他节点的输入网络变量。虽然网络变量通过 LonTalk 报文传播，但报文的传送是透明的，应用程序不需要任何显式的指令来接收和发送更新后的网络变量。网络变量大大地简化了开发和安装分布式系统的过程，因为节点可以被独立地定义，然后可以容易地重新连接到 LonWorks 应用系统中。

网络变量通过被定义好的用于通信的接口来支持节点间的互操作性。一个节点可以被安装在网络上，并且可以与网络上的其他节点进行逻辑连接，但要求它们的数据类型相匹配。LonTalk 协议提供的标准网络变量类型（SNVT）和 LonMark 对象，是对互操作性的进一步支持。SNVTs 是具有相应单位（如伏特、摄氏度、米等）的预定义类型的集合。LonMark 对象为公共节点接口，如传感器和执行器，并定义了标准网络变量和配置参数。

网络变量还提供了自文档 SD（Self-Documentation）功能。程序员可以利用该功能创建一个包括网络变量名、特殊的安装指令等的文本字符串。该信息与应用程序一起存储在节点里。自文档还用于指定一个网络变量隶属的 LonMark 对象。

一个节点通常包含它本身以及它的网络变量的信息，该信息称为自标识 SI（Self-Identification）。

当然，每个互相独立的节点中的程序，对所使用的网络变量首先要加以定义，然后才能使用。以后在网络节点之间进行通信时，应用到的是各节点所定义的网络变量。当某一节点的程序赋一个新值给输出网络变量时，该新值经网络传播到所有的输入网络变量与该输出网络变量相“捆绑”的网络节点上，因此，网络变量的消息发送和接收是自动的。

在 Neuron 芯片上运行的 Neuron C 应用程序最多可声明 62 个网络变量。主机（host）应用程序可以声明更多的网络变量。

声明一个网络变量对象的完整语法程序为：

```
network input | output [netvar_modifier] [class] type
                [connection_info] identifier [ = initial_value];
```

或

```
network input | output [netvar_modifier][class] type
                [connection_info] identifier [array_bound][ = initialize_list];
```

array_bound 域外的方括号，在这里并不是表明可选域。它是声明一个数值的语法所要求的部分，并且必须由程序员在编程时键入。

对网络变量进行说明可以使用下列任何类型。

(1) 标准网络变量类型 SNVT，使用 SNVT 提高了互操作性。

(2) 除指针外所有指定的网络变量类型，这些类型包括：

[signed] long int

unsigned long int

[singed] char
unsigned char
[signed] [short] int
unsigned [short] int
enums (int type)
(3) 一个 typedef，Neuron C 提供了一个预定义的 typedef（类型定义）：

```
typedef enum {FALSE,TRUE} boolean;
```

用户可以定义自己的 typedef。

二、网络变量的应用例子

下面通过图 4-24 所示的例子来对网络变量在节点应用程序中的定义和应用加以说明。

图 4-24 所示是一个用开关控制灯的简单应用网络，它使用网络变量来连接开关节点和灯节点。图 4-24 中开关节点的输出是代表该开关状态的网络变量，灯节点的输入是表示灯状态的网络变量，要求这两个网络变量必须具有相同的网络变量类型（如离散量：disc）。

当在开关节点程序中说明网络变量时，nv_switch 被说明为一个输出网络变量（即该节点对其写的值可通过网络向各节点传播）。在灯节点的应用程序中，变量 nv_lamp 被说明为一个网络输入变量（即这个节点的网络变量由网络自动更新）。

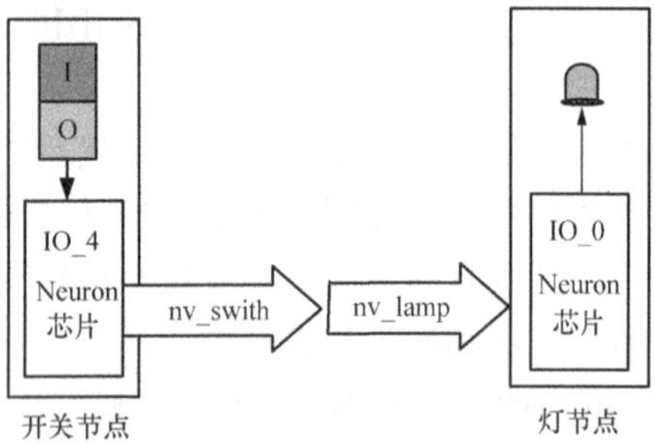

图 4-24 节点及程序外部接口定义

在图 4-24 所示的各个节点中，网络变量的定义是互相独立的。开关节点的任务是：当开关的实际状态发生改变时，向网络上的其他节点发送新的开关状态，因此开关节点网络变量主要用于传播开关的状态；而灯节点的任务则是：当从网络上接收到新的灯的状态后，根据新的灯的状态控制应用的 I/O 硬件开启或关闭电灯，因此灯节点的网络变量将被用作一个灯节点的输入。据此就可以分别对图 4-24 中的两个节点设计应用程序。

(1) 灯节点的应用程序

```
#include<snvt_lev.h>                              //包含文件
network input SNVT_lev_disc nv_lamp = ST_ON;      //定义网络变量
#define LED_ON 1                                  //定义常量
#define LED_OFF 0
IO_0 output bit ioLED = LED_OFF;                  //定义 I/O 对象
when(nv_update_occurs (nv_lamp))                  //当输入网络变量的值更新时，执行该任务
{
io_out(ioLED,(nv_lamp!  = ST_OFF)? LED_ON:LED_OFF)  //按 nv_lamp 的值控制电灯的开启或关闭
}
```

(2) 开关节点的应用程序

```
#pragma enable_to_pullups
#include<snvt_lev.h>                              //包含文件
```

```
network input SNVT_lev_disc nv_switch = ST_OFF;        //定义网络变量
#define BUTTON_DOWN 1                                  //定义常量
#define BUTTON_UP 0
IO_4 input bit ioButton = BUTTON_UP;                   //定义 I/O 对象
when(io_changes(ioButton) to BUTTON_DOWN               //当 IO_4 引脚状态发生变化时,执行该任务
{
  nv_switch = (nv_switch! = ST_OFF)?                   //根据开关状态,设置网络变量 nv_switch 的值
ST_OFF:ST_ON;
}
```

综上所述，网络变量是一个节点中的一个对象，它可以与一个或多个其他节点的网络变量相连接。一个节点的网络变量从网络的观点定义了它的输入和输出，同时允许在分布式应用环境中共享数据。无论何时，如果一个程序更新了它的输出网络变量的值，则该值通过网络传递给所有的与该输出网络变量相连接的其他节点的输入网络变量。网络变量大大地简化了开发和安装分布式系统的过程，促进了节点间的互操作。

4.5.4 显式报文

节点之间进行通信除了通过网络变量外，还可以通过更加灵活的显式报文来交换数据。

每一种类型的网络变量（实际上是一种隐式报文）的数据长度都是固定的，任何一种类型的网络变量的长度不能超过 31B；而显式报文恰恰相反，它的数据长度是可变的。相同的报文码（message code）在一个应用中可能只包含 1B 的数据，而在另一个应用中包含 25B 的数据。在显式报文中，数据的最大长度为 228B。因此，在数据量较大的应用（例如数据的长度大于 31B）中，使用显式报文比使用网络变量更有效。

显式报文提供有以下四种服务方式。

确认方式；

非确认重复方式；

非确认方式；

请求/应答方式。

显式报文不像网络变量那样只需要简单地赋值就可将数据发送到网络中，它必须通过有关的函数显式地发送和接收。Neuron C 预定义了两个对象：msg_out 和 msg_in，来表示发送和接收的显式报文。

一、构成一个报文

输出报文对象的名字为 msg_out。这个定义被建立在 Neuron C 中，使用 msg_send () 函数发送该报文。在同一时间，只有一个输出报文（或响应）和一个输入报文（或响应）是可用的。例如，程序不能同时建造两个报文，也不能同时发送它们，并且，两个输入报文不能同时被分析。其中 msg_out 的结构为：

```
typedef enum {FALSE,TRUE} boolean;
typedef enum {ACKD,UNACKD_RPT,UNACKD,REQUEST} service_type;
struct {
   boolean        priority_on;        //优先权
   msg_tag        tag;                //报文标签
   int            code;               //报文码
```

```
    int             data[MAXDATA];       //数据区
    boolean         authenticated;       //是否需要证实
    service_type    service;             //服务类型
    msg_out_addr    dest_addr;           //目标地
}
```

1. priority_on

若该报文作为优先级报文发送，则为其赋值 TRUE；若该报文是一个无优先级报文，则为其赋值 FALSE，或不为其赋值（即默认值）。使用该域，应最先设置该域的值。

2. tag

报文标签的标识符。注意，该域是必需的。

3. code

一个数字报文码，该域是必需的。

4. data

报文中包含的数据。该域是可选的。一个报文可以只包含报文标签和报文码。由于网络缓存的开销，推荐的 MAXDATA 不要超过 228B。

5. authenticated

若报文是证实的，则指定其值为 TRUE；若报文是未被证实的，则指定其值为 FALSE，或不为其赋值（即默认值）。

6. service

service 指定为下列各项之一：

ACKD（默认值）：确认服务和重试（retries）；

UNACKD：非确认服务（unacknowledged service）；

UNACKD-RPT：非确认重复服务（报文多次发送）；

REQUEST：请求/响应服务，当报文使用该服务被发送，则接收节点返回一个响应给发送节点，发送节点处理这个响应。

7. dest_addr

在 msg_out 对象中是一个可选域，如果用显式地址发送报文，则应用程序应该给该域赋值；如果没有设置 dest_addr，则报文发送到与 tag 相关联的隐式地址。注意：使用该域必须包含头文件 addrdefs. h 和 msg_addr. h。

下面给出的是建造一个报文的例子。

```
msg_tag motor;
#define MOTOR_ON 0
#define ON_FULL 100
msg_out. tag = motor;
msg_out. code = MOTOR_ON;
msg_out. data [0] = ON_FULL;
```

二、发送一个报文

函数 msg_send () 和 msg_cancel () 用于控制报文何时被发送。

msg_send () 函数的语法如下：

```
void msg_send(void);
```

该函数使用 msg_out 对象发送报文。它没有任何参数，并且没有返回值。例如，报文发送代码为：

```
msg_tag motor;
#define MOTOR_ON 0
#define ON_FULL 100              //百分比
when (io_changes (switch1) to ON)
{
msg_out. tag = motor;
msg_out. code = MOTOR_ON;
msg_out. data [0] = ON_FULL;
msg_send ();                    //对电动机发送一个报文
}
```

msg_cancel () 函数取消一个输出报文，语法如下：

```
void msg_cancel (void);
```

该函数取消了用 msg_out 对象构造的报文，释放相关的缓冲区，并允许构造其他的报文。它没有任何参数，也没有返回值。

如果一个报文构造后在任务退出之前没有被发送，则该报文被自动取消。

三、接收一个报文

程序通常通过预定义事件 when (msg_arrives) 接收报文。msg_receives () 函数也可被用来接收报文。

1. msg_arrives 事件

msg_arrives 是接收报文的预定义事件。它的语法如下：

```
msg_arrives [ (message_code) ]
```

如果报文到达，该事件检测为真，该事件可选择由一个报文码加以限定。在这种情况下，只有当包含指定码的报文到达时该事件才为真。

当既使用非限定的 msg_arrives 事件，又使用限定的 msg_arrives 事件时，则必须指定 scheduler_reset 编译指令，以便在所有的限定事件 when 语句之后处理非限定事件 when 语句。使用该事件的示例如下：

```
#pragma scheduler_reset
when(msg_arrives(1))
{
    io_out(sprinkler,ON);
}
when(msg_arrives(2))
{
   io_out(sprinkler,OFF);
}
```

```
when(msg_arrives)              //为处理意外的报文代码而设置的默认情况
{
    //空语句
}
```

2. msg_receive () 函数

msg_receive () 函数的语法如下：

```
boolean msg_receive(void);
```

该函数将接收到的报文送给 msg_in 对象。如果收到的是新报文，该函数返回 TRUE；否则返回 FALSE。如果未收到任何报文，该函数并不等待。如果程序想在一个任务中接收到多于一个的报文，它可能需要使用该函数。

输入报文的对象名是 msg_in。该定义被建立在 Neuron C 里，通过检查对象中相应的域来读一个报文。

一个输入报文 msg_in 的结构在 Neuron C 编译器中被预定义如下：

```
struct{
    int             code;              //报文码
    int             len;               //报文数据长度
    int             data[MAXDATA];     //报文数据区
    boolean         authenticated;     //是否需要证实
    service_type    service;           //服务类型
    msg_in_addr     addr;              //报文地址
    boolean         duplicate;         //是否是报文副本
    unsigned        rcvTX;             //报文接收事务标识符
} msg_in
```

(1) code：为一个数字报文码。

(2) len：报文数据的长度。

(3) data：包含在报文中的数据，该域中只有当 len 大于 0 时才有效，MAXDATA 的值与指令# pragma app_buf_in_size 中 app_buf_in_size 的关系是：MAXDATA＝app_buf_in_size-6 或 MAXDATA＝app_buf_in_size-17（显式寻址时）。

(4) authenticated：如果报文是证实的，则该域的值为 TRUE；如果该报文是未被证实的，则该域的值为 FALSE。

(5) service：制定为下列各项之一：

1) ACKD（默认值）：确认服务和重试（retries）；

2) UNACKD：非确认服务（unacknowledged service）；

3) UNACKD-RPT：非确认重复服务（报文多次发送）；

4) REQUEST：请求/响应服务，当报文使用该服务被发送，则接收节点返回一个响应给发送节点，发送节点处理这个响应。

(6) addr：为输入报文的可选域，应用程序可以解决报文的源地址和目的地址。在头文件<msg_addr. h>中可找到 msg_in_addr 的类型定义。

(7) duplicate：为一个布尔标志。如果设置，则表明该报文是一个传到应用的复制请求报文。如果应用响应包含超过 1B 的报文码，复制请求报文被传送给应用。

(8) rcvTX：为接收事务 ID，报文在节点的事务数据库中使用它。

四、显式报文的应用例子

下面的例子演示了如何使用显式报文代替网络变量进行开关节点和灯节点之间通信的方式和过程。

1. 开关节点程序

```
# define LAMP_ON 1
#define LAMP_OFF 2
#define ON 1
#define OFF 0
IO_4 input bit io_switch_in;            //I/O声明
msg_tag TAG_OUT;                        //报文标签声明
when (reset)
{
    io_change_init(io_switch_in);
}
when (io_changes (io_switch_in))
{
    //根据开关状态设置报文代码
    msg_out.code = (input_value = = ON) ? LAMP_ON:LAMP_OFF ;
    //设置报文标签并发送报文
    msg_out.tag = TAG_OUT;
    msg_send();
}
```

2. 灯节点程序

```
#define LAMP_ON 1
#define LAMP_OFF 2
#define ON 1
#define OFF 0
IO_0 output bit io_lamp_control;      //I/O声明
when (msg_arrives)
{
  switch (msg_in.code){
  case LAMP_ON;
    io_out(io_lamp_control,ON);
    break;
  case LAMP_OFF;
    io_out(io_lamp_control,OFF);
    break;
  }     //switch语句结束
}
```

五、用于报文处理的其他事件和函数

与显式报文有关的其他函数、对象和事件简述如下。

1. 发送报文确认的事件

(1) msg_completes 事件。msg_completes 事件是一个普通的事件，当一个输出报文完成，无论成功或失败，该事件均变为 TRUE。

(2) msg_succeeds 事件。当一个报文被成功地发送，msg_succeeds 事件为 TRUE。

(3) msg_fails 事件。当一个报文发送失败，msg_fails 事件为 TRUE。

2. 用于请求/应答方式的函数、对象和事件

(1) resp_out 对象。输出响应对象的名字是 resp_out。响应从它所答复的请求中继承了它的优先级和证实。因为响应被返回到请求的初始点，所以不需要报文标签。由于同样的原因，响应也没有显式寻址功能。

在 Neuron C 编译器中输出响应对象 resp_out 的定义如下：

```
struct{
    int code;                    //报文代码
    int data[MAXDATA];           //报文数据
} resp_out;
```

(2) resp_in 对象。输入响应对象的名字是 resp_in。在 Neuron C 编译器中输入响应对象 resp_in 的定义如下：

```
struct{
    int code;                    //报文代码
    int len;                     //报文数据的长度
    int data[MAXDATA];           //报文数据
    resp_in_sddr addr;           //显式地址
} resp_in;
```

(3) resp_send () 函数。resp_send () 函数使用 resp_out 对象发送的一个响应。

(4) resp_cancel () 函数。resp_cancel () 函数取消被建立的响应，并释放相关的 resp_out 对象，同时允许开始构造另一个响应。

(5) resp_arrives 事件。resp_arrives 事件是接收响应的预定义事件。如果响应到达，则该事件为 TRUE。该事件允许用一个报文标签加以限定。

(6) resp_receive () 函数。resp_receive () 函数将一个响应接收到 resp_out 对象中。如果接收到一个新的响应，该函数返回 TRUE；否则返回 FALSE。如果未接收到响应，该函数不等待响应的到来。如果程序在一个单独的任务中接收多于一个的响应，则程序可能需要使用该函数。当 resp_receive () 函数被调用时，如果已接收到一个响应，则先收到的响应被删除。

3. 用于显式地分配缓冲区的函数

(1) msg_alloc () 函数。msg_alloc () 函数为输出报文分配一个无优先级缓冲区。如果能够分配 msg_out 对象，函数返回 TRUE；如果 msg_out 对象不能被分配，函数返回 FALSE。

(2) msg_alloc_priority () 函数。msg_alloc_priority () 函数为输出报文分配一个优先级缓冲区。如果优先级 msg_out 对象能够被分配，函数返回 TRUE；如果优先级msg_out 对象不能被分配，函数返回 FALSE。

(3) msg_free () 函数。msg_free () 函数为一个输入报文释放 msg_in 对象。

(4) resp_alloc () 函数。resp_alloc () 函数为一个输出响应分配一个对象。如果能够分配 resp_out 对象，函数返回 TRUE；如果 resp_out 对象不能被分配，函数返回 FALSE。

(5) resp_free () 函数。resp_free () 函数为响应释放 resp_in 对象。

4.6 LonWorks 开发工具

为了使 LonWorks 网络的使用者快速、方便地开发节点和联网，LonWorks 技术提供了两种现成的节点开发工具：单节点开发工具（NodeBuilder）和多节点开发工具（LonBuilder）。

4.6.1 LonBuilder

LonBuilder 是 LonWorks 技术中最主要的一个节点开发工具，它包含了开发 LonWorks 节点和系统网络样机所需的所有工具和部件。这个多节点开发系统提供了可在两个到数百个节点的网络开发中建立应用软件和硬件样机测试的工具。它分为以下几部分。

1. 节点开发器

在节点开发器中包含一个 Neuron C 编译器，能够将用户的 Neuron C 程序编译连接生成可下装文件或生成可供 EPROM 编程器使用的二进制映像文件；两个神经元芯片在线仿真器，能够以 Neuron C 源程序级进行仿真，由于包含两个在线仿真器，所以可以进行一些简单的网络通信，两个在线仿真器中都包含 11 个 I/O 出口，可以模拟 I/O 输入输出；一个路由器，一端连至开发器的 1.25Mb/s 背板上，另一端可根据不同的需要挂接不同的收发器。

2. 网络管理器

网络管理器用于网络安装和配置，提供网络安装服务，将物理上互连的应用节点进行逻辑上的连接，对节点分配逻辑地址：域、子网、所属的组，定义子网和网络通道，安装路由器，设置优先级、网络变量和显式报文的互连等。将信息发送方式改置为无响应发送、重复发送和请求响应发送。

网络管理器还负责系统维护、测试节点和路由器状态、更换错误节点和路由器，并可查看网络中所有应用节点的信息。

3. 协议分析器和报文统计器

协议分析器是 LonBuilder 中一个非常重要的工具，它能够截获网络上所有节点的通信报文，并转换成可方便观察的 ASCII 字符。报文统计器能够分析当前网络报文流量、带宽利用率、碰撞率和出错率，调整节点间的数据通信。

4. 例程序和开发板

在 LonBuilder 中还包含一些可供练习的开发板、应用模块和演示程序。

4.6.2 NodeBuilder

经过 Echelon 公司几年的努力，NodeBuilder 节点开发工具已从版本 1.5 升级到版本 3.0，在功能和使用上有了很大的变化，成为 Echelon 公司的第三代产品中的典型产品。

NodeBuilder 3 开发工具是一个用来开发 LonWorks 节点的开发工具，是一个硬件和软件的平台，是针对基于神经元芯片和 Echelon 收发器应用的工具。它包括一个基于 Windows 的软件开发系统和一个用于设计和调试的硬件开发平台。另外还有相应的网络管理工具与它配套使用。这个新一代的 LonWorks 开发工具，由于加入了各种向导，自动生成模板和代码，同时内置对 LonMark 的支持，节省了大量开发时间，降低了难度。

下面对 NodeBuilder 3 软件方向的组件和主要特性作一些介绍。

1. NodeBuilder 自动编程向导

这个工具用来定义设备的外部接口，并自动生成某些 Neuron C 的代码。同时，Neuron C 还可生成符合 LonMark 标准的设备外部接口。这些自动生成的模板和代码为编程人员节省了大量的开发时间。

2. NodeBuilder 资源编译器

这个工具用来查看和使用标准的数据类型和功能模式，并且用来定义特定的数据类型和功能模式。这些类型信息储存在 LonMark 资源文件中，可被资源编译器、代码向导、Neuron C 编译器、LonMaker 集成工具以及 Plug-in 向导使用，这使得所有的工具具有统一的显示方式，从而减少了开发时间。与 LonMark 标准兼容的设备需提供相应的资源文件。

3. LNS 节点 Plug-in 向导

这个工具可自动生成一个基于 Visual Basic 的应用（又称节点 Plug-in）用于指导用户配置、浏览和监测，诊断由 NodeBuilder 开发工具所开发生成的设备。Plug-in 软件给硬件产品带来极大的实用性。NodeBuilder 3 工具包括开发测试、生成节点 Plug-in 所必需的 LNS 的组件。LNS 为控制网络的操作系统。该 LNS Plug-in 可与任何支持 LNS Plug-in API 的 LNS Director 应用兼容。

NodeBuilder 3 开发工具包还包括其他一系列的产品，如 LonMaker 集成工具、LNS DDE Server 软件、LTM-10A 平台（硬件）、Gizmo 4 I/O 板等。

4.7 LNS 网络操作系统

4.7.1 概述

LNS（LonWorks Network Service）即 LonWorks 网络服务，是一个 LonWorks 控制网络的操作系统。它基于客户服务器结构，是唯一适用于单信道或多信道控制网的网络操作系统。它提供基本的目录、管理、监控、诊断等方面的服务。基于 LNS 操作系统的工具用于 LonWorks 网络的设计、安装、操作、检测、维护等用途。采用 LNS 技术，多个系统集成商、管理和维护人员可以同时访问网络、应用管理服务器和来自任意客户工具的数据，如图 4-25 所示。该技术是 LonWorks 控制网络技术中最重要的组成部分之一。

采用 LNS 客户多服务器构架可以给网络使用者带来很多好处。

(1) 可大大减少开发时间和费用。采用 LNS 技术允许多个网络安装工具在一个网络系统中同时工作，而不用担心会产生冲突。每一个安装工具实际上是作为远程客户来申请网络服务的。由于使用同一个网络数据库，因此无需担心网络数据库同步的问题。也正因为这些客户不需要网络数据库，这些客户的硬件成本可以很低，并可以保障用户方便地采用众多其他公司的网络产品，节约用户的开发时间。

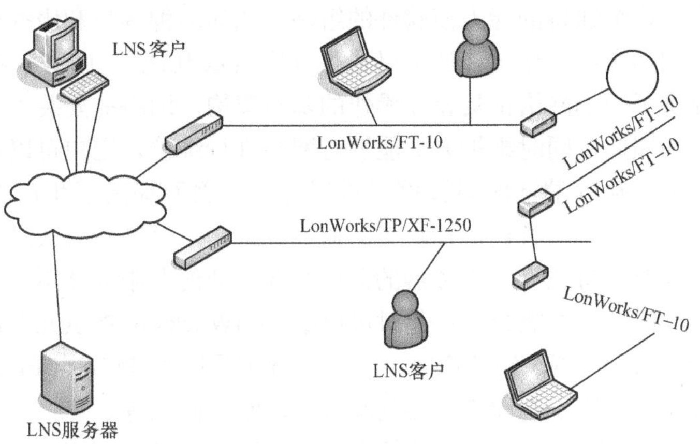

图 4-25 采用 LNS 客户多服务器构架示意图

(2) 简单的系统集成。LNS 具有允许各种网络工具的互操作性。通过定义设备层的对象结构以及上层的插件（plug-in）规范，LNS 网络操作系统为各种网络工具彼此之间的互联和通信提供了基础。可互操作的工具大大地简化了系统集成问题，运用 Plug-in，系统集成商能够快速低廉地将新功能增加到自己的 LonWorks 系统中。

(3) 易于定制专用系统。LNS 支持网络工具的互操作性，也允许开发者创建具有自己特色的系统或设备级工具。对于 OEM 制造商来说，通过给网络工具嵌入专用的应用程序，可以使系统增值。对于系统集成商，无需理解专用系统内部的实现细节。对于最终用户，这将是个更高效、操作更简便、更适用的系统。

(4) 访问数据不受限制。LNS 允许用户同时使用多台人机界面（HMI）、SCADA 站、数据站，同时访问网络上的数据。由于是基于客户服务器构架，因此不存在数据库复制和冗余更新的问题，用户不会再因为网络工具中的网络配置不同步而焦虑了，LNS 跟踪每个工具的需要请求，并自动地通知它们网络配置的变化。

(5) 增加了系统正常的运行时间。采用 LNS 技术，维护人员不但可以将网络工具插入网络中的任意位置，而且能够访问所有网络服务和数据。由于多个网络工具在同一个网络中是可互操作的，因此多个技术人员可以同时诊断和维护网络。不需要协调他们的行动，他们甚至也不需要知道是否还有其他人同时在维护网络。OEM 用户可以在网络工具中构建专用的应用程序，通过自动故障检测、隔离、报告和维修，可以进一步缩减系统的故障时间。

(6) 透明的 IP 网络通信。LNS 允许网络工具通过 IP 网络访问 LonWorks 网络。任何与 LNS Server 连网的工作站都可以运行基于 LNS 的网络工具，运行起来就像本地网络工具一样。因此用户很容易就能将基于 LNS 的网络和基于 internet 的应用集成在一起，创建更强有力的企业级网络解决方案，以及使用现有的 LAN 架构实现高速网络连接。

(7) 便于系统扩展。因为是基于客户服务器的设计，LNS 容许平滑的系统扩展。应用模块化的硬件和软件组件，在任何时候，通过简单地增加客户或服务器，用户就可以扩展他们的控制系统。对于最终用户，除了在容量和功能方面有所增加外，这个变化对系统是没有任何影响的。

和第二代的 LNS 相比较，第三代的 LNS（简称 LNS 3）可通过 IP 基础结构组建平坦的分布式的 LonWorks 网。给任何 LonWorks 网络应用提供相应的服务，并且确保多个应用与所反映的网络同步。这个独特的能力使软件的组件，比如多种客户和服务器，可在同一主机上使用，也可在不同的主机上使用，还可以通过互联网或其他 IP 网络来相互进行操作。所以这个操作系统提供了一个网络工具相互操作的基本架构。网络的安装人员可同时在一起工作，减少安装时间和周期，同时维护人员能够对网络进行维护，用户可以对网络设备进行监控，并且可以从本地或从远端同时对该网络进行监控，因而提高了生产力，降低了系统成本。另外，LNS 3 又提供了一种用监控点集的监控方式，用这种新方式进行监控，性能可提高很多。LNS 3 又同时支持独立于服务器的监控方式，即使在服务器不工作的情况下，客户应用仍然可以工作。这两个性能合在一起时可以给 LonWorks 网提供冗余快速启动的检测性能。LNS 操作系统还支持 LNS 节点 Plug-in 的开发和应用。LNS 节点 Plug-in 是一种针对具体硬件产品的软件应用，用于对硬件产品的配置、诊断、监测等。

主要产品包括 LNS Windows 应用程序开发工具包、LNS HMI Java 平台开发包、LonMaker 集成工具和 LNS DDE Server 软件等。

4.7.2 LNS 网络工具

借助 LNS 网络操作系统，用户可以根据自己的需求，开发出各种各样的 LNS 网络工具，并将其用于网络的安装和配置、网络的维护和网络的监控。

下面介绍几种由 Echelon 公司开发的现成的网络工具。

1. LonMaker for Windows 集成工具

LonMaker for Windows 集成工具是一个用于设计、安装和维护多节点供应商的、开放的、互操作性的 LonWorks 控制网络的软件包。LonMaker 工具基于 LNS 网络操作系统，包含功能强大的客户服务器体系结构以及简单易用的 Visio 用户界面。这个工具有强大的功能，可用来设计、启动和维护分布式的控制网络，也可经济地用作一个网络维护工具。

LonMaker for Windows 集成工具包括一个 LNS 3 运行软件和 LNS 3 Server。LonMaker 用户可以通过 LonWorks 网络、局域网和 internet 访问一个共享的 LNS 服务器。

对于监控应用，LonMaker 可用于开发简单的人机界面。对于复杂的人机界面，LonMaker 工具和 LNS DDE Server 相兼容。

2. LNS DDE Server

LNS DDE Server 是一个软件包，可作为 LNS 工具与人机界面、可视化应用程序的接口，它使得任何和 DDE 兼容的 Microsoft Windows 应用程序不需要编程就可以监视和控制 LonWorks 网络。LNS DDE Server 的典型应用包括人机界面应用程序、数据记录、趋势应用程序以及图形处理显示的接口。

通过建立 LNS 和 Microsoft DDE 协议的连接，DDE 兼容的应用程序可以通过以下方法和 LonWorks 节点进行交互。

(1) 读、监视和修改任何网络变量的值。

(2) 监视和改变配置属性。

(3) 接收和发送应用程序消息。

(4) 测试、使用、禁止以及强制 LonMark 对象。

(5) 测试、闪烁以及控制节点。

3. LonManager 协议分析仪

LonManager 协议分析仪为 LonWorks 制造商、系统集成商和最终用户提供了一套基于

Microsoft Windows 的工具和高性能的 PC 接口卡，使得用户可以观察、分析和诊断 LonWorks 网络的工作。此工具的开放性使得用户可以定制它，以满足其特定要求。

LonManager 协议分析仪包括用于网络分析和监视的 3 个工具，即协议分析工具、网络通信统计工具和网络诊断工具。

LonManager 协议分析仪具有如下特性：

(1) 捕获一个信道上所有的 LonWorks 报文，用于网络活动和交通情况的详细分析。

(2) 解释报文的内容而不需要原始的十六进制数据。

(3) 会话分析系统通过关联有关的报文简化了报文记录解释。

(4) 接收过滤器减少了记录的数据，有助于迅速地隔离问题。

(5) 用户创建接收过滤器的开放接口。

(6) 报文记录的编程接口允许生成用户界面和具有分析功能。

(7) 全面的网络统计和诊断提供了网络健康状况的详细分析。

4.8 基于控制模块的 LonWorks 应用节点开发

现场总线控制网络的最大特点是将过去传统的、集中在中央控制系统上的控制功能分散下放到现场设备中，从而实现现场控制。为了组建一个基于实时分布式 LonWorks 技术的控制网络，必须尽力将一个庞大的复杂的控制任务分成较小的简单的子任务，并将控制处理过程和信息的输入/输出完全分布到相应的现场智能节点中，以避免集中控制。智能节点的研制过程如下：

(1) 定义控制系统的完整控制策略；

(2) 将控制系统划分成能分布在现场的独立功能模块或子任务；

(3) 定制与各子任务相一致的智能节点；

(4) 定义各节点的相互作用及所需共享的数据；

(5) 为每个节点所承担的子任务编写 Neuron C 程序；

(6) 通过 LonBuilder 下载或通过烧录方式，将应用程序置入各节点的 FLASH 或 EEPROM 存储器中；

(7) 分别对单个节点和整个系统进行调试和测试；

(8) 在现场安装节点并测试其行为；

(9) 维护系统的硬件和软件。

上述过程 (6) 中，用 Neuron C 语言进行软件设计的步骤如下：

(1) 定义 I/O 对象。定义何种 I/O 对象与具体的硬件有关。在定义 I/O 对象时，还可以设置 I/O 对象的工作参数以及对其进行初始化。

(2) 定义定时器对象。并不是所有的应用程序都需要定义定时器对象，一般定时器对象用于那些周期执行某种操作的情况，或需要进行延时的情况。在一个应用程序中最多可同时定义 15 个定时器对象（秒和毫秒定时器）。

(3) 定义网络变量和显式消息。网络变量和显式消息是节点与节点之间交换信息的重要工具，是在 LonWorks 网络上传递的数据包。如果没有网络变量和显式消息，节点就是一个孤立的节点，而系统也就不能成为分布式控制网络了。如果要考虑系统的开放性，就不能使用显式消息，因为它是与应用有关的。如果不存在开放性问题，即系统是封闭的，使用显式消息可以提高网络的数据传输能力，改善系统的性能。

(4) 定义任务。任务就是对事件的反应，即当某事件发生时，应用程序应执行何种操作。任务既可以是对 I/O 对象的反应，也可以是对网络变量和显式消息的反应，还可以是对用户自定义的某种情况的反应。任务是 Neuron C 实现事件驱动的途径。

(5) 完成用户自定义的其他函数。还可以在 Neuron C 程序中编写自定义的函数，以完成一些经常要用的功能。和 ANSI C 不同，Neuron C 必须要写函数原型。还可以将一些常用的函数放到头文件中，以供程序调用。

LonWorks 控制节点分为两种：基于神经元芯片的节点和基于主机（host base）的节点。基于神经元芯片的节点又分为基于控制模块和基于收发器两种情况。由于控制模块中通常包括神经元芯片、FLASH 程序存储器、收发器以及 RAM 等，用户只需设计自己的应用电路，可缩短产品的开发周期。而基于收发器的设计方法除了考虑应用电路设计外，还必须考虑神经元芯片与 FLASH 存储器及 RAM 的接口电路。本节主要介绍基于控制模块的节点开发方法。

4.8.1　控制模块

LonWorks 控制模块集成了一个神经元芯片、通信收发器、存储器和晶振，如图 4-26 所示。LON 控制模块仅需添加一个电源、外围电路接口和神经元芯片上运行的应用程序就可以构成一个完整的节点。

Echelon 公司为开发者提供了模块化的控制模块，适用于不同的通信介质，用户只需根据不同的通信介质选择不同的控制模块来设计自己的应用电路。适用于双绞线的控制模块系列产品有 TP/FT-10、TP/FT-10F、TP/XF-78、TP/XF-78F 等。双绞线控制模块通过两个连接器端口 P1 和 P2 建立模块与应用电路以及模块与网络的连接。

P1 与神经元芯片的 IO_0～IO_10、$\overline{\text{RESET}}$、$\overline{\text{SERVICE}}$引脚和控制模块的电源连接。P2 支持与双绞线网络的连接。用控制模块构成的智能节点的结构图如图 4-27 所示。

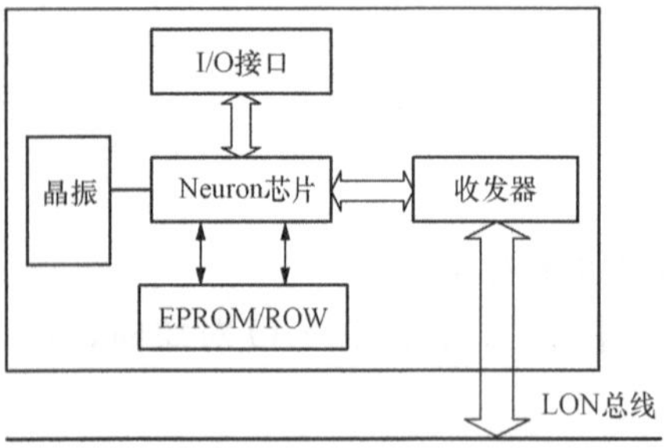

图 4-26　控制模块的结构

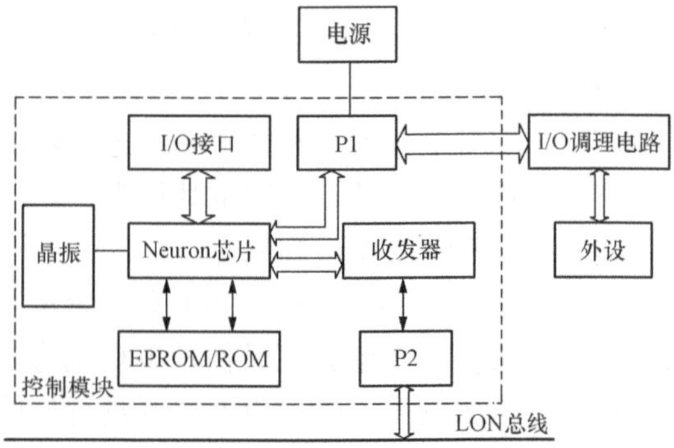

图 4-27　基于控制模块的节点结构

4.8.2　基于控制模块的节点开发实例

由于控制模块已封装了智能节点的大部分功能部件，仅把应用电路设计和应用程序设计交给开发人员来完成。因此，基于控制模块的节点开发主要有两个步骤：节点硬件电路设计和节点应用程序设计。

下面介绍一个 LonWorks 节点的开发实例。

1. 设计任务

应用两个 LonWorks 节点，每个节点连接一个开关和一个发光二极管，使用一个节点的开关控制另一个节点的发光二极管，开关按下，发光二极管亮，再一次按下，发光二极管灭，如此循环。两个开关动作时互不影响。

2. 硬件设计

采用国内某公司生产的 LonControl 控制模块的硬件电路如图 4 - 28 所示。

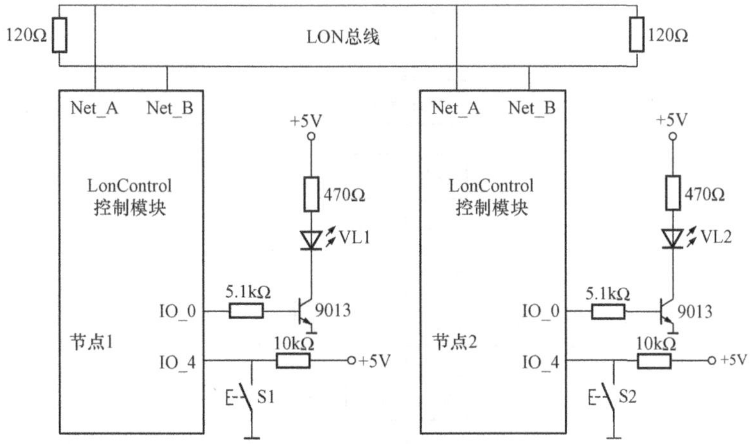

图 4 - 28　LonWorks 节点硬件电路

功能如下：

按下 S1 键，VL2 灯亮，再按下 S1 键 VL2 灯灭。

按下 S2 键，VL1 灯亮，再按下 S2 键 VL1 灯灭。

实现了节点 1 与节点 2 之间的互联。

图 4 - 28 中，LonControl 控制模块的特点如下：

(1) 严格按照 LonMark 互操作协会的设计要求进行设计与布线。全部选用高质量低功耗的贴片元器件。

(2) 根据摩托罗拉公司的建议采用 6 层板的 PCB 设计，电源层和地层分开，6 层的电路板与 2 层电路板相比可大大减少电磁干扰（EMI），因为附加的层便于 U_{CC} 去耦及更有效地进行逻辑地保护，大大提高了模块的抗干扰能力。

(3) 为保护芯片上的 EEPROM，使得当 V_{DD} 低于工作电压时不至于逻辑混乱，采用低电压指示（LVI）芯片保护 EEPROM。设计中选用了 Echelon 推荐的贴片式低电压检测器 DS1233（Echelon 公司的 LonWorks 产品中全部采用 DS1233）。

(4) 与 Echelon 的 FTT 控制模块（Model 55020-10）完全兼容，但 Echelon 的控制模块只内置了 2KB SRAM，编制较大规模程序时可能出现内存不够。因此在 LonControl 控制模块中增加了 26KB 的外部 SRAM，这样用户就可以增大 LonWorks 通信中的发送和接收缓冲区，大大提高了实时通信效率，也便于用户编写大型 C 程序。

(5) 在模块中增加了 SERVICE 指示灯和 SERVICE 按钮，便于用户下载程序和显示运行状态。

（6）由于原来的模块只有 11 个 I/O 口，IO 引脚太少。利用原模块中的 3 个空引脚，扩展了输出的 3 个 I/O，开放给用户使用。

3. 流程图

流程图如图 4-29 所示。因为两个节点实现的任务完全一样，故程序主体语句一样，仅定义的网络变量名、IO 对象名、定时器名不一样。网络变量的绑定独立于程序本身，由 LonBuilder 集成开发环境中的 Binder（绑定器）实现。网络变量的绑定在此程序中就是指将一节点的输出网络变量与另一节点的输入网络变量相连。

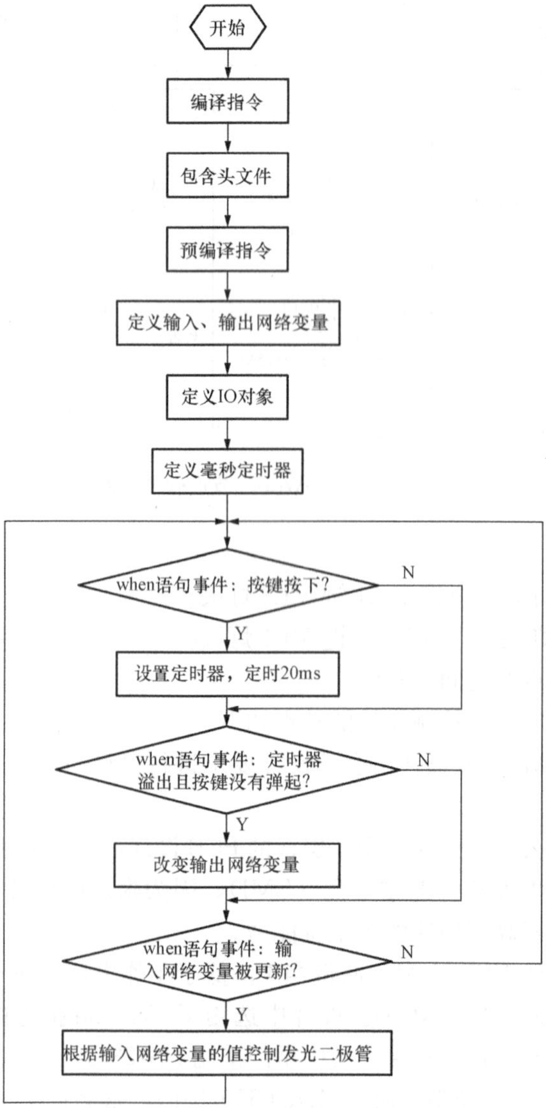

图 4-29 LonWorks 节点流程图

4. 程序设计

节点 1 程序设计如下：

```
//led1.nc
```

```
#pragma enable_io_pullups
                          //编译指令,使能 IO_4～IO_7 的内部上拉电阻
#include<snvt_lev.h>
                          //头文件,包含此头文件后可以使用 ST_OFF 和 ST_ON
#define LED_ON 1
#define LED_OFF 0
#define BUTTON_DOWN 0
#define BUTTON_UP 1
                          //预定义
network input SNVT_lev_disc nv_led1_state = ST_OFF;
                          //定义输入网络变量 nv_led1_state,
                          //并设默认值为 ST_OFF
network output SNVT_lev_disc nv_switch1_state = ST_OFF;
                          //定义输出网络变量 nv_switch1_state,
                          //并设默认值为 ST_OFF
IO_0 output bit ioLed1 = LED_OFF;
                          //将 IO_10 定义为位输出对象 ioLed1
IO_4 input bit ioSwitch1 = BUTTON_UP;
                          //将 IO_4 定义为位输入对象 ioSwitch1
mtimer delay_timer1; //定义毫秒定时器 delay_timer1
when( io_changes (ioSwitch1) to BUTTON_DOWN)
{

delay_timer1 = 20;
}                         //产生 20ms 延时以实现按键去抖
when( timer_expires ( delay_timer1) &&! (io_changes (ioSwitch1) to BUTTON_UP))
{
nv_switch1_state = (nv_switch1_state! = ST_OFF)? ST_OFF: ST_ON;
                          //20ms 后再次判断按键,确定按键是否按下。
                          //若按键按下,改变网络变量 nv_switch1_state 状态
when (nv_update_occurs (nv_led1_state))
{
io_out (ioLed1,( nv_led1_state! = ST_OFF)? LED_ON: LED_OFF);
                          //若网络变量 nv_led1_state 状态被更新,则相应改变
                          //ioLed1,以控制 LED1
```

节点 2 程序设计如下:

```
//led2. nc
#pragma enable_io_pullups
                          //编译命令,使能 IO_4 到 IO_7 的内部上拉电阻
#include< snvt_lev.h >
                          //头文件,包含此头文件后可以使用 ST_OFF 和 ST_ON
#define LED_ON 1
```

```
#define LED_OFF 0
#define BUTTON_DOWN 0
#define BUTTON_UP 1
                            //预定义
network input SNVT_lev_disc nv_led2_state = ST_OFF;
                            //定义输入网络变量 nv_led2_state,
                            //并设默认值为 ST_OFF
network output SNVT_lev_disc nv_switch2_state = ST_OFF
                            //定义输出网络变量 nv_switch2_state,
                            //并设默认值为 ST_OFF
IO_0 output bit ioLed2 = LED_OFF;
                            //将 IO_0 定义为位输出对象 ioLed2
IO_4 input bit ioSwitch2 = BUTTON_UP;
                            //将 IO_4 定义为位输入对象 ioSwitch2
mtimer delay_timer2;  //定义毫秒定时器 delay_timer2
when( io_changes (ioSwitch2 ) to BUTTON_DOWN )
{
delay_timer2 = 20;
}                           //产生 20ms 延时以实现按键去抖
when( timer_expires ( delay_timer2) &&! ( io_changes ( ioSwitch2) to BUTTON_UP))
{
nv_switch2_state = (nv_switch2_state! = ST_OFF)? ST_OFF: ST_ON
                            //20ms 后再次判断按键,确定按键是否按下。
                            //若按键按下,改变网络变量 nv_switch2_state 状态
when ( nv_updata_occurs (nv_led2_state))
{
io_out (ioLed2, (nv_led2_state! = ST_OFF)? LED_ON: LED_OFF);
                            //若网络变量 nv_led2_state 状态被更新,则相应改变
                            //ioLed2,以控制 LED2
```

附：snvt_lev. h 文件内容。

```
//SNVT_LEV . H - Neuron - C Standard Network Variable Types header file
//Copyright (c) 1991, 1994 by Echelon Corporation
//All Rights Reserved
#ifndef_SNVT_LEV
#define_SNVT_LEV
//This file defines the enumeration to be used with SNVT_lev_disc
//Data last modified: 4/04/94
typedef enum discrete_levels_t {
/* 0 */ST_OFF,
/* 1 */ST_LOW,
/* 2 */ST_MED,
/* 3 */ST_HIGH,
```

```
/* 4 */ST_ON,
/* -1 */ST_NUL = -1,
} discrete_levels_t;   //本任务中使用的 ST_OFF 和 ST_ON 即为
                       //此处定义的枚举变量类型
typedef discrete_levels_t discrete_levels;//Compatibility with old release
// end of : SNVT_LEV.H
#endif
```

5. 工具使用及程序下载步骤

使用 LonBuilder 开发工具及集成开发环境实现程序的编译及下载。节点使用 LonWorks 控制模块。

程序下载步骤如下：

(1) 配置 LonBuilder 集成开发环境，安装 network_manager 及 protocol_analyzer。

(2) 编辑及编译 Neuron C 文件 led1. nc 及 led2. nc。

(3) 在“App Node”下的“Target HW”中为两个节点分别创建自定义目标硬件 custom_1 、custom_2。通道采用默认设置，硬件属性采用自定义类型。

(4) 在“App Node”下的“App Images”中已存在 LED1 和 LED2 应用映像（因为在当前工作目录中存在 led1. nc 和 led2. nc）。

(5) 在“AppNode”下的“Node Space”中创建节点名为 con1 及 con2，应用映像名选项分别选取 LED1 和 LED2，目标硬件选项选取自定义目标硬件 custom_1 及 custom_2，定位选项采用 0/0。

(6) 在“Network”下的“Connection”中选择“Net Variable”，实现网络变量的绑定。

(7) 在“App Node”下的“Target HW”中选中 custom_1，运行 install 指令，出现“Select the installation method”，选择“Service Pin”方式。出现“Press the service pin now...”按下 custom_1 的 service 引脚，会出现“Do you want to install communications parameters?”选择“Yes”。对 custom_2 重复上述过程。

(8) 在“App Node”下的“Node Space”中选择 con1，运行 Load/Start 指令，即可对应用及网络映像进行下载，在下载过程中会看到 service 指示灯闪烁。对 con2 重复上述过程。

这时在“App Node”下的“Target HW”中的 custom_1 及 custom_2 已处于“online”状态。

此时拔掉用于下载的双绞线，按下开关，即可实现任务要求。

4.9　Host-Base 结构节点的设计

神经元芯片内部集成了三个功能强大的处理器，能很好地满足绝大多数应用的需要。但是神经元芯片只有 8 位总线，最高主频是 10MHz，而且编程采用的任务调度机制在上一个事件触发的任务没有执行完之前不能响应新的触发事件。因此，如果当前任务执行时间较长时就会大大影响新事件的响应。在实时性要求较高或者节点需要完成较复杂测控功能等场合，神经元芯片就显得力不从心。

采用 Host-Base 结构的节点能很好地解决这个问题。在这类节点中，神经元芯片只是作为通信处理器，而较复杂的 I/O 事件和算法的处理等由主处理器来完成。主处理器可以是 PC、DSP、单片微控制器等。这样主处理器和神经元芯片各负其责，充分发挥了主处理器对应用程序的强大处理功能和神经元芯片中 LonTalk 协议处理通信任务的优势。

Host-Base 结构的节点中，两个 CPU 之间建立通信联系的方式有三种，即串行通信方式、并行通信方式、共用一个双口 RAM。这三种方式的最高传输速率不同，串行方式的通信速率为 4800b/s，并行通信方式的通信速率为 3.3Mb/s，双口 RAM 方式的通信速率更高。采用 Host-Base 结构的节点根据实际对速率的要求选择通信方式。本节介绍了一类 Host-Base 结构节点的设计方法，这类节点可以完成较为复杂的现场采集和控制功能。

4.9.1 硬件设计

神经元芯片的 11 个 I/O 可以定义为并行 I/O 对象、串行 I/O 对象支持与主机的通信。从数据速率和通信方式上看，神经元芯片提供的串行接口有很大的局限性。当速率要求大于 4800b/s 的情况下，串行 I/O 对象无法实现。因此，根据具体应用的要求，可以采用神经元芯片预定义的并行 I/O 对象。

与普通神经元节点比较，Host-Base 结构节点增加了一个主处理器 8515，并行数据采集和处理的应用电路接到主处理器 8515 的端口上，而不是直接接到神经元芯片的 I/O 端口上。8515 与神经元芯片之间通过单字节 FIFO 的并行接口进行数据交换。

1. 硬件电路

Host-Base 结构节点的硬件电路如图 4-30 所示。8515 是 Atmel 公司生产的 Mega8 系列中的一款 8 位单片微控制器，它采用了 RISC 精简指令，指令可以在一个时钟周期内执行，具有很高的数据处理速度；32 个通用寄存器使指令运算更灵活，这些功能使它具有比 AT89S52 更高的性价比。它为 40 引脚的 PDIP 封装，内含 8KB 的 Flash Memory，512B 的内部 RAM，最高工作频率是 20MHz。8515 单片微控制器 PA 口的 8 条 I/O 口线与神经元芯片进行数据交换，PD4 为写控制信号线（AWR），PD5 为读控制信号线（ARD），INT1 外部中断 1 是读/写请求联络信号线（AINT）。其中，PA 口工作在普通的 I/O 功能而不是用作数据线。

2. 工作原理

在神经元芯片这一侧，它的 11 个 I/O 口配置成并行 I/O 接口，其中 IO0～IO7 提供了数据线，IO8、IO9 和 IO10 分别是神经元芯片一侧的写控制信号线（BWR）、读控制信号线（BRD）和读/写请求联络信号线（BINT）。

单字节的并行接口由两片 74HC574 和一片 74HC74 组成。74HC574 是带三态输出控制的 8D 触发器，数据的输入由 CLK 信号的上升沿控制，数据的输出由 $\overline{OC}$ 信号的低电平选通。74HC74 是带预置端和清除端的双 D 触发器。在图 4-30 中，74HC74 的 D 引脚接地，CLK 引脚的上升沿使输出为低电平，SD 引脚的低电平使输出为高电平。并行接口的两端分别接主处理器 8515 和 Neuron 芯片。以下简称 8515 为 A 机，Neuron 芯片为 B 机。并行通信设计的关键是协调好双方的收发进程。

从 8515CPU 向 Neuron 芯片发送单个字节的过程如下：

（1）通过 8515CPU 的 PA 口把数据送入图 4-30 中上边的 74HC574 锁存器的输入端 1D～8D；

（2）使 8515CPU 的 PD4 变高，ARW 产生上升沿，数据被 74HC574 锁存，同时使得 BINT 信号变低，通知 B 机取走数据；

（3）B 机检测到 BINT 后，将 BRD 置低，把 74HC574 中锁存器的数据送到 BD0～BD7 上，同时置高 BINT，清除请求信号；

（4）B 机从 BD0～BD7 读取到数据后，置高 BRD，释放数据总线 BD0～BD7；

（5）B 机将 BWR 置高，产生上升沿，使 AINT 变低，通知 A 机可以继续发数据；

（6）A 机的 INT1 收到 AINT 后，把 ARD 置低，使 AINT 变高，消除 B 机的请求信号；

（7）A 机将 ARD 置高，释放 BD0～BD7。

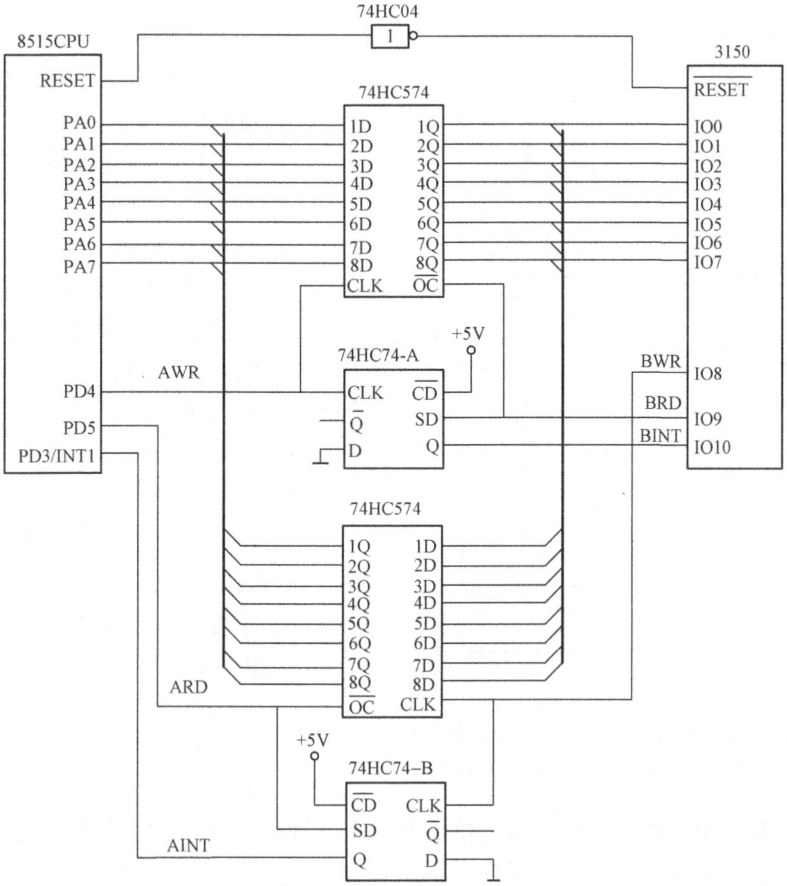

图 4 - 30 并行接口连接图

重复上述过程就能实现从 8515CPU 到 Neuron 芯片的多字节传送。从 Neuron 芯片发送数据到 8515 的过程与上面相同。

另外，上电后 Neuron 芯片和 8515CPU 在初始化所用的时间不同，神经元芯片要有很多复位处理任务，耗时较长。为了让 8515CPU 与 Neuron 芯片尽量同步开始工作，设计时把 Neuron 芯片的复位输出经 74HC04 取反后接到 8515CPU 的复位引脚上。当 Neuron 芯片在运行中出现复位时，这种电路可保证 8515CPU 也进行同步的复位初始化，从而保证了节点出现意外时能可靠地工作。

4.9.2 软件设计

神经元芯片的编程使用 Neuron C 语言。Neuron C 支持任务调度机制，这种任务调度机制是事件驱动的，即当给定的条件（称为事件）为真时，与此条件相关联的一组代码（称为任务）被执行。Neuron 定义了 5 类事件：系统级事件、输入输出事件、定时器事件、网络变量和显式报文事件、用户自定义事件。任务调度是按照应用程序引用事件的顺序执行的。

数据传输的并行通信软件由数据发送启动程序和数据发送/接收处理程序组成。数据发送启动程序是一个子程序，由主程序调用执行；数据发送/接收程序，对 8515CPU 是一个 INT 低电平触发的中断服务程序，对神经元芯片是 IO10 变低电平事件驱动的任务。并行通信的单字节程序流程图如图 4-31 所示。

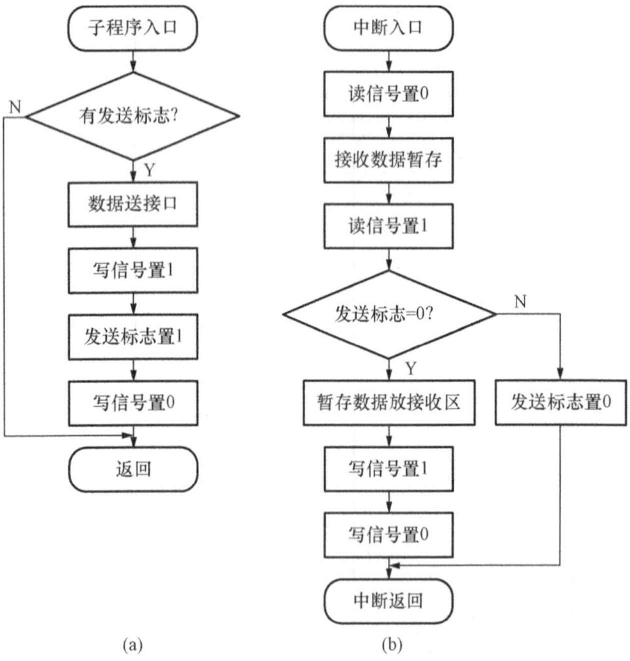

图 4-31 并行通信的单字节程序流程图
(a) 发送启动程序；(b) 发送/接收程序

从图 4-31 中可以看出，全局参数数据发送标志是协调整个程序进程的关键。数据发送标志由数据发送启动程序把数据发送到接口时置“1”，在数据发送/接收处理程序中收到对方的应答信号时置“0”。发送标志是“1”或者是“0”对启动发送程序和发送/接收程序的意义不同。对发送方来讲，发送标志为“1”表示已经启动了数据的发送，但是还没有收到接收方发来的应答信号，不能再次发送数据，只有当接收到接收方发来的应答信号将发送标志置“0”以后，才可以继续发送数据。对接收方来讲，因为没有主动发数据，发送标志仍然为“0”，读取接口上的数据后，执行发送标志“0”为真的任务，将暂存的数据放入接收单元。

多字节的发送和接收是在单字节通信的基础上，通过总字节数控制数据传输是否进行下去。如果传输的字节数还没有达到总字节数，就继续进行下一个字节的发送。对 8515CPU 来讲，如何协调好它的数据处理任务与 Neuron 芯片的通信是重点需要考虑的问题。同样，Neuron 芯片的程序也要协调好它与 LON 网以及它与 8515CPU 并行数据通信的进程。

Neuron 芯片 I/O 接口的定义如下：

```
IO_0 input byte data_in                  //定义双向的并行接口对象
IO_0 output byte data_out;
IO_8 output bit data_wr = 0;             //Neuron 芯片的写信号
IO_9 output bit data_rd = 1;             //Neuron 芯片的读信号
IO_10 input bit request_flag = 1;        //请求信号
```

8515 开始向 3150 芯片传送数据触发的请求信号事件可定义如下：

```
when (io_in(request_flag) = = 0)
{
    unsigned int data_temp;
    io_set_direction (data_in);
    io_out (data_rd, 0);
    data_temp = io_in (data_in);
    nv_temp = data_temp;
    io_out (data_rd, 1);
    io_out (data_wr,1);
    delay (10);
    io_out (data_wr,0);
}
```

并行接口方式提供了主机和 Neuron 芯片通信的一种简单、可靠、实用的方式，它大大提高了智能测控节点的处理速度并简化了完成任务的复杂度。

4.10 智能网络适配器的设计

网络和通信技术的发展、高性能多处理器芯片的出现、软件开发和集成技术的支持，引起了自动化系统结构的变革，为低成本工业控制网络的研究和设计提供了有力的开发手段，使信息交换沟通的领域正在迅速覆盖从工厂的现场设备层到控制、管理的各个层次，逐步形成以网络集成自动化系统为基础的企业信息系统。

LonWorks 作为一种具有较高性能价格比、满足分布式控制要求的现场总线技术，为现场智能节点的互连、构建分布式控制网络、实现信息资源的共享提供了支持和便利。为了扩展 LonWorks 的监控、管理功能，作为一种面向控制的网络结构，可将其与 PC 连接以便于监视和操作。虽然可采用相应的转换装置直接与 PC 的串口相连，但这种方式的数据通信速率太低，实时性要求较差。因此，要满足现场众多智能节点与 PC 之间批量实时数据的通信要求，采用智能网络适配器这种接口无疑是良好的选择。它作为一般的通信节点既可与总线上挂接的所有智能节点实现双向数据通信，又可快速地与 PC 进行数据交换，实现复杂数据处理和高级监控功能。

为便于实施，且顾及到低成本要求，网络结构采用总线型，通信介质用双绞线，收发器选用 78kb/s 传输速率的产品 FTT-10。

4.10.1 智能网络适配器的功能需求和基本结构

现场总线控制网络与监控用 PC 相连要有适配接口支持，尤其对十分强调通信实时性的控制领域更是如此。随着采样数据量的增大及信息处理任务的增加，对数据传送的要求也会越来越高。如果没有能够实现高速传送数据的接口，极易在数据传送时造成瓶颈堵塞现象，从而影响整个系统对数据的处理能力。为保证数据的实时、可靠传输，设计一个功能齐全的智能网络适配器是十分重要的。

1. 功能需求

首先，智能网络适配器作为一个特殊的网络节点，应能与 LonWorks 总线上所有分布在现场的智能节点进行对等的数据通信，起到“上传下达”的桥梁作用。当现场有数据送到网上后，智能网络适配器要负责把所有发送给它的信息接收下来，并立即转发给PC进行监视和处理；当PC有监控命令或所设参数需要下达时，智能网络适配器也应实现转发功能，及时准确地将PC的信息发送给分布在现场的各相关智能节点。同时，为减轻PC的部分数据处理任务，提高系统的实时性，智能网络适配器也应提供对部分通信数据的打包、拆包和整理等功能。

2. 基本结构

智能网络适配器是控制网络与监控用PC相互连接的适配接口，是实现分布系统信息收集、数据处理、现场智能节点动作控制等功能的枢纽，在通信过程中起着关键作用。其结构如图4-32所示。智能网络适配器以Neuron神经元多处理器芯片为核心，用来加强和改善通信管理，节省占用PC的时间；利用采用曼彻斯特编、译码方式的收发器，实现与网上各智能节点之间的双向数据通信；用双口RAM充当通信过程中现场信息的接收、发送缓冲区，完成最近发送到达的交换数据的存储转发功能，实现网络与PC之间的数据传输，缓解和避免系统缓存的紧张和瓶颈的产生，保证数据的实时畅通；用非易失性存储器EEPROM存放LonTalk网络协议固件、多任务调度程序、网络适配器通信管理程序以及网络配置信息等。

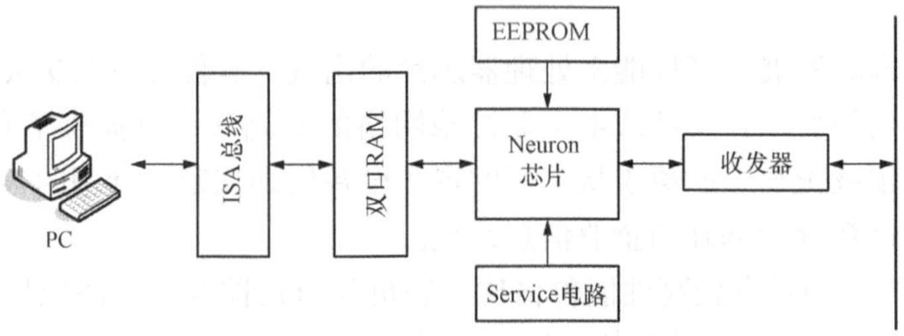

图4-32 智能网络适配器的结构图

4.10.2 智能网络适配器的硬件电路设计

1. 设计目标

智能网络适配器的设计目标主要包括：遵循LonWorks总线规范，按照全分布式系统的要求，采用对等的通信控制方式；网络接口电路用双口RAM作为数据通信的缓冲，以实现网络数据的并行高速传输；符合PC的ISA总线标准，使智能网络适配器以标准模板的形式直接插入PC的扩展槽中；提供配套的通信管理和网络驱动软件，使其能在实现通信任务的同时，完美解决好与其他监控软件（如InTouch）平台的动态数据交换功能。

2. 电路原理

智能网络适配器的硬件电路原理图如图4-33所示。它主要包括Neuron神经元芯片、收发器、EEPROM、双口RAM、译码电路和Service电路等，以Neuron为核心芯片构成网络接口，由它通过LonTalk协议与网上的智能节点进行通信，并通过对双口RAM的访问实现与PC的数据交换。对双口RAM中存储单元的地址分配，在PC和Neuron两侧是不同的，PC一侧经译码选定为D800H：0000H～D800H：1FFFH，而在Neuron芯片一侧经译码选定为8000H～9FFFH。网络适配器上的通信管理程序采用Neuron C语言编写。Neuron芯片和PC之间的通信，可综合采用标志查询、定时中断和事件驱动等多种方式。

3. 寻址方式

PC 对智能网络适配器的寻址采用存储器寻址方式。将其双口 RAM 地址直接映像到主存地址的空闲空间，对网络适配器数据的读/写操作均使用存储器存取指令实现。

4. 冲突仲裁

为了防止两个端口同时被读/写而引起数据破坏或丢失，根据 Neuron 芯片只有同步工作方式而 PC 允许异步工作方式的特点，从双口 RAM 提供的 BUSY 线和$\overline{\text{INTR}}$线两种仲裁方式中，选取 BUSY 线作为避免冲突的解决方案。在该方式下，当一方正在访问双口 RAM 时，会使另一方的 BUSY 线变低，以禁止另一方的访问，从而可避免冲突。由于该方式主要适用于具有异步工作方式的处理器，因此在对双方同时访问双口 RAM 的冲突进行处理时，实际设计的控制电路在仲裁过程中，优先满足 Neuron 芯片的访问要求；而让具有异步工作方式的 PC 自动插入若干等待周期，主动推迟对双口 RAM 的访问。

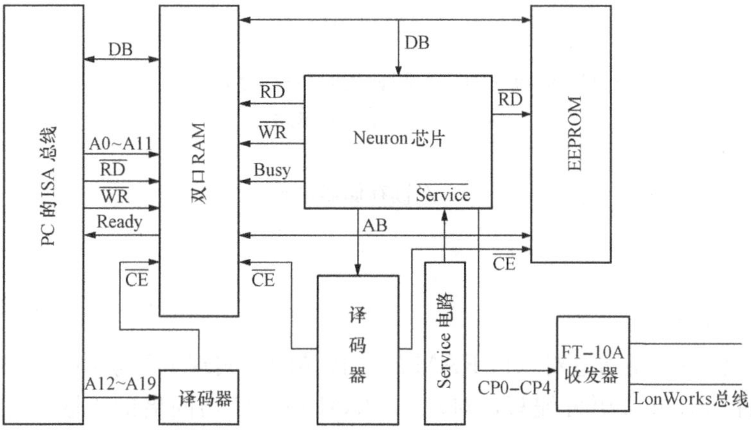

图 4-33　智能网络适配器的硬件电路原理图

4.10.3　通信管理软件的设计

智能网络适配器的研制，主要是为了构建如图 4-34 所示的系统。在这类应用系统中，实际上仅把 Neuron 芯片作为通信处理器用，由其按照 LonTalk 协议与 LonWorks 网络上的所有智能节点进行通信；而让数据处理、高级监控等复杂应用程序放在 PC 上运行。因此，智能网络适配器的通信管理程序严格来说应包括两大部分：其一是由运行在 Neuron 芯片上的网络接口软件实现 1～5 层 LonTalk 协议，其二是由 PC 应用系统的网络驱动程序和应用程序实现 6～7 层 LonTalk 协议。这样，PC 应用系统可依赖网络驱动程序来实现与网络接口协议有关的功能，而网络驱动程序则采用 PC 的接口硬件（即智能网络适配器上的双口 RAM）与网络接口（即智能网络适配器上的 Neuron 芯片）进行通信。

1. 网络接口软件

网络接口软件须完成两个主要任务：其一，采用事件驱动方式，监视网络中各现场智能节点传送来的显式报文，负责将其转换成规范的数据表示格式，通过寻址算法的定位后再将其存入双口 RAM 中的对应单元，供网络驱动软件读取后，转发

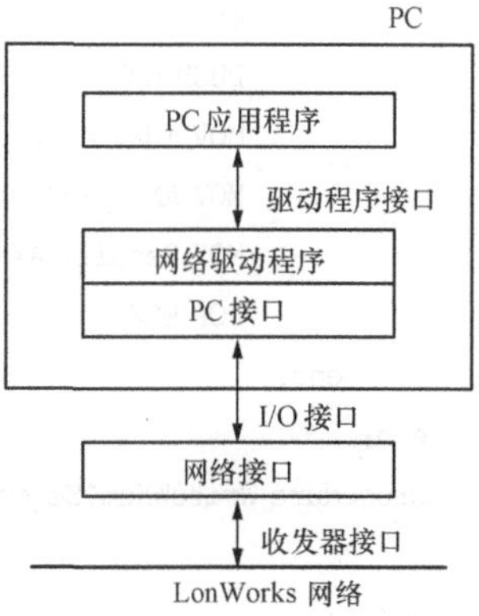

图 4-34　基于 PC 应用的结构

给PC的应用程序；其二，利用定时中断方式，查询PC有无命令或参数需要下达的标志信息，及时对双口RAM的命令区读取PC下达给现场智能节点的命令或参数，完成显式报文的打包处理后，以广播方式发送到网上，让相关的现场智能节点接收。

在网络接口软件中，极为重要的一个环节是对双口RAM单元的访问，在此主要运用Neuron C语言中的指针来实现。下面是Neuron芯片对双口RAM的读/写方法的程序段。

```
#define BYTES 256                          //设置单元数
unsigned int * pnc;                        //定义指针
unsigned long NCBaddr = 0xD000;            //基地址
unsigned int i;                            //定义循环变量
for(i = 0;i<BYTES;i + +)                   //读/写存储器单元
{
   …
   pnc = (unsigned int * )(NCBaddr + i);  //指针指向某一单元
   * pnc = NCWBuffer;                      //写存储器单元
   …
   NCRBuffer = * pnc;                      //读存储器单元
   …
}
```

2. 网络驱动软件

网络驱动软件主要是通过对双口RAM的直接访问，实现PC与网络接口之间的数据交换功能。该软件用Delphi语言编写，对双口RAM单元的访问借助于嵌入汇编语言的功能实现，并将其设计成函数和过程，以便于调用。另外，对双口RAM单元的频繁访问过程采用时钟中断方式驱动。以下是针对双字节数据进行读/写的函数和过程。

```
function ReadWMem(Segment:word;Offset:Word):Word; //Segment:段地址;Offset:偏移地址
    var
        Address: LongWord;                   //定义局部变量
    vegin
        Address: = Segment shl 4 + Offset;   //物理地址 = 段地址左移 4b + 偏移地址
        asm                                  //asm 与 end 间的语句为汇编语言
        PUSH EBX                             //入堆栈
        MOV EBX, Address                     //指向地址单元
        MOV AX, [EBX]                        //读地址单元内的数值
        MOV Result, AX                       //函数返回值
        POP EBX                              //出堆栈
    end;
end;
procedure WriteWMem(Segment: word; Offset: Word; Value: Word);
                                             //Segment:段地址 Offset:偏移地址
var
       Address: LongWord;                    //定义局部变量
```

```
begin
      Address: = Segment shl 4 + Offset;     //物理地址 = 段地址左移 4b + 偏移地址
      asm                                    //asm 与 end 间的语句为汇编语言
          PUSH EBX                           //入堆栈
          MOV EBX,Address                    //指向地址单元
          MOV AX,Value                       //把数值赋给寄存器
          MOV [EBX],AX                       //把数值写到地址单元内
          POP EBX                            //出堆栈
      end;
end;
```

4.11　实例：LonWorks 控制网络在风力发电机控制系统中的应用

利用再生能源可以节约能源和保护环境，而风力发电与其他再生能源相比，更具竞争潜力，因而发展迅速。风力发电机一般工作于恶劣的环境下，在无人值守的情况下长年运行。在大型风力发电场，通常需要对几十台或上百台风力发电机进行集群控制。

4.11.1　系统结构

根据风力发电控制要求、LonWorks 现场总线的特点及风力发电机运行的现场环境，构成风力发电机集群控制系统，如图 4-35 所示。

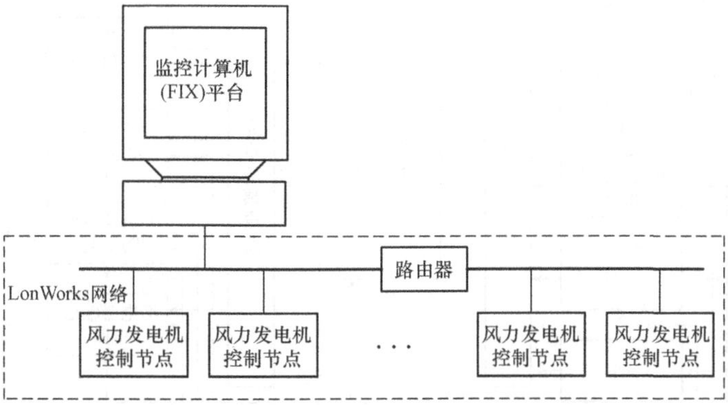

图 4-35　风力发电机集群控制系统结构图

风力发电机集群控制系统包括上位监控计算机、风力发电机控制节点，监控计算机通过 PCNSS LonTalk 网卡连接到 LonWorks 网络。监控计算机的主要功能包括与现场总线节点的数据交换、显示、报警、操作、参数设定等。控制系统网络拓扑结构采用总线式结构，各风力发电机控制节点之间用双绞线连接，形成 LonWorks 控制网络。LonWorks 控制网络根据风场内风力发动机的数量和分布情况，划分为不同的网段，网段之间使用 LonWorks 路由器相连，从而扩展网络的容量，连接不同通信介质和波特率，提高网络性能和可靠性。为提高系统的抗干扰能力，在控制器和传输介质之间加光电隔离。风力发电机控制节点的功能是采集风速、叶轮转速、发电机转速、风向等数据，完成风力发电机的并/脱网控制和保护。

风力发电机产生的电能并入当地电网。

4.11.2 风力发电机控制节点的硬件组成

设计 LonWorks 现场总线测控节点时，采用了基于控制模块的设计方法。LonWorks 控制模块是节点的核心部件，它采用 Echelon 公司生产的 FT-10，内含 3150 神经元芯片，时钟 10MHz，带有 32KB Flash 存储器用于存储应用程序和通信固件。测控节点的硬件组成包括光隔继电器组、滤波电路、隔离放大电路、模数转换电路、通道选择控制电路、LonWorks 控制模块、数模转换及电流发送电路、继电器输出回路和电源电路。其结构简图如图 4-36 所示。通道选择控制电路控制光隔继电器，选择所要测量的输入通道，滤波电路用于滤除模拟输入信号中的高频干扰，隔离放大电路用于内部模拟信号的隔离，使 Neuron 芯片电路与外部模拟输入信号不共地，模数转换电路实现 12 位 A/D 转换。数模转换电路及电流发送电路采用了 12 位串行数模转换器 MAX538 和电压/电流变换器 AD694，同时采用了完善的隔离技术。风速和叶轮转速测量使用两种计数方式。发电机转速较低时，计数器工作于外部事件计数方式；转速较高时，工作于捕获方式。电源电路的输入是直流+24V，它为节点内部提供所需的多组隔离电源，其中包括一组+5V 和两组±12V 电源。

控制节点安装于风力发电机塔架底部，通过电力电缆与发电机短舱中的电气设备连接，通过双绞线与其他控制节点相连。

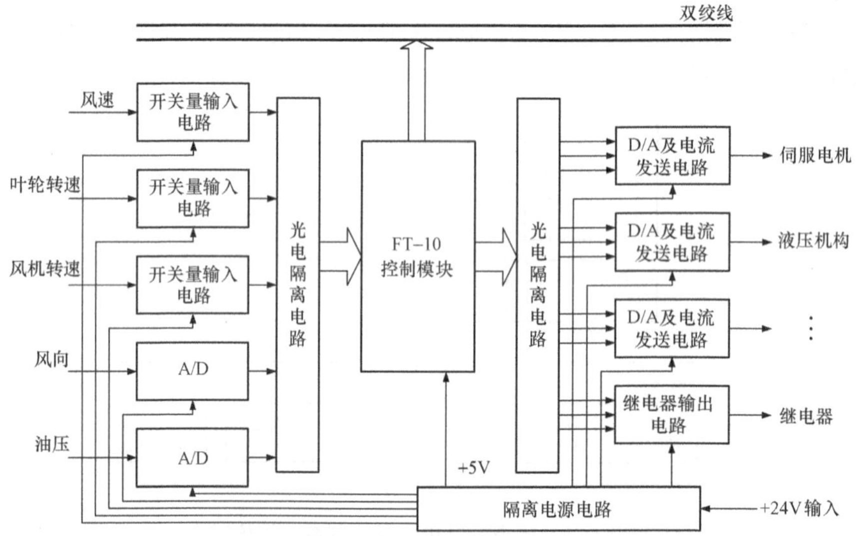

图 4-36 风力发电机控制节点结构简图

对于 200kW 风力发电机，风速在 4m/s 以下时，风机抱闸不跟风。当风速超过 4m/s 时，风机松闸，此时风力发电机叶轮慢慢转动，处于待风状态，控制系统根据风向传感器指示的风向，驱动短舱自动跟风。当风速在 5m/s 以上时，风机由待风状态进入低风速启动。

风力发电机启动以后，叶轮通过增速机构驱动发电机，当叶轮转速达到 45r/min 时，200kW 风力发电机达到同步转速，此时通过继电器并入电网发电。大风情况下，风力发电机组可能直接启动，为避免叶轮超速造成并网失败，通常使发电机在略低于同步转速时直接并网。并网时间由计算机根据风速、电机转速和升速率动态确定。风机在 4.5～25m/s 的工作风速范围内，主要根据发电机转速和功率决定发电机的并/脱网控制。风速在 4.5m/s 左右反复变化时，为避免发电机频繁并/脱电网，进行回差控制处理。当叶轮超速或者风速超过 25m/s 时，发电机自动脱离电网，液压制动系统动作，抱闸刹车，停止叶轮转动，调向系统将短舱右调向 90°侧风，以保护风机。

风力发电机法线方向与风向一致时，风机吸收风能效率最高。跟风的目标是使叶轮法线方向与风向基本一致。当叶轮法线方向与风向存在比较大的偏差时，由调向系统根据风向传感器测量偏差进行左右调向。连续跟风可能造成电缆缠绕。当短舱在同一方向积累旋转两圈，转角 720°后，若风速低于 7m/s 时，则风力发电机切出运行，短舱反向旋转 720°，至无缠绕位置。

4.11.3　控制节点软件设计

风力发电机控制节点主要完成两个任务：一是风速、叶轮转速、发电机转速的测量，风力发电机的并/脱网控制和保护；二是监控计算机和控制节点之间，以及控制节点之间的信息交换，包括风力发电机控制节点检测到的风速、叶轮转速、发电机转速和控制节点的状态数据，以及监控计算机发送的控制命令。各控制节点的应用程序采用 Neuron C 语言编写，并使用 NodeBuilder 节点开发工具进行调试。

控制节点软件首先接收和处理网络变量，在应用程序中设定采样周期定时器，实现周期性采样与更新输出网络变量。当采样周期到达，首先读取数据量通道的风速、叶轮转速、风力发电机转速的测量值，随后多路开关切换到风向测量模拟通道，然后启动 A/D 转换并读取转换结果，然后再将多路开关切换到油压测量模拟通道进行类似处理。测量值经标度变换后更新相应输出内部变量或网络变量。然后根据内部变量和网络变量实现开/停机、并/脱电网、自动跟风、侧风、调向和解缆等操作，最后将相应的网络变量送到控制网络，供其他节点或监控计算机使用。

风力发电机控制节点的主程序流程图如图 4 - 37 所示。

4.11.4　监控计算机的功能和实现

在风力发动机控制系统中，监控计算机的主要功能如下：

(1) 与现场总线节点中的应用程序配合，实现远程和自动启/停风力发电机；

(2) 风力发电机控制节点的控制参数、采样周期的设定；

(3) 各个风力发电机控制节点的实时或历史数据曲线显示；

(4) 通过以太网与其他计算机相连，构成多层的计算机控制系统；通过 LonWorks-Internet 路由器（如 iLon1000）或调制解调器连接到 Internet，实现通过广域网的数据交换。

监控计算机实现信息采集与信息管理，它通过网络变量间接获得现场实时数据，并具有数据显示、报警显示、历史数据记录、趋势数据列表等管理功能。数据存储在过程数据库（PDB）之中，为高级控制及管理优化软件提供实时输入、输出数据支持。监控计算机通过 Fix 工控平台网络接口驱动程序（LNI）与 LonWorks 现场总线进行数据交换，实现与现场总线节点之间的通信。除已捆绑的输入网络变量外，所有 LonWorks 网络变量都可通过监控计算机来访问。例如，控制节点参数的设置、风力发电机工作状态的监控等。

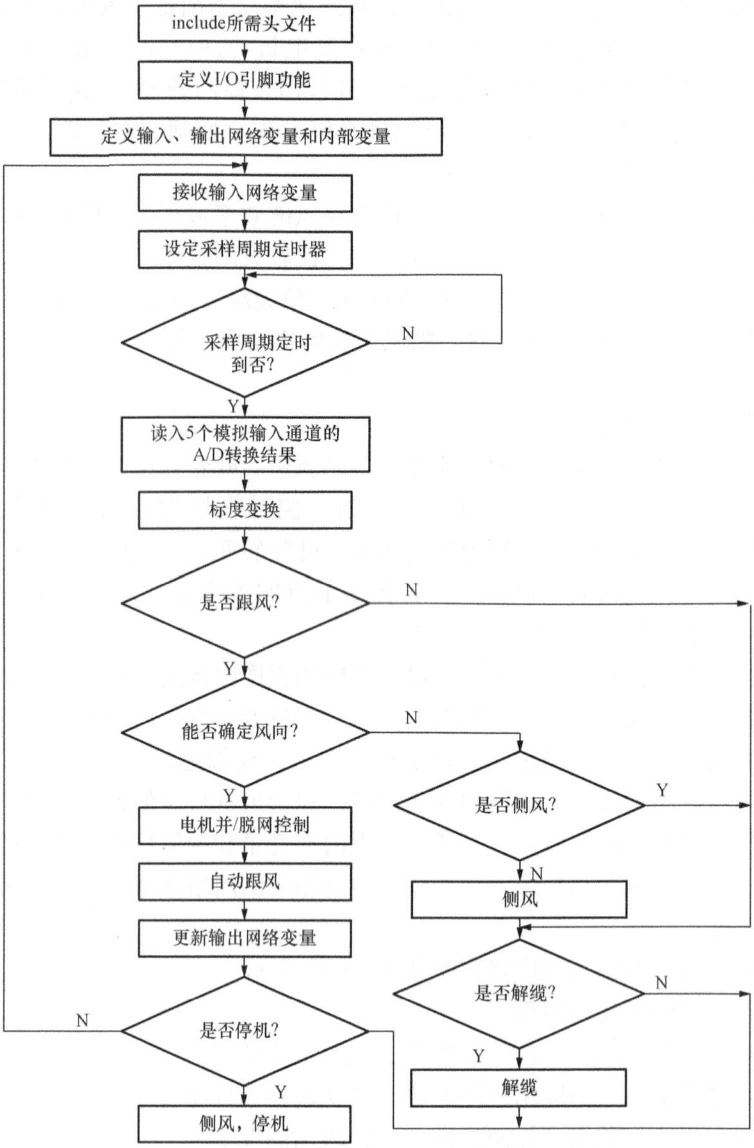

图 4-37 风力发电机控制节点的主程序流程图

第5章　FF控制网络

基金会现场总线（Foundation Fieldbus，FF），是在过程自动化领域得到广泛支持和具有良好发展前景的技术。基金会现场总线系统是为适应自动化系统、特别是过程自动化系统在功能、环境与技术上的需要而专门设计的。这种现场总线标准是由现场总线基金会组织开发的，它得到了世界上主要自控设备供应商的广泛支持，在北美、亚太、欧洲等地区具有较强的影响力。现场总线基金会是致力于开发统一标准的现场总线的协会，它于1996年第一季度颁布了低速总线H1的标准，使H1低速总线步入实用阶段，高速总线的标准—高速以太网（HSE）也于2000年制定出来，其产品也正不断出现。

基金会现场总线的系统是开放的，可由来自不同制造商的测量、控制设备构成。这些制造商所设计开发的设备遵循相同的协议规范。在产品开发期间，通过一致性测试，确保产品与协议规范的一致性。当把不同制造商的产品连接于同一网络系统时，作为网络节点的各设备间应可实现互操作。同时还允许不同厂商生产的相同功能设备之间进行相互替换。

5.1　基金会现场总线技术概述

5.1.1　FF的主要技术

基金会现场总线的最大特色就在于它不仅仅是一种总线，而且是一个系统，是网络系统，也是自动化系统。

基金会现场总线系统作为全分布式自动化系统，要完成的主要功能是对工业生产过程中的各个参数进行测量、信号变送、控制、显示、计算等，实现对生产过程的自动检测、监视、自动调节、顺序控制和自动保护，保障工业生产处于安全、稳定、经济的运行状态。这里的全分布式自动化系统是相对其他类别的自动化系统而言的。由于基金会现场总线的现场变送、执行仪表（以下也称之为现场设备）内部都只有微处理器，现场设备内部可以装入控制计算模块，只需通过处于现场的变送、执行器之间连接，便可组成控制系统。这个意义上的全分布无疑将增强系统的可靠性和系统组织的灵活性。当然，这种控制系统还可以与别的系统或控制室的计算机进行信息交换，构成各种高性能的控制系统。

基金会现场总线作为网络系统，把具有通信能力和测量控制功能的现场设备作为网络的节点，由现场总线把它们互连为网络。通过对各节点的操作参数与数据调用，实现信息共享与系统的各项自动化功能。各网络节点的现场设备具有通信接收、发送与通信控制能力，它们的各项自动化功能是通过网络节点间的信息传输、连接、各部分的功能集成而共同完成的，因而称之为网络自动化系统。网络自动化系统的目的是实现人与人、机器与机器、人与机器、生产现场的运行控制信息与办公室的管理指挥信息的沟通和一体化。借助网络的信息传输与数据共享，组成多种复杂的测量、控制、计算功能，更有效、方便地实现生产过程的安全、稳定、经济运行，并进一步实现管控一体化。

基金会现场总线作为工厂的底层网络，相对一般广域网、局域网而言，它是低速网段，其传输速率的典型值为 31.25kb/s。它可以由单一总线段或多总线段构成，也可以由网桥把不同传输速率、不同传输介质的总线段互连而构成。网桥在不同总线段之间透明地转换传送信息。还可以通过网关或计算机接口板，将其与工厂管理层的网段挂接，彻底打破了多年来未曾解决的自动化信息孤岛的格局，形成了完整的工厂信息网络，为实现管控一体化提供了条件。

基金会现场总线围绕工厂底层网络和全分布自动化系统这两个方面形成了它的技术特色。其主要技术内容如下。

1. 基金会现场总线的通信技术

它包括基金会现场总线的通信模型、通信协议、通信控制器芯片、通信网络与系统管理等内容。它涉及一系列与网络相关的硬、软件，如通信栈软件，被称之为圆卡的仪表用通信接口卡，FF 与计算机的接口卡，各种网关、网桥、中继器等。它是现场总线的核心基础技术之一。

2. 标准化功能块 FB 与功能块应用进程 FBAP

它们提供一个通用结构，把实现控制系统所需的各种功能划分为功能模块，使其公共特征标准化，规定它们各自的输入、输出、算法、事件、参数与块控制图，并把它们组成为可在某个现场设备中执行的应用进程，便于实现不同制造商产品的混合组态与调用。功能块的通用结构是实现开放系统构架的基础，也是实现各种网络功能与自动化功能的基础。

3. 设备描述 DD 与设备描述语言 DDL

为实现现场总线设备的互操作性，支持标准的功能块操作，基金会现场总线采用了设备描述技术。设备描述为控制系统理解来自现场设备的数据意义提供必需的信息，因而也可以看作控制系统或主机对某个设备的驱动程序，即设备描述是设备驱动的基础。

设备描述语言是一种用以进行设备描述的标准编程语言。采用设备描述编译器，把 DDL 编写的设备描述的源程序转化为机器可读的输出文件。控制系统正是凭借这些机器可读的输出文件来理解各制造商的设备的数据意义。现场总线基金会把基金会的标准 DD 和经基金会注册过的制造商附加 DD 写成 CD-ROM，提供给用户。

4. 现场总线通信控制器与智能仪表或工业控制计算机之间的接口技术

在现场总线的产品开发中，常采用 OEM 集成方法构成新产品，即把 FF 集成通信控制芯片、通信栈软件、圆卡等部件与完成测量控制功能的部件集中起来，组成现场智能设备。

5. 系统集成技术

它包括通信系统与控制系统的集成，如网络通信系统组态、网络拓扑、配线、网络系统管理、控制系统组态、人机接口、系统管理维护等。这是一项集控制、通信、计算机、网络等多方面的知识，集软硬件于一体的综合性技术。

6. 系统测试技术

系统测试技术包括通信系统的一致性与互可操作性测试技术、总线监听分析技术、系统的功能和性能测试技术。一致性与互可操作性测试是为保证系统的开放性而采取的重要措施。一般要经授权过的第三方认证机构作专门测试，验证符合统一的技术规范后，将测试结果交基金会登记注册，授予 FF 标志。只有具备了 FF 标志的现场总线产品才是真正的 FF 产品，其通信的一致性与系统的开放性才有相应保障。有时，对由具有 FF 标志的现场设备所组成的实际系统，还需进一步进行互可操作性测试和功能性能测试以保证系统的正常运转，并达到所要求的性能指标。总线监听分析用于测试判断总线上通信信号的流通状态，以便于通信系统的调试、诊断与评价。对由现场总线设备构成的自动化系统，功能、性能测试技术还包括对其实现的各种控制系统功能的能力、指标参数的测试。并可在测试基础上进一步开展对通信系统、自动化系统综合指标的评价。

5.1.2 通信系统的组成及其相互关系

基金会现场总线的核心任务之一是实现数字通信。现场总线的全分布式自动化系统把控制功能完全下放到现场，现场仪表内部具有微处理器，内部可以装入控制计算模块，仅由现场仪表就可以构成完整的控制功能。现场总线的各个仪表作为网络的节点，由现场总线把它们互连成网络，通过网络上各个节点间的操作参数与数据调用，实现信息共享与系统的自动化功能。各个网络节点的现场设备内部具有接收、发送与通信控制能力。各项控制功能是通过网络节点间的信息通信、连接及各部分功能的集成而共同完成的。

基金会现场总线的通信模型只具备 ISO/OSI 参考模型 7 层中的 3 层，即物理层、数据链路层和应用层，并按照现场总线的实际要求，把应用层划分为两个子层：总线访问子层与总线报文规范子层，省去了中间的 3～6 层，即不具备网络层、传输层、会话层与表示层。不过它又在原有 ISO/OSI 参考模型第 7 层应用层之上增加了新的一层：用户层。这样可以将通信模型视为 4 层，但在相应软硬件开发的过程中，往往把除去最下端的物理层和最上端的用户层之后的中间部分作为一个整体，统称为通信栈。这时，现场总线的通信参考模型可简单地视为 3 层。

变送器、执行器等都属于现场总线物理设备。每个具有通信能力的现场总线物理设备都具有通信模型。通信模型的主要组成部分及其相互关系如图 5-1 所示。

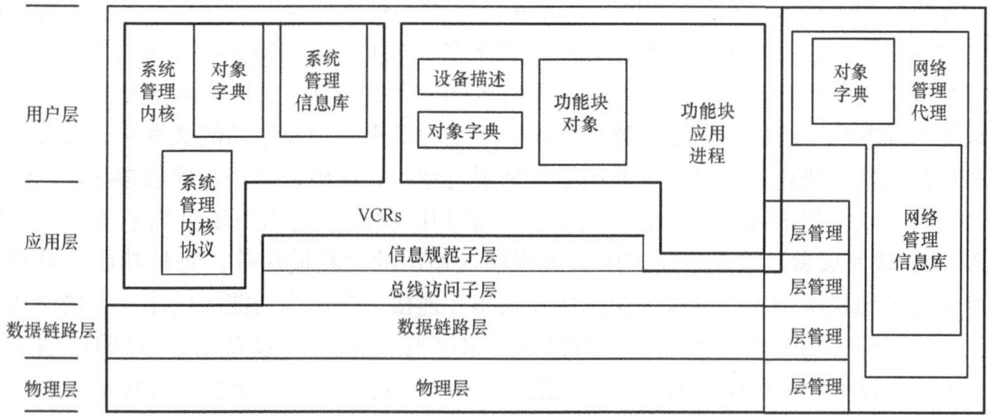

图 5-1 通信模型的主要组成部分及其相互关系

图 5-1 从物理设备构成的角度表明了通信模型的主要组成部分及其相互关系，在分层模型的基础上更详细地表明了通信的主要组成部分。从图 5-1 中可以看到，通信参考模型所对应的 4 个分层，即物理层、数据链路层、应用层、用户层，按各部分在物理设备中要完成的功能，被分为三大部分，即通信实体、系统管理内核、功能块应用进程，各部分之间通过虚拟通信关系（Virtual Communication Relationship，VCR）来沟通信息。VCR 表明了两个或多个应用进程之间的关联，或者说，虚拟通信关系是各应用之间的逻辑通信通道，它是总线访问子层所提供的服务。

通信实体贯穿从物理层到用户层的所有各层。由各层协议与网络管理代理共同组成。通信实体的任务是生成报文与提供报文传送服务，是实现现场总线信号数字通信的核心部分。层协议的基本目标是要构成虚拟通信关系。网络管理代理则是要借助各层及其层管理实体，支持组态管理、运行管理、出错管理的功能。各种组态、运行、故障信息保持在网络管理信息库（Network Management Information Base，NMIB）中，并由对象字典（Object Directionary，OD）来描述。对象字典为设备的网络可视对象提供定义与描述。为了明确定义、理解对象，把例如数据类型、长度一类的描述信息保留在对象字典中，可以通过网络得到这些保留在 OD 中的网络可视对象的描述信息。

系统管理内核（System Management Kernel，SMK）在模型分层结构中只占有应用层和用户层的位置。系统管理内核主要负责与网络系统相关的管理任务，如确立本设备在网段中的位置、协调与网络上其他设备的动作和功能块执行时间。用来控制系统管理操作的信息被组织成对象，存储在系统管理信息库（System Management Information Base，SMIB）中。系统管理内核包含有现场总线系统的关键结构和可操作参数，它的任务是在设备运行之前将其基本的系统信息置入 SMIB，然后根据系统专用名，分配给该设备一个永久的数据链接地址，并在不影响网络上其他设备运行的前提下，把该设备带入到运行状态。系统管理内核采用系统管理内核协议与远程 SMK 通信。当设备加入到网络之后，可以按需要设置远程设备和功能块，由 SMK 提供对象字典服务。如在网络上对所有设备广播对象名，等待包含这一对象的设备的响应，而后获取网络中有关对象的信息。为协调与网络上其他设备的动作和功能块同步，系统管理还为应用时钟同步提供一个通用的应用时钟参考，使每个设备能共享共同的时间基准，并可通过调度来控制功能块执行时间。

功能块应用进程（Function Block Application Process，FBAP）在模型分层结构中位于应用层和用户层。它主要用于实现用户所需要的各种功能。应用进程 AP 是 ISO 7498 中为参考模型所定义的名词，用以描述留驻在设备内的分布式应用。AP 一词在现场总线系统中是指设备内部实现一组相关功能的整体。功能块是为实现某种应用功能或算法、按某种方式反复执行的函数模块化，提供一个通用结构来规定输入、输出、算法和控制参数，把输入参数通过这种模块化的函数，转化为输出参数。如 PID 功能块完成现场总线系统中的控制计算，AI 功能块完成参数输入，还有用于远程输入输出的交互模块等。每种功能块被单独定义，并可为其他块所调用。由多个功能块及其相互连接，集成为功能块应用。在功能块应用进程这部分，除了功能块对象之外，还包括对象字典（OD）和设备描述（DD）。采用 OD 和 DD 来简化设备的互操作，因而也可以把 OD 和 DD 看作支持功能块应用的标准化工具。

5.2 FF 的通信模型

基金会现场总线的通信模型如前所述，包括物理层、数据链路层、应用层和用户层。FF 现场总线模型与 OSI 模型的关系如图 5-2 所示。FF 各层协议数据如图 5-3 所示。

在图 5-3 中，PCI 为协议控制信息，PDU 为协议数据单元。当使用中继器时，前同步信号可以多于一个字节。

5.2.1 物理层

基金会现场总线的物理层遵循 IEC 61158-2 和 ISA-S50.02 中有关物理层的标准。现场总线基金会为低速总线颁布了 31.25kb/s 的 FF—816 物理层规范，也称为 H1 标准。目前作为现场总线的高速标准 HSE 高速以太网的标准已经制定。

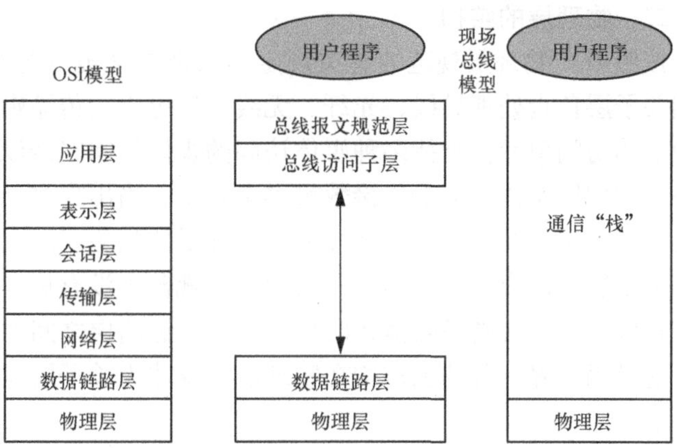

图 5-2 FF 现场总线模型与 OSI 模型的关系

一、物理层功能

物理层用于实现现场物理设备与总线之间的连接，为现场设备与通信传输媒体的连接提供机械和电气接口，为现场设备对总线的发送或接收提供合乎规范的物理信号。

物理层作为电气接口，一方面接收来自数据链路层的信息，把它转换为物理信号，并传送到现场总线的传输媒体上，起到发送驱动器的作用；另一方面把来自总线传输媒体的物理信号转换为信息送往数据链路层，起到接收器的作用。

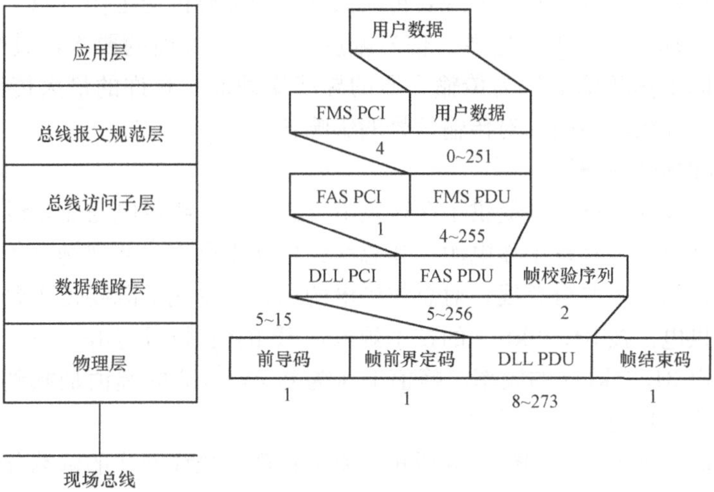

图 5-3 FF 各层协议数据

当它接收到来自数据链路层的数据信息时，需要按照基金会现场总线的技术规范，对数据帧加上前导码、界定码、结束码，并对其实行数据编码（即曼彻斯特编码），再经过发送驱动器，把所产生的物理信号传送到总线的传输媒体上。另一方面，它又从总线上接收来自其他设备的物理信号，对其去除前导码、界定码、接收码，并进行解码后，把数据信息送往数据链路层。

考虑到现场设备的安全、稳定运行，物理层作为电气接口，还应该具备电气隔离、信号滤波等功能，有些还需处理总线向现场设备供电等问题。

由于现场总线采用数字式多点串行通信方式，其总线传输介质多为两根导线，如双绞线，因而其机械接口相对较为简单。

二、物理层的结构

按照IEC物理层规范的有关规定，物理层又被分为媒体相关子层与媒体无关子层。媒体相关子层负责处理导线、光纤、无线介质等不同传输媒体、不同速率的信号转换问题，也称为媒体访问单元。支持多种媒体访问的媒体访问冗余设备，为每种要与之连接的物理媒体设一个物理层实体，冗余连接数可多至8个。当出现多个连接时，物理媒体相关子层对所有连接同时传送。在两个子层连接处，物理媒体相关子层选择这其中之一，把它的信号送到媒体无关子层，形成所通过的单一数据流。规范中没有规定如何进行这种选择。

媒体无关子层则是媒体访问单元与数据链路层之间的接口。上述有关信号编码、增加或去除前导码、界定码的工作均在物理层的媒体无关子层完成。这里设有专用电路来实现编码等功能。

三、传输介质

H1网段支持多种传输介质，包括双绞线、电缆、光缆、无线介质。目前应用较为广泛的是前两种。H1标准采用的电缆类型可分为无屏蔽双绞线、屏蔽双绞线、屏蔽多对双绞线、多芯屏蔽电缆。

显然，在不同传输速率下，信号的幅度、波形与传输介质的种类、导线屏蔽、传输距离等密切相关。在许多场合传输介质上既要传输数字信号又要传输工作电源。由于要使挂接在总线上的所有设备都满足在工作电源、信号幅度、波形等方面的要求，具有良好的工作条件，必须对在不同工作环境下作为传输介质的导线横截面、允许的最大传输距离等作出规定。线缆种类、线径粗细不同，对传输信号的影响各异。

四、FF的物理信号波形

基金会现场总线为现场设备提供了两种供电方式，即总线供电与非总线式单独供电。总线供电设备直接从总线上获取工作电源；非总线式单独供电方式的现场设备，其工作电源直接来自外部电源，而不是取自总线。对总线供电的场合，总线上既要传送数字信号，又要由总线为现场设备供电。按31.25kb/s的技术规范，FF的信号波形如图5-4所示。携带协议信息的数字信号以31.25kHz的频率、峰值电压为0.75～1V的幅值加载到9～32V的直流供电电压上，形成现场总线的信号波形。

一个现场设备的网络配置如图5-5所示。要求在现场总线网络的两端分别连接一个终端器，每个终端器由100Ω电阻和一个1μF电容串联组成，以防止通信信号在端点处反射而造成信号失真，在终端与电缆屏蔽之间不应有任何连接，以保证总线与地之间的电气绝缘性能。

从图5-5中可以看到，这样的网络配置使得其等效阻抗为50Ω。现场变送设备内峰—峰15～20mA的电流变化就可在等效阻抗为50Ω的现场总线网络上形成0.75～1V的电压信号。

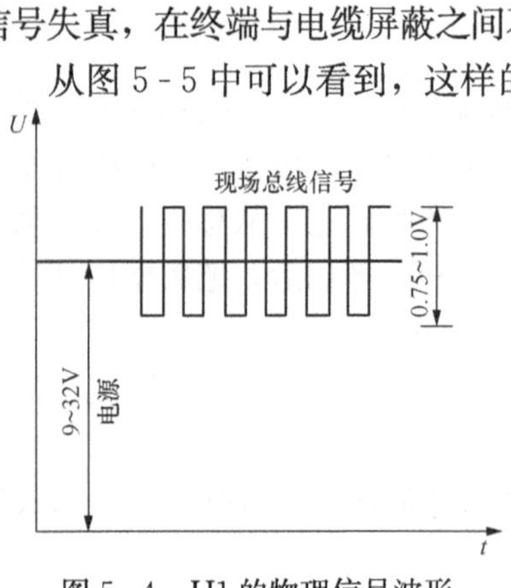

图5-4 H1的物理信号波形

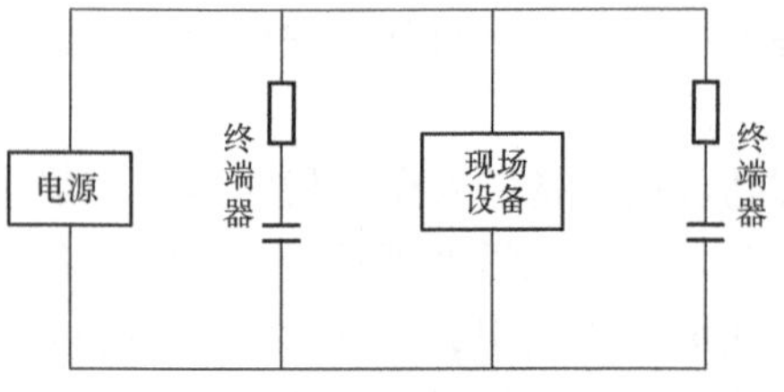

图5-5 网络配置

五、H1 信号编码

H1 的通信信号由下面几种信号码制组成。

1. 协议报文编码

这里的协议报文编码是指携带了现场总线要传输的数据报文，这些数据报文由上层的协议数据单元生成。基金会现场总线采用曼彻斯特编码技术将数据编码加载到直流电压或电流上形成物理信号。在曼彻斯特编码过程中，每个时钟周期被分成两半，用前半周期为低电平、后半周期为高电平形成的脉冲正跳变来表示 0；前半周期为高电平、后半周期为低电平的脉冲负跳变表示 1，这种编码的优点是数据编码中隐含了同步时钟信息，不必另外设置同步信号。这种数据编码在每个时钟周期的中间，都必然会存在一次电平的跳变。每帧协议报文中协议数据的长度为 8～273 个字节。

2. 前导码

这是为置于通信信号最前端而特别规定的 8 位数字信号：10101010，即一个字节。一般情况下，它是 8 位的一个字节长度。如果采用中继器的话，前导码可以多于一个字节。收信端的接收器正是采用这一信号，与正在接收的现场总线信号同步其内部时钟的。

3. 帧前界定码

它标明了现场总线信息的起点，其长度为一个 8 位的字节。帧前界定码由特殊的 N+码、N－码和普通正负跳变脉冲按规定的顺序组成。在 FF 总线的物理信号中，N+码和N－码具有自己的特殊性。它不像数据编码那样在每个时钟周期的中间都必然会存在一次电平的跳变，N+码在整个时钟周期都保持高电平，N－码在整个时钟周期都保持低电平，即它们在时钟周期的中间不存在电平的跳变。收信端的接收器利用帧前界定码信号来找到现场总线信息的起点。

4. 帧结束码

帧结束码标志着现场总线信息的终止，其长度也为 8 个时钟周期，或称一个字节。像帧前界定码那样，帧结束码也是由特殊的 N+码、N－码和正负跳变脉冲按规定的顺序组成的，当然，其组合顺序不同于帧前界定码。上述几种编码的波形图如图 5-6 所示。

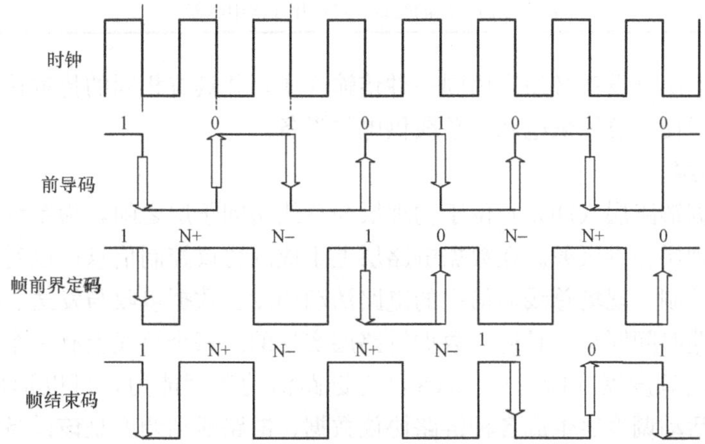

图 5-6 H1 的几种编码波形

前导码、帧前界定码、帧结束码都是由物理层的硬件电路生成并加载到物理信号上的。

这几种编码形成如图 5-7 所示的编码序列。作为发送端的发送驱动器，要把前导码、帧前界定码、帧结束码增加到发送序列之中；而接收端的信号接收器则要从所接收的信号序列中把前导码、帧前界定码、帧结束码除掉，只将协议数据信息送往上层处理。

	前导码	帧前界定码	协议数据信息	帧结束码
字节长度	1	1	8~273	1

图 5-7 FF 的通信帧结构

六、H1 网段的拓扑结构

低速现场总线 H1 支持点对点的连接，可有菊花链型、总线型、树型等拓扑结构。基金会现场总线支持桥接网，可以通过网桥把不同速率、不同类型的媒体的网段连接成网络。网桥设备具有多个口，每个口有一个物理层实体，如表 5-1 所示。

表 5-1 H1 物理层技术规范

名 称	技 术 规 范
传输速率	31.25kb/s
总线长度	(200～1900)m，取决于电缆类型
拓扑结构	总线型/树型
总线挂设备数	非本质安全、非总线供电 2～32 台 非本质安全、总线供电 2～12 台 本质安全、总线供电 2～6 台
电缆终端阻抗	100Ω
信号方式	电压
信号幅值	(0.75～1)V（峰—峰值）
总线供电	DC(9～32)V（对于本质安全应用场合，允许的电源电压应由安全栅额定值给定）
屏蔽及接地	总线不接地，终端器中点可接地
中 继	决定于前导码的数量，可使用 4 次中继器

同一条总线上所有设备必须采用同一种传输介质，并具有相同的传输速率。对于总线供电的网络，可同时使用总线供电和非总线供电的设备。

5.2.2 数据链路层

现场总线数据链路层（DLL）位于物理层与总线访问子层之间，为系统管理内核和总线访问子层访问物理层提供服务。在数据链路层上生成的协议控制信息可以对总线上的各类链路传输活动进行控制。现场总线通信中的链路活动调度、数据接收与发送、链路活动状态的检测与响应、链路时间同步都是通过数据链路层实现的。每个总线上有一个链路媒体访问中心，称为链路活动调度器（LAS）。LAS 具有链路活动调度能力，可以形成链路活动调度表，并按照链路活动调度表生成各种链路协议数据，链路活动调度是该设备中数据链路层的重要任务。对于没有链路活动调度能力的设备来说，它的数据链路层要对来自总线的链路数据作出响应。

LAS 拥有总线上所有设备的清单，由它来掌管总线段上的各个设备对总线的操作。任何时候每个总线段上都只有一个 LAS 处于工作状态，总线上的设备只有得到 LAS 的许可，才能向总线上发送数据。因此 LAS 是总线上的通信中心。

基金会现场总线的通信活动可分为两类：受调度通信和非调度通信。由 LAS 按照预定的调度时间表周期性发起的通信活动，称之为受调度通信。在预定的调度时间表之外的时间，通过得到令牌的机会发送信息的通信方式称为非调度通信。受调度通信和非调度通信都是由 LAS 掌管的。此外，LAS 还负责一些其他功能，它定期地对总线段发布数据链路时间和调度时间。LAS 还监视着总线段上的设备，为新入网的设备找一个未被使用的地址，并把新设备加入到活动列表中，对于总线上对传递令牌没有反应的设备，也就是失效设备，将其从活动表中除去。

在功能上，DDL 可以分成两层，访问总线和控制数据链路的数据传输。

一、数据链路层中的介质访问功能

1. 基本设备

基本设备是那些能够接收并响应令牌的设备。所有的设备包括 LAS 和网桥均具有基本设备的功能，均能接收并响应令牌。

具有令牌的设备可以在总线上发送数据，在某一时刻，只有一个设备持有令牌。LAS 提供给设备两种令牌：一种是强制数据 CD，按预定调度时间表进行轮询，具有周期性；另一种是传递令牌 PT，在特定的时间段内访问总线，具有非周期性。

2. 链路主设备

链路主设备是那些能够成为 LAS 的设备，其中具有最低节点地址的成为 LAS，其余的作为备份。

LAS 的五项主要功能如下：

(1) 维护调度，发送强制数据 CD 给网络设备；

(2) 探查未使用地址，将其分配给新设备，并加到活动表上；

(3) 在链路上周期分配数据链路时间和链路调度时间；

(4) 发送传递令牌给设备，进行无调度数据传输控制；

(5) 监视设备响应授权令牌，从活动表上删掉不能使用或不能返回令牌的设备。

3. 网桥

当网络中几个总线段进行扩展连接时，用于两个总线段之间的连接设备称为网桥。网桥属于链路主设备，它担负着下游的各个总线段的系统管理时间的发布，因此必须是 LAS，否则无法对下游各段的数据链路时间和应用时钟进行再分配。

一个总线段上可以连接各种通信设备，也可以挂上多个链路主设备，但是一个总线段上同时只能有一个 LAS，没有成为 LAS 的链路主设备起着后备 LAS 的作用。

二、数据链路层中的数据传输功能

现场总线基金会在数据链路层中提供了 3 种传输数据的机制。一种无连接数据传输，两种面向连接的数据传输，它们分别对应于现场总线访问子层 FAS 的 3 种 VCR 类型。

1. 无连接数据传输

无连接数据传输是在两个数据链路服务访问点之间的独立数据单元的排队传输。DLL 不需要控制报文和应答信息。

2. 面向连接的发布数据传输

一种传输是发布者的数据协议单元在缓冲器之间的传输。数据单元只有发布者地址，索取者知道所要接收的信息来自哪一个发布者。

另一种传输是在用户和服务器间的协议数据单元的排队传输。用户的 VCR 端点作为初始端，发送建立连接的请求给服务器，由服务器决定是否建立连接。这种连接提供有序和无序两种连接。很明显，这种数据传输类型用于 FAS 中的客户/服务器 VCR。DLL 层很重要的一个作用是组装信息帧。基金会现场总线共定义了 24 种帧，分别用于各种服务。

DLL 的帧结构如图 5-8 所示。

帧控制符	目的地址	源地址1	源地址2	参数	用户数据	帧校验

图 5-8 DLL 的帧结构

这里帧控制符用来区分各种帧类型及作用。源地址 2 一般不使用，只有在一种建立连接的数据链路协议数据单元才出现。参数进一步说明帧的性质。最后是帧校验。基金会现场总线数据链路层所使用的是循环冗余校验。用户数据是从上层接收来的协议数据单元。

通过使用这些协议数据单元，DLL 为上层提供了如下服务。

(1) 管理 DLSAL—地址、队列、缓冲器；

(2) 面向连接的服务；

(3) 无连接数据传输服务；

(4) 时间同步服务，提供时间源同步和对系统管理之间的时间同步；

(5) 为数据发布者缓冲器提供强制分布服务。

数据链路层还支持一些子协议，如链路维护、LAS 传输、调度传输等。

5.2.3 现场总线访问子层

现场总线访问子层（FAS）是 FF 总线通信参考模型中应用层的一个子层，它与报文规范子层（FMS）一起构成应用层。FAS 利用数据链路层（DLL）的调度和非调度服务来为现场总线报文规范子层，它的主要作用是允许用户程序使用一套标准的报文规范通过现场总线相互之间发送信息。

一、概述

1. 应用关系

在分布式通信系统中，各应用进程之间要利用通信信道传递消息。在应用层中，把这种模型化了的通信通道称为应用关系。通过连接两个以上的同种类型的 AR 端点，就可以建立一个 AR。其建立方式有 3 种，即预先建立、预先组态和动态建立。

AR 的特点、作用是由其 AR 端点（AREP）决定的，所以 AREP 的类型对通信有着非常重要的作用。在 AREP 间的通信，其方向有单向的，有双向的。数据链路的启动策略有用户启动的，有网络启动的；在数据传输中，有以缓冲器传输为模型的，也有以队列传输为模型的。据此 AR 被分成以下 3 类。

(1) 队列传输、用户启动、单向的 AREP（QUU）；

(2) 队列传输、用户启动、双向的 AREP（QUB）；

(3) 缓冲器传输、网络启动、单向的 AREP（BNU）。

这里使用的数据链路层服务分为面向连接的和无连接的数据传输服务。

2. FAS服务

FAS利用协议数据单元为FMS提供服务，FAS服务充分把DLL和FMS连接在一起，构成统一体——通信栈。在这里FAS起到承上启下的关键作用。FAS提供的服务有：

(1)"连接"服务，控制AR的建立，建立通信；

(2)"放弃"服务，控制AR的断开，断开通信；

(3)"确认的数据传输"服务，传递确认的高层服务，而且是双向交换的；

(4)"非确认的数据传输"服务，用来传递不需要确认的高层服务；

(5)"FAS强迫"服务，这个服务要求DLL从调度通信的数据链路缓冲器中产生非调度的发送；

(6)"获得缓冲器报文"服务，允许FAS用户释放（读取）缓冲器的内容；

(7)"FAS-状态"服务，这个服务可以把DLL的一些具体状态报告给FAS的用户。

FAS的这些服务都是通过组织协议数据单元FAS-PDU来完成的。

3. FAS协议状态机制

在FAS中，由3个综合的协议机制来共同描述FAS的行为，这3个协议机制是FAS服务协议机制（FSPM）、应用关系协议机制（ARPM）、数据链路层映射协议机制（DMPM）。其中ARPM根据AREP类型又分为3种，即QUU、QUB、BNU，其结构如图5-9所示。

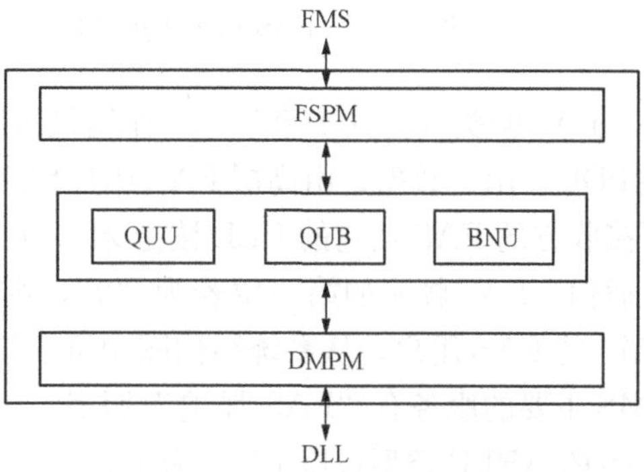

图5-9 FAS结构

从上面的状态协议机制的结构中可以清楚地看到FAS的3个协议之间的关系。

(1) FSPM描述了FAS用户和一个AREP的服务接口，对于所有类型的AREP，FSPM都是相同的，没有任何改变。它主要负责下面的活动：接收FAS用户的服务原语，并转化成FAS内部原语；根据FAS用户提供的AREP识别参数选择合适的ARPM状态机制，并转化成FAS内部原语发送给被选中的AREP状态机制；从ARPM接收FAS内部原语，并把它转化成FAS用户所使用的服务原语；根据和原语相关的AREP识别参数，把FAS内部原语传递给FAS用户。它的作用最重要的就是选择应用关系端点。

(2) ARPM描述了一个AR的建立、释放和远端ARPM交换FAS-PDU的过程。它主要负责下面的活动：从FSPM接收FAS内部原语，产生其他的内部原语，并发送给FSPM或DMPM；接收来自于DMPM的FAS内部原语，转换成另一种内部原语发送给FSPM；如果是"连接"或"放弃"服务，它将建立或断开AR。它的作用是鉴定当前的AREP、封装PDU、破解PDU、删除标识符、破解代码及附加细节。

(3) DMPM描述的是DLL和FAS之间的映射关系，对于所有类型的AREP均是相同的。它负责下面的活动：接收从AREP来的内部原语，转换成DLL服务原语，并发送到DLL；接收DLL的指示或确认原语，以FAS内部原语的形式发送给ARPM。它的作用是选择本地端点属性，核对远端端点的存在性，定位、鉴别DLL的标识符。

二、FAS-PDU

FAS协议中一个重要的内容就是FAS-PDU，所有FAS服务均是通过封装相应的FAS-

PDU 来实现的，通信双方共同遵守一定的原则，这样通过封装 PDU、破解 PDU 完成双方在 FAS 层的通信。

FAS-PDU 的类型以下有 7 种：

（1）确认的数据传输—请求 PDU；

（2）确认的数据传输—响应 PDU；

（3）非确认的数据传输—PDU；

（4）连接—请求 PDU；

（5）连接—响应 PDU；

（6）连接—错误 PDU；

（7）放弃—PDU。

这 7 种 PDU 来完成 FAS 的主要服务，特别是有关通信的服务。FAS-PDU 的一般结构是 FAS 帧头加上用户数据，如图 5－10 所示。

FAS 帧头	用户数据

图 5－10　FAS-PDU 的结构

FAS 帧头 8 位共 1 个字节，作用是区别 PDU 类型，也就是说，FAS 帧头代表的是哪一种 PDU。用户数据是由高层 FAS 用户传递而来的，这样 FAS 封装好 PDU，并发送给 FAS；而接收方的 FAS 从它的 DLL 读上来，解开帧头，再送给 FAS 的用户。这样就完成了双方的通信。FAS 帧头的第一位若为“0”，则说明 FAS 用户是 FMS；若为“1”，则保留给非 FMS 的 FAS 用户。从系统结构图中可以知道，FAS 的用户可以是进程 AP，此时通信旁路 FMS 主要的服务有“FAS-强迫”服务、“读缓冲器”服务、“FAS-状态”服务，所使用 FAS 的 AREP 类型也以 BNU 为主。

三、FAS 所映射的 DLL 层活动

FAS 是利用 DLL 的调度通信和非调度通信来为 FMS 提供服务的。因此 FAS 在为 FMS 提供服务的同时，需要底层 DLL 提供服务支持。

（1）无连接数据传输服务；

（2）面向连接的两种数据传输服务；

（3）缓冲器传输服务；

（4）队列式传输服务；

（5）数据单元分割服务；

（6）数据链路时间分配服务。

这些就是 FAS 所映射的主要 DLL 层的活动。这样 FAS 就有机地同 DLL 联系起来，共同为 FMS 服务，形成基金会现场总线的通信栈。通信栈就是由 DLL、FAS、FMS 共同构成的通信通道，用于用户层的应用进程之间的通信。当然它不应该包括 SMK 和 DLL 直接通过 SMKP 的通信，SMKP 所使用的并不是通信栈的三层通信原理。

四、虚拟通信关系（VCR）

FAS 服务类型由虚拟通信关系（VCR）来描述。在 FF 通信网络中，设备之间传送信息是通过预先组态好了的通信通道进行的，这种在控制网络系统中各应用之间的通信通道称为虚拟通信关系（VCR）。建立两个现场设备应用进程间的通信连接，有点像建立两个电话之间通话的线路连接那样，但它不要求有真正的物理连接，而是一种逻辑连接或软连接。

FAS提供VCR端点来对DLL进行访问。每个VCR端点都是由封装的一个数据链路性能的特殊子集来定义的。VCR端点的数据链路性能定义在FAS中，而不是在DLL中，这是因为它们只有在访问时，而不是端点定义时提供给DLL。VCR端点的基本特征如表5-2所示。

表5-2 FASVCR 端点特征表

	发布方/接收方VCR类型	报告分发VCR类型	客户/服务器VCR类型
VCR端点的角色	允许多个端点； 发布方1 接收方N	允许多个端点； 源1 目的N	允许两个端点： 客户1 服务器1
DL-地址类型	发布方：个人数据链路通信端点 接收方：无地址	源：个人数据链路通信端点 目的：个人或组DLSAP	客户：个人数据链路通信端点 服务器：个人数据链路通信端点
队列/缓冲区	缓冲区	队列	队列
循环/非循环	循环	非循环	非循环
单向/双向	单向	双向	双向
执行模式	面向连接	无连接	面向连接
重复检测	可选	无	是
定时	可选	无	无

VCR分为3种类型：客户/服务器VCR、报告分发VCR和发布方/接收方。

客户/服务器VCR类型用以实现现场总线设备间的通信，它们是排队的、非调度的、用户发起的、一对一的。排队意味着报文的发送和接收是按次序进行传输的，它也是按照其优先级，以不覆盖原有报文的方式进行的。当设备从LAS收到一个传递令牌（PT)，它可以发送一请求报文给现场总线上的另一台设备，请求者被称为“客户”，而收到请求的设备被称为“服务器”，当服务器收到来自LAS的PT时，发送相应的响应。

报告分发VCR类型用以实现现场总线设备间的通信，它们是排队的、非调度的、用户发起的、一对多的。当设备有事件或趋势报告，且从LAS收到一个传输令牌（PT）时，将报文发送给由该VCR定义的一个“组地址”。在该VCR中被组态为接收的设备，将接收这个报文，一般用于现场总线设备发送报警通知给操作员控制台。

发布方/接收方VCR类型应用于带缓存、一点对多点的通信。缓冲意味着在网络中只保留数据的最新版本，新数据完全覆盖以前的数据。当设备收到强制数据（CD）后，它向现场总线上的所有设备“发布”或广播它的报文，那些希望接收公布报文的设备被称为“接收方”。该CD可由LAS调度，也可以由基于非调度的接收方发送。VCR标志指明使用哪一种方法。发布方/接收方VCR类型，被现场总线设备用于周期性、受调度的，用户应用功能块在现场总线上的输入和输出，诸如过程变量（PV）和原始输出（OUT）等。现场总线报文规范层为用户应用服务，它以标准的报文格式集在现场总线上相互发布。

5.2.4 现场总线报文规范子层

现场总线报文规范层（Fieldbus Message Specipication，FMS）是通信参考模型应用层中的另一个子层。该层描述用户应用所需要的通信服务、报文格式、行为状态等。

FMS 提供一组服务和标准的报文格式。用户应用可采用这种标准格式在总线上相互传递信息，并通过 FMS 服务，访问应用进程对象以及它们的对象描述；访问对象字典 OD、网络可视对象以及虚拟现场设备（VFD）。

FMS 服务分为确认和非确认的两种，确认服务用于操作和控制应用进程对象，例如读、写变量值及访问对象字典，它使用客户服务器型的虚拟通信关系 VCRs；非确认服务用于发布数据或通报事件，发布数据时使用发布—预定接收型 VCRs，而通报事件时使用报告分发型 VCRs。

一、FMS 服务

1. 虚拟现场设备

从通信端点的角度来看，虚拟现场设备（Virtual Field Device，VFD）是一个自动化系统的数据和行为的抽象模型。它包含通信用户的所有对象和对象描述。用于远距离查看对象字典中定义过的本地设备的数据，其基础是 VFD 对象。VFD 对象包含可由通信用户通过服务使用的所有对象及对象描述。对象描述存放在对象字典中，每个 VFD 有一个对象描述。因而虚拟现场设备可以看作应用进程的网络可视对象和相应的对象描述的体现。

一个典型的物理设备可以有几个虚拟现场设备，但至少应该有两个虚拟现场设备，一个用于网络和系统管理，一个用于功能块应用。VFD 对象的寻址由虚拟通信关系表中的 VCR 隐含定义。可见 VCR 所连接的是虚拟现场设备。设备里包含的 VFD 对象保存在管理 VFD 的列表中。VFD 对象有几个属性，如厂商名、模型名、版本、行规号等。

VFD 支持的服务有以下 3 种。

（1）Status 为读取状态服务；

（2）UnsolicitedStatus 为设备状态的自发传送服务；

（3）Identify 为读 VFD 识别信息服务。

服务的目的是通知用户程序了解现场设备的情况。

2. 对象字典管理

对象描述说明了通信数据的含义，把这些内容收集到一起，形成了对象字典。对象字典 OD 由一系列条目组成，每个条目分别描述一个应用进程对象和它的数据。对象字典的条目 0 提供了对字典对象本身的说明，称为字典头，它描述了对象字典的概貌。FMS 的对象描述服务允许用户访问或者改变虚拟现场设备中的对象描述。OD 支持的服务有 GetOD、InitiatePutOD、PutOD、TerminatePutOD。其各自的作用如下：

（1）GetOD：读取对象的描述，可以根据对象在对象字典中的索引来得到其相应的对象描述。

（2）InitiatePutOD：初始化对象描述的下载。

（3）PutOD：把对象描述下载到某个 VFD 的对象字典中。

（4）TerminatePutOD：终止下载对象描述。

3. 联络关系管理

联络关系管理包含有关 VCR 的约定。一个 VCR 由静态部分和动态部分组成。静态属性如静态 VCRID，对应 FDID 等；动态属性如动态 VCRID 等。每个 VCR 变化对象，在收到一个确认性服务时，创建变化对象，在响应发送后被删除。联系关系管理服务有 Initiate、Abort、Reject。

(1) Initiate：为初始化VCR连接的服务。用户在使用某个VCR进行通信前，必须首先初始化相应的VCR，这是一个确认性服务。因为一条VCR需要通信的两端作出相应的设置，因此请求建立VCR的端点需要得到被请求端点的响应才可以成功地初始化连接，建立VCR。

(2) Abort：取消通信联系。当一个VCR不再使用时，可以使用此服务断开连接，这是一个非确认性的服务。

(3) Reject：拒绝连接。当某个端点无法相应建立连接的请求时，使用此服务来拒绝连接。

4. 变量访问对象及其服务

变量访问对象在对象字典的静态部分定义，是无法删除的。它们包括物理访问对象、简单变量、数组、记录、变量表等。

物理访问对象描述一个实际字节串的访问入口。它没有明确的OD对象说明，属性为本地地址和长度；简单变量是由其数据类型定义的单个变量；数组是一个结构性变量，它的所有元素都有相同的数据结构；记录是由不同数据类型的简单变量组成的集合，对应于一个数据结构定义。变量表是上述变量对象的一个集合。

变量和变量表都支持读、写、信息报告、读写变量及其类型、发布数据及其类型等服务。其中读/写服务是应用最多的一类服务。

5. 事件服务

事件是为了从一个设备向另外的设备发送重要的报文而定义的。由用户层监测导致事件发生的条件，当条件发生时，该应用程序激活事件通知服务，并由使用者确认。

相应的事件服务有事件通知、确认事件通知、事件条件检测、带有类型的事件通知。事件服务采用报告分发型虚拟通信关系，用以报告事件与管理事件处理。此外，FMS的服务还包括域上载/下载服务、程序调用服务。

6. “域”的上载或下载服务

域（domain）指一部分存储区，可包含程序和数据，它属于“字节串”类型。域的最大字节数在OD中定义。属性有名称、数字标识、口令、访问组、访问权限、本地地址、域状态等。

相应的服务主要是下载和上载。FMS服务容许用户应用在一个远程设备中上载或下载“域”。上载指从现场设备中读取数据；下载指向现场设备发送或装入数据。对一些如可编程控制器等的较为复杂的设备来说，往往需要跨越总线远程上载或下载的一些数据与程序。

7. 程序调用服务

FMS规范规定，一定种类的对象具有一定的行为规则。一个远程设备能够控制在现场总线上的另一设备中的程序状态。例如，远程设备可以利用FMS服务中的创建（create）程序调用，把非活动状态改变为空闲状态，也可以利用FMS中的启动（start）服务把空闲状态改变为运行状态。

程序调用（Program Invacation，PI）服务允许远程控制一个设备中的程序状态。设备可以采用下载服务把一个程序下载到另一个设备的某个域，然后通过发布PI服务请求远程操纵该程序。它所提供的服务将域连接为一个程序，且可以启动、停止或删除该程序。一个程序调用由一个DP-OD条目定义。PI对象可以预定义或在线定义，当对象字典刷新装载时，所有 PI 被删除。

PI 服务包括 PI 的创建、删除、启动、停止、恢复、复位、废止等。

二、FMS 报文规范

基金会现场总线报文规范采用抽象语法（ASN.1）进行定义。抽象语法表示语言是由美国国家电话与电报委员会于 20 世纪 80 年代初期编制的。基金会现场总线主要使用 ASN.1 来描述 PDU 的语意。PDU 的内容就是现场总线的命令、响应、数据和事件等信息构成 FMS 服务的原语，形成了一套标准信息、规范。

设备应用进程在进行通信时，必须建立通信双方的数据联系，以此来识别通信的目的。基金会现场总线系统就是在 FMS 的用户数据的前面增加一些标识信息。简单地说，就是使通信双方明白通信的内容而进行编码，它不同于物理层的编码，物理层的编码目的是使用户程序的信息便于通信双方的理解及传输。

基金会现场总线 FMS 最基本的编码原则是在用户数据前附加的信息尽可能短。FMS-PDU 的结构有两种：一种是用户数据前带有明确的识别信息；另一种是用户数据符合某种隐含的协定（如用户数据长度固定）。

识别信息由 P/C 标志、标签和长度 3 部分组成，其中 P/C 占 1 位，标签 3 位，长度 4 位，若不足时，标签和长度可以向下一字节进行扩展。P/C 标识数据是简单元素还是结构元素；标签说明服务类型；长度指简单元素占有的字节数或结构化元素的个数。

5.2.5 网络管理

为了把设备通信模型中的通信协议集成起来，并监督其运行，基金会现场总线采用网络管理代理（NMA）和网络管理者（NMgr）的工作模式。网络管理者的实体在相应的网络管理代理的协同下，完成网络的通信管理。

1. 网络管理者

网络管理者按系统管理者的规定，负责维护网络运行。网络管理者监视每个设备中通信栈的状态。在系统运行需要或系统管理者指示时，执行某个动作。网络管理者通过处理由网络管理代理生成的报告来完成其任务。它指挥网络管理代理通过 FMS，执行它所要求的任务。一个设备内部网络管理与系统管理的相互作用属本地行为，但网络管理者与系统管理者之间的关系涉及系统构成。

NMgr 指导 NMA 的运行，由 NMgr 向 NMA 发出指示，而 NMA 对 NMgr 作出响应。NMA 也可在一些重要的事件或状态发生时通知 NMgr。每个现场总线网络至少有一个网络管理者。

2. 网络管理代理（NMA）

每个设备都有一个 NMA，负责管理其通信栈。通过网络管理代理支持组态管理，运行管理，监视判断通信差错。网络管理代理利用组态管理设置通信栈内的参数，选择工作方式与内容，监视判断有无通信差错。在工作期间，它可以观察、分析设备通信的状况，如果判断出有问题，需要改进或者改变设备间的通信时，则可以在设备不间断工作的同时实现重新组态。是否重新组态取决于该设备与其他设备间的通信是否已经中断。组态信息、运行信息、出错信息等尽管大部分实际上是驻留在通信栈内，但也都包含在网络管理信息库 NMIB 中。

网络管理代理是一个设备应用进程，它由一个 FMS 的 VFD 模式表示。在 NMA VFD

中的对象是关于通信栈整体或者各层管理实体的信息。这些网络管理对象集合在网络管理信息库（NMIB）中，可由网络管理者使用一些 FMS 服务，通过与网络管理代理建立虚拟通信关系进行访问。

基金会现场总线为网络管理者和它的网络管理代理之间的通信规定了标准的虚拟通信关系。网络管理者与它的网络管理代理之间的虚拟通信关系总是 VCR 列表中的第一个 VCR，它提供了可用时间、排队式、用户触发、双向的网络访问。网络管理代理以含有所有设备都熟知的 NMA 链路连接端点地址的形式，存在于含有 NMA 的所有设备中。通过其他 VCR 也可以访问 NMA，但是只允许进行监视。

网络管理信息库是网络管理的主要组成部分之一，是被管理变量的集合，它包含了设备通信系统中组态、运行、差错管理等的相关信息。网络管理信息库与系统管理信息库结合在一起，成为设备内部访问管理信息的中心。网络管理信息库的内容是借助 VFD 管理和 OD 来描述的。

5.2.6 系统管理

每个设备中都有系统管理实体。该实体由用户应用和系统管理内核（SMK）组成。系统管理内核（SMK）可以看作一种特殊的应用进程（AP）。从其在通信模型的位置来看，系统管理是集成多层的协议和功能而完成的。系统管理可以完成现场设备的地址分配、寻找应用位号、实现应用时钟的同步、功能块列表、设备识别，以及对系统管理信息库（SMIB）的访问等功能。

1. SMIB 及其访问

SMIB 中含有可以通过 SMK 访问的网络可见 SMK 信息。这里支持的对 SMIB 的访问允许设备系统参数的组态，并允许远程应用程序在网络进入操作前或者在网络操作期间从网络获得管理信息。SMIB 是在管理 VFD OD 中定义并由 SMK AP 目录（管理 OD 中的第 1 条）支持。系统管理规范指出哪条信息是可写的，哪条信息是只读的。作为 SMK 服务的一部分，SMKP 也被用来访问这类信息。SMK 通过本地界面能够将 SMIB 中可获得的信息送给本地 AP。

2. 物理设备位号和地址分配

在设备可以有效连入网络之前，必须给它分配一个物理设备位号 PD-Tag 和数据链路地址。设备名是系统特殊标识符，并被参考为 PD-Tag。只有临时设备例外，不给临时设备分配物理设备位号，也不给它分配地址。它们只简单连接到网络的 4 个数据链路参观者地址的某一个上。这些地址是在 DLL 协议规范中专门预留给它们的。因此，下面的描述不适用于它们。

PD-Tag 可以由销售商分配，也可以通过 SMK 分配，一般情况是在离线工作的环境中分配。离线工作的环境的优点是它保证没有物理设备位号的设备在操作网络之外。

对没有物理设备位号的设备来说，SMK 赋予它一个初始化状态，并使用默认设备地址中的一个把它连接到总线上。默认设备地址由 DLL 规定为非参观者节点地址。链路的 LAS 以默认的地址确认新设备并通过 DLL 进程把它们加入到活动列表中。作为这个操作的一部分，LAS 维护活动列表，它是保存了链路上所有设备的列表。

负责分配物理设备位号和数据链路地址分配的系统管理功能的设备，在下面的描述中成为组态主设备。虽然不一定非要这样做，但是它一般与 LAS 在一起，以便它可以监视活动列表中新设备的增加。当它在默认地址发现一个设备时，它验证设备的 SMK 确实没有 PD-Tag，然后使用在系统管理规范中规定的 SMKP 和进程为它分配一个 PD-Tag。一旦分配了 PD-Tag，SMK 将进入初始化状态。在这个状态，它准备被赋予一个操作网络上的数据链路节点地址。地址分配进程保证在现场总线上的设备的 SMK 收到唯一的 DLL 节点地址。在分配网络地址之前，只有 SMK 被允许在总线上传输初始化数据，并且只允许设备的 DLL 使用默认设备地址。

在初始化状态的设备（等待分配地址）的 DLL 加入网络所使用的方式与它等待物理设备位号分配是一样的。LAS 把它加入活动列表之后，组态主设备先确认是否已被加入网络，并使用 SMKP 从它的 SMK 读取 PD-Tag，然后检查该 PD-Tag 是否已经在网络上使用。

如果该 PD-Tag 没有被应用，组态主设备给该设备的 SMK 分配一个地址。SMK 通过本地界面把地址写入 DLL。从概念上讲，把新地址写入 DLL 包括写入网络管理和 DLL 管理实体（Data Link Management Entity，DLME）。

这种情况一旦完成，组态主设备将指示 SMK 进入操作状态，作为这种状态转换的一部分，SMK 引起该设备的 DLL 转移到的 DLL 节点地址，并再一次等待 LAS 的认可。作为这个过程的一部分，该设备的 DLL 要认证该地址是否已经在应用之中，如果是，它会通知 SMK，并且重新转移到默认地址。

3. 设备识别

SMK 的识别服务允许 AP 从一个远程的 SMK 获得 PD-Tag 和设备 ID。设备 ID 是一个系统单独标识符，它由厂家提供。在地址分配期间，组态主设备使用这种服务来验证：设备是否具有物理设备位号和正确的地址是否已经分配给设备。

现场总线中物理设备、VFD、功能块和功能块参数都以位号标记。系统管理查询由位号标识的对象，包含此对象的设备将返回一个响应值。

4. 定位远程设备和对象

SMK 定位服务允许设备 AP 在网络上广播一个请求给所有的 SMK，来访问一个远程设备的信息。如果请求一个 PD-Tag，包含这个 PD-Tag 的设备以设备 ID 作为响应。否则，所有的 SMK 把这个请求传给它们的 AP 并等待响应。AP 将用 OD 和可访问该对象的 VCR 索引作为响应。因为网络中的名字是不重复的，所以只有一个 AP 会响应。

5. 时钟同步

在现场总线网络中的每个链路中，都包含有一个应用时间发布者，用来在链路上发布应用时钟时间，有且只有一个这样的应用时间发布者作为应用时间源进行操作。它周期性地向链路上所有现场设备发送应用时钟同步报文。数据链路调度时间作为参照并以应用时钟发送，使接收设备得以调整它们本地的应用时间。在各同步报文之间应用时钟时间在每个设备中，基于其内部时钟独立运转。如果在现场总线上有后备时钟同步发布器，当应用时间发布者在自己的操作中失败时，SMK 恢复程序会自动选择和切换到同一链路的第二时间发布者，该后备发布者就变成活动的。

在桥式网络中，每个链路都有自己的 LS-time，它被说明为对整个网络范围同步的 DL-time的偏移，应用时钟信息只在本地链路上广播，桥不能发送它们。

应用时钟信息中含有应用时钟时间和相应的链路调度时间（LS-time）。LS-time 由 LAS 在另外的信息中发布。这允许 SMK 接收时钟信息，使它们的应用时钟与 LS-time 同步。

LS-time0 表示 LAS 调度的开始时间。LAS 在它的执行期间的 0 模式上重起。这段时间被称为 LAS 调度的宏周期。

6. 功能块调度

在 SMIB 中，每个 SMK 维护一个链路调度范围内的端口，即功能块（FB）调度表，它指示何时功能块被执行。从概念上说，FB 调度表能够包括所有的 AP 可执行任务。在调度表中一个项目被调度执行的时间被描述为从该宏周期开始的偏移。宏周期说明一个设备中 FB 调度表的一次重复。每个 SMK 监视自己的调度表，并且在该开始它们的 FB 时通知 AP。这个通知通过本地界面进行。

为了支持调度表的同步，DLL 周期性地分配 LS-time。LS-time 被用来计算 FB 宏周期的开始时间。每个 FB 宏周期在链路调度时间内开始和重新开始，链路调度时间是它的宏周期执行时间的 0 模式。例如，如果宏周期时间是 1000，宏周期开始的时间是 0，1000，2000，3000，…。因此，LS-time0 表明在链路上的所有 FB 宏周期和该链路的 LAS 调度宏周期的共同开始。这使得 FB 的执行和与它们相关的数据传输可以被及时同步。

控制系统的管理信息组织成为对象形成了系统管理信息库，它包含了现场总线系统的主要组态和操作参数，例如设备 ID、物理设备位号、虚拟现场设备列表、时间对象等。

设备中的网络管理和系统管理一起组成了管理虚拟现场设备（MVFD），网络管理信息库（NMIB）和系统管理信息库（SMIB）一起组成管理信息库（MIB）。它们多被阻滞在管理虚拟现场设备的对象字典中。对管理信息库的访问可以通过 FMS 的服务来进行。

5.3 FF 功能块参数

5.3.1 概述

1. 功能块

功能块是一种图形化的编程语言，可以形象地比喻为“软件的集成电路”。它有一套输入、输出和内部控制参数，输入参数通过一套特定的算法产生的输出参数供系统或别的功能块使用。

功能块通过位号（Tag：最多 32 个可视字符串）和一个数字索引来识别。在同一个控制系统中功能块位号（Tag）必须是唯一的，而数字索引在一个包含该功能块的应用中亦然。

简短的数字索引可以优化对功能块的访问。功能块位号是通用的，而数字索引仅在包含这个功能块的应用中有意义。输入、输出参数是网络可见的，并可互相连接。控制参数或称包含参数虽然不能和其他功能块连接使用，但也是网络可见的。功能块的算法由块的类型和控制参数所确定。

一个功能块输入参数连接到上游功能块的输出参数，并从中“拉取”数据。这种连接可能在同一个功能块中应用，也可能在不同功能块中应用，可能在同一个设备中也可能在不同设备中。正如前面已经提到，功能块参数根据使用目的被分成 4 组“视图（View)”：动态操作数据（View1）、静态操作数据（View2）、所有动态数据（View3）和其他静态数据（View4）。

现场总线网络的信息交换划分两个层次。操作员站和功能块应用的信息交换称为“背景通信”，而为功能块连接的实时性通信是级别更高的“运行通信”。

2. 参数

每个参数的名字由 4 个无符号整数字节组成。在一个功能块内参数的名字是唯一的。在一个系统内，我们用“功能块位号参数的名字”来表达，即“Tag. Parameter”。这个结构被用来获得参数的索引。

参数的存储属性可以分级为动态的、静态的和不易失的。根据分级，某些参数的数值在掉电后可能要重新存储。参数属性的分级决定了它们在设备中存储的方法。

（1）动态的参数值是功能块算法计算随时产生的结果，因此在掉电后它不需要重新存储。

（2）静态的参数值在每次掉电后要重新存储。接口设备或一些临时的设备有时会写这些静态参数。静态的参数值通常被一个组态设备跟踪。为了支持静态参数值跟踪，相关联的块将增加静态修订参数 ST_REV 的值，而且每次静态参数值被修改都被当作发生一次更新事件。

（3）不易失的参数值经常被写。掉电后原来最后的值必须要存储在设备中。由于这些参数的属性经常改变，所以它们通常不被组态设备所跟踪，即不改变 ST_REV 的值。

控制参数或称包含参数是由上位设备如计算机站来组态、设定或计算的，它们不能和其他输入、输出参数连接使用。MODE_BLK（块模式）就是对所有的功能块都通用的包含参数的例子。块的执行包括输入、输出、包含参数和块的算法。块算法的执行时间被定义为块的参数，它的数值依赖于块是如何实现的。

输入参数进入算法，并结合功能块应用的状况，如功能块是否能达到为它所设定的目标模式（Target mode）。目标模式是模式中的一项，表示我们希望功能块所运行的模式，通常被控制器或操作员设定。

在某些条件下功能块不能运行所希望的模式。在这种情况下，现实模式（Actual mode）表示它实际达到的模式。比较目标模式和现实模式就知道是否达到了目标模式。功能块模式参数的值被许可模式（Permitted mode）参数所定义，这样用于控制功能块的模式参数在每种功能块都不相同。功能块可以使用什么模式是设计功能块时就决定了的，在功能块应用组态中可以指定其中的一种（不同模式参数由不同数值来表示），一旦现实模式（Actual mode）确定，功能块开始执行并产生输出。

一个输出参数可以被连接到若干个功能块的输入参数供使用，包括一个状态（Status），它指示输出参数的质量和它产生时功能块的模式。有时一个输出参数的值可能不从一个块外部的来源得到，而是从块的算法产生。某些输出参数的值依赖于块模式参数的值，这些输出参数被称为模式控制输出参数。输出参数包含一个主要（初级）输出参数，为其他功能块用于控制计算目的。这些功能块可能还包含一些次级输出参数，如报警、事件等，它们起到支持主要输出参数的作用。

一个功能块的输入参数连接到其他某功能块的输出参数，并获得数据进行运算。输入参数也伴随一个状态（Status）。当它被连接到输出参数时，输出参数的状态就是这个输入参数的状态。当它没有被连接到输出参数时，它的状态将指示出“没有连接”。当一个应当收到的输入参数而没有收到时，功能块支持数据发送响应的服务将设置一个“失败”的输入参数状态，没有被连接的输入参数数值被当作常数处理。输入参数包含一个主要（初级）输入参数，被用于控制计算目的。这些功能块还包含一些次级输入参数，它们起到支持对主要输人参数进行某些处理的作用。

所有输入、输出参数的结构都是“数值加状态”，但一些包含参数也可能是这样的数据结构，如PV、SP、RCAS_IN、ROUT_IN等。

5.3.2 功能块类型

一、FF的功能块库

1. 转换块和资源块

基金会现场总线用户层中常用的功能模块类型如图5-11所示。

转换块按所要求的频率读取传感器中的硬件数据，并将其写入到相应的硬件中。它不含有运用该数据的功能块，这样便于把读取、写入数据的过程从制造商的专有物理I/O特性中分离出来，提供功能块的设备入口，并执行一些功能。转换块包含有量程数据、传感器类型、线性化、I/O数据表示等信息。它可以加入本地读取传感器功能块或硬件输出功能块中，通常每个输入或输出功能块内部都会有一个转换块。

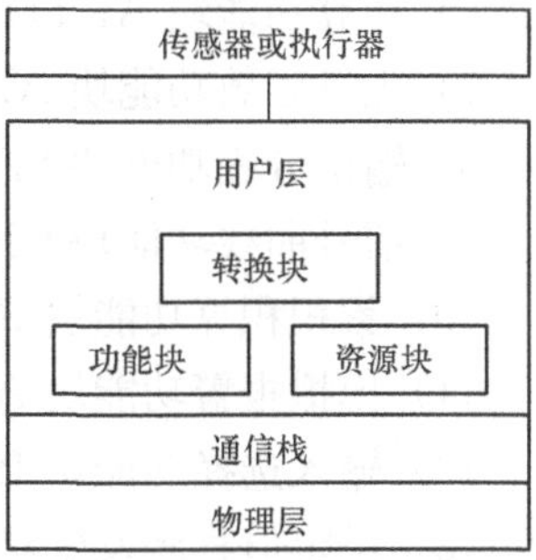

图5-11 基金会现场总线用户层中常用的功能模块类型

资源块描述现场总线的设备特征，如设备名称、制造商与系列号。每台设备中仅有一个资源块。为了使资源块能够表达这些特征，规定了一组参数。资源块没有输入或输出参数。它将功能块与设备的硬件特性相隔离，可以通过资源块在网络中访问与资源块相关的设备的硬件特性。资源块也有相应的算法用以监视和控制物理设备硬件的一般操作。其算法的执行取决于物理设备的特性，由制造商规定，该算法可能引起事件的发生。

2. 功能块

功能块提供控制系统行为，它的输入、输出参数可通过现场总线链接。各功能块的执行均受系统管理（SM）精确调度。

功能块是参数、算法和事件三者的完整组成。由外部事件驱动功能块的执行，通过算法把输入参数转换成输出参数，实现应用系统的控制功能。对于输入和输出模块，要把它们链接到转换块，与设备的I/O硬件相互联系。

功能块的执行是按周期性调度或事件驱动的。功能块提供控制系统的功能，它的输入、输出参数可以跨越现场总线实现链接。一个用户程序中可有多个功能块。基金会现场总线定义了多个标准功能块。

（1）输入输出功能块：

1）模拟输入功能块AI；

2）模拟输出功能块AO；

3）多通道模拟输入功能块MAI；

4）多通道模拟输出功能块MAO；

5）开关量输入功能块DI；

6）开关量输出功能块DO；

7）多通道开关量输入功能块MDI；

8）多通道开关量输出功能块MDO；

9）脉冲输入功能块PUL；

10）步进 PID 输出功能块 STEP。

（2）控制算法功能块：

1）手动加载功能块 ML；

2）偏置与增益功能块 B/G；

3）比率功能块 RATIO；

4）PID 控制算法功能块 PID；

5）先进 PID 控制算法功能块 APID；

6）计算功能块 ARTH；

7）先进函数功能块 AEQU；

8）输出分程功能块 SPLT；

9）信号曲线功能块 CHAR；

10）累积积算功能块 INTG；

11）模拟报警功能块 AALM；

12）输入选择功能块 ISEL；

13）设定值程序发生功能块 SPG；

14）定时器和逻辑功能块 TIME；

15）超前—滞后补偿功能块 LLAG；

16）动态限幅和输出选择功能块 OSDL；

17）常数功能块 CT；

18）时间盲区功能块 DT；

19）RS/D 及边沿触发器功能块 FFET；

20）柔性功能块 FFB；

21）Modbus 控制“主”功能块 MBCM；

22）Modbus 控制“从”功能块 MBCS；

23）Modbus 监视“主”功能块 MBSM；

24）Modbus 监视“从”功能块 MBSS。

基金会现场总线也允许各制造厂商有自己独特的功能块，但要有相应的 DDL（设备描述语言）来保证不同厂商的产品在同一总线上具有互操作性。

功能块可以理解为软件集成电路，使用者不必十分清楚其内部构造的细节，只要理解其外部特性就可以了。用基本简单的功能块还可以构成复杂的功能块。基金会现场总线功能块支持国际可编程控制器编程标准 IEC 1131—3。

功能块可以按照设备的功能需要定制下载到现场总线设备内。例如，简单的温度变送器可能包含一个 AI 模拟量输入功能块，而调节阀则可能包含一个 PID 功能块和一个 AO 模拟量输出功能块。这样，一个完整的控制回路就可以只由一台变送器、一台调节阀组成。有时，也把 PID 功能块装入温度、压力等变送器内。

二、FF 的典型功能块

1. 模拟输入功能块 AI

这是一个标准的基金会功能块。模拟输入功能块通过通道号的选择，从转换器块接收输入数据，并使其输出成为对其他功能块可用的数据，如图 5－12 所示。

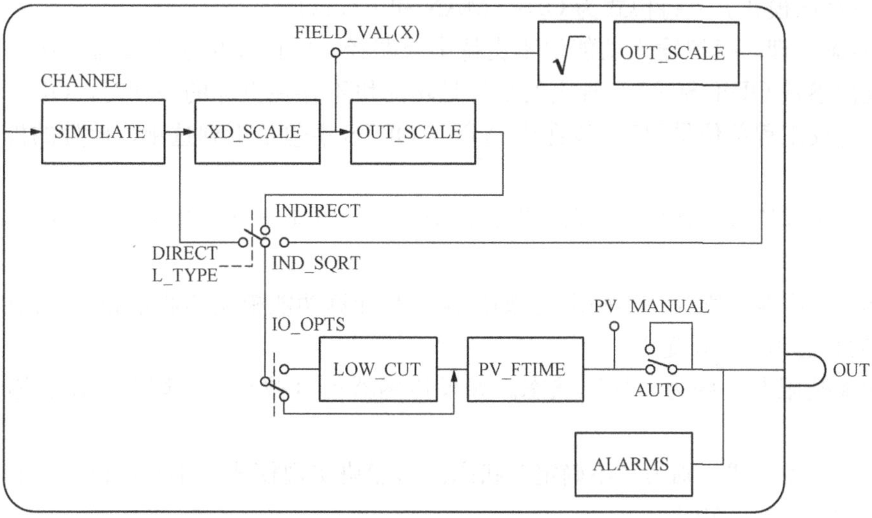

图5-12 模拟输入功能块AI

AI功能块通过CHANNEL参数连接到转换器块。对于多通道输入设备，此参数需与转换器块中的通道参数相匹配（如SENSOR_TRANSDUCER_NUMBER或TERMINAL_NUMBER等）。对于单通道输入设备，CHANNEL参数必须设定为1，即与AI功能块相连接的转换器块相应参数可不需组态。

转换器的标定参数XD_SCALE将通道信号值对应为以百分数表示的FIELD_VAL参数。XD_SCALE参数的工程单位及量程必须与连接到AI功能块的转换器块的传感器相配，否则功能块报警将指示发生组态错误。

L_TYPE参数决定转换器块传递的数值在功能块中如何被使用。它的选项包括：

Direct——传感器数值直接传递到PV，因此OUT_SCALE参数无效；

Indirect——PV值是经OUT_SCALE转换过的FIELD_VAL；

Indirect with Square Root——PV值是经OUT_SCALE转换过的FIELD_VAL值的平方根。

PV和OUT总是有着相同的基于OUT_SCALE的缩放比例。

LOW_CUT参数是可选的，用来消除流量传感器接近零的无效值。LOW_CUT参数在IO_OPTS位串中有相应的“Low cutoff”选项。如果选项位为真，则所有计算出的低于小信号切除值（LOW_CUT）的输出将被改为零。

（1）功能块错误（BLOCK_ERR）。AI功能块的块错误表现为以下原因：

1）功能块处于O/S模式；

2）仿真被激活（Simulate Active）；

3）某些输入输出硬件模块故障（Input Failure）。

当有下列情形发生时引起的组态错误：

1）参数CHANNEL或L_TYPE的值错误；

2）参数XD_SCALE的工程单位或量程与转换器块的传感器不相配；

3）参数CHANNEL与硬件组态不一致。

（2）支持的模式。支持模式为 O/S、MAN 和 AUTO。

（3）状态处理。模拟输入功能块不支持串级路径，因此输出状态没有串级子状态。当 OUT 值超出参数 OUT_SCALE 规定的量程且功能块不存在更坏的条件时，OUT 的状态为“不确定，违反工程单位量程”。参数 STATUS OPTS 中包括下列选项，此处的极限指传感器极限。

1）向前传递错误。如果传感器失败，这个“坏”状态不必产生报警，而把坏状态传递给 OUT；

2）如果被限制，则为“不确定”。如果输入和计算功能模块的测量和计算值受到限制，设它输出的状态为“不确定”；

3）如果被限制，则为“坏”状态。如果传感器信号被高或低限制，设它输出状态为“坏”；

4）如果手动模式，则为“不确定”状态。功能块实现模式是手动，设输入和计算功能块的输出状态为“不确定”。

（4）模拟输入功能块参数表。模拟输入功能块参数见表 5-3。

表 5-3　　　　模拟输入功能块参数

索引	参数	数据类型（长度）	有效范围/选项	默认值	单位	存储模式	描　述
5	MOD_BLK	DS-69		O/S	na	S	模式参数
6	BLOCK_ERR	位串（2）			E	D/RO	块错误
7	PV	DS-65			PV	D/RO	经处理后的过程模拟变量
8	OUT	DS-65	OUT_SCALE +/−10%		OUT	D/MAN	块计算的初级模拟输出
9	SIMULATE	DS-82	1. 禁止 2. 激活	禁止		D	仿真激活时允许手动设置输入值，此时仿真值及状态赋予 PV
10	XD_SCALE	DS-68		0～100%	XD	S/MAN	对转换器指定通道的高低标定值
11	OUT_SCALE	DS-68		0～100%	OUT	S/MAN	对输出参数的高低标定值
12	GRANT_DENY	DS-70		0	na	D	控制主计算机访问和本地操作盘操作及块报警参数的选项
13	IO_OPTS	位串（2）		0	na	S/O/S	功能块选项
14	STATUS_OPTS	位串（2）		0	na	S/O/S	功能块选项
15	CHANNEL	16 位无符号数		0	无	S/O/S	被连接到输入输出功能块的传感器的逻辑硬件通道号

续表

索引	参数	数据类型（长度）	有效范围/选项	默认值	单位	存储模式	描述
16	L_TYPE	8位无符号数	1. Direct 2. Indirect 3. Indirect Square Root	0	E	S/MAN	确定转换器块传递的数值如何使用：直接（Direct）；非直接（Indirect）；非直接平方根（Ind Squ Root）
17	LOW_CUT	浮点	正数	0	OUT	S	用来消除流量传感器近零的无效值，传感器数值低于此极限时被处理为零
18	PV_FTIME	浮点	正数	0	s	S	PV滤波时间常数
19	FIELD_VAL	DS-65			%	D/RO	以PV量程的百分比表示的来自现场设备在信号转换（L_TYPE）或滤波之前的（PV_FTIME）原始数值，状态反映传感器情况
20	UPDATE_EVT	DS-73			na	D	任何静态数据改变报警
21	BLOCK_ALM	DS-72			na	D	块报警
22	ALARM_SUM	DS-74			na	S	报警摘要
23	ACK_OPTION	位串（2）	0:禁止自动确认 1:允许自动确认	0	na	S	选择是否自动确认块报警
24	ALARM_HYS	浮点	0～50%	0.5%	%	S	报警回差
25	HI_HI_PRI	8位无符号数	0～15			S	高高报警优先级
26	HI_HI_LIM	浮点	OUT_SCALE, +INF	+INF	OUT	S	工程单位高高报警限
27	HI_PRI	8位无符号数	0～15			S	高报警优先级
28	HI_LIM	浮点	OUT_SCALE, +INF	+INF	OUT	S	工程单位高报警限
29	LO_PRI	8位无符号数	0～15			S	低报警优先级
30	LO_LIM	浮点	OUT_SCALE, −INF	−INF	OUT	S	工程单位低报警限
31	LO_LO_PRI	8位无符号数	0～15			S	低低报警优先级
32	LO_LO_LIM	浮点	OUT_SCALE, −INF	−INF	OUT	S	工程单位低低报警限
33	HI_HI_ALM	DS-71			OUT	D	带时间标签高高报警
34	HI_ALM	DS-71			OUT	D	带时间标签高报警
35	LO_ALM	DS-71			OUT	D	带时间标签低报警
36	LO_LO_ALM	DS-71			OUT	D	带时间标签低低报警

注 表中E—列举参数；na—无单位位串；RO—只读；D—动态；S—静态；N—非易失。

在表 5-3 中，CHANNEL 的默认值是最小的可用数字，L_TYPE 的默认值是 direct，DS-69、DS-65 等为数据类型定义块。

2. 模拟输出功能块 AO

AO 是一个标准的基金会功能块。模拟输出功能块用于控制回路中的输出设备，如阀、执行器、定位器等。AO 功能块从另一功能块接收信号，然后通过内部通道的定义，将计算结果传递到一个输出转换器块，如图 5-13 所示。

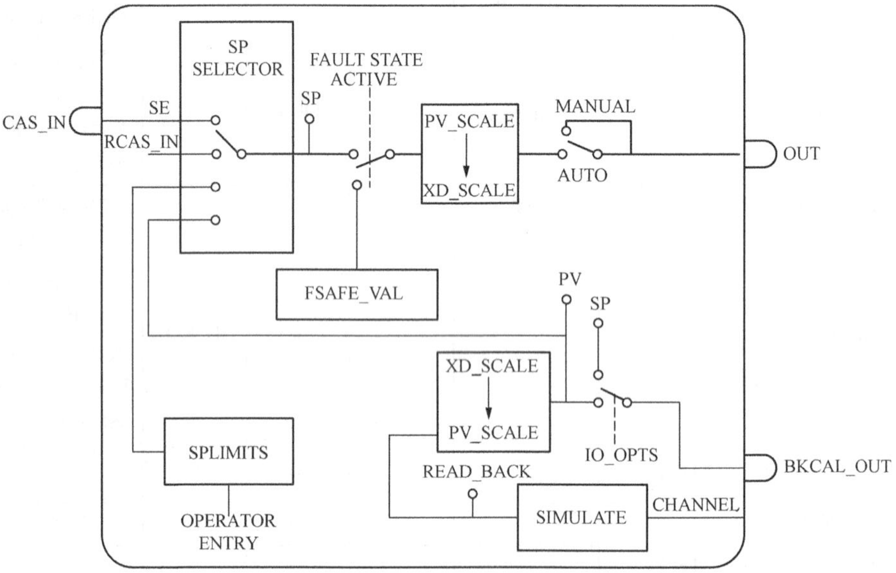

图 5-13 模拟输出功能块 AO

AO 功能块通过参数 CHANNEL 与转换器块连接。对于多通道设备，CHANNEL 参数必须与转换器块中的相应通道参数匹配（TERMINAL_NUMBER 等）。对于单通道设备，参数 CHANNEL 必须设定为 1，此时与 AO 连接的转换器块不需通道组态。

（1）输入值的处理。SP 值可通过串级或远程串级自动控制或由操作者手动控制。PV_SCALE 和 XD_SCALE 用于 SP 的比例转换。

（2）输出值的处理。转换器量程标定（XD_SCALE）用来转换量程的百分比到转换器所用的工程单位值，这就能使 SP 的部分跨度引起输出的满跨度动作。

$$OUT=SP\% * (EU\_100\%-EU\_0\%)+EU\_0\%[XD\_SCALE]$$

参数 IO_OPTS 中的“Increase to Close”选项可以使输出相对于输入值的跨度反向调节。例如，如果 SP 是 100

$$PV\_SCALE=0\sim100\%;XD\_SCALE=0.02\sim0.1MPa$$

如 IO_OPTS 中的“Increase to Close”未选，SP 经 OUT_SCALE 转换后为 0.1MPa，因此执行器的类型为“气开”。

如 IO_OPTS 中的“Increase to Close”已选，SP 经 OUT_SCALE 转换后为 0.02MPa，因此执行器的类型为“气闭”。

（3）仿真。SIMULATE 参数用于诊断和校验的目的，当被激活时，转换器的数值和状态被仿真数值和状态取代。仿真功能可以通过软件上对参数 SIMULATE 的设置或硬件跳线来禁止。

仿真机构由下列属性组成：

1）仿真数值和状态；

2）转换器数值和状态；

3）仿真允许/禁止。

参数SIMULATE中转换器的数值/状态总是反映了参数AO功能块从相应的转换器块接收的值。为安全起见，一些设备硬件跳线可以使参数SIMULATE失败，那么仿真将被禁止，用户将不能改变允许/禁止属性，这样可以防止设备运转时无意地启动仿真功能。当跳线置于开的位置，将引起资源功能块的块错误显示“仿真激活”。

如果下列条件存在，仿真将被激活：

1）仿真硬件跳线置于开的位置；

2）仿真允许/禁止参数被“激活”。

当仿真激活时，回读和参数PV将基于参数SIMULATE的仿真数值/状态属性进行计算，否则，将基于由转换器块提供的参数SIMULATE的转换器数值/状态属性。

（4）回读参数。如硬件支持回读数值，例如阀位，那么这个值将通过转换器块读取，并通过参数SIMULATE的转换器数值/状态属性提供给相应的AO功能块。如果不支持，则参数SIMULATE的转换器数值/状态属性将通过转换器块由AO的输出产生。

当仿真禁止时，参数READBACK复制参数SIMULATE的转换器数值/状态属性，否则将复制参数SIMULATE的仿真数值/状态属性。

PV是参数READBACK经PV_SCALE的转换，因此，PV也可以通过参数SIMULATE被仿真。AO功能块支持模式脱落机能。

（5）块错误。AO功能块的块错误有以下原因引起。

1）功能块处于O/S模式；

2）某些设备I/O模块故障（Output Failure）；

3）功能块因为故障状态被激活而处于I/O模式；

4）仿真被激活。

一个或多个下列情况发生时产生的组态错误。

1）当参数CHANNEL或SHED_OPT为无效值；

2）当XD_SCALE没有支持的工程量单位或对应转换器块的量程；

3）当转换器块处于O/S模式；

4）当参数CHANNEL和硬件组态不一致。

（6）支持的模式。支持模式为O/S、IMAN、LO、MAN、AUTO、CAS、RCAS。

（7）模拟输出功能块参数表。模拟输出功能块参数见表5-4。

表5-4 模拟输出功能块参数表

索引	参数	数据类型（长度）	有效范围/选项	默认值	单位	存储模式	描述
5	MODE_BLK	DS-69		O/S	na	S	模式参数
6	BLOCK_ERR	位串（2）			E	D/RO	块错误

续表

索引	参数	数据类型（长度）	有效范围/选项	默认值	单位	存储模式	描　述
7	PV	DS-65			PV	D/RO	经处理后的过程模拟变量
8	SP	DS-65			PV	N/Auto	模拟设定值变量
9	OUT	DS-65	XD_SCALE		OUT	N/Auto	块计算的初级模拟输出
10	SIMULATE	DS-82	1. 禁止 2. 激活	禁止		D	仿真参数
11	PV_SCALE	DS-68		0～100%	PV	S/Man	PV 参数高低标定值
12	XD_SCALE	DS-68		0～100%	PV	S/Man	对应转换器值的工程单位高低标定值
13	GRANT_DENY	DS-70		0	na	D	控制主计算机访问和本地操作盘操作及块报警参数的选项
14	IO_OPTS	位串（2）		0	na	S/O/S	块选项
15	STATUS_OPTS	位串（2）		0	na	S/O/S	块选项
16	READBACK	DS-65			XD	D/RO	转换器实际的回读值
17	CAS_IN	DS-65			PV	D	自远程块或 DCS 来设定值
18	SP_RATE_DN	浮点数	正数	+INF	PV/s	S	设定值下降变化率限制
19	SP_RATE_UP	浮点数	正数	−INF	PV/s	S	设定值上升变化率限制
20	SP_HI_LIM	浮点数		100%	PV	S	设定值高限
21	SP_LO_LIM	浮点数		0	PV	S	设定值低限
22	CHANNEL	16 位无号数		0	无	S/O/S	通道组态
23	FSTATE_TIME	浮点数	正数	0	s	S	输出块输出错误持续秒数
24	FSTATE_VAL	浮点数		0	PV	S	错误状态下 SP 选择的值
25	BKCAL_OUT	DS-65			PV	D/RO	上游块 BKCAL_IN 需要防止积分饱和及无扰切换
26	RCAS_IN	DS-65			PV	D	上位机来的目标设定输入
27	SHED_OPT	8 位无符号数		0		S	定义远程控制设备的时间溢出的反应

续表

索引	参数	数据类型（长度）	有效范围/选项	默认值	单位	存储模式	描述
28	RCAS_OUT	DS-65			PV	D/RO	返回主机的设定值输出
29	UPDATE_EVT	DS-73			na	D	任何静态参数改变而报警
30	BLOCK_ALM	DS-72			na	D	块报警

3. 开关量输入功能块 DI

DI 功能块通过选择通道号接收设备的离散输入数据，并使输出对于其他功能块可用，如图 5-14 所示。

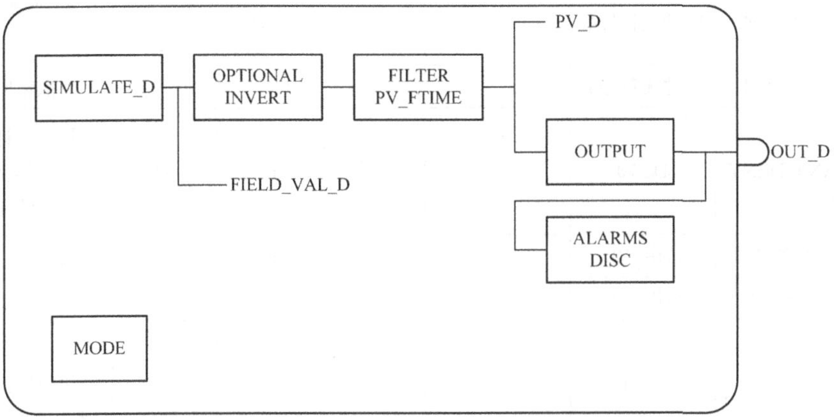

图 5-14 开关量输入功能块 DI

FIELD_VAL_D 用 XD_STATE 显示硬件真实的开/关状态。I/O 选项可以用来在现场值与输出间进行取反逻辑（NOT）运算。一个离散值 0 被认为是逻辑 0，非 0 的离散值被认为是逻辑 1。如果取反，非 0 的值的逻辑非等于离散输出 0，而 0 值的逻辑非等于离散输出值 1。

在 PV_FTIME 设定的时间内，硬件必须将 PV_D 保持在一个状态，而功能块工作模式为自动时，PV_D 的值被赋予 OUT_D。当模式为手动时，可以人为地对OUT_D写值。PV_D 和 OUT_D 有相同的刻度标定。OUT_STATE 提供 PV_D 刻度标定。

（1）块错误。DI 功能块的块错误有以下原因。

1）功能块处于 O/S 模式；

2）I/O 模块故障；

3）仿真激活；

4）参数 CHANNEL 和硬件组态错误。

（2）支持的模式。支持模式为 O/S、MAN 和 AUTO。

（3）开关量输入功能块参数表。开关量输入功能块参数如表 5-5 所示。

表 5-5　　开关量输入功能块参数表

索引	参数	数据类型（长度）	有效范围/选项	默认值	单位	存储模式	描　述
5	MODE_BLK	DS-69		O/S	na	S	模式参数
6	BLOCK_ERR	位串（2）			E	D/RO	块错误
7	PV_D	DS-66			PV	D/RO	离散值过程变量参数
8	OUT_D	DS-66	OUT_STATE		OUT	D/MAN	计算出的作为执行功能结果的最初离散值
9	SIMULATE_D	DS-83	1. 禁止 2. 激活	禁止		D	仿真激活时允许手动设置传感器给块离散输入或输出；仿真被禁止时，仿真值和状态跟踪实际值和状态
10	XD_STATE	16 位无符号数		0	XD	S	转换器的离散变量状况
11	OUT_STATE	16 位无符号数		0	OUT	S	离散输出状况
12	GRANT_DENY	DS-70		0	na	D	控制主计算机访问和本地操作盘操作及块报警参数的选项
13	IO_OPTS	位串（2）		0	na	S/O/S	块选项
14	STATUS_OPTS	位串（2）		0	na	S/O/S	块选项
15	CHANNEL	16 位无符号数		0	无	S/O/S	被连接到输入输出功能块的转换器逻辑硬件通道号
16	PV_FTIME	浮点	正数	0	s	S	PV 滤波时间常数
17	FIELD_VAL_D	DS-66			On/Off	D/RO	现场设备的离散输入的原始值，状态反映转换器情况
18	UPDATE_EVT	DS-73			na	D	任何静态参数改变而报警
19	BLOCK_ALM	DS-72			na	D	块报警
20	ALARM_SUM	DS-74			na	S	报警摘要
21	ACK_OPTION	位串（2）	0:禁止自动确认 1:允许自动确认	0	na	S	选择是否自动确认块报警
22	DISC_PRI	8 位无符号数	0～15	0		S	离散报警优先级
23	DISC_LIM	8 位无符号数	PV_STATE	0	PV	S	产生报警的离散输入状态
24	DISC_ALM	DS-72			PV	D	与离散报警相关联的状态和时间标记

4. 开关量输出功能块DO

DO功能块将SP_D的值转换为对CHANNEL（通道）相对应的硬件有用的值，如图5-15所示。

I/O选项被用于SP_D和硬件之间的布尔取反逻辑。SP_D支持完整的串级功能，与其他功能块的输出连接的DO功能块的SP_D必须采用CAS模式。当功能块的实际模式为LO或手动模式时，附加I/O选项将使SP_D值跟踪PV_D值。如果硬件支持回读，这个值被连接到READBACK_D，同PV_D一样经I/O转换选项的作用。如果不支持，READBACK_D由OUT_D产生，OUT_D和READBACK_D使用XD_STATE。PV_D和SP_D使用PV_STATE。

(1) 块错误。DO的块错误表现为以下几个方面。

1) 模块处于O/S模式；

2) I/O模块故障；

3) 由于错误状态激活而使功能块处于LO模式；

4) 仿真激活；

5) CHANNEL或SHED_OPT参数为无效值；

6) CHANNEL参数和硬件组态不匹配。

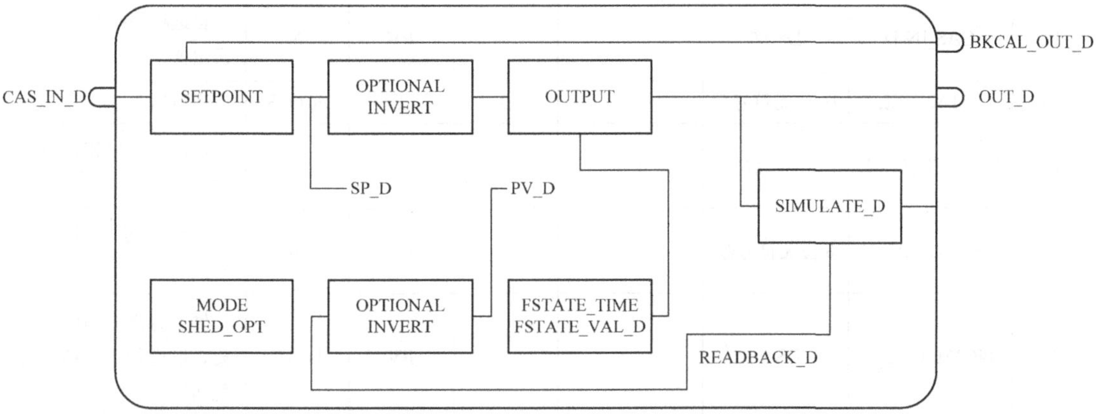

图5-15 开关量输出功能块DO

(2) 支持的模式。支持模式为O/S、LO、IMAN、MAN、AUTO、CAS、RCAS。

(3) 开关量输出功能块参数表。开关量输出功能块参数如表5-6所示。

表5-6 开关量输出功能块参数

索引	参数	数据类型（长度）	有效范围/选项	默认值	单位	存储模式	描述
5	MODE_BLK	DS-69		O/S	na	S	模式参数
6	BLOCK_ERR	位串（2）			E	D/RO	块错误
7	PV_D	DS-66			PV	D/RO	经处理后的过程离散变量
8	SP_D	DS-66			PV	N/Auto	离散设定值变量

续表

索引	参数	数据类型（长度）	有效范围/选项	默认值	单位	存储模式	描述
9	OUT_D	DS-66	XD_SCALE		OUT	N/Man	块计算的初级离散输出
10	SIMULATE_D	DS-83	1. 禁止 2. 激活	禁止		D	离散仿真参数
11	PV_STATE	16位无符号数		0	PV	S	离散PV的状况
12	XD_STATE	16位无符号数		0	XD	S	转换器的离散变量状况
13	GRANT_DENY	DS-70			na	D	控制主计算机访问和本地操作盘操作及块报警参数的选项
14	IO_OPTS	位串（2）		0	na	S/O/S	块选项
15	STATUS_OPTS	位串（2）		0	na	S/O/S	块选项
16	READBACK_D	DS-66			XD	D/RO	转换器实际的回读值
17	CAS_IN_D	DS-66			PV	N	自远程块或DCS来的设定值
18	CHANNEL	16位无符号数		0	无	S/O/S	通道组态
19	FSTATE_TIME	浮点数	正数	0	s	S	输出块输出错误持续秒数
20	FSTATE_VAL_D	8位无符号数		0	PV	S	错误状态下SP选择的值
21	BKCAL_OUT_D	DS-66			PV	D/RO	供上游离散功能块需要，以进行闭环控制无扰切换
22	RCAS_IN_D	DS-66			PV	D	上位机来的目标设定输入
23	SHED_OPT	8位无符号数		0	E	S	定义远程控制设备时间溢出的反应
24	RCAS_OUT	DS-66			PV	D/RO	返回主机的设定值输出
25	UPDATE_EVT	DS-73			na	D	任何静态参数改变而报警
26	BLOCK_ALM	DS-72			na	D	块报警

5. PID控制算法功能块PID

这是标准的基金会功能块，如图5-16所示。PID功能模块提供了比例、积分、微分形式的计算控制。

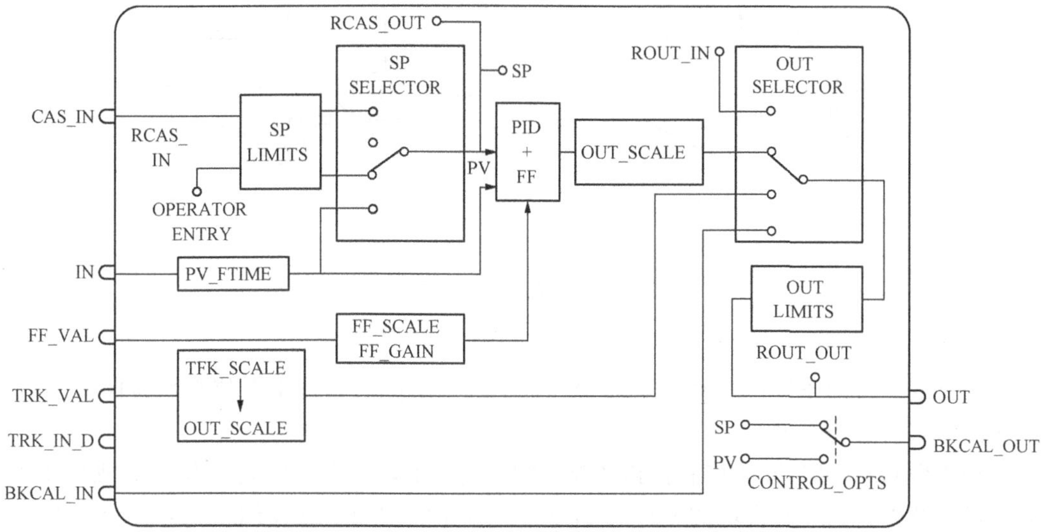

图 5-16 PID控制算法功能块PID

PID运算是非迭代或ISA标准的算法。在这种运算体系中，GAIN被作用在PID的各项上，比例和积分仅作用在偏差上，微分运算作用在PV值上。功能块在自动模式时，由于微分运算的介入，用户改变SP值不会引起输出量的扰动。

只要偏差存在，PID功能将对偏差进行积分运算，即将输出向纠正偏差的方向进行。当初级和次级过程的时间常数不同时，如果需要，PID控制可以构成串级调节。

(1) 正向和反向作用。通过选项参数CONTROL_OPTS中的“Direct acting”位来设置运动的正或反向作用。

如果“Direct acting”为“真”(1)，偏差值即为PV值和SP值的差值，即：

$$\text{Error}=\text{PV}-\text{SP}$$

如果“Direct acting”位为“伪”(0)，即为“Reverse acting”(反向)，偏差即为SP和PV值的差值，即：

$$\text{Error}=\text{SP}-\text{PV}$$

“Direct acting”位的默认值为0，即“Reverse acting”(反向作用)。

(2) 前馈控制。PID功能块支持前馈运算。FF_VAL输入由外部值提供，该值与控制回路中的干扰值成比例关系。此值由FF_SCALE和OUT_SCALE参数转换为输出量程标准。此输出与FF_GAIN相乘后加到运算输出上，如图5-17所示。

如果FF_VAL输出状态为无效，上次使用的值将被使用。当状态位恢复正常时，FF_VAL的差值需与BIAS_A/M相减，以避免与输出的扰动。

(3) PID常数。GAIN(K_p)、RESET(T_r)和RATE(T_d)分别为比例P、积分I、微分D运算的调节参数，其中GAIN是无量纲数，RESET和RATE是用秒来表示的时间参数。许多现有的控制器有几个或所有的参数用相反值进行调谐，例如“比例带”、每分钟的重复次数等。人机界面对这些参数一般都能适应用户的选择喜好。

(4) 旁路。当旁路方式工作时，SP值将不通过PID计算直接转换为OUT输出。当串级调节副环的PV是无效时，副环PID就使用旁路方式。

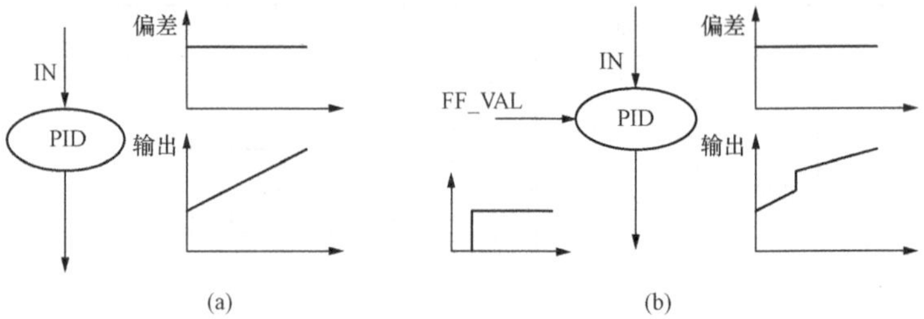

图 5 - 17 前馈控制示意图
(a) 无前馈；(b) 有前馈

旁路方式运行的条件：CONTROL_OPTS 中的“Bypass Enable”位必须为真。

旁路方式参数为 ON。

旁路参数 ON/OFF 开关控制旁路转换。默认情况下，只有在块模式为 Man 或 O/S 时才可以转换。此外，当资源模块的 FEATURES_SEL 中的“Change of bypass in an automatic mode”位为真时，控制模块也允许在自动模式下进行旁路切换。

为避免输出的扰动，旁路参数中有 ON/OFF 特别处理方式。当旁路切换为 ON 时，SP 接收输出值 OUT；当旁路切换为 OFF 时，SP 接收 PV 的值。

(5) 输出跟踪。PID 模块支持输出跟踪算法。在跟踪开关为 ON 时，允许输出强制改变为跟踪值。

为了激活输出跟踪功能，模块应满足以下条件。

1) CONTROL_OPTS 中的“Track Enable”位必须为真；

2) 目标模式为“automatic”模式，即 Auto、Cas、Rcas 或 Rout；

3) TRK_VAL 和 TRK_IN_D 状态为可用，即状态是好或用 STATUS_OPTS 表示不确定状态也作好的用，“User Uncertain as good”位为真；

4) TRK_IN_D 的值是激活的。

当目标模式为 Man（手动）时，除以上条件外，CONTROL_OPTS 中的“Track in Manual”位必须为真。

在输出跟踪作用时，OUT 输出将被 OUT_SCALE 转换过的 TRK_VAL 代替。输出限位状态变为常数，现实模式转变为 LO。

若 TRK_IN_D 或 TRK_VAL 状态为不可用，输出跟踪功能将关闭，PID 状态将回到正常操作状态。

(6) 块错误（BLOCK-ERR）。PID 模块的错误反映了以下原因。

1) 模块在 O/S 模式；

2) 在 BYPASS 和 SHED_OPT 参数有无效值时发生设置错误。

(7) 支持的模式。支持模式为 O/S、IMAN、LO、MAN、AUTO、CAS、RCAS 和 ROUT。

(8) 控制算法（Control Algorithm）：

$$\begin{aligned}\text{OUT} = &\text{GAIN} \times [\text{E} + \text{RATE} \times \text{S} \times \text{PV}/(1 + \alpha \times \text{RATE} \times \text{S}) + \text{E}/\text{RESET} \times \text{S}] \\ &+ \text{BIAS\_A/M} + \text{FEEDFOWRARD}\end{aligned}$$

注：BIAS_A/M：内部 BIAS 按照自动模式计算（RCAS，CAS，AUTO）。$\alpha=0.13$

(9) PID控制功能块参数表。PID控制功能块参数如表5-7所示。

表5-7 PID控制功能块参数

索引	参数	数据类型（长度）	有效范围/选项	默认值	单位	存储模式	描　述
5	MODE_BLK	DS-69		O/S	na	S	模式参数
6	BLOCK_ERR	位串（2）			E	D/RO	块错误
7	PV	DS-65			PV	D/RO	IN值经PV滤波器处理后的过程模拟变量
8	SP	DS-65	PV_SCALE+/−10%		PV	N/AUTO	模拟设定值。可以手动设置，也可以通过接口设备或另一现场设备自动设置
9	OUT	DS-65	OUT_SCALE+/−10%		OUT	D/MAN	PID计算的结果输出值
10	PV_SCALE	DS-68		0～100%	PV	S/MAN	对PV和SP参数的高低标定值
11	OUT_SCALE	DS-68		0～100%	OUT	S/MAN	对输出参数的高低标定值
12	GRANT_DENY	DS-70		0	na	D	控制主计算机访问和本地操作盘操作及块报警参数的选项
13	CONTROL_OPTS	位串（2）	见功能块选项	0	na	S/O/S	功能块选项
14	STATUS_OPTS	位串（2）	见功能块选项	0	na	S/O/S	功能块选项
15	IN	DS-65		0	PV	D	功能块的初级输入值
16	PV_FTIME	浮点	正数	0	s	S	PV滤波时间常数
17	BYPASS	8位无符号	1：关 2：开	0	E	S/MAN	当参数设置为开时，设定值（百分比）将直接传递给输出
18	CAS_IN	DS-65			D		远程块或DCS来的设定值
19	SP_RATE_DN	浮点	正数	+INF	PV/s	S	设定值下降变化率限制
20	SP_RATE_UP	浮点	正数	+INF	PV/s	S	设定值上升变化率限制
21	SP_HI_LIM	浮点	PV_SCALE+/−10%	100	PV	S	设定值高限
22	SP_LO_LIM	浮点	PV_SCALE+/−10%	0	PV	S	设定值低限
23	GAIN	浮点		0	无	S	PID比例系数K_p值

续表

索引	参数	数据类型（长度）	有效范围/选项	默认值	单位	存储模式	描述
24	RESET	浮点	正数	+INF	s	S	PID积分系数 T_r 值
25	BAL_TIME	浮点	正数	0	s	S	内部工作的偏置或比率值返回到操作员设定偏置或比率的时间，以秒为单位在PID功能块中，当输出受限并处于AUTO、CAS或RCAS模式下时，制定积分作用移去获得平衡的时间常数
26	RATE	浮点	正数	0	s	S	PID的微分系数 T_d 值
27	BKCAL_IN	DS-65			OUT	N	来自在下游块的BK-CAL_OUT，用于抗积分饱和控制回路的初始化
28	OUT_HI_LIM	浮点	OUT_SCALE+/−10%	100	OUT	S	输出高限
29	OUT_LO_LIM	浮点	OUT_SCALE+/−10%	0	OUT	S	输出低限
30	BKCAL_HYS	浮点	0～50%	0.5%	%	S	BKCAL_OUT回差，百分比
31	BKCAL_OUT	DS-65		0	PV	D/RO	提供给上游的BK-CAL_IN，用于抗积分饱和控制回路无扰切换
32	RCAS_IN	DS-65			PV	D	远程目标设定值
33	ROUT_IN	DS-65			OUT	D	远程目标输出
34	SHED_OPT	8位无符号				S	定义远程控制设备的时间
35	RCAS_OUT	DS-65				D/RO	远程功能块设定值
36	ROUT_OUT	DS-65			OUT	D/RO	远程功能块输出
37	TRK_SCALE	DS-68		0～100%	TRK	S/MAN	关联TRK_VAL的跟踪的高低标定值
38	TRK_IN_D	DS-66			On/Off	D	用于启动功能块输出到TRK_VAL的外部跟踪的离散输入

续表

索引	参数	数据类型（长度）	有效范围/选项	默认值	单位	存储模式	描 述
39	TRK_VAL	DS-65			TRK	D	外部跟踪被 TRK_IN_D启动时的跟踪输入值
40	FF_VAL	DS-65			FF	D	前馈数值和状态
41	FF_SCALE	DS-68		0～100%	FF	S	前馈输入高低标定值
42	FF_GAIN	浮点		0	无	S/MAN	前馈输入比例增益
43	UPDATE_EVT	DS-73			na	D	任何静态参数改变而报警
44	BLOCK_ALM	DS-72			na	D	块报警
45	ALARM_SUM	DS-74			na	S	报警摘要
46	ACK_OPTION	位串（2）	0:禁止自动确认 1:允许自动确认	0	na	S	选择是否自动确认块报警
47	ALARM_HYS	浮点	0～50%	0.5%	%	S	报警回差
48	HI_HI_PRI	8位无符号数	0～15			S	高高报优先级
49	HI_HI_LIM	浮点	OUT_SCALE，＋INF	＋INF	PV	S	工程单位高高报警限
50	HI_PRI	8位无符号数	0～15			S	高报警优先级
51	HI_LIM	浮点	OUT_SCALE，＋INF	＋INF	PV	S	工程单位高报警限
52	LO_PRI	8位无符号数	0～15			S	低报警优先级
53	LO_LIM	浮点	OUT_SCALE，－NF	－INF	PV	S	工程单位低报警限
54	LO_LO_PRI	8位无符号数	0～15			S	低低报警优先级
55	LO_LO_LIM	浮点	OUT_SCALE，－NF	－INF	PV	S	工程单位低低报警限
56	DV_HI_PRI	8位无符号数	0～15			S	偏差高报警优先级
57	DV_HI_LIM	浮点	0－PV span，＋INF	＋INF	PV	S	偏差高报警限
58	DV_LO_PRI	8位无符号数	0～15			S	偏差低报警优先级
59	DV_LO_LIM	浮点	－INF，－PV span－0	－INF	PV	S	偏差低报警限
60	HI_HI_ALM	DS-71			PV	D	带时间标签高高报警
61	HI_ALM	DS-71			PV	D	带时间标签高报警
62	LO_ALM	DS-71			PV	D	带时间标签低报警

续表

索引	参数	数据类型（长度）	有效范围/选项	默认值	单位	存储模式	描　述
63	LO_LO_ALM	DS-71			PV	D	带时间标签低低报警
64	DV_HI_ALM	DS-71			PV	D	带时间标签偏差高报警
65	DV_LO_ALM	DS-71			PV	D	带时间标签偏差低报警
66	BUMPLESS_TYPE	8位无符号数	0：Bumpless 1：Last+Proportional 2：Bias 3：Bias+Proportional	0	E	S/MAN	此参数定义从手动模式转到自动模式时，开始输出的算法作用方式
67	BIAS	浮点		0	OUT	S	当BUMPLESS类型是Bias或Bias+Proportinal时应用于PID算法中的偏置
68	PID_OPTS	位串（2）		0		S/O/S	处理输出跟踪附加特征的选项

5.3.3 控制变量的计算

一、过程变量的计算

过程变量（PV）的数值和状态是主要输入变量（IN）的映像，或者是多输入变量的计算结果。例如在PID和AALM功能块中，过程变量就是输入变量滤波后的结果。过程变量状态是输入变量状态的拷贝，如果有多个输入变量，则是它们中最坏一个的状态。不管功能块的模式如何，过程变量的数值是在功能块中主要输入变量的数值或它们计算的结果。除非输入变量是不可用的，这时过程变量（PV）的数值保持在最后的可用值上。输入变量滤波时间常数参数PV_FTIME的含义，是对于阶跃的输入变量，输出达到最终值的63.2%所需要的时间，单位是s。如果PV_FTIME是0，意味没有滤波。

二、设定值计算

1. 设定值（SP）极限的参数

包括SP_HI_LIM和SP_LO_LIM（单位和取值由PV_SCALE决定）。在自动模式（Auto mode）下，设定值被限制在SP_HI_LIM和SP_LO_LIM的范围之内。

2. 设定值变化率极限的参数

包括SP_RATE_UP和SP_RATE_DN（单位为PV/s）。这个参数在设定值改变时为减少发生的扰动。

三、设定值（SP）跟踪过程变量（PV）

由于某些控制策略需要从“手动模式Manual mode”（Rout，Man，LO，Iman）切换到“自动模式Auto mode”（Auto，Cas，Rcas）时的偏差是零，所以此时设定值必须等于过程变量。PID块的CONTROL_OPTS参数和AO块的IO_OPTS参数用于在手动模式时设定值SP跟踪过程变量PV。

四、输出参数计算

当现实模式在Auto、Cas、Rcas时，各个功能块按照各自的算法计算输出参数。而在手动模式（Manual mode），输出参数则来自另一个功能块（LO，Iman模式）、操作员（Man）或上位机中其他应用（Rout）。

在PID和ARTH功能块的所有模式下，输出参数被OUT_HI_LIM和OUT_LO_LIM参数进行高和低限位。但通过对CONTROL_OPTS参数“NO OUT limited in Manual”位进行组态，可以使手动模式下对输出不进行限位。

5.3.4 块模式参数

块模式是所有块都有的重要参数，它决定块运行的状态，也能反映块应用的一些错误。

一、模式的类型

1. 未服务 Out of Service（O/S）

功能块未运行，块输出值保持在最后值。对于输出类功能块，输出值保持在最后值或者由组态所指定的故障状态值。设定值保持在最后值。

2. 初始化手动 Initialization Manual（Iman）

串级结构的下游功能块不在串级模式（Cas），因此正常的算法不被执行，块输出仅跟随一个来自下游功能块的外部跟踪信号（BKCAL_IN）。此模式不能通过目标模式请求。

3. 本地跨越 Local Override（LO）

控制模块在这个模式时的输出跟踪一个TRK_VAM输入参数。输出功能块在故障状态时也可以在LO模式。这个模式也不能通过目标模式请求。

4. 手动 Manual（Man）

功能块的输出不是被计算出的，虽然它可能被限制，操作员可以直接给出功能块的输出值。

5. 自动 Automatic（Auto）

功能块的输出是被计算出的。它将使用操作员通过接口设备给出的本地设定值。

6. 串级 Cascade（Cas）

设定值通过链接（Cas_IN）来自其他块，因此操作员不能直接改变。功能块在设定值基础上计算出输出。为了达到这个模式，算法使用CAS_IN输入和BKCAL_OUT输出与上游块构成一个无扰动方式的串级。

7. 远程串级 Remote Cascade（RCas）

功能块的设定值是由接口设备（计算机、DCS/PLC）中控制应用的RCAS_IN参数给定。

8. 远程输出 Remote output（Rout）

功能块的输出是由接口设备中控制应用的ROUT_IN参数给定。为了达到这个模式，算法使用ROUT_IN输入和ROUT_OUT输出与接口设备构成一个无扰动方式的串级关系，因此接口设备中控制应用类似于“上层块”，但它们没有功能块间连接那样的调度和同步关系。

Auto、Cas、Rcas模式是自动地按算法计算功能块输出的。Iman、LO、Man、Rout模式则是需要“手动”输出。

二、MODE_BLK 的元素

1. 目标 Target

操作员选择功能块的目标模式。在所允许选择的模式中只能选一个。

2. 现实 Actual

即现行的功能块模式。在某些运行条件或组态下（如输入状态坏或旁路）也可能和目标模式不一致。现实模式是功能块执行模式计算的结果，所以操作员不能选择现实模式。

3. 允许 Permitted

允许功能块使用的模式种类。它可以基于应用的需要由用户来组态，所以这像一个从支持的模式中选择出的模式列表。

4. 正常 Normal

仅用于记忆功能块正常运行条件下的模式。它不影响功能块计算。

5. 保留目标模式

当目标模式是 O/S、MAN、RCAS、ROUT 时，目标模式属性可能保留以前目标模式的有关信息，这个信息可能用于功能块模式脱落（Shedding）和设定值跟踪。

三、模式优先级别

模式优先级别的概念用于功能块计算现实模式，或决定对一个特别的或更高优先级别模式是否允许写访问。

模式优先级如表 5-8 所示。

表 5-8 模式的优先级别

模式	描述	级别	被允许使用的块
O/S	未服务	7 最高	所有块
Iman	初始化手动	6	资源、PID、SPG、SPLT
LO	本地跨越	5	PID、AO、DO、MAO、MDO
Man	手动	4	PID、AALM、LLAG、TIME、SPG、输入、输出块
Auto	自动	3	所有块
Cas	串级	2	PID、AO、DO、SPLT
Rcas	远程串级	1	PID、AO、DO
Rout	远程输出	0 最低	PID

5.3.5 量程标定参数

标定参数决定了量程范围、工程单位及小数点右边显示几位。标定信息用于两个目的。显示设备需要知道棒图和趋势图的范围和单位，控制功能块需要知道内部使用的百分比量程，并使调谐常数无量纲。

PID 功能块使用 PV_SCALE 参数将误差信号转换成百分比，通过计算得出同样是百分比的输出信号，同时可以使用 OUT_SCALE 参数将值转换成输出转换器块得到的工程单位的数值。

AI 功能块使用 XD_SCALE 参数决定从输入转换器块得到的数值的工程单位。

AO 功能块使用 XD_SCALE 参数将 SP 值输出转换成输出转换器块得到的工程单位的数

值，同时它也是反馈读出值的工程单位。有关标定的参数分布如表5-9所示。

表5-9 **有关标定的参数分布**

输入转换器	输入功能	计算功能块	输出功能块	输出转换器
PRIMARY_VALUE_RANGE①	XD_SCALE① OUT_SCALE	PV_SCLE OUT_SCALE	XD_SCALE② PV_SCLE	FINAL_VALUE_RANGE②

① 取值需要匹配的参数对。

② 取值需要匹配的参数对。

以下4点组成所谓量程标定：

(1) 100%量程工程单位值=量程范围最高工程单位值；

(2) 0%量程工程单位值=量程范围最低工程单位值；

(3) 单位索引=设备描述工程单位码索引；

(4) 十进制小数点位数=显示设备显示参数小数点右边的位数。

5.3.6 错误状态和警报

一、错误状态

当功能块被检查出不正常，例如不能使用的输入信号或在指定（FSTATE_TIME）的时间内通信仍然不能完成；或用户在资源块设定了错误状态，于是模块将进入一种特殊的状态，此时输出块可能采取一些安全的动作。这种特殊的状态称为“错误状态”。

支持串级控制的功能块（如PID、OSDL、SPLT）将把错误状态传递到输出功能块。当激活错误状态的条件正常化后，错误状态被清除，功能块回到正常运行状态。

二、报警

报警和事件称为警报，它表示检测到功能块应用内部重要的事件发生。功能块可以把这个事件报告接口设备或其他现场设备。报警不仅指变量和极限之间的比较，还包括功能块执行时发现的软件硬件故障引起的块报警。

进入和脱离报警条件都称为警报状态，它将在网络上发布一个警报信息，其中包括一个时间标签，即警报状态发生的时间。警报状态可能通过设定相应的等级被个别禁止。

更新事件被用来通知接口设备一个静态参数被改变，仅此时才读这个参数。这是跟踪这类参数非常好的办法，不要反复读取它们。和动态参数相比，这类参数极少改变。

1. 报警参数（X_ALM）

报警参数捕捉功能块内的动态报警信息。当报警被报告时，报警参数所包含的信息被转移到一个警报对象。报警参数包含下列内容：

(1) Unacknowleged：未被确认；

(2) Alarm state：报警状态；

(3) Time stamp：时间标签；

(4) Subcode：子码；

(5) Value：值。

它们被分别解释如下：

(1) Unacknowleged：未被确认。在检出报警状态的上跳沿时，Unacknowleged（未被确认）即被设定。但当工厂操作员通过接口设备确认这个报警，即响应了报警管理，这个内容就被设定为已被确认。

对于功能块每类报警，可以通过 ACK_OPTION 参数组态使其被自动确认。这时不需要操作员进行确认。

其他自动确认报警的办法是将警报—优先权分别组态成 0、1 或 2。警报—优先权将在下面讨论。Unacknowleged（未被确认）状态列举如下：

0=不明确；

1=被明确；

2=未被明确。

（2）Alarm state：报警状态。它指示是否警报被激活和被报告。Alarm state 报警状态列举如下：

1=清除—被报告；

2=清除—未被报告；

3=激活—被报告；

4=激活—未被报告。

一旦功能块进入 O/S 模式，报警状态即被清除。

（3）Time stamp：时间标签。标签是报警状态被检出但还未被报告的瞬间。直到警报确认收到前，它是一个常数。

（4）Subcode：子码。列举被报告警报的原因列表。

（5）Value：值。警报被检出瞬间关联参数的值。

2. 报警极限参数 X_LIM

当数值达到或大于极限时，一个模拟报警发生了。报警状态一直维持到数值小于极限值减去报警回差。只要设定报警极限值是正、负无穷（INF）就等于关闭了报警，各报警极限值的默认值就是这样。

5.3.7 功能块在炉温控制系统中的应用

串级控制技术是改善调节品质的有效方法之一，它是在单回路 PID 控制的基础上发展起来的一种控制技术，并且得到了广泛应用。在串级控制中，有主回路、副回路之分。一般主回路只有一个，而副回路可以是一个或多个，主回路的输出作为副回路的设定值修正的依据，副回路的输出作为真正的控制量作用于被控对象。

图 5-18 所示为一个炉温串级控制系统，目的是使炉温保持稳定。如果煤气管道中的压力是恒定的，为了保持炉温恒定，只需测量出料实际温度，并使其与温度设定值比较，利用二者的偏差控制煤气管道上的阀门。当煤气总管压力恒定时，阀位与煤气流量保持一定的比

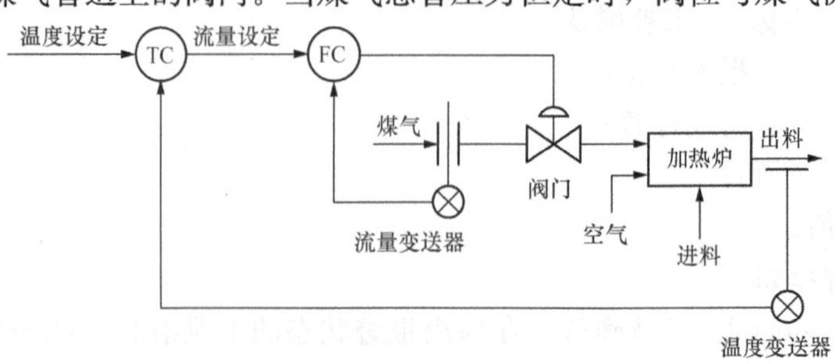

图 5-18 炉温串级控制系统

例关系，一定的阀位，对应一定的流量，也就是对应一定的炉温，在进出料数量保持稳定时，不需要串级控制。

但实际的煤气总管同时向许多炉子供应煤气，煤气压力不可能恒定，此时煤气管道阀门位置并不能保持一定的流量。在单回路调节时煤气压力的变化引起流量的变化，且随之引起炉温的变化，只有在炉温发生偏离后才会引起调整。因此，时间滞后很大。由于时间滞后，上述系统仅靠一个主控回路不能获得满意的控制效果，而通过主、副回路的配合则会获得较好的控制质量。为了及时检测系统中可能引起被控量变化的某些因素并加以控制，在该炉温控制系统的主回路中，增加煤气流量控制副回路，构成串级控制结构。

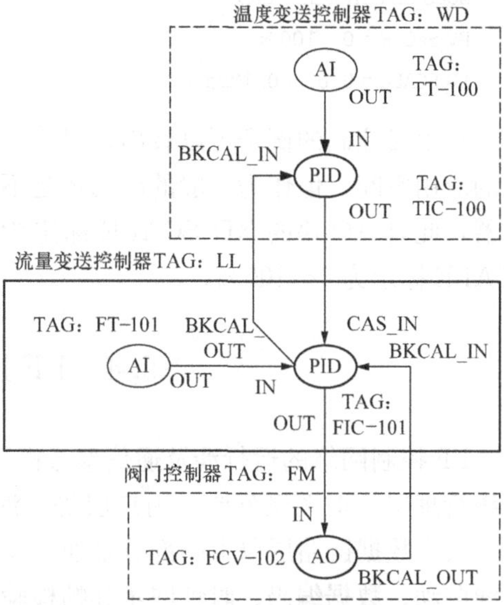

图 5-19　串级控制功能块连接

1. 串级控制功能块连接

串级控制功能块连接如图 5-19 所示。在图 5-19 中，温度为主回路，流量为副回路。

2. 功能块参数设置

串级控制功能块参数设置如下：

```
AI 功能块(WD)
TAG = TT - 100
MODE_BLK TARGET = AUTO(目标模式 = 自动)
PID 功能块(WD)
TAG = TIC - 100
MODE_BLK TARGET = AUTO
PV_SCALE = 0～600℃
OUT_SCALE = 0～200kg/h

AI 功能块(LL)
TAG = FT - 101
MODE_BLK TARGET = AUTO
L_TYPE = indirect square root(开平方)
XD_SCALE = 0～200kg/h
OUT_SCALE = 0～200kg/h

PID 功能块(LL)
TAG = FIC - 101
MODE_BLK TARGET = CAS
PV_SCALE = 0～200kg/h
OUT_SCALE = 0～100 %
```

```
AO 功能块(FM)
TAG = FCV - 102
MODE_BLK TAGRET = CAS
PV_SACLE = 0 - 100 %
XD_SCALE = 0.02～0.1MPa
```

从串级控制的例子可以看出，尽管功能块参数包含了非常丰富的内容，为用户提供了广阔的应用空间，但作为一般的应用还是不难掌握的。控制输出设备可能使用总线/气信号转换器，此时 AO 块的 XD_SCALE 标定为 0.02～0.1MPa，而使用总线阀门定位器时 XD_SCALE 标定为 0～100%。

5.4 FF 通信控制器与网卡

FF 控制网络的运行涉及通信参考模型的各层，包括物理层、数据链路层、总线访问层、系统管理层、报文规范层、用户层等，涉及通信站、系统管理、网络管理、功能块等各部分。其中数据链路层以上的部分是通过软件编程来实现的，而数据链路层及物理层所需要的总线驱动、数据编码、时钟同步和帧检验等许多工作，则需要软件和硬件的结合体来完成。因此本节介绍用于 FF 控制网络的通信控制器及其接口电路，由这些硬件电路完成数据链路层及物理层的功能。

5.4.1 FF 通信控制器芯片

目前可用作基金会现场总线通信控制器的芯片，已经有几家公司在生产，例如日本的横河公司和富士公司、英国的 SHIPSTAR 公司、巴西的 SMAR 公司等。各家公司的产品功能繁简各不相同，各具特色。但是它们都声称是符合规定的现场总线标准的。由于篇幅限制，这里仅以 SMAR 公司的 FB3050 为例，对芯片的功能及应用作一介绍。

一、FB3050 的主要特点

FB3050 是 SMAR 公司推出的第三代基金会现场总线通信控制器芯片，该芯片符合 ISA SP50—2—1992 PART2 中所规定的现场总线物理层规范。该芯片设计时考虑了和各种流行的微处理器接口。该芯片可用作现场总线上主设备的通信接口，也可用作从设备的通信接口。该芯片的功能方框图见图 5-20。

FB3050 内部有信号极性识别和矫正电路，因此允许总线网络的两根线无极性的任意连接。

从图 5-20 所示的 FB3050 的功能方框图中可以看出，图的左边部分是 CPU 地址、数据和控制总线，FB3050 通过三总线和 CPU 相连接；右边部分是 FB3050 输出的存储器总线；下面部分是 FB3050 通过介质存取单元和现场总线相连接；中间部分是 FB3050 的内部功能块。

FB3050 的数据总线宽度为 8 位，外接 CPU 的 16 位地址线。16 位地址线经过 FB3050 缓冲和变换后输出，输出的地址线称为存储器总线，CPU 和 FB3050 二者都能够通过存储器总线访问挂接在该总线上的存储器。因此挂接在该总线上的存储器是 CPU 和 FB3050 的公用存储器。

在 FB3050 通信控制器发送和接收模块中，分别包含曼彻斯特数据编码和解码器，可以对发送和接收的数据进行曼彻斯特编码解码。因此FB3050仅需要一个外部介质存取单元和相应的滤波线路就可以直接接到现场总线上，简化了用户对电路的设计程序。

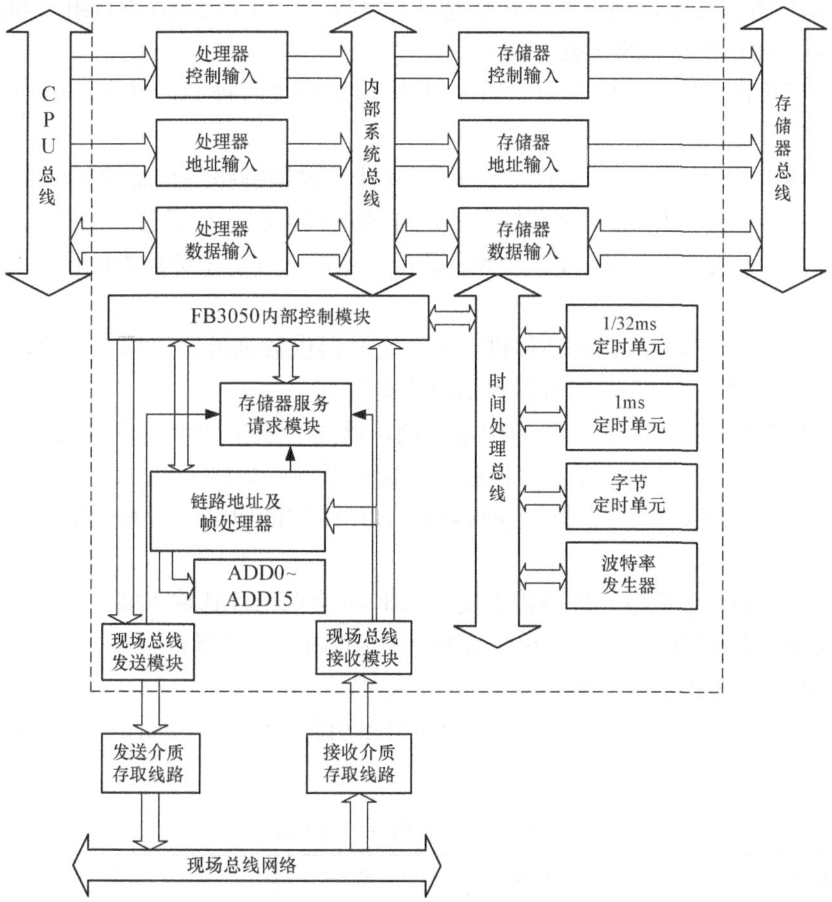

图5-20　FB3050的功能方框图

FB3050内部包含帧校验逻辑，在接收数据的过程中帧校验逻辑能自动地对接收数据进行帧校验。在发送数据过程中，是否对发送数据产生帧校验序列由用户通过软件编程来控制。帧的状态信息随时供软件读取和查询。

为了保证网络通信系统的可靠性，FB3050内部设置了禁止"闲谈"的功能，以保证本节点不会无限制地占用网络，从而保证了网络的可靠性。所谓禁止"闲谈"功能，实际上是一个定时器，因为根据基金会现场总线的规范，信息帧的长度是有限制的。当传输速率一定时，每发送一帧的时间就不会超过某个确定的时间间隔。只有当某个节点在非正常情况下，比如软件出现死锁，才会长期占用网络的发送权，使得整个网络通信瘫痪。在通信控制器内设置一个定时器，从本节点占有发送权开始计时，当超过规定时间仍然不交出发送权的话，定时器将强制剥夺本节点的发送权。

FB3050通信控制器内部包含两个DMA电路，DMA电路可以通过存储器总线访问存储器，从而可以直接将存储器中的数据块发送出去，或直接将数据帧接收到存储器中。DMA控制下的数据接收和数据发送是在不中断CPU的正常程序执行的情况下进行的，因此就有可能出现 CPU 和 DMA 两者争用存储器总线的情况。FB3050 采用两种不同的仲裁机制，以分别适应 Motorola、Intel 两大系列的 CPU 总线。

通过内部的寄存器组，用户可以方便地写入控制字，对 FB3050 进行组态和操作；也可以容易地读到 FB3050 内部的状态。

为了适应不同的 CPU 总线接口，FB3050 使用了两个时钟源，其中一个用于和系统同步；另一个用于控制通信数据的速率。

为了减轻 CPU 软件的负担，FB3050 内部设计了数据链路层地址及帧的自动识别处理器，提供了一套自动识别帧控制字和帧目的地址的逻辑机制，有了这套机制，再加上 DMA 电路，FB3050 几乎可以在不用 CPU 干预的情况下就能从网上全部正确接收属于本节点的信息帧。

为了方便编程，FB3050 内部还提供了 3 个定时器供数据链路层编程使用，它们分别是字节传输时间定时器、1/32ms 定时器和 1ms 定时器。

FB3050 控制器内部有一套灵活的中断机制，通过一条中断申请信号线向 CPU 申请中断，CPU 通过读内部的中断状态寄存器就能确定中断源。总线上发生的许多变化条件都可以作为中断源。此外 FB3050 内部的定时器都可以产生中断申请。所有的中断源都是可屏蔽和可识别的。

FB3050 可以和大多数微处理器相连接，FB3050 有两个片选输入端，一个用于选择通过 FB3050 访问的 64KB 存储器；一个用于选择 FB3050 内部寄存器。

二、FB3050 的引脚信号介绍

FB3050 采用了 TQPF100 的封装，共有 100 条引脚，表 5 - 10 给出了 FB3050 引脚信号的具体说明。

表 5 - 10　　FB3050 引脚信号一览表

TQFP	名　称	类型	描　述
71	PI_CLOCK	输入	与 CPU 同步的系统时钟
49	PI_NETCLOCK	输入	现场总线网络时钟输入
46	PO_CLK125	输出	通用的 125kHz 时钟信号
55、57、59、61、63、65、67、69、93、92、91、90、89、87、86、85	PI_ADDR[15：0]	输入	16 位 CPU 地址总线
56、58、60、62、64、66、68、70	PB_CDATA [7：0]	双向	8 位 CPU 数据总线
37	PI_CS64K-I	输入	64KB 存储器的片选
36	PI_CSF31_I	输入	内部寄存器片选
54	PI_RESET_I	输入	系统复位
72	PI_CRW($\overline{WR}$)	输入	写选通信号
73	PI_CET($\overline{RD}$)	输入	读选通信号
74	PI_CAS	输入	地址锁存
44	PI_MUXON	输入	选用地址或数据复用总线信号

续表

TQFP	名 称	类型	描 述
38	PI_MODE	输入	选用CPU系列的信号
52	PO_READY	输出	请求等待信号
53	PO_INT_I	输出	中断申请信号
43	PI_INT_I	输入	外部过路中断申请输入信号
94－16	PO_MADDR[15：0]	输出	16位存储器地址总线
28－17	PB_MDATA[7：0]	双向	8位存储器数据总线
39	PO_MOD	输出	存储器总线读选通信号
42	PO_MWR	输出	存储器总线写选通信号
84－77	PO_XADDR[7：0]	输出	存储器总线扩展地址总线（段地址线）
41	PO_MRAM_I	输出	RAM片选
40	PO_MROM_I	输出	ROM片选
32	PO_MCSC	输出	（BCXXH）或（0CXXH）地址选择
33	PO_MCSD_I	输出	（BDXXH）或（0DXXH）地址选择
34	PO_MCSE_I	输出	（BEXXH）或（0EXXH）地址选择
35	PO_MCSF_I	输出	（BFXXH）或（0FXXH）地址选择
29	PI_PHPDU	输入	接收现场总线信号输入
31	PO_PHPDU	输出	发送现场总线信号输出
30	PO_TACT	输出	数据发送允许信号
2	PO_SOH	输出	收到帧头的状态信号
11	PO_EOH	输出	收到帧尾的状态信号
23	PO_TDRE	输出	发送数据寄存器空的状态信号
24	PO_RDRF	输出	接收数据寄存器空的状态信号
14	PO_SYN	输出	接收器正在接收数据的状态信号
45	PI_EDGE	输入	同步系统时钟沿的选择信号
12，25，50，75，100	V_{CC}		＋3.3V或＋5V电源
1，13，26，48，51，76，88	GND		信号地

下面分组介绍各引脚信号的功能。

1. 时钟和定时功能信号

此类信号共有4个：3个输入分别用于FB3050的系统时钟、传输数据速率时钟以及规定FB3050的系统时钟同步沿；1个125kHz输出信号供用户线路使用。

PI_CLOCK，PI_NETCLOCK：为两条时钟信号输入线。前者用于FB3050的存储器读写操作，同步于系统；后者用于确定现场总线上数据传输速率及相关定时器的定时间隔。FB3050要求两个时钟信号同源，即PI_NETCLOCK是PI_CLOCK经分频而产生的。

PO_CLK125：输出，FB3050产生并输出的125kHz的通用时钟信号。

PI_EDGE：输入，用于确定FB3050与PI_CLOCK的同步沿。本信号为高电平，同步于上升沿；否则同步于下降沿。这主要是考虑FB3050适应不同的CPU总线。

2. CPU 接口信号

这些信号用于 FB3050 和 CPU 的接口，包括 16 条地址线、8 条数据线、2 条片选线、2 条读写控制线和中断申请线等。

PI_ADDR[15：0]：输入，接 CPU 的地址总线，当采用地址—数据分时复用总线时，PI_ADDR [7：0] 应当接信号地。

PB_CDATA[7：0]：双向表示，接 CPU 的数据总线或地址—数据分时复用总线。

PI_CS64K_I：输入，低电平表示 CPU 通过 FB3050 寻址 64KB 存储器。

PI_CSF31_I：输入，低电平表示 CPU 访问 FB3050 内部寄存器。

PI_RESET_I：输入，系统复位信号。低电平强迫 FB3050 到初始状态。

PI_CRW：输入，对 Motorola 系列 CPU，表示读写控制信号；对 Intel 系列 CPU，表示写控制信号。

PI_CET：输入，读控制信号。

PI_MUXON：输入，高电平表示使用的是地址—数据复合总线；否则接信号地。

PI_MODE：输入，高电平表示使用 INTEL 系列 CPU；低电平表示使用 Motorola 系列 CPU。

PO_READY：输出，此信号有两个作用：一是当 FB3050 与高速 CPU 接口，CPU 访问 FB3050 的内部寄存器，FB3050 速度跟不上时，用此引脚指示 CPU 插入等待状态；二是当 FB3050 的 DMA 操作和 CPU 争用存储器总线时，指示 CPU 插入等待状态，协调二者的操作。

PO_INT_I：输出，低电平表示 FB3050 产生了中断申请信号。

PI_INT_I：输入，低电平表示外部其他设备通过 FB3050 向 CPU 申请中断。

3. 存储器总线信号

本组信号是通过 FB3050 对 CPU 的地址总线进行变换后产生的一组存储器总线，这组存储器总线上可以挂接 RAM、ROM 等存储器，也可以挂接存储器映射的 IO 设备。变换后的存储器总线，增加了 8 条扩展存储器地址线，配合使用 FB3050 内部容量，另外还输出了 6 条可编程的片选信号。

CPU 可以通过 PI_CS64K_I 片选信号和这组存储器总线，访问挂接在总线上的存储器，FB3050 也可以通过 DMA 线路访问总线上的存储器。因此这组存储器总线和所挂接的存储器是 CPU 和 FB3050 共享的。

SMAR 公司采用这种设计方式的主要原因是：SMAR 公司的通信栈软件是在 Motorola 的单片机 68HC11 上开发的，而 68HC11 单片机的寻址能力比较小，只有 64KB，因此采用了在通信控制器上增加段寄存器，以扩展 CPU 的寻址能力。通过存储总线扩展的存储空间是 CPU 和 FB3050 都能够访问的，因此使用一般的存储器芯片即可构成一个共享存储空间，避免使用价格较高的双口 RAM 芯片；同时 FB3050 将片选译码采用编程的方式解决，避免了片外再加译码逻辑电路。这种设计方式虽然是针对 68HC11 的，但由于采用了可编程的灵活方式，因此对其他系列的单片机和微处理器也是可用的。

PO_MADDR[15：0]：输出，16 位存储器地址线。

PB_MDATA[7：0]：双向，存储器数据总线。

PO_MOD：输出，低电平有效，存储器总线上的读控制信号。

PO_MWR：输出，存储器总线上的写控制信号。

PO_XADDR[7：0]：输出，存储器总线上的扩展地址线。

PO_MRAM_I：输出，低电平有效，存储器总线上的RAM片选线，其地址范围由内部寄存器编程决定，详见寄存器编程部分。

PO_MROM_I：输出，低电平有效，存储器总线上的ROM片选线由内部寄存器编程决定，详见寄存器编程部分。

PO_MCSC：输出，高电平有效，存储器总线上的存储器映射的IO片选线，其地址范围由内部寄存器编程决定，详见寄存器编程部分。

PO_MCSD_I：输出，低电平有效，存储器总线上的存储器映射的IO片选线，其地址范围由内部寄存器编程决定，详见寄存器编程部分。

PO_MCSE_I：输出，低电平有效，存储器总线上的存储器映射的IO片选线，其地址范围由内部寄存器编程决定，详见寄存器编程部分。

PO_MCSF_I：输出，低电平有效，存储器总线上的存储器映射的IO片选线，其地址范围由内部寄存器编程决定，详见寄存器编程部分。

4. 现场总线接口引脚

FB3050共有8条现场总线接口线：一条接收数据的信号线、一条发送数据的信号线、一条控制总线发送器工作状态的控制线及5条状态信号线。

PI_PHPDU：输入，接收来自介质存取单元的总线信号，接收的数据信号的格式符合总线曼彻斯特编码规则。

PO_PHPDU：输出，发送数据到介质存取单元，发送的数据信号的格式符合总线曼彻斯特编码规则。

PO_TACT：输出，高电平表示FB3050发送器开始发送数据，用此信号控制介质存取单元发送数据的开始。

PO_SOH：输出，高电平表示FB3050接收到了一个有效的帧前界定码。此信号的状态可以从FB3050内部中断状态寄存器读到。

PO_TDRE：输出，高电平表示FB3050发送数据寄存器空，CPU可以向发送寄存器写入下一个发送数据。此信号的状态可以从FB3050内部中断状态寄存器读到。

PO_RDRF：输出，高电平表示FB3050接收数据寄存器满，CPU可以从接收寄存器读出有效接收数据。此信号的状态可以从FB 3050内部中断状态寄存器读到。

PO_SYN：输出，高电平表示FB3050接收器开始工作，而且正在接收现场总线信号；此信号的状态可以从FB3050内部中断状态寄存器读到。

三、FB3050的内部寄存器

FB3050内部共有几十个可寻址的寄存器，寄存器是通过片选信号PI_CSF31和CPU地址总线的低6位来寻址的。表5-11是FB3050内部寄存器一览表。

表5-11　FB3050内部寄存器一览表

地　址	寄存器名称	读　写
XX00	接收寄存器	读
XX00	发送寄存器	写

续表

地　址	寄存器名称	读　写
XX01	控制寄存器 0	读或写
XX02	控制寄存器 1	读或写
XX03	中断状态主寄存器	读
XX03	控制寄存器 2	写
XX04	中断状态寄存器 0	读或写清零
XX05	中断状态寄存器 1	读或写清零
XX06	中断状态寄存器 2	读或写清零
XX07	中断状态寄存器 3	读或写清零
XX08	中断屏蔽寄存器 0	读或写
XX09	中断屏蔽寄存器 1	读或写
XX0A	中断屏蔽寄存器 2	读或写
XX0B	中断屏蔽寄存器 3	读或写
XX0C	发送字节计数器高字节	读或写
XX0D	发送字节计数器低字节	读或写
XX0E	发送数据缓冲区地址指针高字节	读或写
XX0F	发送数据缓冲区地址指针低字节	读或写
XX10	发送数据缓冲区地址段	读或写
XX11	HC11 数据段 B	读或写
XX12	接收数据缓冲区地址指针高字节	读或写
XX13	接收数据缓冲区地址指针低字节	读或写
XX14	接收数据缓冲区地址段	读或写
XX15	HC11 代码段	读或写
XX16	地址匹配矢量高字节	读
XX16	16 地址表地址指针高字节	写
XX17	地址匹配矢量低字节	读
XX17	16 地址表地址指针低字节	写
XX18	帧码	读
XX18	32 位地址表地址指针高字节	写
XX19	帧控制码	读
XX19	32 位地址表地址指针高字节	写
XX1A	地址表的地址段	读或写
XX1B	节点标识	读或写
XX1C	状态 0	读
XX1D	状态 1	读
XX1E	状态 2	读
XX1F	HC11 数据段 A	读或写

续表

地址	寄存器名称	读写
XX20	1/32ms计数器计数值高字节	读
XX20	1/32ms计数器计数值比较值高字节	写
XX21	1/32ms计数器计数值低字节	读
XX21	1/32ms计数器计数值比较值低字节	写
XX22	1ms计数器计数值高字节	读
XX22	1ms计数器计数值比较值高字节	写
XX23	1ms计数器计数值低字节	读
XX23	1ms计数器计数值比较值低字节	写
XX24	字节时间计数器计数值高字节	读
XX24	字节时间计数器计数值比较值高字节	写
XX25	字节时间计数器计数值低字节	读
XX25	字节时间计数器计数值比较值低字节	写

FB3050现场总线通信控制器允许用户以程序查询、中断、DMA、帧和帧目的地址自动识别4种不同的方式工作。下面结合各个寄存器的编程、使用及其注意事项分别对几种工作方式进行详细介绍。

（一）寄存器运行方式

所谓寄存器运行方式就是指CPU通过查询状态寄存器的内容，或结合部分必要的中断条件来完成现场总线的通信工作。这是最基本的一种使用方式。这种方式的特点是要接收和发送的每一个字节都必须由CPU进行读取和写入，每一种逻辑条件都要由CPU来判断，因而CPU的时间开销比较大。这种方式用到了通信控制器的大部分寄存器。

1. 发送、接收数据寄存器

发送数据寄存器存放要发送的数据字节，该寄存器由CPU或FB3050内部的发送DMA写入数据，FB3050的发送逻辑将此数据装入发送移位寄存器，逐位通过PO_PHPDU的引脚发送出去。每当发送寄存器空时，对应的中断状态寄存器0的D0状态位TDRE和引脚PO_TDRE变为1，向CPU或DMA申请下一个要发送的数据。用户可以采用程序查询、中断或DMA中的任一种方式来填入发送数据。有两种情况需要注意：其一是当移位寄存器的数据发送完后，如果下一个发送数据仍然没有写入发送数据寄存器，则通信控制器认为本帧结束，接着就发送帧校验码和帧后界定码，结束本帧的发送；其二是当发送数据寄存器未空时，写入新的数据将覆盖旧数据，产生发送过载。

接收数据寄存器是存放FB3050从总线上接收到并装配好的数据字节，每当该寄存器接收到一个完整的字节，对应的中断状态寄存器0的D7状态位RDRF和FB3050的引脚PI_RDRF变为1，通知CPU或接收DMA来读数。用户可以采用程序查询、中断或DMA中的任一种方式读取该寄存器的数据。如果接收的数据不及时读取，会被下一个接收的数据覆盖，造成接收过载。

发送、接收数据寄存器共用一个地址00H，写该地址是对发送寄存器操作，而读该地址则是对接收寄存器操作。

2. 控制寄存器 0

控制寄存器 0 是一个命令寄存器，口地址为 01H，可读可写。其数据格式如下：

D7	D6	D5	D4	D3	D2	D1	D0
片选基地址选择	0	允许接收	全或半双工	允许发送	允许发送帧校验	PREA_1	PREA_0

D7：片选基地址选择位，本位确定 FB3050 各个片选信号的基地址，当本位为 1 时，片选信号的基地址为 B000H；否则为 0000H。

D6：未用。

D5：为 1 时，允许接收器工作；否则禁止接收器工作。

D4：为 1 时，允许全双工工作；否则为半双工工作。

D3：为 1 时，允许发送器工作；否则禁止发送器工作。

D2：为 1 时，允许发送器进行帧校验；否则禁止发送器进行帧校验。

D1D0：确定发送帧前导码的长度。

00：帧前导码为 1 字节；

01：帧前导码为 2 字节；

10：帧前导码为 3 字节；

11：帧前导码为 4 字节。

3. 控制寄存器 1

控制寄存器 1 是一个命令寄存器，口地址为 02H，可读可写。其读写数据格式如下：

D7	D6	D5	D4	D3	D2	D1	D0
0	0	0	Wait_1	Wait_0	EN TDMA	EN RDMA	ENT BDMA

D7～D5：未用。

D4，D3：确定在 DMA 或 INTEL 类型的 CPU 通过 FB3050 访问存储器时应插入的等待周期数。

D2：为 1 时，允许以 DMA 方式发送数据。

D1：为 1 时，允许以 DMA 方式接收数据。

D0：为 1 时，允许地址模式识别。

4. 控制寄存器 2

控制寄存器 2 是一个命令寄存器，口地址为 03H，可读可写。其读写数据格式如下：

D7	D6	D5	D4	D3	D2	D1	D0
CLKSEL	MD1	MD0	BR_4	BR_3	BR_2	BR_1	BR_0

D7：确定 FB3050 传输数据的时钟源，为 1 时，使用 PI_NETCLOCK；为 0 时，使用 PI_CLOCK。

D6，D5：确定总线上的数据传输速率。

00：禁止时钟源工作；

01：H1 模式@31.25kHz；

10：H2模式@1.0MHz；

11：H2模式@2.5MHz。

D4～D0：分频表示数。BR_4－BR_0表示数加1成为分频因子，对由本控制寄存器的D7位所决定的时钟源信号进行分频，产生16倍于传输位速率的时钟信号。表5-12是几个分频计数的实例。

表5-12　几个分频计数的实例

时钟信号/MHz	BR_4～BR_0	分频因子	位速率 X16/MHz	位速率
16	00000	1	16	1MHz
16	11111	32	0.5	31.25kHz
8	01111	16	0.5	31.25kHz

由控制寄存器2决定的时钟关系如图5-21所示。

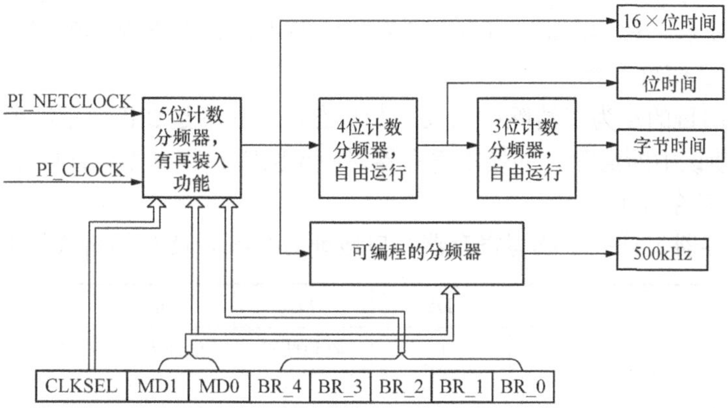

图5-21　传输波特率和时钟信号的发生

5. 中断状态主寄存器

中断状态主寄存器是一个只读状态寄存器，口地址为03H，CPU能够从寄存器中读出目前产生中断的中断源的类别。在每个类别里还有若干个中断源，进一步的信息还需要阅读对应的中断状态寄存器。读出的内容格式如下：

D7	D6	D5	D4	D3	D2	D1	D0
EXT	0	0	0	0	定时单元	地址单元	通信单元

D7：为1时，表示从PI_INT_I引脚上发出中断申请。

D6～D3：未用。

D2：为1时，表示定时单元产生中断。

D1：为1时，表示地址查找部分产生中断申请。

D0：为1时，表示通信接口部分产生中断申请。

6. 中断状态寄存器0

中断状态寄存器0是一个读写寄存器，口地址为04H，读写的格式如下：

D7	D6	D5	D4	D3	D2	D1	D0
RDRF	接收激活	收到帧头	接收出错	收到帧尾	接收空闲	发送空闲	TDRF

读出内容的说明：

D7：RDRF，为 1 时，表示接收寄存器满。

D6：接收激活，为 1 时表示接收器正在接收数据。

D5：收到帧头，为 1 时，表示接收器收到一个帧头界定码。

D4：接收出错，为 1 时，表示接收器过载。

D3：收到帧尾，为 1 时，表示接收器收到一个帧尾界定码。

D2：接收空闲，为 1 时，表示接收器刚刚收完一帧信息。

D1：发送空闲，为 1 时，表示发送器刚刚发送完一帧信息。

D0：TDRE，为 1 时，表示发送寄存器空。

本中断状态寄存器包含了通信接口的 8 个中断状态，如果其中某个中断没有被屏蔽，而其代表的条件满足后，该中断源便向 CPU 发出中断申请，本寄存器的对应位被置 1。通过读本寄存器，CPU 便可以查到通信接口的中断源。

写本寄存器的目的是为了清除中断及中断状态，而并不是真正要把数据写入寄存器。对某一位写 1，将使该中断清除，并使本寄存器对应位清零；写 0 则对该中断无影响。

7. 中断状态寄存器 1

中断状态寄存器 1 是一个读写寄存器，口地址为 05H，读写的格式如下：

D7	D6	D5	D4	D3	D2	D1	D0
0	0	0	0	收到帧码	地址表尾	地址符合	收到广播

读出内容的说明：

D7～D4：未用。

D3：收到帧码，为 1 时，表示接收器收到一个帧的控制码。

D2：地址表尾，为 1 时，表示查到地址表的结束符。

D1：地址符合，为 1 时，表示正在接收的帧的目的地址与地址表中的某一地址相符合。

D0：收到广播，为 1 时，表示接收器收到一广播帧。

本中断状态寄存器包含帧自动识别模式下的 4 个中断状态，在用户编程允许接收器进行帧自动识别的情况下（控制寄存器 1 的 D0 位置 1），如果其中某个中断没有被屏蔽，而其代表的条件得到满足，该中断源便向 CPU 发出中断申请，本寄存器的对应位被置 1。通过读本寄存器，CPU 便可以查到帧地址自动识别的中断源。

写本寄存器的目的是为了清除中断及中断状态，而不是真正要把数据写入寄存器，对某一位写 1，将使该中断清除，并使本寄存器对应位清零；写 0 则对该中断无影响。

8. 中断状态寄存器 2

中断状态寄存器 2 是一个读写寄存器，口地址为 06H，读写的格式如下：

D7	D6	D5	D4	D3	D2	D1	D0
0	0	OCTET CMP	OCTET OVF	1ms CMP	1ms OVF	1/32ms CMP	1/32ms OVF

读出内容的说明：

D7，D6：未用。

D5：OCTET CMP，为1时，表示以字节时间为单位的计数器达到比较监视值。

D4：OCTET OVF，为1时，表示以字节时间为单位的计数器回0。

D3：1ms CMP，为1时，表示以毫秒为单位的计数器达到比较监视值。

D2：1ms OVF，为1时，表示以毫秒为单位的计数器回0。

D1：1/32ms CMP，为1时，表示以1/32ms为单位的计数器达到比较监视值。

D0：1/32ms OVF，为1时，表示以1/32ms为单位的计数据回0。

本中断状态寄存器包含了与定时器有关的6个中断状态，FB3050为数据链路层提供了3个16位的定时器，分别以1ms、1/32ms、字节传输时间为单位进行计数，对每一个计数器又设置了一个相应的计数值比较器，用于存放比较值。芯片设计每个定时器可以在两种情况下产生中断申请：一是其计数值达到对应的比较值时；二是其计数值回0时。如果其中某个中断没有被屏蔽，而其代表的条件得到满足，该中断源便向CPU发出中断中请，本寄存器的对应位被置1。通过读本寄存器，CPU便可以查到中断源。

写本寄存器的目的是为了清除中断及中断状态，而不是真正要把数据写入寄存器。对某一位写1，将使该中断清除，并使本寄存器对应位清零；写0则对该中断无影响。

9. 中断状态寄存器3

中断状态寄存器3的口地址为07H，目前保留未用。

10. 中断屏蔽寄存器0，1，2，3

在FB3050中对应4个中断状态寄存器，相应地设置了4个中断屏蔽寄存器，它们的口地址分别是08H，09H，0AH和0BH。中断屏蔽寄存器的位定义与对应的中断状态寄存器完全相同，中断屏蔽寄存器是可读可写的。某一位写入1，则对应的中断源被允许中断；写入0则该中断源被屏蔽。允许中断的中断源在中断条件满足后，通过FB3050的PO_INT_I引脚向CPU发出中断申请，CPU接到申请后，转入中断服务子程序，在中断服务子程序中通过查询中断状态寄存器，才能真正找到中断源进而为其服务。

（二）DMA运行方式

在前面一种方式下，通信控制器每接收一个数据或发送完一个数据都需要CPU进行读数或取数，否则就会造成接收或发送过载，从而使本次通信失败。这在CPU有其他工作要做的多任务情况下，软件设计比较困难。DMA运行方式是指由DMA来承担正常的读数和取数工作，从而减轻了CPU的负担，使编程变得更容易。在FB3050中有两个DMA控制器：一个用于数据发送，另一个用于数据接收。用户可以不用DMA方式，可以只用其中的一个，也可以两个方式都用，完全由用户决定。

采用DMA发送一帧数据的大概过程如下：首先用户需要将发送的数据放到一个DMA能读取的存储器缓冲区，把缓冲区的起始地址和数据长度告诉DMA，再将控制寄存器1的允许DMA发送位置1，并把发送过程中用户希望的中断开放，在收到现场总线调度站允许本节点发送的令牌后，将控制寄存器0的允许发送控制位置1；然后由CPU将第一个要发送的字节写入发送数据寄存器，通信控制器开始一帧的发送，每发完一个字节，发送数据寄存器变空，相应的TDRE位置1，向DMA申请数据，DMA接到申请，从数据缓冲区取出下一个数据，送往发送数据寄存器，并把发送字节计数器减1。如此反复循环，一直到发送字节计数器等于 0，DMA 不再送数。通信控制器在得不到新数据的情况下，就发送帧校验序列和帧尾界定码，结束一帧的发送工作。发送完毕可以产生发送器空闲的中断通知 CPU。

与 DMA 发送方式有关的寄存器如下：

(1) 发送字节计数器：16 位，高字节口地址为 0CH，低字节口地址为 0DH。可读可写，计数器放置发送帧长度，基金会现场总线允许的最大值为 511。

(2) 发送数据缓冲区的地址指针寄存器：16 位，高字节口地址为 0EH，低字节口地址为 0FH，可读可写。

(3) 发送缓冲区段地址寄存器：8 位，口地址为 10H，可读可写。

采用 DMA 方式接收数据首先要为通信控制器指出接收的数据应放置在什么地方，所以要将接收数据缓冲区的地址写入接收数据缓冲区的地址寄存器中，然后置控制寄存器 1 为允许接收 DMA 方式，置控制寄存器 0 为允许接收方式。通信控制器将在网上自动搜寻帧头，从帧头开始到帧结束为止，DMA 将一帧数据完全接收到指定的存储器缓冲区。帧结束后可以用中断的方式通知 CPU，CPU 可以根据接收缓冲区的地址指针变化计算出接收帧的长度。

与 DMA 接收方式有关的寄存器如下：

(1) 接收数据缓冲区的地址指针寄存器：16 位，高字节口地址为 12H，低字节口地址为 13H，可读可写。

(2) 发送缓冲区段地址寄存器：8 位，口地址为 14H，可读可写。

(三) 带帧及地址自动识别的 DMA 接收方式

采用 DMA 方式进行帧接收，虽然避免了 CPU 对每个字节数据的读取，减轻了 CPU 的负担，但是在 DMA 帧接收方式中，所接收到的帧不一定是发给本节点的，也许与本节点毫无关系，通信控制器在接收的时候并不识别帧的地址。接到的帧是否发给本节点的，还需要 CPU 进一步去辨认。

FB3050 还提供了另一种带数据链路层帧及地址识别的 DMA 接收方式，用这种方式，接收器每遇到一个帧头，都要对帧的控制字节进行自动译码，以便确定此帧有无目的地址域，然后再对目的地址进行识别，以确定本帧是否应该由本节点接收。我们知道，基金会现场总线的信息帧有无目的地址域、8 位目的地址域、16 位目的地址域和 32 位目的地址域 4 种，属于本节点的地址标识事先由 CPU 存入相应的寄存器和存储器缓冲区，接收器通过比较信息帧来确定正在接收的帧是否属于本站。只有确定该信息帧是属于本节点接收的，才将其接收下来；否则不予接收。具体接收过程和前面的一般 DMA 接收方式完全相同。除此之外，带地址自动识别的接收方式还可以产生收到控制码、收到广播帧、收到 PSA 帧、地址匹配、地址表结束等的中断，对这些中断要分别进行相应的编程，以决定是允许还是禁止其中断。在中断发生后，从相应的状态寄存器或矢量地址寄存器中读出信息，进行处理。要使用带地址自动识别的 DMA 接收方式，首先填写有关寄存器和相应的存储器缓冲区，然后再置控制寄存器 1 的 D0 位为允许地址自动识别模式。

与地址自动识别的 DMA 接收方式有关的寄存器如下：

(1) 接收数据缓冲区的地址指针寄存器：16 位，高字节口地址为 12H，低字节口地址为 13H，可读可写。

(2) 发送缓冲区段地址寄存器：8 位，口地址为 14H，可读可写。

(3) 节点选择器（node selector）地址表起始地址指针寄存器：高字节口地址为16H，低字节口地址为17H，只写。

从节点选择器地址表起始地址指针寄存器指出的存储器缓冲区顺序放置属于本站的节点选择地址，连续3字节的0代表节点选择器地址表结束。

(4) 网段节点选择器（link node selector）地址表起始地址指针寄存器：高字节口地址为18H，低字节口地址为19H，只写。

从网段节点选择器地址表起始地址指针寄存器指出的存储器缓冲区顺序放置本站的网段节点选择器地址，连续6字节的0代表32位地址表结束。

(5) 地址表段地址寄存器：口地址为1AH，只写。

(6) 节点标识（8位地址）寄存器：口地址为1BH，只写。

匹配地址矢量寄存器：16位，高字节口地址为16H，低字节口地址为17H，只读。

匹配地址矢量寄存器指出接收的地址和地址表中第几个地址相匹配，具体是和节点选择器，还是和网段节点选择器匹配，可从状态寄存器1中读出。

(7) 帧码寄存器：存放接收到的帧控制字的顺序号。口地址为18H，只读。

(8) 帧控制码寄存器：放置接收到的本帧的控制码。口地址为19H，只读。

为了配合地址自动识别模式的工作，FB3050还提供了3个状态寄存器供用户查询网络的静态信息。

(9) 状态寄存器0：

状态寄存器0是一个只读寄存器，口地址为1CH，读出的格式如下：

D7	D6	D5	D4	D3	D2	D1	D0
RDRF	接收激活	收到帧头	接收出错	收到帧尾	接收校验	发送空闲	TDRE

读出内容的说明：

D7：RDRF，为1时，表示接收寄存器满。

D6：接收激活，为1时，表示接收器正在接收数据。

D5：收到帧头，为1时，表示接收器收到一个帧头界定码。

D4：接收出错，为1时，表示接收器过载。

D3：收到帧尾，为1时．表示接收器收到一个帧尾界定码。

D2：接收校验，为1时，表示接收器正在进行帧校验。

D1：发送空闲，为1时，表示发送器刚刚发送完一帧信息。

D0：TDRE，为1时，表示发送寄存器空。

(10) 状态寄存器1：

状态寄存器1是一个只读寄存器，口地址为1DH，读出的格式如下：

D7	D6	D5	D4	D3	D2	D1	D0
32位地址	16位地址	8位标识	PSA	收到帧码	表结束	地址匹配	收到广播

读出内容的说明：

D7：为1时，表示要求32位地址。

D6：为1时，表示要求16位地址。

D5：为 1 时，表示收到 8 位地址帧。

D4：为 1 时，表示监测到 PSA 帧。

D3：为 1 时，表示收到帧码。

D2：为 1 时，表示监测到地址表的结束标志。

D1：为 1 时，表示地址匹配。

D0：为 1 时，表示收到广播帧。

（11）状态寄存器 2：

状态寄存器 2 是一个只读寄存器，口地址为 1EH，读出的格式如下：

D7	D6	D5	D4	D3	D2	D1	D0
POL	查地址表	0	0	0	0	0	0

读出内容的说明：

D7：为 1 时，表示现场总线极性接反。

D6：为 1 时，表示正在进行查表。

D5～D0：未用。

定时器的使用及编程：

FB3050 提供给数据链路层 3 个定时器，计时间隔分别为 1/32ms、1ms 和一个字节传输时间，这些定时器都是 16 位的，计时的时钟信号由芯片的时钟发生器提供，3 个计数器采用自由运行方式计数，也就是说，它们的计数值只能读，而不能写入。对每个计数器都设置了一个相应的计数值比较器，比较器也是 16 位的，每当计数器的值和对应比较器的值相等时，便可产生中断申请，在计数器计满溢出回零时，也可产生中断申请。采用定时器定时的方法是，先将计数器的内容读出，加上要定时的间隔；再写入相应的比较器，等计数器和比较器内容相等时产生中断请求，这样便实现了需要的定时间隔。3 个定时器计数器的高位口地址分别为：20H、22H 和 24H；3 个定时器计数器的低位口地址分别为：21H、23H 和 25H。3 个定时器比较器的高位口地址分别为：20H、22H 和 24H；3 个定时器比较器的低位口地址分别为：21H、23H 和 25H。当对以上口地址进行读操作时，读出的是计数器的值，而当对它们实行写操作时，写入的是比较器的内容。

5.4.2 网卡设计

FB3050 由于其功能齐全，因而可以用作现场设备的通信控制器，也可以用作主设备的通信网卡。本节讲述如何采用 FB3050 设计符合 PCI 总线标准的基金会现场总线网卡。作为主站的网卡应该包括硬件和软件两部分内容。软件方面的内容应该是实现基金会现场总线通信站的全部功能，这里仅就在硬件设计中如何满足基金会现场总线数据链路层和物理层的相关要求进行讨论，通过本节的学习理解 FB3050 的实际应用。

一、网卡设计

本节设计一块智能网卡。网卡的主要功能是管理 FF 现场总线网络的通信事务，使网卡能够自主地与总线上的设备通信。网卡所在的 PC 只提供人机界面。网卡上应包括网卡 CPU 与 PC 主机 CPU 的通信接口、CPU 与 FB3050 的硬件接口、FB3050 与局部存储器的接口、FB3050 与总线介质存取访问的接口等 4 个部分。

1. 网卡CPU的选用

网卡CPU是网卡的核心部件，CPU选择的合适与否决定了网卡的成败。嵌入式CPU与一般单片机不一样，它除了一般单片机所具有的并口、异步串口、定时器及计数器、中断口、地址线、数据线外，还要有便于产品调试用的同步串口及总线仲裁功能。其寻址空间一般大于64KB，数据总线的宽度为16位或32位等。也就是说，嵌入式CPU不仅要有单片机的各种外部接口功能，还要有处理器的大规模信息处理功能。符合上述要求的CPU芯片很多，这里选用Motorola公司的MC68HC16Z1芯片。

MC68HC16Z1芯片有2MB的寻址空间（1MB的程序空间，1MB的数据空间)、16位的数据总线宽度、4～25MHz的时钟频率、7个中断源、12条可编程片选线等。

2. 网卡CPU与PC的接口

网卡CPU在正常的情况下，主要是管理现场总线网络繁忙的通信事务。当PC需要查询现场总线网络系统中某些节点的参数时，或需要修改现场总线网络系统中某些节点的参数时，PC需要与网卡CPU通信。通信的方法有许多种，例如串行口、并行口、USB总线、ISA总线、PCI总线等。PC ISA总线的速度太慢，现已被PCI总线替代。本设计选用PCI总线实现网卡CPU与PC的通信。

与ISA总线相比，PCI总线复杂，但现在已有不少专用PCI接口芯片，这里选用PCI9054芯片作为PCI接口芯片，它符合PCI规范2.2版本。PCI9054的局部总线（Local BUS）可以共享网卡CPU总线，各自都有自己的总线仲裁器，用来仲裁总线的使用权。为了使网卡CPU更好地管理现场总线网络系统的通信，在PCI9054的局部总线与网卡CPU总线之间加一块双口RAM IDT7025隔离起来，不让网卡CPU交出总线的使用权，独占总线。双口RAM IDT7025是8K×16B的容量。有双口RAM IDT7025的隔离，PC也更自由，其多任务功能照常发挥。为了使双口RAM能正常通信，在PCI9054的局部总线与网卡CPU之间必须有一对握手信号。

3. 网卡CPU和FB3050的接口

当今的FB3050芯片比早期的FB3050芯片简单一些，它只能挂32K×8B的RAM，而扩展地址、I/O地址、ROM等都不用，这样，FB3050与网卡CPUMC68HC16Z1之间的接口就比较简单。由于MC68HC16Z1同时具备8位数据总线与16位数据总线工作的功能，因此CPU MC68HC16Z1的数据线D7～D0与FB3050的数据线D7～D0相接；MC68HC16Z1的地址线A14～A0与FB3050的地址线A14～A0相接；CPU MC68HC16Z1用两条片选线来分别选通FB3050的32KB存储器和片内寄存器；CPU MC68HC16Z1的E时钟ECLK同时连接到FB3050的71脚PI-CLOCK及73脚RD。

FB3050既能工作在Intel的模式下，也能工作在Motorola的模式下。当FB3050工作在Intel的模式下时，73脚RD作为读选通信号输入；当工作在Motorola的模式下时，73脚RD不能作为读选通信号输入，而要与71脚PL-CLOCK一同作为时钟信号输入。

FB3050的$\overline{\text{WR}}$、PI-RESET-I、PO-INT-I、PO-READY、PI-INT-I等信号直接与相应信号相连。

4. 网卡与总线的接口

总线接口单元与通信控制器FB3050的接收输入（PI-PHPDU)、发送输出（PO_PHPDU）和发送控制（PO_TACT）3条信号线相连接。总线接口单元包含的电路有接收信号的整形滤波部分、发送信号的驱动部分以及隔离变压器部分，如图 5-22 所示。

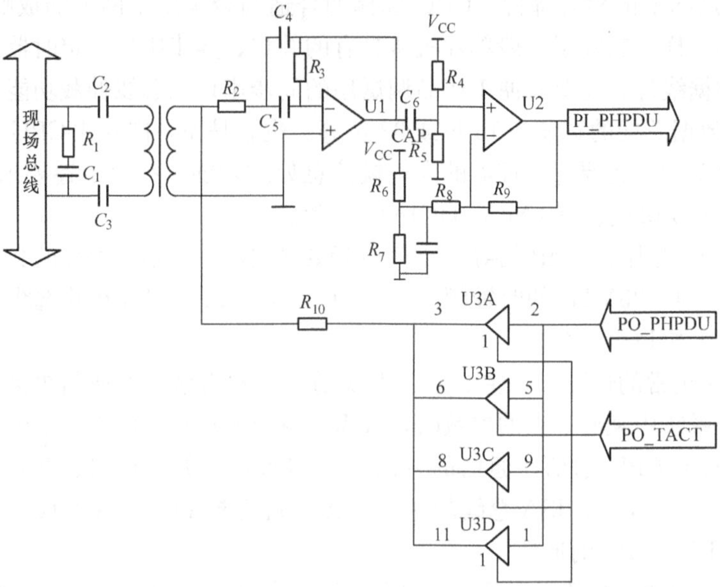

图 5-22 网卡接口电路

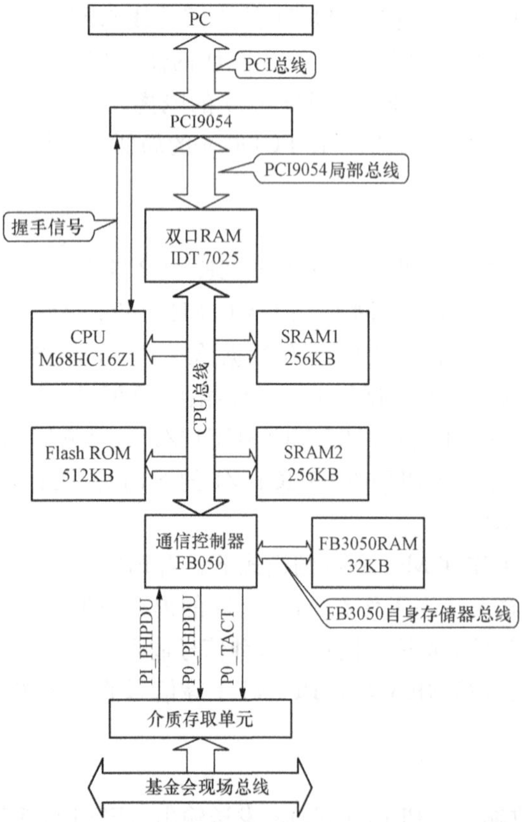

图 5-23 网卡的总体框图

二、线路说明

图 5-23 给出了网卡的总体框图，下面结合框图，对设计线路作进一步说明。

1. 关于 MC68HC16Z1 CPU 总线

MC68HC16Z1 CPU 有 1MB 的程序可寻址空间及 1MB 的数据可寻址空间，具有 16 位数据总线、也可工作在 8 位数据总线上。它有大量的可编程序的片选线，不需要外部译码器，因而系统的连接比较简单。

MC68HC16Z1 CPU 总线上挂有 512KB 的 Flash ROM、两组 256KB 的 SRAM（其中一组 SRAM 作为备用），当有特殊情况需要使用大于 256KB 的 SRAM 时，可安装备用组。总线上还挂有 16KB 的双口 RAM 及通信控制器 FB3050。通信控制器 FB3050 自身需要挂一块 32KB 的 SRAM。

MC68HC16Z1 CPU 总线上只有通信控制器 FB3050 采用 8 位数据线，其他存储器都采用 16 位数据线。

2. 关于双口 RAM IDT 7025

双口 RAM IDT 7025 的 R 口接至 MC68HC16Z1 的 CPU 总线；L 口接至 PCI9054

的局部总线。双口RAM IDT 7025的作用是使MC68HC16Z1 CPU总线及PCI9054的局部总线隔离，让MC68HC16Z1 CPU独占自己的总线，以集中精力管理好现场总线的通信事务，保证通信畅通。

虽然双口RAM IDT 7025将MC68HC16Z1 CPU总线与PC1 9054的局部总线隔离，但这两套总线还得有一对握手信号，以便当一边向双口RAM写入信息后，由握手信号通知另一边在有空时取走信息。

3. 关于PCI总线

随着科学技术的不断发展，ISA总线遇到许多问题。虽然ISA总线能支持突发传送，但它只能有限地支持突发传送，大大限制了所能达到的流通量。PCI的含义为外部器件互连(Peripheral Component Interconnection)。PCI总线能够配合彼此间快速访问的适配器工作，也能让处理器以接近自身总线的全速去访问适配器。假设在每个数据段中发起方（主设备）和目标设备都没有插入等待状态，数据项（双字或4字）可以在每个PCI时钟周期的上升沿传送。对于33MHz的PCI总线时钟频率，可以达到132Mb/s的传送速率。一个66MHz的PCI总线方案使用32位或64位传送时，可以达到264Mb/s或285Mb/s的传送速率。这种工作速率对网卡非常适合。

5.5 FF网络的设计

由于控制网络的数字化通信特征，使得现场总线控制系统的布线、安装与传统的模拟控制系统有很大区别。一条双绞线上挂接多个现场设备，对布线和安装有许多新的要求和特点。

5.5.1 H1网段的构成

图5-24所示为基本H1网段的构成。在该网段中，有作为链路主管的主设备，现场基本设备，总线供电电源，电源调理器，连接在网段两端的终端器，布线连接用的电缆、连接器或连接端子。

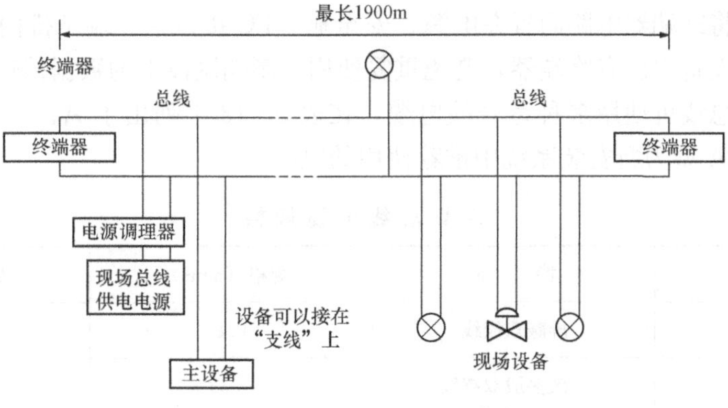

图5-24 基本H1网段的构成

网段上连接的现场设备有两种：一种是总线供电式现场设备，它需要从总线上获取工作电源，总线供电电源就是为这种设备准备的，另一种是单独供电的现场设备，它不需要从总线上获取其工作电源。

FF 规定了几种型号的总线供电电源：其中 131 型为给安全栅供电的非本安电源；133 型为推荐使用的本安型电源；132 型为普通非本安电源，输出电压最大值为直流 32V。按照规范要求，现场设备从总线上得到的电源不能低于直流 9V，以保证现场设备的正常工作。

H1 网段的供电电源需要通过一个电阻—电感式阻抗匹配电路，即电源调理器连接到网络上。电源调理器可以单独存在，也可将它嵌入到总线电源之中。

在有本质安全防爆要求的危险场所，现场总线网段还应该配有本质安全防爆栅。图 5 - 25 所示为 H1 的本安网段示例，这种齐纳安全栅将向危险区送入的电压限制在一定的范围之内，例如±11V。网段的连接应保证每个现场设备从总线上得到大于 9V 的工作电压。另外还有一种单独供电式隔离型安全栅。

终端器连接在总线两端的末端或末端附近。其作用是防止发生信号波的反射。终端器电阻的阻值应该等于该导线的特征阻抗。特征阻抗随着导线的直径、与电缆中其他导线的相对间距、导线的绝缘类型而变化，而与导线的长度无关。电缆制造厂商可以提供导线的特征阻抗值。例如 AWC＃24 双绞线电缆的特征阻抗为 100～150Ω。终端器的阻值等于导线的特征阻抗时，因反射引起的信号失真最小。大于或小于特征阻抗值的终端器都会因反射而加大信号畸变，采用终端器的主要目的是要用导线的特征阻抗来终止传输导线。H1 网段采用的终端器由一个 1μF 的电容与一个 100Ω 的电阻串联构成。

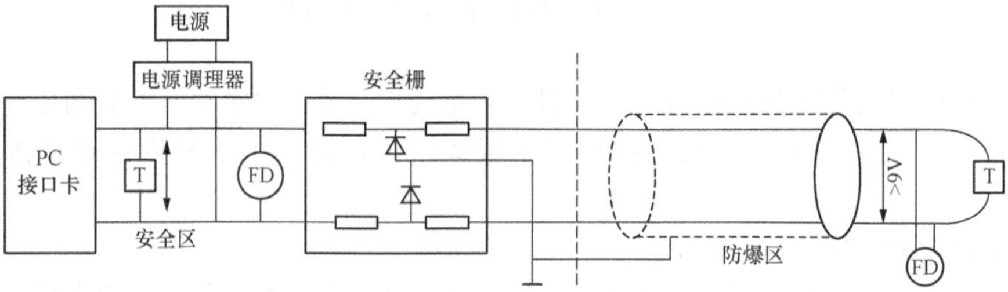

图 5 - 25　H1 本安网段

每个总线段的两端各需要一个终端器，而且每一端只能有一个终端器。可采用单独的终端器。有时，也将终端器电路内置在电源、安全栅、PC 接口卡、端子排内。在安装前要了解清楚是否某个设备内已有终端器，避免重复使用，影响网段上的数据传输。

电缆：现场总线可使用多种型号的电缆，在表 5 - 13 中列出了 A、B、C、D4 种电缆，可供选用，其中 A 型为新安装系统中推荐使用的电缆。

表 5 - 13　　**现场总线电缆规格**

型　　号	特　　征	规格（mm^2）	最大长度（m）
A	屏蔽双绞线	0.8	1900
B	屏蔽多股双绞线	0.32	1200
C	无屏蔽多股双绞线	0.13	400
D	外层屏蔽、多芯非双绞线	0.125	200

其次推荐使用的现场总线电缆是多双绞线对、外层全屏蔽的，即 B 型电缆。当同一地

区有多条现场总线时，在新的安装工程中适于选用这种类型的电缆，或者将它用于改造工程中。

另一种推荐使用的是未加屏蔽的单对或多双绞线的电缆，即C型电缆。最后一种是没有双绞的，但外层全屏蔽的多芯电缆，即D型电缆。C、D两种电缆主要应用于改造工程中。相对A、B而言，C、D在使用长度上有些限制。在某些特定场合中，要避免使用C、D两种电缆。其他类型的电缆也可在现场总线系统中使用。

网桥和网关是网段之间的连接设备。网桥用于连接不同速度或不同物理层，如金属线、光导纤维等的现场总线网段，组成一个大网络。网桥可以是总线供电，也可以是非总线供电的设备。

网关用于将FF的H1网段连向采用其他通信协议的网段，例如高速以太网HSE、LonWorks网段等。连向HS网段的网关又称为链接设备。

5.5.2 总线供电与网络配置

在网络上如果有两线制的总线供电现场设备，应该确保有足够的电压可以驱动它。每个设备至少需要9V，为了确保这一点，在配置现场总线网段时需要知道以下情况：

（1）当前每个设备的功耗情况；

（2）设备在网络中的位置；

（3）电源在网络中的位置；

（4）每段电缆的阻抗；

（5）电源电压。

每段总线压降由直流回路的分析得到，现以图5-26所示的网络作为示例。

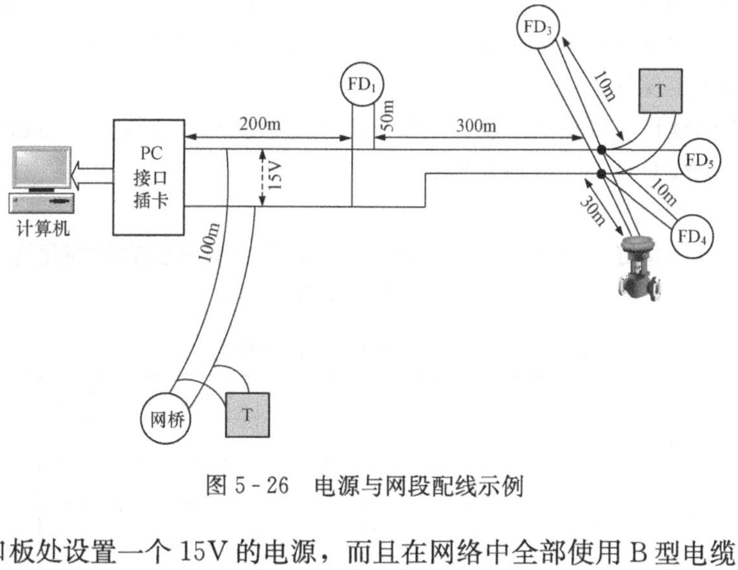

图5-26 电源与网段配线示例

假设在接口板处设置一个15V的电源，而且在网络中全部使用B型电缆。在10m的分支线处，有一个现场设备FD_5采用单独供电方式（实质上是一个4线制设备）。在10m分支线处还有一个现场设备FD_3，电流为20mA。其他的设备各自耗能为10mA。网桥为单独供电方式，并不消耗任何网络电流。

忽略温度影响，每米导线电阻为0.1Ω。表5-14表示了每段电线的电阻、流经此段的电流以及压降。

表 5-14 图 5-26 中各段的电路参数

段长度（m）	电阻（Ω）	电流（A）	压降（V）
200	20	0.05	1.0
50	5	0.01	0.05
300	30	0.04	1.2
10	1	0.02	0.02
30	3	0.01	0.03

考虑到电缆在电路中的长度应是通信距离的两倍，各总线供电设备从网段上得到的电压如下：FD_1 处可得到 12.9V，FD_3 处可得到 10.56V，FD_4 处可得到 10.58V，阀门处可得到 10.54V。因此所有的现场设备都得到大于 9V 的电压，这个结果令人满意。如果网络上有更多的现场设备或网络电缆直径较小时，就不会是这种情形了，或许需要提高供电电源的电压，或许需要调整电源的安放位置。

显然，这是一个繁琐乏味的计算过程。但当需要添加一个或更多的网络耗能现场设备时就不得不这样做。已经有完成该计算过程的计算机软件，只要输入网络现状，所有的直流电压就都能立即显示出来。如果改变了网络，电压值将被重新计算。

在某些情况下，网络可能负荷过重，以至于不能满足网络耗能现场设备的连接台数。有时还不得不重新摆放电源的位置，使每个设备的供电电压得到满足。一定还要考虑到高温状态下电缆的电阻会增加这个因素。

5.5.3 网络的连接长度

H1 网络的连接长度由主干及其分支长度决定。主干是指总线段上挂接设备的电缆主路径，其他与之相连的线缆通道都叫做分支线。网络分支是在主干的任何一点分接或者延伸，并添加网络设备而实现的。

网络与分支的延长应该受到限制。网段上的主干长度和分支线长度的总和也是受到限制的。不同类型的电缆对应不同的最大长度。

1. 网络分支长度的取值

分支线应该越短越好。分支数和每个分支上的设备个数都会影响到允许的分支长度。表 5-15 列出了不同条件下每个分支最大长度的建议值。

表 5-15 每个分支上最大长度的建议值

设备总数	1 个设备/分支	2 个设备/分支	3 个设备/分支	4 个设备/分支
25～32	1	1	1	1
19～24	30	1	1	1
15～18	60	30	1	1
13～14	90	60	30	1
1～12	120	90	60	30

表 5-15 中指出的最大长度是推荐值。它包括一些安全因素，以确保在这个长度之内不会引起通信问题。分支长度根据电线类型、规格，网络的拓扑结构，现场设备的种类和个数而异。例如，一个分支可被延长至 120m，这是在分支数较少的情况下。如果有 32 个分支

线，那么每个分支线应短于1m。分支线表并不是绝对的，如果有25个分支，每支上有一个设备，长度严格按照表中规定，会选择1m的长度。如果能去掉一个设备，表中显示每段可有30m长。对于24个设备而言，可以使其中某一个的分支少于30m。

一个更常见的情况是设备中除了某一个因素以外其他都符合表中要求，例如，已有14个设备，每个分支线都是准确的90m，但第15个设备的分支线为10m，分支线的条数乘以它的长度为1270m。当有14个设备时表格允许的总长度为1260m，即14个设备乘以90m。1270m的长度已经超出了表格中规定的要求，但也能认可。

一种简单的估计网段主干与分支允许长度的办法见图5-27。图5-27表明，在总线型、树型连接以及混合拓扑连接中，以主干和各分支总长度之和不超过1900m为判别标准。

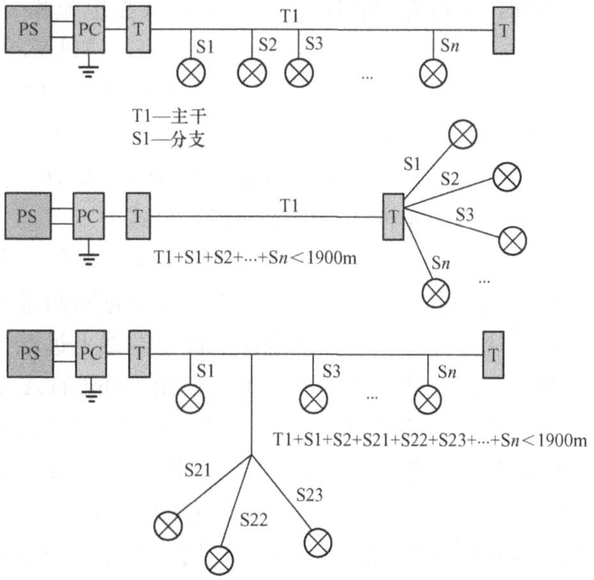

图5-27 连线程度的要求

2. 网络扩充中使用中继器

如果现场设备间距离较长，超出规范要求的1900m时，可采用中继器延长网段长度。中继器取代了一个现场总线设备的位置，这也意味着开始了一个新的起点，新增加了一条1900m的电缆，创建了一条新的主干线。

最多可连续使用4个中继器，使网段的连接长度达到9500m。中继器可以是总线供电，也可以是非总线供电的设备。图5-28所示为采用中继器延长网段长度的示意图，图中还表示了使用中继器时如何应用终端器。

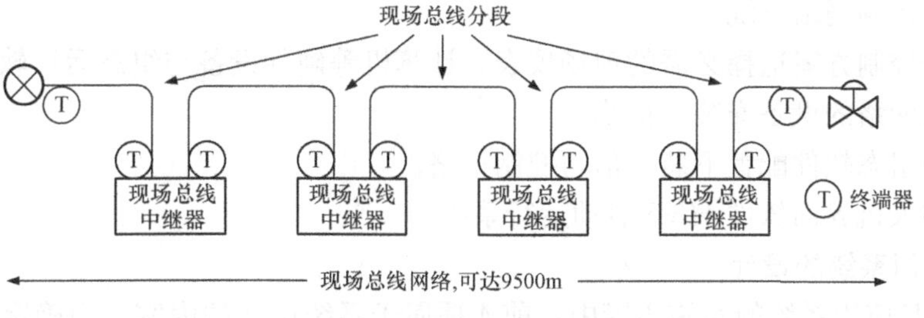

图5-28 中继器的使用

除了增加网络的长度以外，使用中继器还可增加网段上的连接设备数。按规范要求，一个网段上的设备最多为32个。第一条主干有i个设备，其中之一为中继器；第二条主干有j个设备，其中之一为中继器。使用4个中继器时网段中各种设备的个数可以达到156个。

3. 网络扩充中使用混合电缆

有时需要几种电缆的混合使用，两种电缆的最大混合长度应满足：

$$L_X/MAX_X + L_Y/MAX_Y < 1$$

式中：L_X 为电缆 X 的长度；L_Y 为电缆 Y 的长度；MAX_X 为电缆 X 单独使用时的最大长度；MAX_Y 为电缆 Y 单独使用时的最大长度。

例如，假设想混合使用 1200m 的 A 型电缆和 170m 的 D 型电缆，则有

$$L_X = 1200\text{m};\quad L_Y = 170\text{m};\quad MAX_X = 1900\text{m};\quad MAX_Y = 200\text{m}$$

$$1200/1900 + 170/200 = 1.48 > 1$$

由于结果大于 1，表明不能这么做。按公式计算表明，170m 的 D 型电线和 285m 的 A 型电线恰好可以，因为此时结果恰好为 1。另外，网络中两种类型的电缆具体位置并不重要。推而广之到 4 种类型电缆的混合公式为

$$L_V/MAX_V + LW/MAX_W + L_X/MAX_X + L_Y/MAX_Y < 1$$

在总线供电设备组成的系统中，要根据欧姆定律和电缆阻抗，用设备所需要的工作电压和电流来决定总线长度，使电源能满足总线上远端设备的供电要求。

例如，在公式允许的条件下，使用 190m 的 A 型电缆和 360m 的 C 型电缆提供 24V 的输出，那么总线回路的阻抗为 $2\times[(0.19\times24)+(0.36\times132)]=104.16\Omega$。若在远端提供最小为 9V 的电压，则总线可提供给与此连接的远端的总线耗能设备的最大电流为 $1000\times(24-9)/104=144.23$mA。假设每个设备消耗 14mA，那么此段中可以有 10 个设备。有许多方法可以使这种状况得到改善，例如，用一个 32V 输出的现场总线电源，或使用一个中继器。

5.6 FF 应用系统

FF 控制网络大量应用于过程自动化领域。下面将以简单控制系统为例，介绍系统设计、组态、运行等方面的有关内容。

一个采用 FF 技术构成的控制系统，其设计、安装与运行过程都有别于传统的模拟仪表控制系统和 DCS 系统。实施一个 FF 应用系统包括以下几个步骤：

（1）确定控制任务。

（2）制定控制策略。

（3）设计控制网络系统。

（4）根据控制方案选择必需的现场仪表、计算机等硬件设备与组态运行软件。

（5）控制网络的设备安装与接线。

（6）运用组态软件配置下装通信与控制策略。

（7）运用人机界面软件 HMI 启动运行系统。

5.6.1 FF 应用系统的设计

在上述 FF 应用系统的实施步骤中，前 4 项属于系统设计的内容。而确定控制任务与制定控制策略这两项需根据装置的工艺过程和控制目标具体设计，这与传统控制系统的设计基本相同。而控制网络的设计是 FF 应用系统设计的特色。图 5-29 所示为一个典型 FF 网络系统构成图。它包括低速网段 H1 和高速网段 HSE，由监视操作的计算机、控制器、作为网关的网络连接设备、网卡以及许多由总线连接的现场设备共同组成。

设计中需要完成上述系统的硬软件选择并确定它们之间的相互连接关系。例如在 FF 网络系统中包括一个压力控制系统，如图 5-30 所示，它由一个压力变送器与一个调节阀组成，包括一个 AI 功能块、一个 PID 功能块和一个 AO 功能块。图 5-31 表示了这个压力控

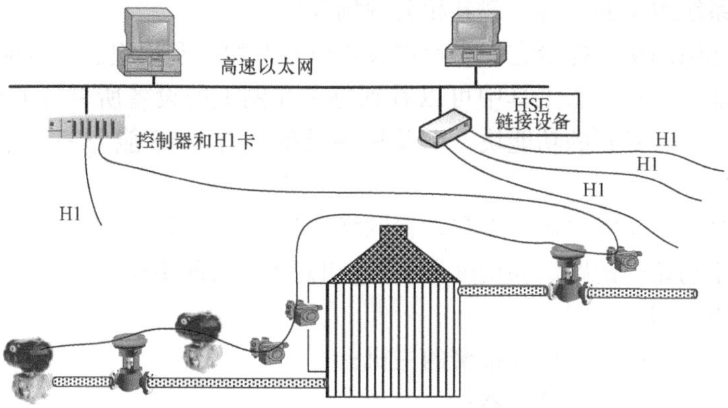

图 5-29　FF 网络系统构成图

制系统的功能块分配与连接。其中 AI 与 PID 功能块分配在压力变送器中，并由其担任本网段的链路活动调度器 LAS；AO 功能块分配在调节阀中。

在系统设计时应充分考虑到各现场设备的功能块能力以及功能块属于哪个设备会使通信流量的分配更为合理，特别是对串级控制等类系统，在功能块的设置上更应注意。具体的功能块分配与连接需要借助组态软件来完成。

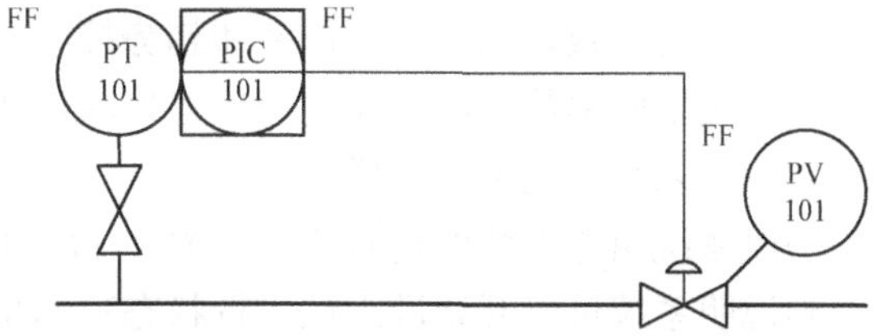

图 5-30　一个压力控制系统

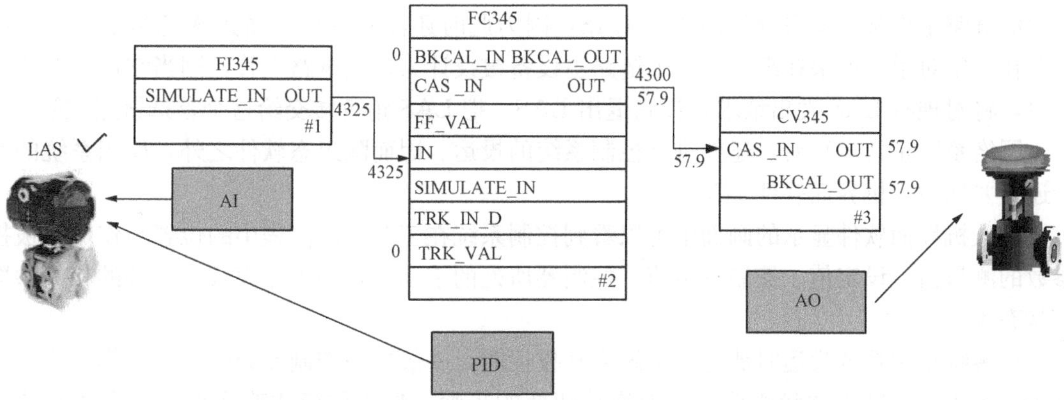

图 5-31　功能块的分配与连接

5.6.2　FF 应用系统的组态

控制网络应用系统的组态是指运用相关的软件工具，设计并阐明控制策略、通信调度，设置 LAS，设置报警、趋势图，并将这些信息下载至现场设备等。

组态工具软件是控制网络系统中的特色软件。运用组态工具软件，可以显示链路活动表，显示设备及功能块，对所选设备分配位号，显示参数信息，完成所选功能块的信号连接，按应用要求为功能块赋予特征参数，制定功能块运行表，设定报警，设定趋势图，设置网络参数以及将系统组态的内容下载到相关现场设备。

对设备的功能组态从分配给它一个物理设备位号开始，利用组态工具通过扫描网络得到网上设备及其功能块。从组态工具中可以看到每个在网上的设备所具有的设备 ID，生产厂商，设备类型、位号、具有的功能块，以及哪些设备具有 LAS 能力等，并可从这里进一步查看到相关参数。

运用组态工具设置功能块运行表和设置网络参数表可以设定回路时间、各功能块运行时间的偏移量，设定初始的链路活动调度器 LAS 和初始的时间主管。

在报警设定中，需要指明：

（1）产生报警的功能块和接收报警的主机；

（2）连接报警的发送器与接收器；

（3）输入报警的上下限值及优先权。

而在趋势图的设定中，需要指明：

（1）趋势参数，确定取样速率和趋势接收器；

（2）将要收集趋势的功能块与趋势接收器相连接；

（3）输入采样速率及采样方法。

一般系统组态下装的过程需要等待一段时间才能完成。如果下载状态表明下载成功完成，则说明系统可以开始进入试运行状态；如果下载状态表明不成功，则需要对组态内容和设备状态作相应变化，然后再次下载。

5.6.3 FF 应用系统的投运

系统启动时，组成这个系统的各网段分别启动。接通电源时，位于这个总线段上的链路主设备如果判断出没有 LAS 在工作，就马上进入竞争 LAS 的过程。一般来说，第一个接通电源的链路主设备将赢得竞争而成为 LAS，因为此时还没有其他设备进入竞争之中，即还不存在竞争对手。如果在组态中某个链路主设备被设计为首选链路主管，则当它进入在线状态时，将对现有 LAS 发出请求，让它退出 LAS，把 LAS 角色转交给这个首选链路主管。

网络系统正常运行后，还要进行控制系统的投运。因而除组态软件之外，应用系统的运行还需要加载人机界面软件 HMI。

从人机界面软件显示的画面中可以看到控制系统在工艺生产流程中的位置与作用、被控参数的测量值、设定值、控制输出值、控制器所处的手动或自动工作模式、报警的相关参数与状态等。

像传统控制系统投运时那样，系统启动投运时，一般应使控制器处于手动工作模式。待系统进入正常或准正常状态后，按无扰动切换的步骤，将工作模式改为自动，完成系统的投运。

5.7 实例：基金会现场总线在压力测量系统的应用

基金会现场总线（FF）系统是把具备通信能力，同时具有控制、测量等功能的现场设备作为节点，通过总线把它们互联为网络。通过各节点仪器仪表间的操作参数与数据调用，实现信息共享和系统的各项自动化功能，形成网络集成自动化系统。FF 总线作为控制现场的最底层通信网络可以通过符合 FF 总线协议的通信接口卡将其与工厂管理层的网络挂接，实现生产现场的运行和控制信息与控制室、办公室的管理指挥信息的沟通和一体化，构成一套完整的工业控制信息网络系统。

5.7.1 总体设计

FF压力测量系统由上位机、智能压力变送器、智能压力变送器与上位机通信的FF总线PC接口卡等部分构成。具体的系统框图如图5-32所示。

系统的工作原理如下：FF总线智能压力变送器将测得的压力信号转化为符合基金会现场总线数字信号传送到FF总线上，通过FF总线信号被FF总线PC接口卡接收，FF总线PC接口卡将接收到的信号转化为符合PC_ISA总线的信号，然后通过PC_ISA总线传送到上位PC；与之相对应，上位PC的控制信号则是通过对称的方式传送到FF智能压力变送器来实现对变送器的操作的。

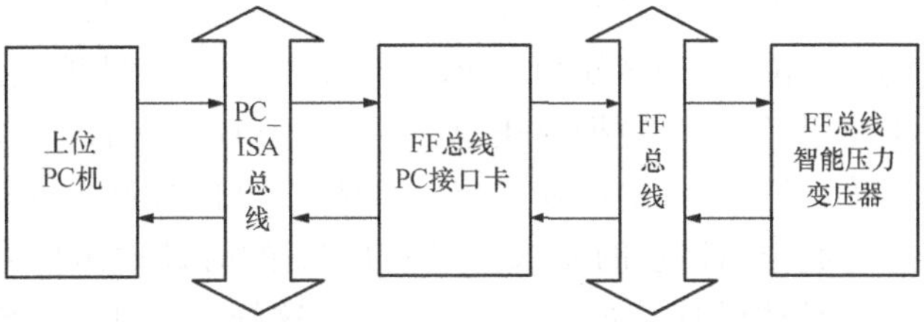

图5-32 FF压力测量系统的总体框图

5.7.2 FF总线智能压力变送器的设计

FF总线智能压力变送器主要由传感器与输入电路、通信接口和媒体访问单元三部分构成，其中通信接口的设计是重点。该部分采用美国德州仪器（TI）公司的集成多路24位A/D转换器的MSC1210作为微处理器和SMAR公司的FB3050作为FF通信控制芯片来设计，实现对液体或气体压力参数的高精度数据采集、处理，以及通过FF总线进行数据通信。智能压力变送器的组成及连接方式如图5-33所示。

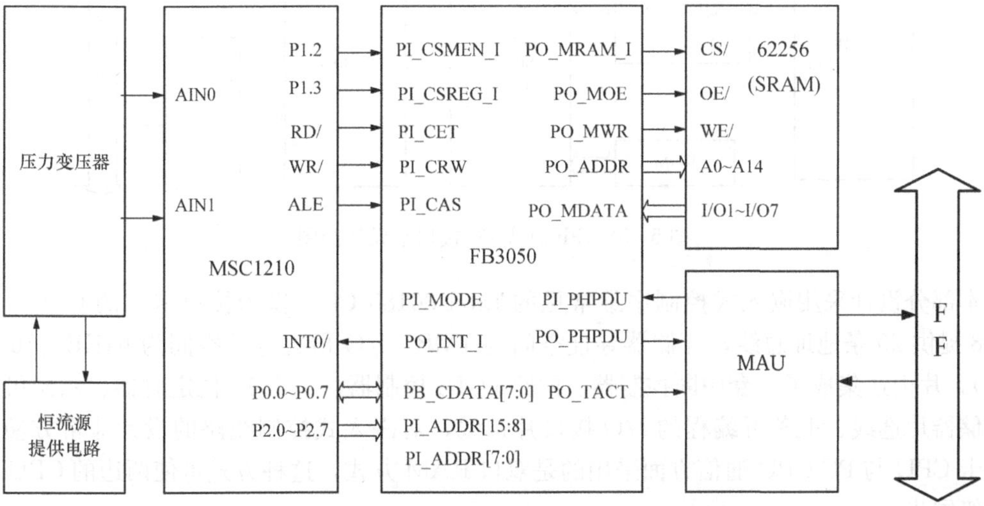

图5-33 FF总线智能压力变送器的组成及连接方式

下面简单介绍一下智能压力变送器的工作原理。首先压力传感器在恒流源的驱动下采集压力信号并将该信号通过由MSC1210模拟输入通道AIN0和AIN1组成的差分输入通道传送给微处理器，经过MSC1210处理之后的信号再通过FB3050和MAU与总线通信。通信接口设计是本部分的重点和难点，具体的设计方法如下：由于FB3050的接口设计上已经充分考虑了与Intel系列CPU的接口问题，因此MSC1210的数据地址总线可以直接与 FB3050 的数据地址总线相连接，但必须输出一个高电平信号到 PI_MODE，表示选用的是 Intel 系列 CPU。MSC1210 具有数据/地址复用端口 P0，同时 FB3050 也支持数据/地址复用，所以无需外接地址锁存器电路。具体的连接方法是：MSC1210 的 P0.0～P0.7 与 FB3050 的 8 位 CPU 数据总线 PB_CDATA［7：0］对应相连接，同时输出一个高电平给 FB3050 的 PI_MUXON 表示使用的是地址/数据复合总线，并且将 MSC1210 的地址锁存信号输出脚 ALE 与 FB3050 的地址锁存信号输入脚 PI_CAS 相连接。MSC1210 地址总线的高 8 位输出 P2 端口与 FB3050 的 16 位 CPU 地址总线 PI_ADDR 的 15～8 脚对应相连。由于使用了地址/数据复用总线，因此 FB3050 的 16 位 CPU 地址总线的 7～0 脚需要与地相连接。FB3050 的中断输出、MSC1210 的外部中断输入均为低电平有效，所以直接相连即可完成中断请求的要求。MSC1210 的时钟输出信号可以直接作为 FB3050 的系统时钟输入。具体的连接如图5-33所示，这样 MSC1210 与 FB3050 之间的数据和控制信息的通信就得到了解决，也就完成了通信接口的设计。媒体访问单元的设计在这里就不介绍了。

5.7.3 FF 总线 PC 接口卡的设计

上位 PC 与 FF 现场总线无法直接相连而实现它们之间的信息交换，所以必须设计 FF 总线 PC 接口卡来满足它们之间互相通信的要求。图 5-34 所示为 FF 总线 PC 接口卡设计简图，它主要由双口 RAM 芯片 IDT 7142、单片机 Intel 80188、通信控制芯片 FB3050 和媒体访问子层四个部分构成。

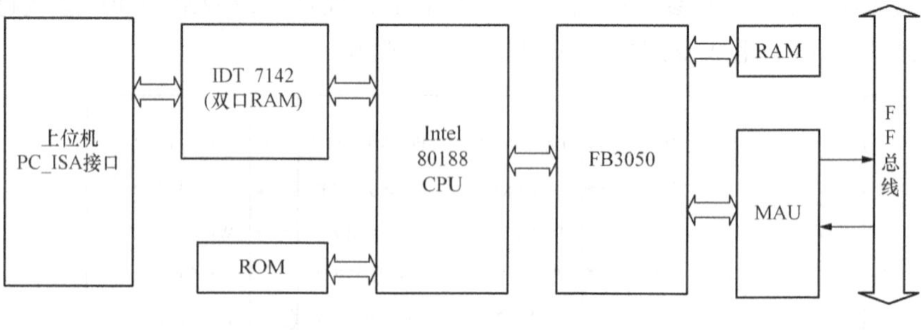

图 5-34 FF 总线 PC 接口卡设计简图

本部分设计采用嵌入式控制中最常见的 Intel 80188 CPU 作为接口卡上的 CPU，Intel 80188 提供 20 条地址总线，存储器寻址空间为 1MB，I/O 最大寻址空间为 64KB（16 位地址线），片内还集成了一套中断控制器、两路 DMA 控制器、三个 16 位定时器、六条可编程的存储器片选线、七条可编程的 I/O 接口片选线，对嵌入式控制线路的设计非常方便。在接口卡 CPU 与 PC CPU 通信方面采用的是双口 RAM 方式，这种方式可使两边的 CPU 在数据块级同步。

5.7.4 系统软件设计

系统的软件设计主要由两个部分组成：上位 PC 与基金会现场总线之间通信系统软件设计和 FF 智能压力变送器与基金会现场总线之间通信系统软件设计。在这里以上位 PC 与基金会现场总线之间通信系统软件设计为例说明此系统的设计。这部分通信系统的工作过程是：当现场总线上有信号时，信号先通过媒体访问单元由 FB3050 接收并传送给 PC 接口卡上的接收缓冲区，然后通过 Intel 80188 进行选择后再通过 PC_ISA 总线接口传送给 PC 应用程序处理；反之，上位PC需要发送控制信息时则是通过相反的方向进行发送。具体的软件流程图如图5-35所示。

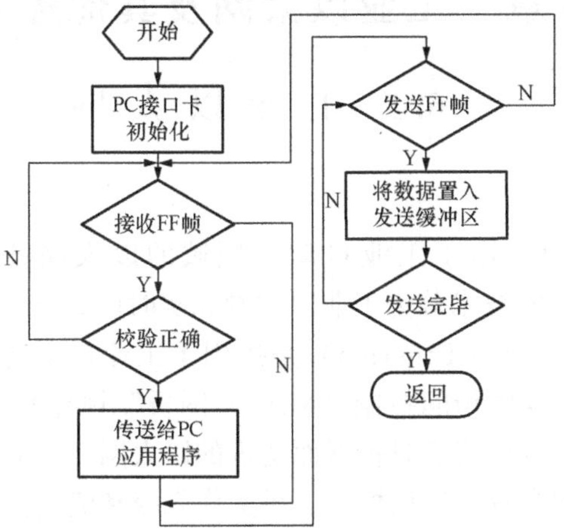

图5-35　PC与FF通信软件流程图

第6章　工业以太网及其他控制网络

6.1　工业以太网

6.1.1　概述

工业以太网技术是指应用于工业自动化领域的以太网技术。按照国际电工委员会SC65C的定义，工业以太网技术分为工业以太网和实时以太网。

工业以太网IE（Industrial Ethernet）是指用于工业自动化环境、符合IEEE 802.3标准、按照IEEE 802.ID“媒体访问控制（MAC）网桥”规范和IEEE 802.1Q“局域网虚拟网桥”规范、对其没有进行任何实时扩展而实现的以太网。它通过减轻以太网负荷、提高网络速度、采用交换技术和全双工通信模式、报文优先级和流量控制，以及虚拟局域网技术实现实时性。Ethernet/IP，FF HSE，Modbus/TCP，ProfiNet v1就属于这种类型。

实时以太网是指不改变ISO/IEC 8802-3的通信特征、相关网络组件或IEC 1158的总体行为，但可以在一定程度上修改，使之满足实时行为，常采用实时应用层协议、优化处理数据传送和提供旁路实时通道、集中调度等技术实现实时性。EPA，Powerlink，EtherCAT，Vnet/IP，TCnet，Modbus/IDA，ProfiNet v2，ProfiNet v3等属于此类。实时以太网被设计用于现场设备层或控制层与现场设备层之间的数据通信。

20世纪90年代中期，随着以太网技术的发展，以太网的“不确定性”在一定程度上逐步得到解决，以往用于办公自动化的以太网开始走入工业控制领域。国际上成立了一些工业以太网组织，如工业以太网协会、工业自动化开放网络联盟等，研究并发展工业以太网技术；一些总线组织，如现场总线基金会、PROFIBUS国际组织、P-NET组织等在其低速现场总线的基础上推出了基于以太网的高速总线；国际电工委员会（IEC）目前正计划与工业自动化开放网络联盟（IAONA）合作制定包含工业以太网媒体行规在内的“工业网络化系统安装导则”。工程实践表明，通过采用适当的系统设计和流量控制，以太网技术完全能够满足工业自动化领域的通信要求。目前，PLC、DCS等多数控制设备或系统已经开始提供以太网接口，基于工业以太网的数据采集器、无纸记录仪、变送器、传感器、现场仪表及二次仪表等产品也纷纷面市。人们普遍认为：工业以太网是未来控制网络的发展趋势。

6.1.2　工业以太网的优点

工业以太网作为控制网络具有以下优点。

1）采用以太网作为控制网络，可以保证控制网络的可持续发展。由于以太网的广泛应用，人们已经对以太网技术投入了大量的人力物力。在这信息瞬息万变的时代，企业的生存发展将在很大程度上依赖于一个快速而有效的通信管理网络，信息通信技术的发展将更加迅速，也更加成熟。如果工业控制领域采用以太网作为控制网络，将保证技术上的可持续发展，并在技术升级方面无需单独的科研投入。

2）采用以太网作为控制网络，可以得到丰富的软、硬件资源。由于以太网技术已被使用多年，其软、硬件产品多种多样。几乎所有的编程语言都支持以太网的应用开发，例如Java、Visual C++、Visual Basic等。因此，采用以太网作为控制网络，可以保证多种硬件产品、开发工具、开发环境供选择。

3）采用以太网作为控制网络，可以降低成本。由于以太网技术的广泛应用，它受到硬件开发与生产厂商的高度重视与广泛支持，有多种硬件产品供用户选择。目前以太网技术的硬件价格十分低廉，其中以太网控制器的价格只有 PROFIBUS、FF 等控制网络的 1/10。随着集成电路技术的发展，其价格还将进一步下降。

4）采用以太网作为控制网络，可以提高通信速率。目前以太网的最低速率是 10Mb/s，1000Mb/s 以太网技术已经趋于成熟，10Gb/s 以太网也正在研究。因此，采用以太网作为控制网络，其速率比目前的现场总线快得多。

5）采用以太网作为控制网络，易于与上层网络无缝集成。上层信息网络与下层网络均采用以太网技术，就可以实现无缝集成。

另外，如果采用以太网作为控制网络，可以避免控制网络游离于计算机网络技术的发展主流之外，使控制网络和计算机网络的主流技术很好地融合起来，形成控制网络技术和一般的计算机网络技术相互促进的局面。这将意味着可以实现自动化控制领域的彻底开放，从而打破任何垄断的企图，并使自动化领域产生新的生机和活力。

6.1.3　工业以太网的通信模型

工业以太网的通信模型与 OSI 参考模型的结构比较如图 6-1 所示。

工业以太网的物理层和数据链路层采用 IEEE 802.3 规范，网络层和传输层采用TCP/IP 协议组，应用层的一部分可以沿用普通以太网的那些互联网应用协议。这些沿用部分正是以太网的优势所在。工业以太网如果改变了这些已有的优势部分，就会丧失其在控制领域的生命力。因此工业以太网标准化的工作主要集中在 ISO/OSI 模型的应用层，需要在应用层添加与自动控制相关的应用协议。

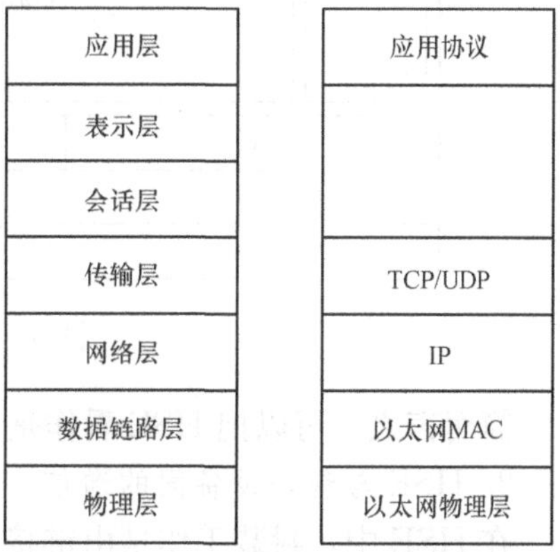

图 6-1　工业以太网与 OSI 参考模型的比较

由于历史原因，应用层必须考虑与现有的其他控制网络的连接和映射关系、网络管理、应用参数等问题，要解决自控产品之间的互操作性问题。因此应用层标准的制定存在许多困难，目前还没有更好的解决方案。

6.1.4　高速以太网 HSE

1. HSE 的系统结构

HSE（High Speed Ethernet）是现场总线基金会对 H1 的高速网段的解决方案。HSE 的规范于 2000 年 3 月 29 日发布，并于同年 12 月 14 日发布了 Alpha 版本的 HSE 测试工具包（HTK）。HTK 的发布表明 HSE 技术已经进入了实用阶段。

HSE 是现场总线基金会在摒弃了原有高速总线 H2 之后的新作。在 H1 公布之时对 H2 的构想是传输速率为 1Mb/s 和 2.5Mb/s，传输距离为 500m 和 750m。后来由于技术的快速发展，互联网技术在控制网络的渗透，H2 还未正式出台就已经不能满足应用需求而遭淘汰。

现场总线基金会将 HSE 定位于将控制网络集成到世界通信系统 internet 的技术。HSE 采用链接设备将远程 H1 网段的信息传送到以太网主干上。这些信息可以通过以太网送到主控制室，并进一步送到企业的ERP和管理系统。操作员在主控室可以直接使用网络浏览器等工具查看现场的操作情况，也可以通过同样的网络途径将操作控制信息送到现场。

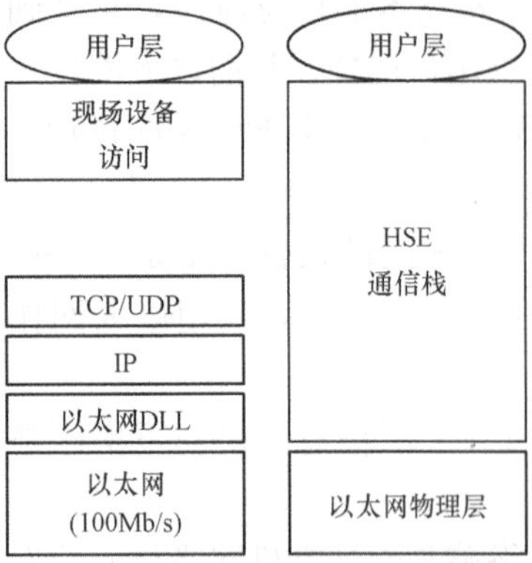

图6-2 HSE通信模型的分层结构

图6-2表示了HSE通信模型的分层结构。图6-3表示了各层的模块结构。像EtherNet/IP那样，它的物理层与数据链路层采用以太网规范，不过这里指的是100Mb/s以太网；网络层采用IP协议；传输层采用TCP、UDP协议；而应用层是具有HSE特色的现场设备访问FDA (Field Device Access)。它也像H1那样在标准的7层模型之上增加了用户层。并按H1的惯例，HSE把从数据链路层到应用层的相关软件功能集成为通信栈，称为HSE Stack。用户层包括功能块、设备描述、网络与系统管理等功能。

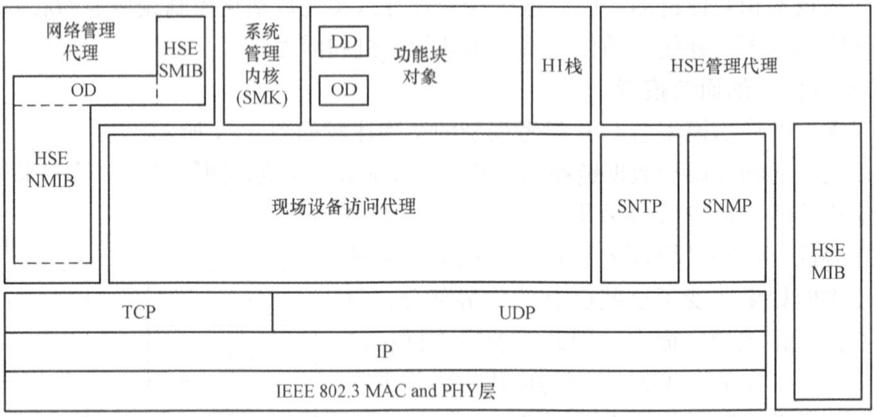

图6-3 HSE通信系统的模块结构

简而言之，可以把HSE看作是工业以太网与H1技术的结合体。

2. HSE与现场设备间的通信

在HSE中，封装工作是由链接设备（linking device）完成的。一方面，它负责从所挂接的H1网段收集现场总线信息，然后把H1地址转换成IP v4或者IP v6的地址，这样H1网段的数据就可以在TCP/UDP/IP网络上进行传送。另一方面，接收到TCP/UDP/IP信息的链接设备可以将IP v4/IP v6地址转换为H1地址，将发往H1网段的信息放到现场的目的网段中进行传送。这样，通过链接设备就可以实现跨H1网段的组态，甚至可以把H1与PLC等其他控制系统集成起来。跨网段组态在H1技术下是无法实现的，HSE还能使远距离被控对象的闭环实时控制成为可能。

图6-4表示了HSE的网络系统与设备类型。链接设备是网络连接的核心。链接设备的一端是用交换机连接起来的高速以太网；另一端是H1控制网络。某些具有以太网通信接口功能的控制设备、PLC等也可直接挂接在HSE网段的交换机上。

企业管理网络中的计算机同样可以挂接在这个以太网上，可以与现场仪表通过TCP/IP等标准网络协议进行通信。同时，最新的以太网现场设备可以以网页的形式发布现场信息，internet上任何一个拥有访问权限的用户都可以远程查看设备的当前信息，甚至可以远程修改设备的工作状态，而不再需要通过监控工作站进行现场信息的中转，大大加强了现场控制层与企业管理层和 internet 之间的信息集成。这种远程监视和控制的方法非常灵活，不需要用户自己编写软件实现，在很大程度上扩展了设备的功能，使现场设备直接成为 internet 的一个节点，能够被本地和远程用户通过多种手段进行访问，为控制网络信息与 internet 的沟通，为现场设备的跨网络应用提供了良好的条件。

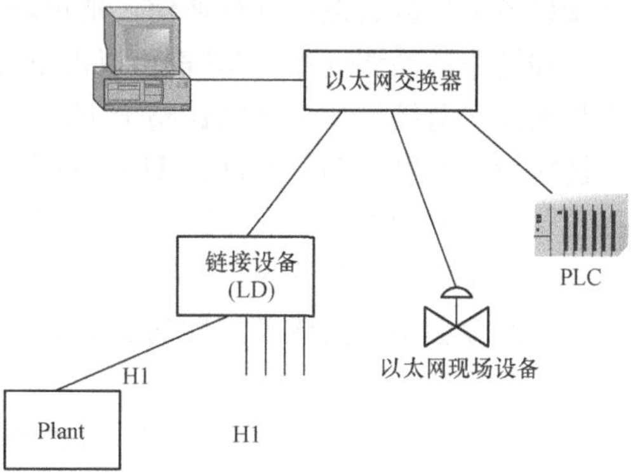

图 6-4 HSE 的网络系统与设备类型

3. HSE 的柔性功能块

FF 技术的最大特点就是功能块。将传统上运行于控制器中的功能块下放到设备当中，使设备真正成为智能仪表而不是简单的传感器和执行器，一旦组态信息下装后就可以脱离工作站独立运行。当然，网络中应该有链路主设备存在。

同样，HSE 也使用标准的 FF 功能块，如 AI、AO 和 PID，这样就保证了控制网络所有层次上数据表达的统一。在这个基础上，HSE 又增加了柔性功能块，并允许 H1 设备与 HSE 设备之间的混合组态运行。

柔性功能块（FFB）是 HSE 技术的另外一个独特的特点。柔性功能块包括为高级过程控制，离散控制，间歇过程控制，连续、离散、间歇的混合系统控制等而开发的功能模块。柔性功能块能把远程 I/O 和子系统集成起来。尽管它是作为 HSE 的一个部分开发的，但它也能够在 H1 系统中使用。

柔性功能块包括多输入输出（MIO）的柔性功能块，还包括为实现特定控制策略而包装定制的柔性功能块。柔性功能块的开发提高了现场控制功能，在增强过程控制功能的同时，又弥补了 H1 系统用于离散或间歇控制应用领域时的不足。

将控制功能放置在 HSE 链接设备中，利用 HSE 链接设备和现场设备可以组成由控制网络传递数据信息的控制系统，用于现场的过程控制、批量控制和逻辑控制。链接设备可以被置于距离生产现场很近的通信交汇点，可距阀门或者其他测量执行单元很近，以构成彻底分散在现场的控制系统。这样，当监控系统出现故障时，对生产现场控制作用的影响可减到最小。

HSE 支持对交换机、链接设备的冗余配置与接线，也能支持危险环境下的本质安全（IS）。HSE 理想的传输介质是光纤。可以用一根光纤将距离危险区很近的 HSE 链接设备链接到以太网上。由于链接设备可以处理现场的单元和批量控制，用户可以减少安装在架上的 I/O 设备和控制器的数量，进一步简化现场设备和布线。

4. HSE 的链接设备

HSE 技术的核心部分就是链接设备。链接设备是 HSE 体系结构中将 H1（31.25kb/s）设备连接到 100Mb/s 的 HSE 主干网的关键组成部分。基于以太网的主机系统能够对链接设备上面挂接的子系统和基于 HSE 的设备进行组态和监视。HSE 链接设备同时具有网桥和网关的功能，它的网桥功能能够用来连接多个 H1 总线网段，并且能够使不同 H1 网段上面的 H1 设备之间进行对等通信而无需主机系统的干预。同时 HSE 主机可以与所有的链接设备和链接设备上挂接的设备进行通信，把现场数据传到远端实现监控和报表功能。网络中的时间发布和链路活动调度器 LAS 都可以由链接设备承担，一旦组态信息下装到设备当中，即使主机断开，链接设备也可以让整个 HSE 系统正常工作。

链接设备的网关功能允许将 HSE 网络连接到其他的工厂控制网络和信息网络中。HSE 链接设备不需要为 H1 子系统做报文解释的工作。而是将来自 H1 网段的报文集合起来，并且将 H1 地址转化成为 IP v4 或者 IP v6 地址，把其他网络参数、监视和控制参数直接映射到标准的基金会功能块或者柔性功能块中。

6.2 其他控制网络

6.2.1 HART

HART（Highway Addressable Remote Transducer）协议由美国 Rosemount 公司开发，属于模拟系统向数字系统转变的过渡性产品。目前世界上已有上百家公司宣布支持、使用这一协议。为了发展 HART 协议，国际上成立了 HART 用户集团（HART Communication Foundation），1993 年更名为 HART 通信基金会。HART 协议的特点是在现有模拟信号传输线上实现数字信号通信，因而在模拟系统向数字系统转变的过渡时期具有较强的市场竞争能力，得到了较好的发展。

HART 通信模型由 3 层组成：物理层、数据链路层和应用层。物理层采用 FSK（Frequency Shift Keying）技术：在 4～20mA 模拟信号上叠加一个频率信号，频率信号采用 Bell 202 国际标准；数据传输速率为 1200b/s，其中逻辑“0”的信号传输频率为 2200Hz，逻辑“1”的信号传输频率为 1200Hz。数据链路层用于按 HART 通信协议规则建立 HART 信息格式。其信息构成包括前导码、显示终端与现场设备地址、字节数、现场设备状态与通信状态、数据、奇偶校验等。其数据字节结构为 1 个起始位、8 个数据位、1 个奇偶校验位、1 个终止位。应用层的作用在于使 HART 指令付诸实现，即把通信状态转换成相应信息。它规定了一系列命令，按命令方式工作。它有 3 类命令，第一类称为通用命令，这是所有设备都理解、执行的命令；第二类称为一般行为命令，它所提供的功能可以在许多现场设备（尽管不是全部）中实现，这类命令包括最常用现场设备的功能库；第三类称为特殊设备命令，以便在某些设备中实现特殊功能，这类命令既可以在基金会中开放使用，又可以为开发此命令的公司所独有。在一个现场设备中通常可发现同时存在这 3 类命令。

HART 协议支持点对点主从应答方式和多点广播方式。其按应答方式工作时的数据更新速率为 2～3 次/秒，按广播方式工作时的数据更新速率为 3～4 次/秒。它能够支持两个通信主设备。总线上可挂设备数多达 15 个，每个现场设备可有 256 个变量，每个信息最大可以包含 4 个变量，最大传输距离 3000m。HART 协议采用统一的设备描述语言 DDL 来描述设备特性，HART 基金会负责登记管理这些设备描述并把它们编为设备描述字典。主设备运用 DDL 技术来理解这些设备的特性参数而不必为这些设备开发专用接口。但这种模拟数字混合的信号机制，难以开发出一种能满足各公司要求的通信接口芯片。

HART 能利用总线供电，可满足本质安全防爆要求。

6.2.2 DeviceNet

DeviceNet 是一种基于 CAN 技术的开放型通信网络，主要用于构建底层控制网络，其网络节点由嵌入了 CAN 通信控制器芯片的设备组成。该项技术最初由 Allen-Bradley 公司设计开发，在离散控制、低压电器等领域得到迅速发展。后来为了发展 DeviceNet 技术与产品，国际上成立了开放式 DeviceNet 供应商协会（Open DeviceNet Vedors Association，ODVA），由该组织进一步开发、管理 DeviceNet 的技术规范，推广 DeviceNet 技术。DeviceNet 已经成为 IEC 62026 国际标准的第 3 部分，这是一种用于低压开关装置与控制装置的控制设备之间的接口标准。DeviceNet 也成为欧洲标准 EN 50325。

DeviceNet 是一个开放式网络标准。规范和协议都是开放的，厂商将设备连接到系统时，无需购买硬件、软件或许可权。任何人都能以少量的复制成本从开放式 DeviceNet 供应商协会（ODVA）获得 DeviceNet 规范。任何制造 DeviceNet 产品的公司都可以加入 ODVA，并参加对 DeviceNet 规范进行增补的技术工作组。

DeviceNet 技术具有如下特点。

(1) DeviceNet 基于 CAN 总线技术，它可连接开关、光电传感器、阀组、电动机启动器、过程传感器、变频调速设备、固态过载保护装置、条形码阅读器、I/O 口人机界面等，传输速率为 125～500kb/s，每个网络的最大节点数是 64 个，干线长度 100～500m。

(2) DeviceNet 使用的通信模式是生产者/消费者（Producer/Consumer）模式。该模式允许网络上的所有节点同时存取同一源数据，网络通信效率更高；采用通信广播信息发送方式，各个用户可以在同一时间接收到生产者所发送的数据，网络利用率更高。“生产者/消费者”模式与传统的“源/目的”通信模式相比，前者采用多信道广播式，网络节点同步化，网络效率高；后者采用应答式，如果要向多个设备传送信息，则需要对这些设备分别进行“呼叫”、“响应”通信，即使是同一信息，也需要产生多个信息包，这样，增加了网络的通信量，网络响应速度受限制，难以满足高速的、对事件苛刻的实时控制。

(3) 设备可互换性。各个销售商所生产的符合 DeviceNet 网络和行规标准的简单装置（如按钮、电动机启动器、光电传感器、限位开关等）都可以互换，为用户提供灵活性和可选择性。

(4) DeviceNet 网络上的设备可以随时连接或断开，而不会影响网上其他设备的运行，方便维护和减少维修费用，也便于系统的扩充和改造。

(5) DeviceNet 网络上的设备安装比传统的 I/O 布线更加节省费用，尤其是当设备分布在几百米范围内时，更有利于降低布线安装成本。

(6) 利用 RS Network for DeviceNet 软件可以方便地对网络上的设备进行配置、测试和管理。网络上的设备以图形方式显示工作状态，一目了然。

DeviceNet 是一个比较年轻的，也是较晚进入中国的现场总线。但 DeviceNet 价格低、效率高，特别适用于制造业、工业控制、电力系统等行业的自动化，适合于制造系统的信息化。

2000 年 2 月上海电器科学研究所与 ODVA 签署合作协议，共同筹建 ODVA China。目的是把 DeviceNet 这一先进技术引入中国，促进我国自动化和现场总线技术的发展。

2002 年 10 月 8 日，DeviceNet 现场总线被批准为国家标准。DeviceNet 中国国家标准编号为 GB/T 18858.2—2002，名称为《低压开关设备和控制设备控制器—设备接口（CDI）第三部分：DeviceNet》。该标准于 2003 年 4 月 1 日开始实施。

6.2.3 ControlNet

ControlNet是美国罗克韦尔自动化（Rockwell Automation）公司于1997年推出的一种新的面向控制层的实时性控制网络。它被广泛地应用于交通运输、汽车制造、冶金、矿山、电力、食品、造纸、石油、化工、娱乐等领域。为了促进ControlNet技术的发展、推广和应用，1997年7月由罗克韦尔等22家公司联合发起成立了控制网国际组织（ControlNet International，CI）。同时，罗克韦尔将ControlNet技术转让给了CI。CI是一个为用户和供应商服务的非营利性独立组织，它负责ControlNet技术规范的管理和发展，促进世界范围内ControlNet技术的推广和应用。1999年，ControlNet成为国际标准IEC 61158的第2部分。

ControlNet是一种高速的工业控制网络，主要用于PLC与计算机之间的通信，也可在逻辑控制或过程控制系统中用于连接串行、并行的I/O设备、人机界面等。数据传输速率为5Mb/s，可寻址节点数为99。在一般应用场合，物理媒体采用RG-6/U电视电缆和标准连接器，传输距离可达1000m。在野外、危险场合以及高电磁干扰的场合，可采用光纤介质，距离可长达25km。

ControlNet通信模型包括5层：物理层、数据链路层、网络层、传输层和应用层。既考虑了网络的效率和实现的复杂程度，没有像LonWorks一样采用完整的7层；又兼顾到协议技术的向前兼容性和功能完整性，与一般现场总线相比增加了网络层和传输层。这对于和异种网络的互联和网络桥接功能提供了支持，更有利于大范围的组网。

ControlNet控制网络通信中采用的特色技术之一是并行时间域多路存取（Concurrent Time Domain Multiple Access，CTDMA）。并行时间域多路存取依靠生产者与消费者的通信模式来完成。报文数据的产生者也就是数据源充当这一通信模式中的生产者，从网络中取用数据的各节点称为消费者。发送的报文按内容标识。当节点接收数据时，仅需识别与此报文关联的特定标识符，数据包不再需要目的地址。数据源只需将数据发送一次，多个需要该数据的节点通过在网上识别这个标识符，同时从网络中获取来自同一生产者的报文数据。这种传输模式的优点有两个。一是提高了网络带宽的有效使用率。数据一旦发送到网络上，多个节点就能够同时接收，无需像主从通信模式那样，同一数据需要在网络上重复传送，逐一送到需要该数据帧的节点。当更多设备加载到网络时也不会增加网络的通信量。二是数据同时到达各节点，可实现各节点的精确同步化。

ControlNet的通信调度采用时间分片方法，使它既可以满足对时间有严格要求的控制数据的传输需要，例如I/O刷新、PLC之间的数据传递等，又可满足信息量大、对时间没有苛求要求的数据与程序的传输，例如远程组态、调整、故障查询等。

对有严格时间要求的控制、I/O数据的传输与更新、PLC之间的互锁等采用在预留时间段的确定时间内周期性重复发送的方式给予优先保证。根据有严格时间要求的数据来安排带宽，也就是说，这部分的带宽是根据数据发送的严格时间要求而预先保留出来的。剩余的带宽用于支持非严格时间要求的数据传输。对没有严格时间要求的数据，例如诊断、组态数据等，则在预留时间段之外安排，使它不至于影响有严格时间要求的数据的通信。

ControlNet主要特性归纳如下：

（1）设备供电：设备采用外部供电；

（2）网络模型：生产者/消费者；

（3）连接器：标准同轴电缆BNC；

（4）物理层介质：RG6/U同轴电缆、光纤；

（5）网络节点数：99个最大可编址节点，不带中继器的网段最多48个节点；

（6）带中继器最大拓扑：同轴电缆——5000m，光纤——30km；

（7）应用层设计：面向对象设计，包括设备对象模型、类/实例/属性、设备行规（Profile）；

（8）I/O数据触发方式：轮询（Poll），周期性发送（Cyclic）/状态改变发送（Change Of State）；

（9）网络刷新时间：可组态2～100ms；

（10）I/O数据点数：无限多个；

（11）数据分组大小：可变长0～510B；

（12）网络和系统特性：可带电插拔，确定性和可重复性，可选本征安全。

6.2.4 InterBus

InterBus是德国跨国集团Phoenix公司推出的属于较早的现场总线，被广泛地应用于汽车工业、烟草工业、仓储及传送技术、造纸工业、包装工业和食品工业等。1996年它成为欧洲标准EN 50254，2000年2月它又成为国际标准IEC 61158。

1. InterBus的特点

国际标准化组织（ISO）制定的应用于开放系统互联的OSI 7层协议模型中，InterBus定义了该模型的第1、2、7层。

InterBus物理层采用RS-485串行通信标准，树型拓扑结构，可连接255个节点，易于扩展、易于分层，总长可达12.8km。在同一个系统中，3种传输介质（双绞线电缆、光纤和红外线）可以根据需要混合使用。信号编码方式为曼彻斯特编码，数据链路层采用集总帧的数据环型存取方式，各子站无须编址。应用层定义了网络信息的读、写及操作命令，同时检测网络设备和统计通信失败。

InterBus具有强大的可靠性、可诊断性和易维护性。

InterBus采用了集总帧型的数据环通信。这种通信具有低速率、高效率的特点，并且严格保证了数据传输的同步性和周期性；全双工的通信方式和0.5Mb/s的一致速率保证了数据通信的实时性。差分信号传输和专门的总线环路检查保证了强大的抗干扰性和设备实时监控。所有这些特性以及十几年的工业现场实际应用经验都保证了InterBus具有强大的可靠性。

强大的诊断功能是InterBus区别于其他总线所独有的。独立的诊断程序提供了详细的故障信息（故障地址、故障类型和故障历史记录），诊断寄存器提供了用户程序处理故障信息的工具。特别如下：

（1）准确的故障地址为快速排除故障提供了保障；

（2）故障历史记录为排除难于把握的随机干扰提供了可能。

强大的诊断功能同时也保证了方便的可维护性。同时，Phoenix公司在南京设立了中国InterBus服务中心，在昆明也设立了云南InterBus服务中心，为客户提供快速的备件和技术支持。

2. InterBus的用户组织

InterBus的国际组织InterBus Club，是InterBus设备生产厂家和用户的全球性组织，现有700多个设备制造商加入，并在全球19个国家设立了独立的Club组织。InterBus Club

负责向设备生产厂家提供 InterBus 的接口方案和接口芯片，向其成员提供信息，帮助解决技术问题及为特定的应用找寻合适的 InterBus 产品。InterBus Club 下属有 DRIVECOM（传动通信行规）、ENCOM（编码器行规）和 MMICOM（人机界面行规）等用户组织。

InterBus 的技术发起人为德国菲尼克斯公司。在德国菲尼克斯公司总部设有 InterBus 技术支持中心和 24 小时的用户热线。另外，在美国和中国也设有 InterBus 技术中心。中国 InterBus 技术中心成立于 1999 年 7 月，先设立在菲尼克斯电器公司工业自动化部，致力于为中国的 InterBus 客户提供技术解决方案、技术培训和技术服务。

6.2.5 WorldFIP

WorldFIP 是一种用于工业自动化系统的控制网络技术。WorldFIP 最初为法国 Cegelec（现为 ALSTOM 所收购）等几家公司在原有通信技术基础上根据用户要求所制定，名为 FIP（Factory Information Protocal）。随后它成为法国标准。1993 年，它又采纳了现场总线国际标准 IEC 1158—2 物理层标准，发展为 WorldFIP，即 World Factory Instrumentation Protocol。现在已经成为现场总线欧洲标准 EN 50170 第 3 部分和国际标准 IEC61158 的子集第 7 部分。2000 年又宣布在原有 WorldFIP 技术的基础上集成专用的互联网功能，发展为新的 FIP（Feidbus Internet Protocal）。WorldFIP 被广泛地应用于发电与输配电、制造自动化、铁路运输、地铁等自动化领域。

WorldFIP 采用 3 层结构：物理层、数据链路层和应用层。传输介质为屏蔽双绞线或光纤，可提供双线冗余。采用屏蔽双绞线时，传输速率在低速网段为 31.25kb/s，1Mb/s，2.5Mb/s；采用光纤时，传输速率为 5Mb/s，在高速网段为 25Mb/s。数据链路层负责数据传输和差错、访问控制。采用与 ControlNet、FF 类似的生产者与消费者通信模式，由总线仲裁器进行介质访问的集中控制，网络中可以存在多个总线仲裁器以构成冗余。WorldFIP 有周期和非周期两种数据传输，变量寻址和报文寻址两种寻址方式，由应用层提供变量和消息的两种访问服务，具有完备的网络和系统管理。此外，WorldFIP 还发展了无线通信，以适应新的应用需求。

WorldFIP 的特点是具有单一的总线结构来适用不同领域的需求，而且没有任何的网桥和网关。低速与高速部分的衔接用软件的办法来解决。

6.2.6 ASI

ASI（Actuator-Sensor interface）是执行器—传感器接口的英文缩写。它是一种用来在控制器（主站、Master）和传感器/执行器（从站、Slave）之间双向交换信息、主从结构的总线网络，它属于现场总线下面设备级的底层通信网络。

一个 ASI 总线中的主站最多可以带 31 个从站，从站的地址为 5 位，可以有 32 个地址，但“0”地址留作地址自动分配时的特殊用途。一个 ASI 的主站又可以通过网关（Gateway）和 PROFIBUS－DP 现场总线连接，作为它的一个从站。

ASI 总线用于具有开关量特征的传感器/执行器中，也可用于各种开关电器中。ASI 是总线供电，即两条传输线既传输信号，又向主站和从站提供电源。ASI 主站由带有 ASI 主机电路板的可编程序控制器（PLC）或工业计算机（IPC）组成，它是 ASI 总线的核心。ASI 从站分为两种，一种是智能化传感器/执行器或其他开关电器，它可以直接和 ASI 网线连接；另一种使用专门设计的 ASI 接口“用户模块”。在这种“用户模块”中带有从机专用芯片和配套电路，它除了有通信接口外，一般还带有 8 个 I/O 口，这样它就可以和 8 个普通的开关元件相连接构成分离型从站。ASI 总线主站和从站之间的通信采用非屏蔽、非绞接的双芯电缆。其中一种是普通的圆柱形电缆，另一种为专用的扁平电缆，由于采用一种特殊的穿刺安装方法把线压在连接件上，所以安装和拆卸都很方便。

ASI 总线的发展是由 11 家公司联合资助和规划的，并得到德国科技部的支持，现已成立了 ASI 国际协会（AS-International Association），它的任务是规划 ASI 部件的开发和系统的定义，进行有关标准化的工作，组织产品的标准测试和软件认证，以保证 ASI 产品的开放性和互操作性。

6.3　控制网络的比较与选择

以上章节介绍了多种控制网络技术，它们各有所长，在各自的应用领域都显露出自己的技术优势。在各种控制网络并存的形势下，用户不可避免地会面临对这些同类技术的比较与选择。满足应用需要与对环境的适应性，是选择、评判控制网络技术最基本的出发点。

在对控制网络的比较与选择中，对标准的遵从是不容忽视的重要问题。采用主流技术，走标准化之路，尽量遵循国际、国家标准是选择控制网络的原则之一。尽管单一现场总线的标准未能实现，但作为用户在选择数据通信与控制网络技术时，仍然应该坚持一致的通信原则，顺应世界技术发展趋势的大潮流。已成为 ISO 和 IEC 现场总线标准的 13 种总线应该说都是控制网络技术竞争中的佼佼者。它们在不同的应用领域，例如 FF 总线技术在流程工业、CAN 在汽车工业、PROFIBUS 在离散制造业等方面显示了各自的技术优势，它们属于控制网络技术的优选对象。即使除开技术因素，一般来说，采用主流技术的产品在性能价格比，供应商供货的成套性、持久性、产品互换性等方面也都会具有明显的优势。

从满足通信系统功能性能的技术要求考虑，对媒体的访问控制机制、通信模式、传输速率、实时时钟、时间同步准确度、执行同步准确度等都会影响到控制网络的通信性能。对有实时性要求的应用场合，应该考察通信技术的实时性。所选系统应该具有实时时钟以及实时时钟的发布、同步能力。

应该特别指出的是，控制网络不单单是一个完成数据传输的通信系统，而且还是一个借助网络完成控制功能的自控系统。许多其他类型的通信系统往往只需要把数据、文件或声音从网络的一个节点传送到另一节点就完成了其使命。而控制网络除了要完成数据传输之外，往往还需要依靠所传输的数据和指令，执行某些控制计算与操作功能，需要理解数据指令的意义，并由多个网络节点协调完成自控任务。因而它需要在应用功能上满足开放系统的要求，满足互操作条件，例如开放通用的功能块结构、设备描述、位号识别、分配能力等。

控制网络应用系统的规模和控制设备所处地域的分布范围也是需要认真考虑的问题。要考察某项控制网络技术中对每个网段的最大长度、可寻址的最大节点数、可挂接的最大节点数的限制等。

在比较选择中考虑对环境适应性方面的要求时，应考察某项控制网络技术所支持的传输介质种类，是否支持介质冗余、本质安全、总线供电等。也并非各项指标越高越全才越好，关键还是适合自己的应用需要。例如石化生产企业会重视产品的本质安全防爆性能，发电厂的应用环境则无需考虑这些因素，而转向重视通信的快速性、实时性等。

参 考 文 献

[1] 阳宪惠. 工业数据通信与控制网络. 北京：清华大学出版社，2003.
[2] 饶运涛. 现场总线 CAN 原理及应用技术. 北京：北京航空航天大学出版社，2006.
[3] 李正军. 现场总线及其应用技术. 北京：机械工业出版社，2005.
[4] 王黎明. CAN 现场总线系统的设计与应用. 北京：电子工业出版社，2008.
[5] 刘国海. 现场总线 PROFINET. 北京：电子工业出版社，2007.
[6] 夏德海. 现场总线技术. 北京：中国电力出版社，2003.
[7] 杨育红，涂敏. LON 网络程序设计. 西安：西安电子科技大学出版社，2001.
[8] 侯维岩，费敏锐. PROFIBUS 协议分析和系统应用. 北京：清华大学出版社，2006.
[9] 孔鹤旭. Profibus 现场总线控制系统的设计与开发. 北京：国防工业出版社，2007.
[10] 丁刚，严辉，夏巍. 基于 CAN 总线的煤矿瓦斯报警节点系统的设计. 工矿自动化. 2008（2）：63～65.
[11] 曹茂永，李亮报，程学珍. 基于 PROFIBUS 现场总线的煤矿粉尘在线监控系统研究. 山东科技大学学报自然科学版. 2007（4）：36～39.
[12] 刘长龄，冯晓东，邵惠鹤. 基于 LonWorks 的风力发电机控制系统. 计算机工程. 2001（12）：116～117.
[13] 唐慧强，孔照林. 基金会现场总线压力测量系统的设计. 微计算机信息. 2007（6）：194～195.
[14] Data Sheet SJA1000，Stand-alone CAN Controller，Philips Semiconductors，January 2000.
[15] Data Sheet TJA1050，High Speed CAN Transceiver，Philips Semiconductors，May 2000.
[16] Data Sheet PCA82C250，CAN Controller Interface，Philips Semiconductors，January 2000.
[17] SPC3 Siemens PROFIBUS Controller User Description. Siemens AG，2000.
[18] ASPC2/HARDWARE User Description. Siemens AG，1997.
[19] Echelon. Neuron C Reference Guide. 2002.
[20] Echelon. Neuron C Programmer's Guide. 2002.
[21] Echelon. LonTalk Protocol Specification. 1994.
[22] 陈在平. 现场总线及工业控制网络技术. 北京：电子工业出版社，2008.
[23] 周洪，邓其军，孟红霞. 网络控制技术及应用. 北京：中国电力工业出版社，2008.
[24] 冯晋中，冯冬芹，黄文君，金建祥. HSE 现场总线控制系统. 机电工程. 2002，19（6）：63～66.
[25] 周樟华，王宾. HART 协议及其在智能变送器中的应用. 微计算机信息. 1997，(03).
[26] 阮于东. DeviceNet 总线技术. 低压电器. 2000（3，4）.
[27] Jorge de AZEVEDO. World FIP Technology and IEC Interna tional Standard. Fieldbus Standard Symposium. 98.
[28] 吴亚平. WorldFIP 概述. 中国仪器仪表. 1998，(04)：1～3.
[29] 陈一雷，王俊杰. ASI 主站和通信协议，ASI 从站和工作流程. 冶金自动化，2000，24（5，6）.